Carl-Auer

Organisation und Beratung

Rudolf Wimmer

Systemtheoretische Perspektiven für die Praxis

Zweite, erweiterte Auflage, 2012

Umschlaggestaltung: Uwe Göbel
Satz: Verlagsservice Hegele, Heiligkreuzsteinach
Printed in Germany
Druck und Bindung: Freiburger Graphische Betriebe, www.fgb.de

Zweite, erweiterte Auflage, 2012
ISBN 978-3-89670-849-6

Bibliografische Information Der Deutschen Nationalbibliothek:
Die Deutsche Nationalbibliothek verzeichnet diese Publikation
in der Deutschen Nationalbibliografie; detaillierte bibliografische
Daten sind im Internet über http://dnb.ddb.de abrufbar.

Carl-Auer Verlag GmbH
Vangerowstraße 14
69115 Heidelberg
Tel. 0 62 21-64 38 0
Fax 0 62 21-64 38 22
info@carl-auer.de

Inhalt

Einleitung

Der vorliegende Band vereint Arbeiten, die zu unterschiedlichen Zeiten und damit vor dem Hintergrund ganz unterschiedlicher gesellschaftlicher Problemhorizonte entstanden sind. Ihr verbindendes Element besteht darin, dass sie eine Reihe aus der neuen Systemtheorie gewonnene Denkfiguren an Problemstellungen durchspielen, die sich einerseits der dauerhaften Veränderungsdynamik des sozialen Phänomens »Organisation« verdanken, die sich andererseits aber auch an der Frage abarbeiten, welche Konzeptualisierungen von Beratungsdienstleistungen dem besonderen Komplexitätsgrad dieses Typus von sozialen Systemen angemessen sind. Nun geht diese Zusammenstellung von Arbeiten in eine Neuauflage. Dies ist ein guter Anlass, den gesellschaftlichen Kontext, vor dessen Hintergrund die Reflexionsangebote der vorliegenden Texte gelesen werden können, zu reformulieren. Dem dient diese dem Buch vorangestellte Einleitung, die der Frage nachgeht, warum es ratsam geworden ist, unser tradiertes Alltagsverständnis von Organisation und Beratung auf den Prüfstand zu stellen.

Was treibt aktuell die Diskussion um Organisation und Beratung?

Die Branche für organisationsbezogene Beratungsleistungen befindet sich seit gut einem Jahrzehnt in einem tiefgreifenden Strukturwandel. Mit dem Platzen der »E-Commerce Blase« 2001 und ihren unmittelbaren Nachwehen ist der Beratermarkt, bis dahin geprägt von seinen jahrzehntelang recht stabilen Grundmustern, deutlich in Bewegung geraten. Die lange Periode eines ungebrochenen Wachstums ist damals jäh zu Ende gegangen. Der Beratungsmarkt schwingt seitdem mit der üblichen Zyklizität des wirtschaftlichen

Geschehens mit. Parallel dazu sind die Erwartungen an die Problemlösungsfähigkeit dieser Dienstleistungen deutlich nach oben geschnellt. Es wird inzwischen sehr viel sorgfältiger beobachtet, ob der Beratungsaufwand mit den erzielten Ergebnissen tatsächlich korrespondiert. Die reine Legitimationsfunktion unternehmerischer Entscheidungen verliert an Bedeutung. Damit beschleunigt sich die Erosion der über lange Zeit unerschüttert gebliebenen Zuschreibung einer ganz außergewöhnlichen Expertise bestimmter Beratungsunternehmen. Mit dieser wesentlich unkalkulierbarer gewordenen Nachfragesituation bei einem gleichzeitigen Explodieren der Anbieterseite sind die Spielregeln der Wettbewerbsauseinandersetzung, die Kriterien für Erfolg und Misserfolg in dieser Branche nicht mehr so eindeutig festgelegt. Sie befinden sich in einem schwer kalkulierbaren Prozess der laufenden Redefinition, orientiert an der Art und Weise, wie Organisationen in der Bearbeitung ihrer stark wechselnden Herausforderungen auf das Leistungsangebot von Organisations- und Managementberatung zugreifen. Dementsprechend haben sich seither parallel zur enormen Ausweitung der Angebotsseite die Grundmuster von Organisationen in der Nutzung von Beratungsleistungen sehr viel stärker ausdifferenziert. Der Markt ist um vieles bunter geworden. Die unterschiedlichsten Spezialisierungen und Businessmodelle konnten ihre jeweilige Nische stabilisieren und sich neben den großen, generalistisch ausgerichteten Beratungsunternehmen behaupten. Es sind dies Spezialisierungen, die sich entweder auf bestimmte Eigenheiten einzelner Branchen beziehen, oder solche, die oft eng umrissene organisationale Problemstellungen adressieren. Diese unübersehbare Intensivierung der Markt- und Wettbewerbsdynamik hat das Problem der Unübersichtlichkeit für alle Marktteilnehmer inzwischen erheblich zugespitzt, gleichzeitig sind die Auseinandersetzungen um die Honorargestaltung und damit um die Ertragschancen in diesem Dienstleistungssegment sehr viel intensiver geworden. Mit anderen Worten: die charakteristischen Grunddilemmata des Beratungsgeschäftes haben sich deutlich verschärft. Letztlich bedeuten diese Entwicklungen unter dem Strich eine deutliche Erhöhung der Markteintrittsbarrieren für Neueinsteiger.

Mit vorangetrieben durch diese Veränderungen vollzieht sich gerade ein tiefgehender Strukturwandel im professionellen Selbstverständnis von Beratung. Die jahrzehntelang stabile Aufteilung der

Beratungsbranche in die expertenorientierte Fachberatung einerseits – dominiert von den weltweit operierenden großen Beratungsunternehmen – und in die auf gelingende Kommunikation spezialisierte Prozessberatung andererseits ist dabei, ihre Kraft zu verlieren. Mehr als vier Jahrzehnte hindurch haben kontinuierliche Wachstumsraten das Selbstverständnis in diesen professionellen »Lagern« und ihre wechselseitige Abgrenzung, bisweilen auch Abwertung bestätigt. Die lange Erfolgsgeschichte beider Beratungsansätze hat die zugrunde liegenden, recht gegensätzlichen professionellen Orientierungen enorm gefestigt. Jetzt verstärken sich aber die Anzeichen, dass diese stabile Branchensegmentierung und ihre bestimmenden Grenzen im Begriff sind, sich aufzuweichen. Als prominentes Beispiel dafür kann die intensive Diskussion um den Sinn und Zweck der Komplementärberatung dienen (Königswieser, Sonuç, Gebhardt, 2006; Königswieser, Lang, Wimmer 2009). Die Bemühungen nehmen deutlich zu, diese beiden professionellen Welten in ihrem jeweiligen Lösungsrepertoire miteinander zu verbinden (vgl. dazu etwa Handler 2007). Offensichtlich wächst bei immer mehr Kunden ein grundsätzliches Unbehagen an jenen eingeführten Beratungsdienstleistungen, die in ihrer bisherigen Ausprägung aus dem Selbstverständnis der tradierten Arbeitsteilung von expertenorientierter Fach- und Prozessberatung resultieren (vgl. dazu die Studie von Gömmel 2010). Seit Langem schon werden die primär auf ihre Fachexpertise setzenden Beratungsunternehmen von ihren Kunden mit ihrer chronischen Umsetzungsschwäche, mit ihren standardisierten Vorgehensweisen und ihren enorm hohen Kosten konfrontiert; es sind dies alles Schwächen, die sichtlich eine unvermeidliche Begleiterscheinung dieses Beratungsansatzes sind. Gleichzeitig wird den Prozessberatern ihre notorische »Business-Ferne«, ihre Ahnungslosigkeit gegenüber jenen inhaltlichen Themen attestiert, die Organisationen heute in ihrem Ringen um ihre Leistungsfähigkeit besonders umtreiben. Es ist zwar nach wie vor von ganz zentraler Bedeutung, den beraterischen Fokus gerade auch auf die Verbesserung der Kommunikations- und Kooperationsverhältnisse in Organisationen zu legen, d. h. auf ein oftmals mangelhaftes Führungs- und Partizipationsgeschehen sowie auf eine problematische Geringschätzung des Stellenwertes der involvierten Personen. Wenn jedoch in solchen prozessorientieren Beratungsprozessen nicht gleichzeitig auch die jeweils anstehenden aufgabenbezogenen Systemprobleme systematisch mitbearbeitet werden, bleibt bei immer mehr Kunden ein tiefes Unbehagen zurück. Die Erfahrungen aus der jüngsten Weltwirtschaftskrise haben den Auseinandersetzungen um die Frage, was letztlich der nachhaltig beobachtbare Wertschöpfungsbeitrag von organisationsbezogenen Beratungsdienstleistungen ist, einen weiteren Schub verliehen. Die klassischen Restrukturierungsexperten fühlen sich zur Zeit in ihren Grundeinstellungen zwar bestätigt. Ansonsten ist erstmals auf einer breiteren Basis eine tiefere Verunsicherung im professionellen Selbstverständnis vieler Berater und Beraterinnen ganz unterschiedlicher Provenienz zu beobachten, nicht zuletzt auch deshalb, weil die aktuelle Krise durch ihren außergewöhnlichen Charakter in vielen Organisationen lang tradierte Gewissheiten dauerhaft erschüttert hat.

Es darf daher nicht überraschen, dass zur Zeit in vielen Beratungsunternehmen die Anstrengungen verstärkt werden, die eigenen Geschäftsmodelle zu überdenken und ein Leistungsportfolio zu entwickeln, das als eine echte Antwort auf die kritisierten Schwächen der Branche gelten kann. Dazu zählt insbesondere der Kompetenzaufbau in Richtung »Change Management« bei den großen Beratungsfirmen – gemeint als Umsetzungsunterstützung (vgl. etwa Oltmanns u. Nemeyer 2010) oder die Überlegungen zum 3. Modus der Beratung, die auf eine ganz spezifische Weise die inhaltlichen wie auch die Probleme des sozialen Miteinanders im Prozess der Lösungsarbeit beim Kunden zu integrieren versuchen (vgl. Wimmer 2007 und 2010, Schumacher 2009). Dazwischen existiert eine Vielzahl an Mischvarianten, die alle auf ihre Weise darauf ausgerichtet sind, die klassische Arbeitsteilung in der Branche zu überwinden. Ähnlich vielfältig ist die Semantik, in der diese Integrationsversuche gegenüber den Kunden ausgeschildert werden, geht es doch stets auch darum, in einem immer unübersichtlicher werdenden, hoch fragmentierten Wettbewerbsumfeld die eigene Unverwechselbarkeit als Beratungsunternehmen zu betonen. Diese verstärkt beobachtbaren Entwicklungen in der Beratungsbranche regen dazu an, einen kurzen Blick auf die betroffenen Organisationen, d. h. auf die Kundenseite zu werfen, um die geänderten Herausforderungen noch besser zu verstehen, die zur Zeit einen bestimmten Beratungsbedarf evozieren. Das, was sich gerade als veränderte professionelle Praxis formt, nimmt natürlich viel an tradiertem Wissensfundus mit, es operiert vielfach nach wie vor mit dem vertrauten Beschreibungsrepertoire des eigenen Tuns, gewonnen aus dem bisherigen Professionshintergrund der handelnden Akteure. Gerade wegen dieses Festgelegtseins auf liebgewonnene, zutiefst identitätsstiftende Muster beraterischer Wirklichkeitskonstruktion lohnt es sich, nach einer Semantik Ausschau zu halten, die das, was an veränderter Praxis schon da ist, angemessen sprachlich zum Ausdruck bringen kann. Primär diesem Ziel dienen die unterschiedlichen Theorieanstrengungen dieses Buches.

Welche neue Qualität an Komplexitätserfahrung in der Führung von Organisationen ist aktuell zu beobachten?

Wir gehen von der Annahme aus, dass die Suche nach Integrationsmöglichkeiten der bislang getrennten Leistungsangebote in der Organisations- und Managementberatung in irgendeiner Form Veränderungen widerspiegelt, denen heutige Organisationen in ihrem jeweiligen gesellschaftlichen Umfeld ausgesetzt sind. Für die verantwortlichen Entscheidungsträger sind mit diesem organisationalen Strukturwandel – eingebettet in den je spezifischen gesellschaftlichen Kontext und dessen Dynamik – ganz offensichtlich bestimmte Erfahrungen mit einer anderen Art von Komplexität verbunden, Erfahrungen mit einem Ausmaß an Unsicherheit, die die Suche nach einer neuen Qualität in der Nutzung und Zusammenarbeit mit Beratung stimulieren. Nicht zuletzt sind es die Erschütterungen der jüngsten Weltwirtschaftskrise, die viele der bisherigen Routinen in der Bewältigung organisationaler Entwicklungsherausforderungen grundlegend infrage gestellt haben. Welche Beobachtungen lassen sich in diesem Zusammenhang besonders hervorheben?

Der Prozess der Globalisierung ist in eine neue Phase gekommen

Dem fortschreitenden Internationalisierungsprozess von Organisationen liegt das inzwischen für viele Organisationen in der Wirtschaft, in der Wissenschaft, in der Politik etc. unübersehbare Zusammenwachsen der Welt zu einer einheitlichen Weltgesellschaft zugrunde. Das bislang Identitätsstiftende des gemeinsamen Ortes und eines abgegrenzten sozialen Raumes ist inzwischen weitestgehend verloren gegangen. Immer weniger und immer seltener bestimmen lokale Gegebenheiten im engeren Sinn die Lebensführung der Menschen. Die schützenden Grenzen vertrauter Zugehörigkeiten (räumlicher wie sozialer Natur) sind in sich zusammengebrochen. Eine Vielzahl neuartiger gesellschaftlicher Konflikte ist die Folge, wie sich im arabischen Raum gerade besonders eindrucksvoll beobachten lässt. Sie lösen die alten nationalstaatlichen Gegensätze ab und lassen neue, sehr viel schwerer fassbare Konfliktlinien entstehen.

So werden wir gerade Zeugen eines grundlegenden Umbaus der Einflussgewichte im gesamten Weltwirtschaftssystem. Die Wachstumsdynamik in den sogenannten Schwellenländern verschafft diesen im globalen Maßstab eine ganz andere Position in den künftigen Wettbewerbsauseinandersetzungen, als dies bisher der Fall war (vgl. Ghemawat 2010). Die Warenströme gehen nicht mehr primär von der »entwickelten« Welt in die weniger entwickelten Weltregionen. Die Austauschbeziehungen und damit die wechselseitigen Abhängigkeiten sind sehr viel symmetrischer geworden. Die Gewichte und damit auch die Wettbewerbsdynamik haben sich dramatisch verschoben. Die wachstumsstarken Schwellenländer bestimmen mehr und mehr auf Augenhöhe das globale Wirtschaftsgeschehen mit. Dies zwingt Unternehmen, ihre bisherigen Internationalisierungsstrategien grundlegend zu überdenken. Die Treiber der unternehmerischen Expansionspolitik sind heute nicht mehr so sehr die weltweiten Unterschiede in der Entlohnung, in der Beschaffung etc., sondern sie liegen in der Teilhabe an der Wachstumsdynamik dieser Wirtschaftsräume. Dies verlangt eine sehr viel differenziertere strategische Positionierung, die das eigene Leistungsportfolio wie auch das gewählte Organisationsdesign an diesen Wirtschaftsräumen und ihren Eigenarten ausrichtet.

Dieses Entstehen von neuen, höchst dynamischen »globalen Relevanzräumen« (Stichweh 2009) stellt einen Großteil unserer Organisationen vor bislang nicht gekannte Herausforderungen. Wir können beobachten, wie das volle Angekommensein unserer Organisationen in einer global vernetzten Welt, angetrieben durch die sich ständig erweiternden Möglichkeiten der Reichweite und Geschwindigkeit digitaler Kommunikation, alle bedeutsamen Gestaltungsdimensionen derselben von Grund auf transformiert. Dies betrifft Fragen der Strategieentwicklung, des Organisationsdesigns, der Personalpolitik, des Umgangs mit interkulturellen Differenzen bis hin zu den Management- und Führungsprozessen (zum Thema

»global leadership« vgl. insbesondere Mendenhall et al. 2008). Die enorme Steigerung des Komplexitätsgrades der durch diese neuen Horizonte zu berücksichtigenden Umweltgegebenheiten versorgt unsere Organisationen ständig mit Veränderungsimpulsen, für die es organisationsintern häufig noch keine adäquaten Verarbeitungsroutinen gibt. Ein Zustand des Daueralarmiertseins ist deshalb die Folge. Mit diesen Entwicklungen gewinnen Fragen der Zeitlichkeit, der Geschwindigkeit, des Tempogewinns eine noch viel größere Bedeutung, als dies bislang schon der Fall war. Die Beschleunigung des Veränderungstempos und die gleichzeitige Zunahme der Volatilität von Entwicklungen erzwingen heute eine viel größere Achtsamkeit in der Integration ganz unterschiedlicher Zeithorizonte im Treffen wichtiger Entscheidungen.

Warum gewinnt zur Zeit das Thema der Nachhaltigkeit so sehr an Bedeutung?
Vor allem Unternehmen konnten sich bislang darauf einrichten, eine Vielzahl von Folgekosten ihres Agierens ungestraft externalisieren zu können (gleichgültig, ob es sich dabei um die Verlagerung von Problemen auf die Beschäftigten mit ihren Folgen für die Gesundheit derselben handelt oder um das Abschieben von personellen Versorgungsleistungen auf das öffentliche Sozialsystem oder um die Schädigung der ökologischen Lebensbedingungen, etc.). Diese Externalisierungspraxis wird für viele Organisationen zusehends schwieriger, weil unsere Gesellschaft in der Tendenz um vieles wachsamer gegenüber solchen Praktiken geworden ist und weil die Rückwirkungen dieser Praxis auf das Organisationsleben selbst unübersehbar geworden sind (zu beobachten etwa an der epidemischen Zunahme von Burnout-Symptomen, an dem Phänomen der kollektiven Erschöpfung von Organisationen als Ganzes, an der Verschärfung von Sinnkrisen, etc.). Organisationen sind deshalb deutlich mehr als früher gezwungen, in ihre Entscheidungsprozesse die Verantwortung für eine Reihe von gesellschaftlichen Kontextzusammenhängen zu integrieren, von denen sie in der Vergangenheit konsequenzlos absehen konnten (z. B.: Unter welchen Bedingungen werden die eigenen Produkte in den Billiglohnländern hergestellt? Wie sieht die jeweilige Öko- und Energiebilanz über den gesamten Produktlebenszyklus aus? etc.). Fragen der Nachhaltigkeit in ökonomischer, sozialer und natürlich auch ökologischer Hinsicht gewinnen zusehends an existenzieller Bedeutung, weil Organisationen

hinsichtlich ihrer Leistungsfähigkeit von ihrem Umfeld inklusive der eigenen Belegschaft immer mehr daran gemessen werden, wie sehr sie über ihre engeren Aufgaben hinaus ihrer längerfristigen gesellschaftlichen Verantwortung gerecht werden. Damit werden im Organisationsalltag Entscheidungsdimensionen relevant, die in der Vergangenheit als »sachfremd« abgetan werden konnten. Die weitere Verknappung der Rohstoffsituation, das rapide Abschmelzen der klassischen fossilen Energiereserven – angeheizt durch den zunehmenden »Hunger« der wachstumsstarken Schwellenländer – sowie die Auswirkungen all dieser Prozesse auf den Klimawandel werden dafür sorgen, dass Themen der Nachhaltigkeit nicht mehr von der Tagesordnung organisationalen Entscheidens verschwinden. Denn all diese Faktoren zusammen werden über kurz oder lang einschneidende Veränderungen im gesellschaftlichen Stoffwechsel mit unserer natürlichen Umwelt erzwingen (dazu Fischer-Kowalski a. Haberl 2007). Die diesbezügliche Faktenlage lässt sich immer schwerer ignorieren. Die »Energiewende« ist eingeläutet, die Engpässe in der Rohstoffversorgung lassen sich tagtäglich anhand der steigenden Rohstoffkosten und anhand sich wiederholender Versorgungsengpässe ablesen. Eine zunehmend sensibilisierte Kundschaft achtet auf den ökologischen »Footprint« der angebotenen Produkte, auf die Art und Weise ihrer Erstellung und deren Wiederverwertung bzw. Entsorgungsmöglichkeit. Im öffentlichen Bewusstsein reift die Einsicht, dass die Weltgesellschaft als Ganzes einen radikalen Musterwechsel in der Art und Weise benötigt, wie die wirtschaftlichen Akteure (Unternehmen, Haushalte, öffentliche Hand etc.) auf die natürlichen Ressourcen zugreifen und ihren Abfall wieder an die Natur zurückgeben. Eben die Grundlogik dieser Austauschprozesse meint der Begriff des »societal metabolism«, der die aktuellen Auseinandersetzungen um die Fragen der Nachhaltigkeit zusehends zu prägen beginnt (zum historischen Hintergrund vgl. Sieferle 1997, zum aktuellen Diskussionsstand Fischer-Kowalski u. Weisz 2008). Die Energiesituation, die Rohstoffengpässe, insbesondere auch die Folgen des Klimawandels werden uns schon in absehbarer Zeit dazu zwingen, unsere Wachstumsvorstellungen radikal zu verändern. Klar geworden ist: »Unternehmen und Gesellschaft haben sich in eine Rhetorik und Praxis des Fortschritts, des Wachstums und der Wohlfahrt verwickelt, die sich selbst die Grundlagen raubt« (Baecker 2011a, S. 122). Aber mit welcher anderen Philosophie von Wachstum und Entwicklung kann dieser Selbstgefährdungstendenz begegnet werden, und wie lassen sich die Wohlstandsgrundlagen künftiger Generationen sichern? Was bedeutet es im einzelnen, diese Nachhaltigkeitsthemen mit aller Konsequenz in die Reproduktionsmechanismen unserer Organisationen zu integrieren?

Die Folgekosten der funktionalen Differenzierung unserer Gesellschaft oder: Warum Organisationen zunehmend die Logik unterschiedlicher gesellschaftlicher Funktionssysteme verknüpfen müssen

Auf dem Weg in die Moderne hat sich in unserer Gesellschaft der Primat funktionaler Differenzierung gegenüber der alten, an Ständen orientierten Feudalordnung durchgesetzt. Die Politik sorgt im wesentlichen für allgemeinverbindliche und machtmäßig legitimierte Entscheidungen. Die Wirtschaft versorgt die Gesellschaft mit Gütern und Dienstleistungen und damit mit einem gewissen Maß an Zukunftsvorsorge. Die Wissenschaft ist auf die Produktion von auf eine ganz bestimmte Art und Weise geprüftem Wissen spezialisiert. Das Gesundheitssystem stellt Heilungschancen zur Verfügung und vergleichbare funktionale Spezialisierungen sind für die Religion, das Recht, das Erziehungs- und für das Sozialsystem beobachtbar. Diese gesellschaftlichen Funktionssysteme folgen ihrer je eigenen Reproduktionslogik und lassen sich von den anderen in der Verfolgung derselben nicht wirklich beeindrucken. Eine funktional differenzierte Gesellschaft kennt folglich kein Zentrum mehr, von dem aus gesamtgesellschaftliche Belange bewusst gesteuert werden könnten. Die gesellschaftliche Entwicklung folgt den Mechanismen evolutionärer Prozesse, in denen sich die einzelnen Funktionssysteme zwar wechselseitig stimulieren, aber gerade nicht auf eine gezielte Weise steuern (dazu eingehender Luhmann 1997, S. 595 ff.). Auf dem mühsamen Weg in das heutige Niveau hochentwickelter Gesellschaften sind es gerade die unterschiedlichen Typen von Organisationen, die innerhalb der jeweiligen Funktionssysteme die Aufgabe übernommen haben, die entsprechenden Leistungen bereitzustellen: Unternehmen in der Wirtschaft, Krankenhäuser im Gesundheitssystem, Schulen im Erziehungssystem, etc. etc. Nur in Organisationen können die erforderlichen Potenziale für die Bereitstellung jener Leistungen aufgebaut werden, die die moderne Gesellschaft auf ihrem heutigen Komplexitätsniveau braucht. In diesem Sinne fungieren also hauptsächlich Organisationen als prioritäre Adressen für all jene Leistungserwartungen, die heute mit der Aufrechterhaltung des gesellschaftlichen Lebens verknüpft werden.

Das primäre Eingebettetsein von Organisationen jeweils in ein ganz bestimmtes gesellschaftliches Funktionssystem hat das organisationsinterne Geschehen derselben entsprechend enggeführt und der Logik dieses gesellschaftlichen Umfelds unterworfen. Diese fortschreitende funktionale Spezialisierung und die damit verbundene Rücksichtslosigkeit im Verhältnis der Funktionssysteme zueinander ist allerdings aus einer gesamtgesellschaftlichen Perspektive in der Zwischenzeit selbst zur Quelle drängender Problemlagen geworden. Man denke nur an die vollkommen aus dem Ruder gelaufene Eigendynamik des globalen Finanzsystems. Wir können deshalb die Tendenz beobachten, dass Organisationen vermehrt die Funktion der strukturellen Kopplung von unterschiedlichen Funktionssystemen übernehmen (vgl. Lieckweg 2001). Solche Organisationen operieren gleichzeitig in mehreren gesellschaftlichen Funktionssystemen und müssen in ihren Binnenstrukturen und Entscheidungsprozessen die widersprüchlichen Logiken dieser Funktionssysteme ausbalancieren. Ein häufig diskutiertes Beispiel dafür sind Universitäten, die mit ihrer Lehrfunktion einen Beitrag zum Erziehungssystem leisten und mit ihren Forschungsaufgaben der inneren Logik des Wissenschaftssystems folgen. Private Universitäten nehmen da noch die Rationalitätsanforderungen des Wirtschaftssystems hinzu. Eine vergleichbare Widerspruchsdynamik ist in den Organisationen des Kunst- und Kulturbetriebes wie auch im Bereich des Sports zu beobachten. Ähnliches gilt für private Krankenhäuser, Unternehmen im Eigentum der öffentlichen Hand wie Stadtwerke, Verkehrsbetriebe, Organisationen der Entwicklungszusammenarbeit, große Infrastrukturvorhaben etc. Gerade die Privatisierungswellen der letzten beiden Jahrzehnte haben eine Vielzahl solcher Organisationen hervorgebracht. Solche Einrichtungen sehen sich stets mit der Gleichzeitigkeit komplett gegensätzlicher Erfolgskriterien konfrontiert (z. B. die Ertragsorientierung einerseits und die Bereitstellung öffentlicher Güter andererseits). Sie müssen es schaffen, an sich schwer vereinbare Organisationsziele in ihren Entscheidungsprozessen permanent auszubalancieren. Für die betroffenen Entscheidungsträger stellen solche Verhältnisse Komplexitätserfahrungen bereit, die mit den üblichen Denkmustern und den klassischen Rationalitätsvorstellungen nicht zu bewältigen sind.

Netzwerkförmige Koordinationsmechanismen in und zwischen Organisationen transformieren den alten Gegensatz von Hierarchie und Markt

Organisationen sind zusehends immer weniger dazu in der Lage, die an sie gestellten gesellschaftlichen Anforderungen alleine auf sich gestellt zu erbringen. Die fortschreitende Spezialisierung und gesellschaftliche Arbeitsteilung, begleitet von permanenten Bemühungen um Effizienzsteigerungen in Teilaspekten, macht die einzelne Organisation für sich stehend vielfach nicht mehr antwortfähig. In vielen Feldern verdichten sich deshalb netzwerkförmige, organisationsübergreifende Zusammenarbeitsformen, in denen die zu erwartenden Lösungen erst durch eine enge Kooperation zwischen Organisationen möglich werden (strategische Allianzen, Public Private Partnership, Joint Venture, Capacity Development in der Entwicklungszusammenarbeit, Forschungsverbünde, »Open-Innovation«-Prozesse etc.). Hier sind organisationsähnliche Kooperationsformen zwischen an sich selbstständigen gesellschaftlichen Akteuren in Entwicklung, die der Markt so nicht zur Verfügung stellt. Dies ist mit ein Grund dafür, warum sich der Netzwerkbegriff schon seit geraumer Zeit höchster Beliebtheit erfreut. »Man könnte sogar so weit gehen zu vermuten, dass die Netzwerke im Außenverhältnis der Organisation das leisten, was Teams im Innenverhältnis leisten. Sie machen Kommunikation notwendig und sie machen es unmöglich, von Kommunikation abzusehen« (Baecker 1999, S. 40). Damit wächst die Anforderung an die beteiligten Organisationen, sich für das erfolgreiche Mittun in solchen Netzwerken organisationsintern adäquat aufzustellen. Das ist ziemlich anspruchsvoll, denn die Produktivität von Netzwerkverknüpfungen folgt einer anderen Logik des Gebens und Nehmens, des Sich-wechselseitig-Kontrollierens sowie einer Freiheit des Sich-Verabschiedens, als dies bei den Organisationen der Fall ist. Deshalb greifen organisationale Vorstellungen von Führung und Management für die Gestaltung des Steuerungsbedarfes von Netzwerken mit Sicherheit nicht. Man trägt durch wiederholte Investitionen in die Tragfähigkeit von Kooperationsbeziehungen dafür Sorge, dass das Vertrauen in ein wechselseitig ausgeglichenes Miteinander gefestigt wird. Das wechselseitig wahrgenommene Bemühen um Reziprozität im Geben und Nehmen, im Teilen von Wissen ist der entscheidende Faktor. In diesem Sinne sind Organisationen heute mehr und mehr dazu angehalten, aktiv dafür Sorge zu tragen, dass sie in ihren Netzwerken als verlässliche, nutzenstiftende Partner geschätzt werden (vgl. Bommes u. Tacke 2007, Baecker 2007, S. 119 f.). Wie gilt es, die organisationsinternen Verhältnisse so weiterzuentwickeln, dass diese Fähigkeiten wachsen können? Welche Form des Grenzmanagements muss dafür entwickelt werden?

Ähnlich wie organisationsförmige Koordinationsmechanismen in einem organisationsübergreifenden Kontext den Markt ergänzen, so können wir innerhalb von Organisationen beobachten, dass sich marktähnliche Abstimmungsformen etablieren und damit das klassische Verständnis von Hierarchie transformieren. Die Treiber dieser weitreichenden Transformation sind organisationsinterne Differenzierungsformen, die auf eine weitgehend lose Koppelung und eine hohe Autonomie der Subeinheiten setzen und damit einen erheblichen Teil des Führungsaufwandes in horizontale Aushandlungsprozesse verlagern. Damit entstehen entlang der organisationsinternen Wertschöpfungsketten und der operierenden Geschäftsfelder und Businessunits netzwerkförmige Verbindungen, die es erforderlich machen, unser Denken über Führung und Organisation entsprechend weiterzuentwickeln (dazu Wimmer 2009). Die fortschreitende Internationalisierung von Organisationsfunktionen verleiht diesem Prozess zweifelsohne eine zusätzliche Komplexitätsdimension.

Eine andere Philosophie des Wachstums wird erforderlich

Die schweren Erschütterungen der jüngsten Weltwirtschaftskrise haben allen Akteuren wieder einmal vor Augen geführt, »dass Krisen ein fester Bestandteil der Wirtschafts- und Finanzwelt sind« (Roubini 2010, S. 65). Erstaunlicherweise verschwindet diese Einsicht wieder, sobald eine längere Phase des Aufschwungs Platz greift. Dann wird im Zusammenspiel von Öffentlichkeit, Medien und den verantwortlichen Entscheidungsträgern in Politik und Wirtschaft wieder die Erwartung in ein kontinuierliches Wachstum rundum gefestigt. Seitens der Betriebswirtschaftslehre und der »management sciences« liegen die Beschäftigungsschwerpunkte ohnehin seit jeher auf der Suggestion der Möglichkeit eines stetigen, überdurchschnittlichen Ertragswachstums. Die prinzipielle Zyklizität unseres global vernetzten Wirtschaftssystems mit seinen überraschenden Ausschlägen und schwer kalkulierbaren Verläufen liegt ganz offensichtlich im blinden Fleck dieser Art von wissenschaftlicher Forschungstradition. Nur so ist es zu verstehen, dass die jüngste Finanzmarktkrise die allermeisten Ökonomen total überrascht hat (eine der Ausnahmen: Roubini u. Mihm 2010).

Ein ähnlich naiver Wachstumsglaube liegt offensichtlich auch der Entwicklung der Staatsverschuldung zugrunde. Mit einiger Faszination werden wir gerade Zeugen, wie die europäische Währungsunion zur Zeit darum ringt, hier einen grundlegenden Musterwechsel ingang zu setzen. Bei den allermeisten politischen Entscheidungsträgern ist die Einsicht in die Unvermeidlichkeit eines solchen Wechsels sichtlich erst sehr langsam im Entstehen.

Organisationen, insbesondere Unternehmen, benötigen zweifelsohne ein deutlich reflektierteres Verständnis von Wachstum, will man sie mit der Fähigkeit ausstatten, einen bewussten, proaktiven Umgang mit der unvermeidlichen Zyklizität der weltwirtschaftlichen Rahmenbedingungen und mit den hier eingebauten systemischen Risiken zu gewinnen. Dies bedeutet beispielsweise, in konjunkturellen Aufschwungphasen keine übermäßigen Kapazitäten aufzubauen, die in Phasen des Abschwungs sehr schnell existenzgefährdend werden können. Diese Langfristorientierung prägt die strategische Positionierung von gut geführten Unternehmen und macht Wachstum per se zu keinem strategischen Ziel. Am Beispiel vieler Familienunternehmen lässt sich dieser Zusammenhang gut belegen (dazu Wimmer 2011). Mit dieser Ausrichtung im Hintergrund entwickeln Organisationen so etwas wie »organizational resilience«, also jene Spannkraft, die sie erfolgreich unter sehr unterschiedlichen gesellschaftlichen Kontextbedingungen operieren und ihre Überlebensfähigkeit sichern lässt (vgl. dazu Gulati 2009). Angesichts der weiteren Verknappung von Ressourcen bei gleichzeitiger Zunahme der gesellschaftlichen Problemlösungserwartungen wird der Fokus in der Organisationsentwicklung auf die hier angesprochene organisationale Spannkraft erheblich an Bedeutung gewinnen.

Computerbasierte Kommunikationsmöglichkeiten werden Organisationen und Netzwerke weiterhin grundlegend in Bewegung halten

Die ungeheure Innovationsdynamik, die durch die enormen Umwälzungen seitens der Informations- und Kommunikationstechnologien in allen Lebensbereichen beobachtbar ist, wird ungebremst weitergehen. Sie revolutionieren beispielsweise mehr und mehr unser Einkaufsverhalten und verlagern den Point of Sale zunehmend ins Internet. Was bedeutet das für die klassischen Vertriebswege des Einzel- und Versandhandels? Zum anderen bringen diese Umwälzungen immer mehr Printprodukte unter Druck. Was heißt dies etwa für Zeitungen, für Wörterbücher, für das klassische Schulbuch? Wie lange wird sich unser ganzes Bildungssystem in seiner Lehr- und Lernorganisation noch primär auf Printprodukte stützen? Die internetbasierten Kommunikationsmöglichkeiten schaffen Austauschforen (Stichwort »social media«), die vollkommen unkontrollierbare Meinungsbildungsprozesse stimulieren, mit denen sich heute Organisationen in Politik und Wirtschaft auf eine ganz neue Weise konfrontiert sehen. Das Internet ermöglicht darüber hinaus vielfach ad hoc entstehende Kooperationsmuster, die weit verzweigte Akteursnetzwerke zu mobilisieren in der Lage sind. In denselben werden inzwischen hochkomplexe Leistungen und Ergebnisse produziert, die das Leistungsvermögen herkömmlicher Organisationen bei Weitem transzendieren. Es handelt sich hier also um Produktionszusammenhänge die nicht mehr mit den klassischen Organisationskategorien beschreibbar sind. Diese neuen Technologien haben folglich viele bislang bestehende räumliche und zeitliche Begrenzungen wegfallen lassen und damit wichtige Voraussetzungen für die globale Vernetzungs- und Beschleunigungsdynamik bereitgestellt. »Distanzlose Verfügbarkeit und zeitlose Schnelligkeit sind die Endpunkte einer Entwicklung«, die vornehmlich auf diesen neuen Möglichkeiten der Kommunikation und Datenverarbeitung fußen (Willke 2003, S. 151). Dass damit bislang nicht gekannte Abhängigkeiten und gewaltige operationelle Risiken einhergehen, die abzuschätzen niemand mehr ernsthaft in der Lage ist, ist die Kehrseite dieser technologischen wie kommunikativen Innovationen.

Darüber hinaus revolutionieren diese neuen Verbreitungsmedien inzwischen auch das organisationsinterne Geschehen in einer Weise, wie dies noch vor 20 Jahren völlig undenkbar war. Das Internet, die computerbasierten Kommunikationsmedien haben die alltäglichen Abstimmungs- und Koordinationsprozesse auf eine ganz neue Grundlage gestellt. Diese neuen Medien haben das Spektrum des Sich-wechselseitig-Befassens über alle tradierten Raum- und Zeitgrenzen hinweg enorm ausgeweitet. Ganz neue Möglichkeiten des synchronen Miteinander-Arbeitens, des Unmittelbar-aufeinander-Aufbauens sind entstanden und lösen bisherige Muster des seriellen Hintereinanders ab. Das wirft viele der tradierten organisationalen Routinen der Organisation von Arbeit, von Kommunikation, die klassische Logik der Berichtswege, etc. total durcheinander. Eine neue Balance von mündlicher Interaktion, von schriftlichem Austausch und der Nutzung elektronischer Medien beginnt sich erst langsam herauszubilden. Aufmerksame Beobachter fragen zu Recht, welche weitreichenden kulturellen Implikationen damit verbunden sind (vgl. Baecker 2007 und 2011). Das Auftauchen dieser neuen Kommunikationsmedien wird in seiner gesellschaftlichen Bedeutung mit der Erfindung der Schrift und des Buchdrucks auf eine Stufe gestellt. Der damit verbundene kommunikationsinduzierte Komplexitätszuwachs in Organisationen hat letztlich zur Folge, dass im organisationsinternen Geschehen deutlich »mehr Sinnzumutungen« bewältigt werden müssen als je zuvor und dafür die passenden Bearbeitungsmuster wohl erst noch entwickelt werden müssen (Baecker 2007, S. 39).

Muss der Kapitalismus nicht neu erfunden werden?

Dirk Baecker spricht im Anschluss an Peter Drucker (2002) von einer »next society«, um anzudeuten, dass die hier angesprochenen Entwicklungen drauf und dran sind, die moderne Gesellschaft in ihren Grundfesten zu transformieren (Baecker 2007). Die jüngste Krise der Finanzmärkte und die Staatsschuldenkrise in ihrem Gefolge mit all ihren realwirtschaftlichen Konsequenzen beschleunigen zweifellos diesen weitreichenden gesamtgesellschaftlichen Strukturwandel. Eine der ganz zentralen Herausforderungen dieses Strukturwandels besteht ohne Zweifel darin, die sich verselbstständigt habende Eigendynamik globalisierter Finanzmärkte wiederum einigermaßen zu »disziplinieren«, um sie in ihrer Dienstleistungsfunktion für die Realwirtschaft wieder stärker an die Wertschöpfungsprozesse derselben zu binden. Hier wird die internationale Gemeinschaft Rahmenbedingungen schaffen müssen, die es unmöglich machen, dass die realwirtschaftlichen Zusammenhänge wie auch die Staatsfinanzierung weiterhin der entfesselten Eigendynamik des Finanzsektors ausgeliefert bleiben.

Wie auch immer sich diese Entwicklungen gestalten werden, eine nicht hoch genug einzuschätzende Begleiterscheinung dieses Wandels ist die unvermeidliche Steigerung der Binnenkomplexität von

Organisationen. Die heutige und noch mehr die künftige Welt der Organisationen ist zu einer von keiner Stelle aus mehr kontrollierbaren Aufgabenvielfalt auseinandergezogen. In dieser Welt wird an vielen Stellen von den Funktionsträgern erwartet, dass sie einen eigenständigen Blick auf die jeweils anstehenden Erfordernisse entwickeln und ihre Aktivitäten vor diesem Hintergrund eigenverantwortlich frei wählen. Diese organisationsinternen Komplexitätsbedingungen erzwingen einen primär horizontal ausgerichteten Abstimmungs- und Koordinationsaufwand, der die tradierten hierarchischen Kommunikations- und Steuerungsmuster total überfordert. Es zählt deshalb zum Kerngeschäft eines den heutigen Verhältnissen angemessenen Führungsverständnisses, Kommunikationssettings zu schaffen, in denen in horizontalen Aushandlungsprozessen situativ tragfähige Lösungen für die eingebauten Zielkonflikte gefunden werden können. Wir brauchen heute im Umgang mit Widersprüchen erprobte Organisationen, »die ein hohes Maß an Umweltkomplexität erfassen und reduzieren können, in dem sie eigene Komplexität aufbauen« (Baecker 1999, S. 22). Nur durch diese spezifische »Paradoxietauglichkeit« können sie ihre Antwortfähigkeit unter den gegebenen gesamtgesellschaftlichen Rahmenbedingungen aufrechterhalten bzw. immer wieder erneuern.

Die geschilderten Entwicklungsrichtungen berühren ganz gewiss nicht nur Unternehmen, die sich ohnehin fast alle in einem globalisierten Wirtschaftssystem mit seiner gesteigerten Krisenanfälligkeit werden bewähren müssen. Auch die Organisationen der öffentlichen Verwaltung, der Politik, des Gesundheitswesens, der sozialen Fürsorge sowie des Wissenschaftssystems sind in diesen Sog der Veränderung mit hineingezogen worden. Selbst die Kirchen und Religionsgemeinschaften können diesen neuen Herausforderungen offensichtlich immer weniger ausweichen. Alle stehen sie unter einem erheblichen Existenzdruck und müssen ihre Daseinsberechtigung angesichts einer verschärften öffentlichen Beobachtung unter Beweis stellen.

Es zählt zu den erkenntnisleitenden Thesen der in diesem Buch zusammengefassten Arbeiten, dass wir angesichts dessen, was unseren etablierten Organisationen gesellschaftlich ins Haus steht, noch nicht über ein Begriffsinstrumentarium verfügen, das es uns ermöglichen würde, die ingang befindlichen Entwicklungen und die sich damit herauskristallisierenden künftigen Verhältnisse realitätsangemessen zu erfassen. Die Problembeschreibungen von Organisationsherausforderungen, wie sie beispielsweise von den großen Beratungsunternehmen in periodischen Abständen angeboten werden, »tragen alle Züge forcierter Einseitigkeit« (Luhmann 1989, S. 17). Hier wird jeweils ein Aspekt der Veränderungsdynamik herausgegriffen und verabsolutiert. So entstehen die Moden des Managements, die in der Zwischenzeit allerdings bereits viel an ihrer früheren Sogwirkung eingebüßt haben. Was den heutigen Auseinandersetzung um den grundlegenden Entwicklungsbedarf von Organisationen vielfach fehlt, ist eine komplexitätstaugliche Theorie derselben und ihrer Veränderbarkeit eingebettet in eine Gesellschaftstheorie, die diesen Namen verdient. So werden Organisations- und Führungsphänomene zumeist immer noch mit Begriffen, mit einer Semantik belegt, die zeigt, dass die zugrundeliegenden mentalen Modelle mit weit zurückliegenden Verhältnissen korrespondieren. Im Umgang mit der Bewältigung organisierter Komplexität ringen wir immer noch mit der erstaunlichen Differenz zwischen der beobachtbaren sprachlichen Fassung der eigenen organisationalen Realität und den tatsächlichen bereits ingang gesetzten Strukturen und Prozessen, die längst einen anderen Typus von Organisation spiegeln. Die Praxis ist unserem alltäglichen Denken über Führung und Organisation in der Regel weit voraus.

Das vorliegende Buch geht von der Annahme aus, dass die Theoriefiguren und Denkkonzepte der neueren Systemtheorie nach wie vor geeignet sind, die erforderlichen Beschreibungsmöglichkeiten für die hier angesprochenen Veränderungen zu mobilisieren. Wer systemtheoretisch unterwegs ist, fokussiert sich nicht in erster Linie auf die beobachtbaren Defizite organisationaler Istzustände. Er verfolgt demgegenüber Theorieanstrengungen, die darauf gerichtet sind zu fragen, wie es angesichts der im Moment anzutreffenden gesellschaftlichen Herausforderungen möglich ist, Organisationen so auszurichten, dass überhaupt regelmäßig erwartbare Leistungen zustande kommen. Wie wird das an sich Unwahrscheinliche erwartbar? Systemtheoretisch Interessierte wollen die jeweils vorgefundene Realität verstehen, indem sie ihr Zustandekommen als eine eher unwahrscheinliche Lösung für erst zu entschlüsselnde Problemstellungen konzipieren. Diese funktionale Denkweise erschließt dem Beobachter Beschreibungsmöglichkeiten, die gegenüber den eingespielten Konstruktionsmustern organisationaler

Wirklichkeit ein spezifisches Überraschungs- und Irritationspotenzial bereit halten.

Dieses Potenzial erachten wir für die professionelle Weiterentwicklung organisationsbezogener Beratungsdienstleistungen von eminenter Bedeutung. Denn die aktuellen Beobachtungen und Erfahrungen lassen die Annahme begründet erscheinen, dass es einen kontinuierlich wachsenden Markt für Beratungsleistungen gibt, der jenseits der klassischen Fixierung auf Experten- und Prozessberatung angesiedelt ist. Dieser Bedarf wird von Führungsverantwortlichen artikuliert, die in der Tendenz mit einem »postheroischen Führungsverständnis« (Baecker i. Vorb.) operieren, die ihr Rollenverständnis in dieser Richtung umgebaut haben und nun auf der Suche nach Beratung sind, die für dieses Verständnis ein komplexitätsadäquates Gegenüber abgibt, ein Gegenüber, das in der Lage ist, die unterschiedlichen Problemdimensionen des Kundensystems in einem integrierten Bearbeitungsprozess gemeinsam mit dem Kunden einer nachhaltig tragfähigen Lösung zuzuführen. Dieses beraterische Gegenüber versteht sich demnach als Entwicklungsimpulse setzende Begleitung von Organisationen, die mit Hilfe dieser Koevolution ihr Repertoire zur Bearbeitung komplexer Problemstellungen eigenverantwortlich erweitern. In diesem Sinne ist Beratung darauf spezialisiert, den Prozess der Selbsttransformation hochkomplexer Sozialsysteme in all seinen Phasen gezielt zu begleiten. Wir nennen diese Weiterentwicklung der systemischen Organisationsberatung in einer vorläufigen Terminologie den »3. Modus der Beratung«, weil hier die tradierten Denkweisen, Grundüberzeugungen und Lösungsmuster der Fach- und Prozessberatung verlassen und in einer neuen Form von Beratung »aufgehoben« werden (Wimmer 2010). Die hier zusammengestellten Arbeiten zeichnen den Weg nach, der in fast zwei Jahrzehnten beschritten wurde, um sich dem Phänomen Organisation in seinen unterschiedlichen Dimensionen zu nähern und die dafür geeigneten Möglichkeiten von Beratung auszuloten.

Entwicklungstrends in Wirtschaft und Gesellschaft – Mögliche Auswirkungen auf den Beratermarkt[1]

Gewitterwolken am Horizont der Beraterbranche?

Mir ist kaum ein anderer Wirtschaftszweig bekannt, der in den vergangenen drei Jahrzehnten auf eine so ungebrochen dynamische Wachstumsentwicklung zurückblicken kann, wie das bei den organisationsbezogenen Beratungsdienstleistungen der Fall ist. Durchschnittliche Wachstumsraten in zweistelliger Höhe pro Jahr waren bei vielen Firmen keine Seltenheit, und dies kontinuierlich über viele Jahre hinweg. Vor allem die 1990er-Jahre zeichneten sich durch einen ganz außergewöhnlichen Boom aus, der allerdings nicht nur die quantitative Seite des Angebotes betraf, sondern auch zu einer weiteren Ausdifferenzierung des Dienstleistungsangebotes gegenüber Organisationen im Allgemeinen, speziell aber gegenüber Unternehmen führte. Laut einer Statistik des Bundes deutscher Unternehmensberater (BDU) belief sich 2001 der Umsatz der unternehmensbezogenen Beratungsdienstleistungen auf insgesamt 12,9 Mrd. Euro. 1995 waren es noch 7,2 Mrd. Euro.Ein Blick auf den gesamten europäischen Markt zeigt die Wachstumsdynamik noch etwas dramatischer. 13,7 Mrd. Euro im Jahre 1995 stehen 42,5 Mrd. Euro im Jahre 2000 gegenüber (Quelle: FEACO). Diese beindruckende Expansion bestätigt frühere Prognosen, die Europa im Vergleich zu den USA in dieser Branche noch ein erhebliches Wachstumspotenzial bescheinigt hatten. Auf der Anbieterseite ist dieser Markt hoch fragmentiert.

1 Zuerst veröffentlicht in: H. Lobnig, J. Schwendenwein, L. Zsacek (Hrsg.) (2003): Beratung in der Veränderung. Grundlagen, Konzepte, Beispiele. Wiesbaden (Gabler), S. 13–32.

Der BDU spricht für Deutschland zurzeit von ca. 14 500 Beratungsunternehmen, in denen insgesamt mehr als 70 000 Berater und Beraterinnen beschäftigt sind. Mehr als zwei Drittel davon sind Klein- und Kleinstunternehmen mit weniger als zehn Personen, die einen Marktanteil von lediglich 16,2 % unter sich aufteilen. Dominiert wird diese Branche von einigen großen, zumeist international tätigen Beratungsgesellschaften, deren Markennamen auch die öffentliche Diskussion prägt. So beherrschen die Top 40 knapp 50 % des Marktes in Deutschland. 36 % aller Berater und Beraterinnen sind in diesen Firmen beschäftigt. Der Umsatz pro Berater ist bei diesen großen, durchweg bekannten Namen fast doppelt so hoch, als dies bei der Masse der Kleinstunternehmen und freiberuflich tätigen Beratern der Fall ist. Diese Zahlen deuten darauf hin, dass sich auf diesem Markt in Bezug auf die zu realisierenden Tagessätze pro Berater eine extreme Spannbreite eingespielt hat, die wohl auf die unterschiedlichsten Faktoren zurückgeführt werden kann. Die letztlich ausschlaggebenden Mechanismen der Preisbildung zu erforschen wäre eine eigene Untersuchung wert. Zweifelsohne spielen Reputation, Unternehmensgröße und das bevorzugte Beratungssegment eine herausragende Rolle.

Wie kommt das klassische Segment der Prozessberatung (mit unterschiedlichen professionellen Hintergründen: ob der OE-Tradition verpflichtet mit ihren eher gruppendynamischen Zugängen oder dem inzwischen weiten Feld der systemischen Organisationsberatung zugeordnet) in diesem Gesamtkontext vor? Spielt diese Szene, die im deutschsprachigen Raum seit den späten 1960er-Jahren doch eine erhebliche Ausbreitung erfahren hat, auf dem Markt für organisationsbezogene Beratungsdienstleistungen überhaupt eine nennenswerte Rolle? Es gibt dafür leider keine verlässlichen Zahlen, was zweifelsohne mit dem hohen Grad an Zersplitterung und Vereinzelung dieser professionellen Szene zusammenhängt. Dieser Beratungsrichtung entspricht überwiegend die freiberufliche Existenzform oder der Zusammenschluss in losen Netzwerken bzw. in teamförmigen Firmenkonstellationen. Eigenen Schätzungen zufolge dürften im deutschsprachigen Raum ca. 3000 bis 4000 Personen diesem Beratungssegment zuzurechnen sein, die ihren Lebensunterhalt überwiegend mit organisationsbezogenen Beratungsdienstleistungen erwirtschaften (wobei hier die Grenzen zum therapeutischen Bereich manchmal fließend sind). Legt man den durchschnittlichen Jahresumsatz pro Person zugrunde (134 000 Euro), wie er vom BDU für die kleineren Beratungsfirmen errechnet worden ist, so kommt da ein Marktanteil von ca. 3 bis 4 Prozent heraus. Man kann davon ausgehen, dass diese Nische prozentuell schon mal etwas größer war, weil die Prozessberatungsszene aller Wahrscheinlichkeit nach nicht in dem Ausmaß gewachsen ist, wie dies in den 1990er-Jahren bei den klassischen Unternehmensberatungen, die auf ihre inhaltliche Expertise setzten, der Fall war. Für ein ähnlich rasches Wachstum ist der Professionalisierungsweg in dieser Nische in aller Regel viel zu langwierig und verschlungen. Erstaunlich ist, dass es die Prozessberatungsszene, ungeachtet ihres relativ bescheidenen Marktanteils, geschafft hat, sich in der fachlichen Öffentlichkeit (in den Wirtschaftsmedien, in der Beratungsforschung, mit eigenen Publikationen) einen überproportional starken Namen zu machen, allerdings deutlich weniger angedockt ans Top-Management, sondern überwiegend an organisationsinterne OE- und PE-Spezialisten.

Über dieser bislang heilen Beraterwelt tauchen seit Mitte 2001 erstmals bedrohliche Gewitterwolken auf. Die Wachstumsdynamik hat im Jahr 2001 eine deutliche Verlangsamung erfahren. Im Segment der kleinen Firmen ist sogar ein Schrumpfen beobachtbar. Aber auch die Großen haben heftig zu kämpfen, auch wenn sie dies nach außen nicht sichtbar werden lassen. Erstmals wird von Freisetzungen gesprochen. Die normal hohe Fluktuation wird nicht im gewohnten Maße nachbesetzt, Leute werden scharenweise auf Sabbaticals geschickt, der Preiskampf beim Kunden ist um vieles härter geworden. Auch die Großen entdecken jetzt den Mittelstand, eine Klientel, die sie bislang eher gemieden haben. Die Wettbewerbssituation hat sich 2001 für Beratungsunternehmen erheblich verschärft. Was ist passiert?

Zum ersten Mal in ihrer jungen Geschichte profitiert die Beratungsbranche nicht von einem konjunkturellen Wellental, ganz im Gegenteil, sie bekommt dieses Tal selbst zu spüren. Es ist unverkennbar, dass vor allem die „beratungsverwöhnten“ Großunternehmen ihre Beratungsbudgets zum Teil drastisch reduzieren. Das Geld sitzt gerade dort, wo in der Vergangenheit die großen Umsätze möglich waren, offensichtlich nicht mehr so locker. Daimler-Chrysler hatte noch im Jahre 2000 einen externen Beratungsaufwand von mehr als 1 Mrd. DM.

Jetzt wird auf diesem Gebiet mit aller Kraft gespart. Die Vergabe von Beratungsaufträgen wird einem streng kontrollierten „Einkaufsprozess" unterworfen, für den spezifische Gütekriterien entwickelt werden. Die Projektvolumina sind dramatisch geschrumpft.

Wie lässt sich dieses Phänomen erklären? Die Optimisten sprechen von einer vorübergehenden Sparwelle. In der tief verunsicherten wirtschaftlichen Gesamtlage des Jahres 2002 optimieren alle Unternehmen ihre Kostensituation. In den meisten Branchen wartet man mit etwas riskanteren Vorhaben ab, bis die Wachstumsperspektiven wieder kalkulierbarer werden. Angesichts der anhaltenden Turbulenzen auf den Kapitalmärkten und angesichts der offensichtlichen konjunkturellen Wachstumsschwäche sowohl der europäischen wie der US-amerikanischen Wirtschaft sei es nur verständlich, dass die Unternehmen äußerst vorsichtig investieren. Dies trifft eben auch die Aufwendungen für externe Beratungsdienstleistungen. Wenn sich die allgemeine Zuversicht in den wirtschaftlichen Aufschwung wieder festigt, dann wird sich die gewohnte Wachstumsdynamik im Beratungsgeschäft wohl wiederum einstellen.

Es ist dies ein durchaus mögliches Zukunftsszenario. Es gibt allerdings auch eine Reihe von Anzeichen, die darauf hindeuten, dass wir es mit einem ernsteren Strukturwandel in der Beraterbranche zu tun haben. Was ist damit gemeint?

Wenn wir auf die letzten drei Jahrzehnte des vergangenen Jahrhunderts zurückblicken, die auf das Wirtschaftswunder der Wiederaufbauphase nach dem Zweiten Weltkrieg folgten, dann war dieser Zeitraum von unterschiedlichen Schwerpunktsetzungen in dem Bemühen um kontinuierliche Produktivitätssteigerungen geprägt. Bis in die späten 1980er-Jahre dominierten Rationalisierungsanstrengungen, die in erster Linie auf eine Verbesserung der Produktionsprozesse im engeren Sinne abzielten. Andere Leistungsprozesse im Unternehmen (wie etwa der Vertrieb, F & E oder die immer rascher wachsenden unternehmensbezogenen Stabsbereiche) waren in der Regel diesem ständigen Rationalisierungsdruck, der sich in einer fortschreitenden Automatisierung äußerte und zu einer weiteren Perfektionierung der „fordistischen" Produktionsweise führte, nicht unterworfen. Freilich unterzogen sich viele Unternehmen periodisch irgendwelchen Gemeinkostensenkungsprogrammen, die aber an ihrer organisatorischen Grundarchitektur zumeist nicht rüttelten.

Bei diesem Grundmuster des Produktionsgeschehens selbst waren mit Beginn der 1990er-Jahre keine großen Wertschöpfungspotenziale mehr zu gewinnen. Konsequenterweise entdeckte man nun das Unternehmen als Gesamtsystem in der Vielzahl seiner miteinander vernetzten Geschäftsprozesse als Gegenstand der Veränderung. Es setzten Bemühungen ein, die man heute gerne unter dem Begriff der „systemischen Rationalisierung" zusammenfasst (vgl. etwa Deutschmann et al. 1995). Die neue Qualität dieses Rationalisierungsschubes bestand genau darin, dass damit die organisatorische Grundarchitektur eines Unternehmens plötzlich zur Disposition stand: Das Prinzip der funktionalen Gliederung mit seinen eingespielten hierarchischen Koordinationsmechanismen mußte dem Bauprinzip der Selbstähnlichkeit weichen. Es setzte sich das Primat der Geschäftsgliederung durch, d. h., es entstanden unternehmerisch weitgehend selbstverantwortliche Subeinheiten, aus der Perspektive interner bzw. externer Kunden heraus segmentiert rund um gut abgrenzbare „Geschäfte", die sich in der strategischen Positionierung als zukunftsfähig erwiesen haben (vgl. Wimmer 1995a). Mit diesem Wechsel in der organisationsbezogenen Differenzierungslogik gerieten die historisch gewachsenen Führungsstrukturen und ihre Supporteinheiten (die internen Stäbe) unversehens in den Mittelpunkt des Gestaltungsinteresses. Ganze Führungsebenen wurden gestrichen, Stabsbereiche aufgelöst bzw. in die Geschäftsfelder reintegriert, bestimmte interne Dienstleistungen gebündelt, fallweise auch outgesourct. Mit dieser Phase der Produktivitätsentwicklung stellten sich die Unternehmen in ihrer jeweiligen organisatorischen Verfasstheit dauerhaft zur Disposition. Mit der Bewältigung dieser permanenten Anforderung, auf veränderte Marktgegebenheiten bzw. auf neue strategische Herausforderungen mit radikalen Organisationstransformationen zu reagieren, haben Unternehmen bis zum heutigen Tage schwer zu kämpfen. Mit in diese Phase der systemischen Rationalisierung gehören aber auch jene Anstrengungen, die darauf abzielen, die Optimierung von Geschäftsprozessen auf alle relevanten Glieder der Wertschöpfungskette auszudehnen, d. h. Lieferanten und auch Kunden verstärkt miteinzubeziehen. Damit entstanden und entstehen immer noch unternehmensübergreifende Wertschöpfungsnetzwerke, in denen ernsthafte Produktivitätszugewinne nur mehr gemeinsam zu lukrieren sind. Wohl eine Variante dieser die eigenen Grenzen transzendierenden Rationalisierungsanstrengungen stellen alle jene Fusionen und Zusammenschlüsse dar, die primär vom Synergiegedanken angetrieben sind. Allerdings haben die Praxis sowie die darauf bezogenen Evaluationsstudien bislang eindeutig gezeigt, dass bei Fusionen die in der Regel überzogenen Synergieerwartungen durchweg massiv enttäuscht worden sind (vgl. Jansen 2001, 2002), eine Erfahrung, die fusionswillige Unternehmen wahrscheinlich auch künftig nicht davon abhalten wird, der Autosuggestion riesiger Synergiepotenziale zu erliegen.

Die beschriebenen Wellen in der Schwerpunktsetzung bei Produktivitätssteigerungsbemühungen waren in den zurückliegenden Jahren begleitet und zum Teil auch selbst vorangetrieben von den führenden Beratungsunternehmen dieser Welt. Deren außergewöhnliches Wachstum ist unmittelbar mit den sich abwechselnden Zyklen immer neuer Aussichten auf Produktivitätszugewinne verbunden. In diesem spannenden koevolutionären Prozess von produktivitätsgetriebener Unternehmensentwicklung auf der einen Seite und der Ausprägung eines dazu passenden Kranzes an externen Dienstleistungen auf der anderen Seite spielten Berater eine mehrfache Rolle. Zum einen waren sie gleichsam jene Metabeobachter dieses ubiquitären Prozesses in einer an Wettbewerbsintensität gewinnenden, globalisierten Wirtschaft, die aus dieser privilegierten Beobachterrolle heraus, unterstützt durch die einschlägigen Medien, die jeweils einzuschlagende Entwicklungsrichtung definierten. Aus den Beratungsunternehmen heraus rekrutierten sich quasi die „Modeschöpfer" der Modernisierungsrichtungen. Sie schufen jene abwechselnd Prominenz gewinnenden Leitbegriffe und Veränderungskonzepte, die den Managern in den Unternehmen eine legitimationskräftige Sprache für ihre Veränderungsvorhaben lieferten. Bis zu einem gewissen Grade spielt sich der Reputationswettbewerb zwischen den Beratungsfirmen genau um die Definitionsmacht dessen ab, was in den Unternehmen zur Steigerung ihrer Wettbewerbsfähigkeit gerade angesagt ist (zu den Moden im Management vgl. Kieser 1981, 1985, 1996, und Jansen 2001, 2002). Dieser Wettbewerb um die Kreationsfähigkeit von Managementmoden erklärt zum Teil jedenfalls auch ihren immer kürzer werdenden Lebenszyklus.

Zum anderen gelang es den renommierten Beratungsunternehmen auch, sich vor allem im Top-Management eine Autoritätszuschreibung zu verschaffen, die in ihrem Kern darauf hinauslief, dass die jeweils angestrebten ehrgeizigen Produktivitätsziele und die dafür geeigneten Veränderungsvorhaben ohne professionelle Beratungsunterstützung von außen nicht ernsthaft zu haben sind. Diese in der Vergangenheit außergewöhnlich erfolgreiche Positionierung insbesondere der klassischen Unternehmensberatung als unverzichtbare Kompetenzträger zur Unterstützung der wechselnden Unternehmensentwicklungsziele der jeweils machtmäßig relevanten Entscheidungsträger in den Unternehmen (vielfach gegen den Widerstand der nächsten Führungsebenen) bildete das eigentliche Fundament der bisherigen Wachstumsdynamik dieser Branche.

Die zu Zeit beobachtbaren Irritationen am Beratermarkt könnten ein Indiz dafür sein, dass diese bislang weitgehend fraglos funktionierende Koevolution zwischen unternehmensbezogener Produktivitätsentwicklung und den relevanten Spielern am Beratermarkt zurzeit gerade einer tiefergehenden Veränderung unterworfen ist. Der Musterwechsel ist möglicherweise darin zu sehen, dass gerade jene externen Dienstleister, an die bislang die Haupterwartungen hinsichtlich der Unterstützung von Rationalisierungsanstrengungen gerichtet waren und in die deshalb relativ großzügig investiert worden ist, dass also genau diese Geschäftsbeziehungen nun selbst zum Gegenstand einer wesentlich genaueren Prüfung der dadurch tatsächlich erzielbaren Wertschöpfung werden. Es spricht einiges dafür, dass wir uns insgesamt in eine neue Periode der Produktivitätsauseinandersetzung hineinbewegen, die zunächst davon gekennzeichnet ist, dass gerade jene Unternehmen, die in den 1980er- und 1990er-Jahren in ihren Weiterentwicklungsanstrengungen die intensivsten Beratungserfahrungen gemacht haben und besonders hohe Erwartungen in diese Zusammenarbeit gelegt hatten, dass diese Unternehmen jetzt damit beginnen, ihre Investitionen auf diesem Gebiet wesentlich genauer auf ihren tatsächlich erwartbaren Wertschöpfungsbeitrag hin zu überprüfen. Mit anderen Worten, die von den Beratern bislang auf andere Geschäftsprozesse angewendeten Grundgedanken werden nun von den Unternehmen auf die Beratungsbeziehung selbst angewendet. Die Nutzung von Beratungsleistungen (gerade auch der managementnahen) wird reflexiv. Diese Art von Selbstbezüglichkeit hat zur Folge, dass Beratung (bislang geschützt durch ihre enge Koalition mit den relevanten Entscheidungsträgern) ihre privilegierte Position als verdeckter Profiteur der Produktivitätsanstrengungen ihrer Kunden zu verlieren beginnt.

Gestützt durch die ziemlich ernüchternden Erfahrungen der jüngsten Zeit geraten nun auch diese letzten bislang weitgehend ausgeklammerten Geschäftsbeziehungen unter das allgemeine Diktat produktivitätsorientierter Wertsteigerung. Auer die hier diskutierten organisationsbezogenen Beratungsdienstleistungen trifft dieser Musterwechsel vor allem auch die Software- und IT-Branche. Das Ende der E-Businesseuphorie hat das Pendel vielfach in die andere Richtung zurückschlagen lassen. Der Glaube an die ultimativen Produktivitätssprünge durch innovative IT-, insbesondere Internetlösungen, ist einem neuen Realismus gewichen. Dies zeigt sich an den zum Teil dramatisch rückläufigen Auftragsvolumina vieler der einschlägigen Dienstleistungsunternehmen. Ähnlich betroffen ist die gesamte Werbebranche, die auch seit Beginn des Jahres 2001 mit einer überraschend hohen Investitionszurückhaltung ihrer Kunden zu kämpfen hat, ein Umstand, den vor allem jene Medien, die auf ein kontinuierlich wachsendes Anzeigenvolumen angewiesen sind, drastisch zu spüren bekommen. Auch hier stellt sich für den Beobachter die Frage, ob es sich bei diesem deutlichen Rückgang der Investitionsneigung um ein konjunkturell bedingtes Phänomen handelt (man spart halt in schwierigen Zeiten relativ einfach am Marketingbudget) oder ob sich nicht doch auch ein grundsätzlicher Musterwechsel andeutet, der diese Art von Aufwendungen noch viel stärker als bislang grundsätzlich auf den Prüfstand stellt. Im Moment ist diese Frage noch nicht mit ausreichender Sicherheit beantwortbar; zu ungewiss sind die aktuelle Gesamtlage der Weltwirtschaft und ihre erwartbare Entwicklungsrichtung. Damit dieser Hintergrund noch besser eingeordnet werden kann, soll im Folgenden etwas ausführlicher auf die Frage eingegangen werden, welcher Entwicklungsdynamik der Finanzsektor zurzeit weltweit unterliegt und welche Auswirkungen diese Dynamik auf die Wettbewerbsbedingungen von Unternehmen wahrscheinlich haben wird. Wir rücken den Finanzsektor deshalb in den Mittelpunkt der Betrachtung, weil wir davon ausgehen, dass die Art und Weise, wie Unternehmen in ihrem Kapitalbedarf an den Finanzsektor gekoppelt sind, derzeit einem grundlegenden Wandel unterworfen ist. Wir vermuten, dass von diesem Wandel ein prägender Einfluss auf die Möglichkeiten und Grenzen künftiger Unternehmensentwicklung ausgehen wird.

Das Verhältnis von Real- und Finanzwirtschaft hat sich grundlegend gedreht

Um diesen Blick auf die aktuellen Eigenheiten des gesellschaftlichen Funktionssystems Wirtschaft zu schärfen, greifen wir auf eine gebräuchliche Unterscheidung der ökonomischen Theorie zurück, nämlich auf die Unterscheidung zwischen Real- und Finanzkapital, um einige aktuell überaus bedeutsame Veränderungen in den wirtschaftlichen Grundstrukturen unserer Gesellschaft beschreibbar zu machen (vgl. dazu wesentlich ausführlicher Schulmeister, 1998). Wir blenden dabei die wichtige Rolle des Faktors Arbeit und seiner Verhandlungsstärke aus Gründen der Übersichtlichkeit aus, ohne diese Rolle im Gesamtkontext der gesellschaftlichen Entwicklung unterschätzen zu wollen.

Was markiert die Unterscheidung zwischen Real- und Finanzkapital? Realkapital meint jene Vermögenswerte, die in die Leistungsfähigkeit von Unternehmen zur Bereitstellung von Produkten und Dienstleistungen investiert worden sind, um damit Erträge zu erwirtschaften, die die Fortführung der Unternehmen auch künftig ermöglichen. Die Bildung des Realkapitals erfolgt teilweise durch die seitens der Eigentümer zur Verfügung gestellten Mittel (diese werden damit üblicherweise zum Eigenkapital des Unternehmens), teilweise erfolgt die Finanzierung über Fremdmittel (im Mittelpunkt steht hier immer noch der klassische von Banken zur Verfügung gestellte Firmenkredit). Während in Europa im Verhältnis von Eigen- und Fremdmittel traditionellerweise eine deutliche Schlagseite in Richtung Fremdkapital vorherrscht, ist in den USA dieser bankkreditbasierte Teil seit jeher zugunsten „fremden" Eigenkapitals (d. h. Aktien, unterschiedliche Formen der Beteiligung etc.) deutlich kleiner. Die Finanzschulden der Unternehmen (letztlich aber auch die anderer Kreditnehmer, wie dies Staaten und Gebietskörperschaften sind) stellen sozusagen als Kehrseite des Realkapitals das Finanzkapital in der Hand der Gläubiger dar, die diese Mittel mit der Erwartung investieren, dass daraus angemessene Zinserträge erwachsen. Institutionell steht der Begriff Gläubiger im Großen und Ganzen für den Banken- und Sparkassensektor und vergleichbare Unternehmen der Finanzdienstleistungsbranche, die traditionellerweise ihre Erträge mit der gekonnten Bewirtschaftung der Risiken von Veranlagungen (vornehmlich der Ersparnisse privater Haushalte) und von Ausleihungen (vornehmlich an Unternehmen) erzielen (vgl. Baecker 1991). Zwischen diesen beiden Kapitalformen zu unterscheiden hat schon deshalb Sinn, weil sie miteinander in einem ständigen Interessenkonflikt leben. Unternehmen, die ihre Erträge im realwirtschaftlichen Kontext erwirtschaften, sind sehr an günstigen Finanzierungsbedingungen interessiert (d. h. an niedrigen Realzinsen, an stabilen Wechselkursen und an keiner Überbewertung der eigenen Währung). Unternehmen im Finanzsektor wünschen sich dagegen eine hohe Zinsspanne bei möglichst niedrigem Ausfallsrisiko, eine Hochbewertung jener Währung, in der sie ihr Finanzkapital angelegt haben und überdies instabile Devisen- und Kapitalmärkte. Denn je stärker die Kurse schwanken, desto größer sind die potenziellen Spekulationsgewinne. Es ist klar, dass Real- und Finanzkapital auf subtile Weise miteinander verkoppelt sind, dass aber die Art der Verknüpfung mit darüber entscheidet, in welcher Spähre der Wirtschaft welche Ertragschancen realisiert werden können.

Wir operieren deshalb im Folgenden mit der These, die Stephan Schulmeister (1998) im Detail näher ausgearbeitet hat, nämlich dass sich die Einflußrelation dieser beiden Erscheinungsformen von Kapital zueinander in den Jahrzehnten seit dem Zweiten Weltkrieg grundlegend geändert hat.

Das entscheidende Strukturmerkmal der ersten beiden Jahrzehnte der Wiederaufbauphase lag wohl in der besonderen Art und Weise, wie die Realwirtschaft in ihrer Wachstumsdynamik mit dem Finanzsektor zusammenspielte. Eine bestimmende Rolle nahmen dabei die Zinsen für jene Fremdmittel ein, die die Unternehmen für ihre Wachstumsinvestition in hohem Maß benötigten. Zwischen 1950 und 1965 lag dieser Zinssatz in den wichtigsten Industrieländern um etwa 3 Prozent unter der Wachstumsrate. Diese über einen längeren Zeitraum relativ stabile Konstellation förderte das kontinuierliche Wachstum der Unternehmen in der Realwirtschaft im Vergleich zum Finanzsektor aus zwei Gründen. Erstens ist das Ertragspotenzial in Aussicht genommener Investitionen in die Produktion von Gütern und Dienstleistungen umso größer, je höher die (erwartete) gesamtwirtschaftliche Wachstumsrate über dem (erwarteten) Zinssatz liegt. Zweitens können umso mehr Investitionsvorhaben durch Kreditaufnahme (d. h. durch Verschuldung) finanziert werden, je geringer die Finanzierungskosten für vergangene, schon getätigte Investitionen sind. Der Wachstumsprozess der Gesamtwirtschaft in dieser Periode war somit dadurch charakterisiert, dass die Überschüsse der privaten Haushalte (d. h. ihre Spareinlagen bei den Banken) auf dem Weg über die Kreditaufnahmen der Unternehmen direkt in ein wachsendes bzw. produktiveres realwirtschaftliches Leistungsvermögen von Unternehmen transformiert wurden. Die beschriebene Konstellation, begleitet von stabilen Wechselkursen, einer relativ geringen Inflationsrate und einer erst in den 1960er-Jahren moderat ansteigenden Lohnquote, ermöglichte ein stetiges und gleichzeitig so hohes Wirtschaftswachstum, „dass in den europäischen Industrieländern bereits Anfang der sechziger Jahre Vollbeschäftigung erreicht wurde" (Schulmeister 1998, S. 7). Die Politik der Notenbanken unterstützte die Stabilität dieser Konstellation nicht unwesentlich. Diese sorgten dafür, dass sich das unternehmerische Gewinnstreben vornehmlich auf realwirtschaftliche Investitionen richtete, indem sie die Zinssätze auf niedrigem, unter der Wachstumsrate liegendem Niveau stabilisierten.

Paradoxerweise waren es gerade die Erfolge des Wirtschaftswunders nach dem Krieg, die eine Transformation der beschriebenen gesamtwirtschaftlichen Konstellation einleiteten (eine längere Periode der Vollbeschäftigung, ein erhebliches Anwachsen des Finanzvermögens, eine sich abzeichnende Sättigung des Marktes in einigen Branchen und damit verbunden eine Intensivierung der Wettbewerbsauseinandersetzung; die Überbewertung des US-Dollar als Weltleitwährung benachteiligte zusehends die internationalen Wettbewerbschancen der amerikanischen Wirtschaft etc.). Die Zeit der späten 1960er- bis in die frühen 1980er-Jahre war deshalb geprägt von einer schrittweisen Umformung jener gesamtwirtschaftlichen Rahmenbedingungen, die die ersten Jahrzehnte nach dem Krieg geprägt hatten. Dieser Transformationsprozess wurde begleitet und unterstützt durch einen Paradigmenwechsel in der wirtschaftswissenschaftlichen Grundausrichtung. Als dominierende Werte und Denkhaltungen begannen sich mehr und mehr durchzusetzen: ein Zurückdrängen der Rolle des Staates; ein Infragestellen des Keynesianismus; eine Kritik am Wohlfahrtsstaat und der wachsenden Staatsverschuldung; die Bekämpfung der Inflation als wichtigstes wirtschaftspolitisches Ziel; die Deregulierung des Finanzsektors, d. h. ein Übergang von stabilen zu instabilen Wechselkursen und Zinssätzen.

Es ist natürlich nicht möglich, einzelnen Ereignissen dieser Übergangsperiode eine direkte kausale Wirkung für die Transformation des Verhältnisses von Finanz- und Realkapital zuzuordnen. Einige markante Einschnitte seien jedoch kurz erwähnt. Anfang der 1970er-Jahre kam es zum Zusammenbruch des Systems fester Wechselkurse. Die Abkehr von den Festlegungen von Bretton Woods destabilisierte in der Folgezeit das Währungsgefüge, ein Umstand, der all jenen Finanzaktivitäten enormen Auftrieb gab, die die damit verbundenen Risiken geschäftlich ausbeutbar machten. Zwei ausgeprägte Abwertungen des US-Dollar am Beginn und am Ende dieses Jahrzehntes und die damit in Verbindung stehenden massiven Ölpreiserhöhungen (Stichwort „Ölschock") veränderten die Wettbewerbsbedingungen der Unternehmen in der Realwirtschaft auf eine ganz einschneidende Weise. Wirtschaftspolitisch wurden diese Veränderungen begleitet durch einen Übergang zu einer monetaristisch motivierten Hochzinspolitik. Die Hintergrundfolie für diesen Prozess gab eine schrittweise Verlagerung wichtiger wirtschaftspolitischer Funktionen vom Staat auf die Notenbanken ab. Damit waren am Beginn der 1980er-Jahre gesamtwirtschaftliche Konstellationen entstanden, die das Wachstum der Realwirtschaft dämpften – der Produktivitätsdruck auf die Unternehmen war deutlich gestiegen –, die das der Finanzmärkte dagegen kräftig anheizten. Dieser Transformationsprozess fand in einem volkswirtschaftlichen Steuerungsparameter seinen ganz besonders folgenschweren Ausdruck: Der Zinssatz lag erstmals in der Nachkriegszeit permanent über der Wachstumsrate. Dieser Umstand zeigte für die Unternehmen wie auch für den Staat seine je eigentümlichen Folgen. Aufseiten der öffentlichen Hand ließ diese Konstellation die Budgetdefizite kontinuierlich steigen. Ihre historisch gewachsene Aufgaben- und Ausgabenstruktur stammte aus einer anderen Periode. „Ein dauernd über der Wachstumsrate liegendes Zinsniveau macht den Sozialstaat langsam, aber sicher unfinanzierbar" (Schulmeister 1998, S. 12). Dementsprechend erleben wir seit fast zwei Jahrzehnten die politischen Auseinandersetzungen um die Rolle des Staates, um die Grenzen seiner Budgetverschuldung, um die Dichte des Netzes sozialer Sicherungssysteme etc. Aufseiten der Unternehmen war durch die beschriebene Konstellation erstmals die Chance entstanden, die erwirtschafteten Erträge profitabler im Finanzsektor zu reinvestieren als in der Realwirtschaft. Diese Option eröffnete sich jedoch nur für jene (zumeist größeren) Unternehmen, die über einen ausreichenden finanzpolitischen Spielraum verfügten. Genau diese Firmen professionalisierten in dieser Phase ihre unternehmensinternen Finanzbereiche, bauten diese von ihrem Fähigkeitspotenzial her zu bankähnlichen Kompetenzzentren aus, die die Unternehmen in die Lage versetzten, erfolgreich auf den sich mehr und mehr entfaltenden Finanzmärkten mitzuspielen. Diese Märkte hatten sich in dem beschriebenen Transformationsprozess zusehends von der engen Bindung an die Wachstumsdynamik der Realwirtschaft „emanzipiert". Sowohl die wirtschaftlichen als auch die politischen Rahmenbedingungen waren seit den späten 1970er-Jahren darauf ausgerichtet. Das Volumen des Finanzkapitals hatte im Laufe der Jahre einen Umfang angenommen, das jenes der Realwirtschaft um ein Zigfaches überstieg. In ungewöhnlicher Fungibilität hält es rund um den Erdball permanent nach Chancen Ausschau, um zu renditeträchtigen Anlagemöglichkeiten zu kommen. Die Finanzmärkte konnten damit eine mehr oder weniger selbstbezügliche Eigendynamik entwickeln, die in ihrer kurzfristigen spekulativen Logik nur mehr sehr lose an die Geschehnisse der Realwirtschaft gekoppelt ist.

Die Bedingungen dafür waren auf internationaler Ebene im Verhältnis der drei Weltwirtschaftszentren zueinander (USA, Europa, Japan) geschaffen worden. Die deutliche Verschlechterung der Ertragschancen in der Realwirtschaft, wie sie mit den bekannten Turbulenzen der 1970er-Jahre verbunden war, und die Verbesserung der Anlagemöglichkeiten im Finanzsektor hatten in den 1980er-Jahren den politischen Druck zugunsten einer Deregulierung und grenzüberschreitenden Liberalisierung des Finanzsektors sichtlich erhöht. Der zehn Jahre zuvor erfolgte Übergang zu einem System flexibler Wechselkurse hatte dafür die entscheidenden Weichen gestellt. Die zunehmende Volatilität der Wechselkurse und der damit verbundene Risikoabsicherungsbedarf bei internationalen Transaktionen hatten ganz neue Finanzgeschäfte entstehen lassen (gemeint ist das Geschäft mit den so genannten Derivaten). Risikoabsicherung und Spekulation bilden bekanntermaßen zwei Seiten ein und derselben Medaille. Der Strukturwandel des sich rasch globalisierenden Devisenmarktes wurde so „zur Initialzündung für den Strukturwandel der gesamten Finanzmärkte" (Sablowski u. Rupp 2001, S. 50). Es kann nicht überraschen, dass in diese Dynamik sehr früh, ausgehend von den wesentlich entwickelteren US-amerikanischen

Verhältnissen, die Aktienmärkte mithereingenommen wurden. Die Zunahme der Renditemöglichkeiten bei Finanzinvestitionen trieb auch die Erwartungen an die Aktienrendite systematisch in die Höhe. Aktien selbst wurden damit mehr und mehr zum Spekulationsobjekt auf den an Bedeutung gewinnenden Kapitalmärkten.

Der sich kraftvoll entfaltende Finanzsektor, übrigens einer der Vorreiter der Globalisierung der Weltwirtschaft, besaß natürlich sein organisationales Pendant aufseiten der Finanzinstitute. Die großen börsennotierten und zunehmend auch international operierenden Geschäftsbanken konzentrierten sich in verstärktem Maße auf die wesentlich attraktiver gewordenen kapitalmarktbezogenen Finanzgeschäfte. Die Wertpapierbereiche wurden auf- und ausgebaut. Das Investmentbanking wurde zur Königsdisziplin des global operierenden Bankgeschäftes. Die Expansion der Finanzmärkte und der damit verbundene Umbau des Bankensektors ließen einen wachsenden Markt für Unternehmen selbst entstehen. Der „Handel" mit Unternehmen, das Einfädeln und Ermöglichen von Fusionen, das professionelle finanzpolitische Management von M & A-Aktivitäten wurde zu einem heiß umkämpften Markt, auf dem einige wenige Experten Erträge erwirtschaften können, von denen das traditionelle Bankgeschäft nur träumen kann. Parallel dazu verlor für diese jetzt stärker kapitalmarktorientierten Banken der klassische Unternehmenskredit zunächst unmerklich, heute offen ausgesprochen an strategischer Bedeutung. Die geringen Margen in Verbindung mit dem hohen Ausfallsrisiko haben angesichts der immer reichhaltiger werdenden geschäftlichen Alternativen auf den Kapitalmärkten diesem traditionellen Kerngeschäft der Banken den Boden entzogen. Die Entwicklungen, die sich aktuell rund um den neuen Baseler Akkord (kurz Basel II genannt) abspielen, holen letztlich nur etwas nach, was durch den beschriebenen Strukturwandel des Finanzsektors längst vorgezeichnet worden ist (vgl. dazu ausführlicher Kolbeck u. Wimmer 2002).

Die vorangegangenen Überlegungen haben den Versuch unternommen, einen längerfristigen Strukturwandel der Wirtschaft nachzuzeichnen, der sich dem Beobachter auf den ersten Blick nicht so leicht erschließt. Der zentrale Punkt dabei ist die These, dass der Umstand, dass seit dem Ende der 1970er-Jahre die Kredit- und Anleihezinsen permanent über der Wachstumsrate liegen, zu einem „Regimewechsel" zwischen Real- und Finanzkapital geführt hat.

Während in der Wiederaufbauphase das Finanzkapital mehr oder weniger der vollen Wachstumsentfaltung der Realwirtschaft diente, hat sich in dem beschriebenen Transformationsprozess die Beziehung gleichsam umgekehrt. Die Spielregeln auf den Finanzmärkten definieren heute in einem viel stärkeren Ausmaß mit, ob überhaupt in realwirtschaftliche Zusammenhänge investiert wird, und wenn ja, mit welchen Steuerungskonsequenzen für Unternehmen in der Realwirtschaft diese Investitionen getätigt werden. Im Folgenden soll deshalb auf die Frage, welche Auswirkungen eine verstärkte Kapitalmarktorientierung, wie wir sie vor allem in der zweiten Hälfte der 1990er-Jahre in einem bei uns noch nie dagewesenen Ausmaß erlebt haben, auf die Entwicklung von Unternehmen besitzt. Wir werden dabei zwischen börsennotierten Unternehmen und solchen, die überwiegend in Familienbesitz sind und ihren Finanzierungsbedarf nach wie vor hauptsächlich durch den klassischen Bankkredit abdecken, unterscheiden.

Die zunehmende Kapitalmarktorientierung und das Shareholder-Value-Prinzip

Wie bereits angedeutet, hat der beschriebene „Regimewechsel“ von Real- und Finanzwirtschaft auch in Europa die wirtschaftspolitischen Prioritätensetzungen verschoben. Die unglaubliche Erfolgsgeschichte der amerikanischen Wirtschaft in den 1990er-Jahren, das überdurchschnittliche Wirtschaftswachstum auf der einen Seite und die ungebremste Kursentwicklung an den Kapitalmärkten, hat zweifelsohne ihre Suggestivskraft auch in Europa entfalten können. Diese Vorbildwirkung hat auch hierzulande die Kapitalmarktorientierung in erheblichem Maße vorangetrieben. Die Zahl der börsennotierten Unternehmen stieg in Deutschland von 679 im Jahre 1995 auf 1035 Ende September 2000. Der beindruckende Erfolg des Börsengangs der Deutschen Telekom zeigte, wie breit verankert in der Zwischenzeit die Bereitschaft weiter Bevölkerungskreise ist, in Aktien oder vergleichbare Wertpapiere zu investieren. Diese Wachstumsdynamik hat sich zwar seit dem jähen Ende des Booms im Frühjahr 2000 stark abgeschwächt. Insgesamt ist die in der Zwischenzeit deutlich entwickeltere „Aktienkultur“ in Deutschland nicht wieder zurückdrehbar.

Dass dem so ist, dafür sorgt in der Zwischenzeit auch eine erstaunliche Fokussierung der Medien auf dieses Thema. Denn die zunehmende Kapitalmarktorientierung in Europa hängt zweifelsohne auf das Engste mit der Entfaltung einer Medienlandschaft zusammen, die der Entwicklung an den Kapitalmärkten eine ganz besondere Aufmerksamkeit zukommen lässt. Wir erleben seit den 1990er-Jahren ein explosives Anschwellen der diesbezüglichen Berichterstattung quer über alle Mediengattungen hinweg (Print, Radio, TV und Online), eine Berichterstattung, die sich primär an den extremen Ausschlägen von Tagesereignissen orientiert und die deshalb mit ganz wenigen Ausnahmen kein wirklich konsistentes Bild der Marktzusammenhänge entstehen lässt. Die mediale Öffentlichkeit wirkt so mit ihrem Spürsinn für die Bedeutung von Neuigkeiten wie ein überdimensionaler Verstärkereffekt von Abweichungen, der selbst zu einem konstitutiven Bestandteil der Volatilität des Kapitalmarktes geworden ist. Die Medien bieten eine Spezialarena, auf der sich die Akteure dieses Marktes wechselseitig dahin gehend beobachten, mit welcher Erwartungshaltung die jeweils anderen das Marktgeschehen gerade beobachten. Bei diesem Beobachtungsgeschehen geht es darum, Anhaltspunkte zu identifizieren, die es ermöglichen, über eine gezielte Informationspolitik andere in ihrem Beobachterverhalten so zu beeinflussen, dass die laufende Erwartungsbildung am Markt im eigenen Interesse gelenkt werden kann. Diese wundersame Symbiose von zunehmender Kapitalmarktorientierung und der Entfaltung darauf gerichteter Wirtschaftsmedien ist selbst ein erstaunliches Phänomen, ohne das ein tieferes Verständnis der spezifischen Eigenlogik dieses Marktgeschehens nicht zu gewinnen ist.

Der Siegeszug des Sharholder-Value-Prinzips als Pendant zur Bedeutungszunahme des Kapitalmarktes

Es ist wenig überraschend, dass der Regimewechsel im Verhältnis von Real- und Finanzwirtschaft auch seine Auswirkungen auf die herrschenden Vorstellungen gezeitigt hat, wie Unternehmen am besten zu führen sind.

Die europäische Tradition der Unternehmensführung fußte jahrzehntelang auf einer Einheit von Management und Unternehmenseigentum. Sie war auf eine Ertragssteigerung aus dem realwirtschaftlichen Kontext heraus ausgerichtet mit dem Ziel, das Unternehmen als werteschaffende Einheit in ihrem Eigensinn längerfristig zu erhalten. Eigentümerinteressen und die Interessen der Unternehmensführung trafen sich in diesem gemeinsamen Ziel der kontinuierlichen und zukunftsorientierten Überlebenssicherung. Wohl erheblich anders verlief die Entwicklung in den dominanten Sektoren der amerikanischen Wirtschaft, wo sich schon viel früher und auf einer wesentlich breiteren Basis die Funktion des Investors und die des Managements klar ausdifferenzierten. Ein wesentlich entwickelterer Kapitalmarkt bot dafür in den USA schon seit den 1930er-Jahren die entsprechenden Rahmenbedingungen, unterstützt durch ein Bankensystem, das sich frühzeitig auf diese kapitalmarktorientierten Formen der Unternehmensfinanzierung ausgerichtet hatte.

Mit der sprunghaften Zunahme des Gewichtes europäischer Kapitalmärkte bzw. in dem Ausmaß, in dem auch europäische Unternehmen begannen, ihre Aktien am amerikanischen Markt zu platzieren, geriet die europäische Tradition der Unternehmensführung mit all ihren Werten und institutionellen Ausformungen (wie etwa der Mitbestimmung) mehr und mehr unter Druck. Die kapitalmarktorientierte Alternative zu dieser Tradition wird seit den 1990er-Jahren gerne unter dem Begriff des „Shareholder Value“ diskutiert. Mit diesem Grundgedanken verbindet sich ein ganz bestimmtes Konzept „moderner“ Unternehmensführung, das sich bewusst von tradierten Führungs- und Steuerungsphilosophien abgrenzt und die dauerhafte Grundlage für außergewöhnliche Unternehmenserfolge zu schaffen verspricht (vgl. beispielhaft Rappaport 1998). Dieses Konzept versucht im Kern, das Top-Management darauf zu verpflichten, alle Ziele der Unternehmensentwicklung primär an den Interessen der Aktionäre auszurichten, d. h., auf eine überdurchschnittliche Wertsteigerung ihrer Anteile hinzuarbeiten.

Das Management ist in diesem Verständnis dazu da, das Unternehmen ständig so weiterzuentwickeln, dass es für die Investoren eine optimale Veranlagung ihres Kapitals darstellt, ein Investment also, das dem immer wieder irritierenden Vergleich mit anderen Anlagemöglichkeiten standhält. „Begründet wird dies mit der wohlfahrtstheoretischen Annahme, nur der Kapitalmarkt selbst könne letztlich für eine effiziente Allokation ökonomischer Ressourcen sorgen und die konsequente Durchsetzung der Aktionärsinteressen gegenüber anderen Partialinteressen sei für das Allgemeinwohl notwendig" (Sablowski u. Rupp 2001, S. 57).

Implizit geht dieses Prinzip der Unternehmensführung von einem Gegensatz zwischen dem Management einerseits und den Aktionären andererseits aus. Dieser Gegensatz wird in dem letztlich unaufholbaren Informationsvorsprung des Managements gesehen, das über den „wahren" Zustand eines Unternehmens im Vergleich zu den Investoren natürlich immer um vieles besser Bescheid weiß. Es kann Weichenstellungen vornehmen, deren Bedeutung für die Wertentwicklung des Unternehmens die Eigentümer nie und nimmer durchblicken können. In diesem Sinne sind die Aktionäre als die eigentlichen Kapitalgeber gegenüber dem Management, das mit dem Kapital verantwortungsvoll umgehen soll, faktisch in der eindeutig schwächeren Position. Das Shareholder-Value-Prinzip verspricht nun, unternehmensintern Steuerungsmechanismen zu etablieren, die dieser prinzipiellen Informationsasymmetrie entgegenwirken und Einschätzungsunsicherheiten sowohl im Top-Management als auch bei den Anlegern reduzieren sollen. Ein Schlüsselelement in diesem Umbau der Steuerungsmechanismen zugunsten der Aktionäre ist die Konzentration des Top-Managements auf die Formulierung und konsequente Durchsetzung finanzpolitischer Zielsetzungen für das Unternehmen, primär gewonnen aus den aktuellen Renditeerwartungen des Kapitalmarktes. Oberste Prämisse für alle relevanten Unternehmensentscheidungen ist demnach die Wertsteigerung des Unternehmens aus der Perspektive der Anleger. Diese Prämisse bindet den Zielfindungsprozess des Unternehmens unmittelbar an die Verwertungsbedingungen des Kapitalmarktes. Diesen sind letztlich die relevanten Leitlinien für die Unternehmensentwicklung zu entnehmen. Der realwirtschaftliche Zusammenhang bietet lediglich das Spielfeld, auf dem es diese Leitlinien zu realisieren gilt.

Dieser Verlagerung des unternehmensbezogenen Zielfindungsschwerpunktes in Richtung Kapitalmarkt korrespondieren im Detail die Rechenkalküle „wertorientierter Unternehmensführung" (oft auch Value-Based-Management genannt, vgl. dazu beispielhaft das Steuerungskonzept von Daimler-Chrysler, dargestellt in Nagel u. Wimmer 2002, S. 325 ff.). Diese finanzorientierten Zielfindungskonzepte stützen sich auf Steuerungsgrößen (wie etwa den Discounted Cash-flow), die allesamt auf der modernen Kapitalmarkttheorie aufbauen (vgl. etwa Hirsch-Kreinsen 1998). Sie kritisieren die herkömmlichen betriebswirtschaftlichen Kennziffern, weil diese den Zeitwert des Geldes, d. h. die kalkulatorischen Kosten des eingesetzten Eigenkapitals, zu wenig berücksichtigen. Genau an dieser Stelle wird der Dreh- und Angelpunkt dieses Unternehmenssteuerungskonzeptes sichtbar. Die erwartete Eigenkapitalrendite ebenso wie die Zinsen für das eingesetzte Fremdkapital firmieren in der Zielermittlung des Value-Based-Managements unter der Rubrik „Kapitalkosten", d. h., ein Teil der angestrebten Erträge findet sich bei diesem Sprachgebrauch bei den Kosten wieder. Nur dann, wenn ein Unternehmen Erträge erwirtschaftet, die über diesen in der Berechnung angesetzten Kapitalkosten liegen, d. h. nur dann, wenn überdurchschnittliche Gewinne vorliegen, dann wird für die Investoren wirklich Wert geschaffen. Mit dieser rechnerisch präzise angebbaren Messlatte sind alle geschäftlichen Aktivitäten eines Unternehmens gut einschätzbar. Aus Sicht der Führungsprinzipien des Shareholder-Value haben schlussendlich nur jene Geschäftsbereiche eine echte Überlebensberechtigung, die tatsächlich wertschaffend in dem definierten Sinne sind.

Die Ausrichtung der Unternehmensführung am Prinzip des Shareholder-Value ist längst nicht mehr nur eine schöne Formel, die zur Beruhigung der Aktionäre, Investoren und Analysten in den Mund genommen wird. Dies mag um die Mitte der 1990er-Jahre, als diesbezügliche Beteuerungen des Top-Managements erstmals etwas lautstärker zu hören waren, noch der Fall gewesen sein. In der Zwischenzeit unternimmt ein Großteil der an den internationalen Börsen notierten Großunternehmen erhebliche Anstrengungen, ihre Unternehmenspolitik sowie insbesondere ihre Steuerungssysteme an den perzipierten Bedürfnissen des Kapitalmarktes auszurichten. Sie stellen ihre Zielfindungsprozesse auf wertorientierte Unternehmensführung um. Sie minimieren Quersubventionierungen zwischen besonders ertragsstarken und ertragsschwächeren Geschäftsbereichen. Sie konzentrieren sich so weit als möglich auf jene Kerngeschäfte, in denen sie aktuell besonders wettbewerbsstark sind, d. h., sie betreiben Portfoliobereinigung ganz nach den Erwartungen der tonangebenden Analysten. Sie kündigen in periodischen Abständen groß angelegte Personalabbauprogramme an, um den Beobachtern des Kapitalmarktes den ernsten Willen zu Wertsteigerung zu dokumentieren. Sie starten regelmäßig Aktienrückkaufsaktivitäten, um die Kursentwicklung nach oben zu befördern. Sie variabilisieren die Vergütung des Top-Managements in Abhängigkeit vom Wertzuwachs des Aktienkurses. Sie initiieren umfangreiche Aktienoptionsprogramme, um die Interessen der Führungskräfte mit denen der Anleger in Einklang zu bringen. Sie bauen eigene Investorrelationship-Bereiche auf, um die Kommunikation mit den Akteuren des Kapitalmarktes im Vergleich zu früher auf eine deutlich professionellere Basis zu stellen. Sind sie durch all diese Maßnahmen letztlich auch erfolgreicher geworden als nichtbörsennotierte Unternehmen? Seit sich die Kaptialmarktorientierung als Leitlinie der Unternehmensentwicklung auch in Europa durchzusetzten begonnen hat, sind einige Jahre ins Land gezogen. Wir können in der Zwischenzeit die Wirkungen dieses Denkens anhand einer Reihe von Indikatoren beobachten und jene Probleme ganz gut beurteilen, die mit der konsequenten Implementierung dieses Konzeptes Hand in Hand gehen.

Die Denkfehler des Shareholder-Value-Prinzips

Auf den ersten Blick sind die Grundgedanken einer an der Bewegung des Kapitalmarktes ausgerichteten Unternehmensführung sehr überzeugend. Die zugrunde liegenden Prämissen spiegeln ja nichts anderes als eine lange Tradition betriebswirtschaftlicher Rationalitätsannahmen, denen zufolge Unternehmen ökonomische Veranstaltungen sind, die dem Gewinnstreben ihrer Eigentümer dienen. Bei genauerem Licht besehen, verdecken diese Prämissen jedoch einige Paradoxien und Widersprüche, deren Leugnung zu Lösungen führen, die letzten Endes für alle Beteiligten an diesem „Spiel" selbstdestruktive Wirkungen erzeugen.

Wenn im Shareholder-Value-Konzept von der Steigerung des Unternehmenswertes als oberstem Ziel der Unternehmensentwicklung die Rede ist, so verwischt der Begriff „Unternehmenswerts" den Unterschied zwischen dem jeweiligen Marktpreis des Aktienkapitals (wie er eben am Kapitalmarkt zu einem bestimmten Zeitpunkt zu erzielen ist) und jenem Wert des im Unternehmen investierten Kapitals, das seine realwirtschaftliche Leistungsfähigkeit ermöglicht. „Es ist wichtig, diese Differenz zu betonen, um deutlich zu machen, dass die Maximierung des Marktpreises des Aktienkapitals und damit der Aktionärsrendite etwas ganz anderes ist als die Maximierung der Profitabilität des produktiv im Unternehmen fungierenden Kapitals. Beide hängen nur vermittelt miteinander zusammen" (Sablowski u. Rupp 2001, S. 49). Im Rahmen der Shareholder-Value-Debatte wird regelmäßig übersehen, dass es sich bei der Steigerung der Aktionärsrendite und bei der Steigerung der Ertragskraft des Unternehmens um zwei ganz verschiedene Zielsetzungen handelt.

Die beiden Ziele betreffen recht unterschiedliche Sphären des Wirtschaftens, die zwar aufeinander verwiesen sind, aber nicht in eins gesetzt werden können. Denn der Aktienkurs hängt weitaus stärker als der Unternehmensertrag von Einflussfaktoren ab, auf die die verantwortlichen Entscheidungsträger im Unternehmen keinen gestaltenden Zugriff haben. Ein Blick auf die jüngste Entwicklung der Kapitalmärkte zeigt nur zu deutlich (und hier sind nicht nur die Unternehmen der New Economy gemeint), dass sich der Preis der einzelnen Aktie relativ unabhängig von den realisierten Gewinnen des betreffenden Unternehmens und seiner Dividendenausschüttung bewegen kann. Zwar gehen in die Renditeerwartungen der Investoren unternehmens- und branchenspezifische Informationen ein, zwar spielen die gesamtwirtschaftliche Lage und die langfristige Zinsrate eine gewichtige Rolle, aber unabhängig von diesen so genannten Fundamentaldaten wird die Anlageentscheidung doch ganz primär von den Erwartungen bezüglich der Erwartungen der anderen Marktteilnehmer geprägt. Die Kauf- und Verkaufentscheidungen spekulieren letztlich mit den Erwartungen anderer Marktteilnehmer an die künftigen Gewinnchancen bzw. Verlustrisiken, die sich an bestimmte Finanztitel knüpfen. Ausschlaggebend für die Kursentwicklung ist letztlich genau dieses schwer erklärbare spekulative Moment. Die so genannten Fundamentaldaten sind lediglich das in ganz unterschiedliche Richtungen wirkende Spielmaterial, an dem sich die selbstbezügliche Eigendynamik des Kapitalmarktes entzündet.

Die volle Entfaltung der weitgehend deregulierten und global miteinander vernetzten Finanzmärkte hat dazu beigetragen, dass diese beiden Sphären des Wirtschaftens heute nur noch ausgesprochen lose miteinander gekoppelt sind.

Die geschilderten Zusammenhänge werden noch etwas deutlicher, wenn man die institutionellen Besonderheiten des Aktienkapitals genauer unter die Lupe nimmt. Im Grunde genommen, ist die Aktie eine Eigentumsform mit zwei Seiten. „Einerseits steckt der Aktionär sein Geld in ein Unternehmen und gibt es damit definitiv aus der Hand. Er erhält dafür nichts weiter als einen Rechtstitel, der ihm entsprechend dem Umfang seiner Anteile Teilhaberechte an den zukünftigen Unternehmensgewinnen und gewisse Mitentscheidungsrechte bei bestimmten rechtlich eng umrissenen Unternehmensbelangen auf der jährlichen Hauptversammlung verleiht. Andererseits kann der Aktionär seine Anteile an dem Unternehmen durch den Verkauf an Dritte jederzeit wieder in Geldkapital zurückverwandeln, vorausgesetzt, es besteht zahlungsfähige Nachfrage. Die Aktie fungiert in seiner Hand ebenso, als wäre sie bares Geld" (Sablowski u. Rupp 2001, S. 48). Die Aktie als im Unternehmen für Investitionen zur Verfügung stehendes Kapital ermöglicht die Weiterentwicklung des realwirtschaftlichen Leistungsvermögens eines Unternehmens, das seinerseits die Voraussetzung für eine ausreichende Wertschöpfung seitens des Unternehmens ist. Diese ständig zu bewerkstelligende Kapitalbildung schafft die Grundlage für weitere Zukunftsinvestitionen, die ein Unternehmen auch morgen noch wettbewerbsfähig und ertragsstark machen. Sie bildet gleichzeitig aber auch die Basis für eine Gewinnausschüttung, die den getätigten Kapitaleinsatz rechtfertigen soll. Auf der anderen Seite nimmt die Aktie an der Dynamik des Kapitalmarktes als frei handelbarer Wert teil. In dieser Funktion unterliegt sie der Eigendynamik des Finanzsektors und den dort geltenden Spielregeln. In diesem Sinne greift die Aktienrendite zum einen auf die jährliche Dividende zurück (also auf das, was ein Unternehmen von seinem erwirtschafteten Ertrag an die Eigentümer ausschüttet), zum anderen auf die Wertentwicklung der Aktie, die in ihrem Börsenkurs zum Ausdruck kommt. Aus Sicht der Anleger hat die Kursentwicklung (zumindest in der jüngsten Geschichte des Kapitalmarktes) für die Ertragserwartung eine ungleich größere Bedeutung als die erwarteten Dividendenzahlungen. Auch an diesen beiden Aspekten wird die real- und finanzwirtschaftliche Seite der Aktie deutlich sowie die unverkennbare Verschiebung des Investoreninteresses in Richtung Kursentwicklung.

Stellt man die Zweiseitenform der Aktie in Rechnung, dann ist das Shareholder-Value-Konzept die Antwort auf eine falsch gestellte Frage. Dieses Konzept suggeriert nämlich, man könne wirtschaftliche Sphären, in denen auf eine höchst unterschiedliche Weise unternehmerisches Risiko eingegangen wird, in eine strikte Koppelung zueinander bringen. Nur wenn man von dieser Grundannahme ausgeht, kann man so uneingeschränkt das Unternehmen und seine Entwicklung zum Mittel für die Zwecke der Aktionäre erklären und das Management primär auf diese Art der Zweckerfüllung fokussieren. Konsequent zu Ende gedacht, hieße das, Unternehmen der Realwirtschaft in erster Linie als finanzwirtschaftliche Spekulationsobjekte zu sehen und sie ihres Eigensinns zu berauben. Dass Investmentbanken, die aus dem Handel mit Unternehmen in der Zwischenzeit einen höchst erträglichen Geschäftszweig gemacht haben, den gesellschaftlichen Sinn und Zweck der Wirtschaft gerne so konzeptualisieren, ist aus ihrer unternehmerischen Perspektive durchaus verständlich. Folgenschwere Konsequenzen zeitigt es, wenn das Top-Management realwirtschaftlich operierender Unternehmen sein Grundverständnis von Führung diesen Konstruktionsprinzipien wirtschaftlicher Zusammenhänge entlehnt.

Denn die Frage kann nicht lauten: Dienen das Unternehmen und seine erwirtschafteten Erträge primär den Aktionären oder dem Management oder den Mitarbeitern oder oder …? Die Grundannahme, Unternehmen seien bloße Instrumente zur Verfolgung anderweitiger Interessen, schafft genau jene Widersprüche und Verwerfungen, die dem Shareholder-Value-Konzept zurzeit so zuschaffen machen. Diesen Widersprüchen ist nur durch eine Redefinition der Ausgangsfrage zu begegnen. Unternehmen sind sich selbst Mittel und Zweck zur gleichen Zeit. Unternehmen sind höchst eigensinnige soziale Systeme, die unentwegt nach Chancen Ausschau halten, innerhalb der Rahmenbedingungen unseres Wirtschaftssystems für die eigene Zukunftsfähigkeit Sorge zu tragen. Für diese Art von Selbstproduktion generieren sie eigenes und nutzen fremdes Kapital, das aus Sicht des Unternehmens unverzichtbares Mittel zur Verfolgung der eigenen Entwicklungsziele ist.

Aus diesem Verständnis von Unternehmen gewinnt Führung eine ganz andere Funktionalität. Sie repräsentiert dann jene Systemqualität, die sich auf die Sicherung dieser Form von Zukunftsfähigkeit angesichts einer nicht durchschaubaren Umwelt und nicht kalkulierbarer Zukunftsentwicklungen spezialisiert (vgl. dazu Wimmer 1995a).

Begreift man Unternehmen als zielsuchende und sich selbst zwecksetzende, d. h. Identität verleihende soziale Systeme, dann wirft das auch ein anderes Licht auf den alten Gegensatz von Arbeit und Kapital. Denn an einem hochwettbewerbsfähigen, ertragsstarken Unternehmen müssten eigentlich die Beschäftigten wie die Anteilseigner und Investoren gleichermaßen interessiert sein. Dieser Standpunkt würde aber bedeuten, die alte Sicht vom Unternehmen als einer Arena, in der die antagonistischen Interessen von Arbeit und Kapital tagtäglich ihre Austragung finden, ein erhebliches Stück weiterzuentwickeln. Das Unternehmen als soziales System ist mit seinem Interesse an sich selbst, an der eigenen erfolgreichen Existenzsicherung im Verhältnis zu seinen Stakeholdern (Beschäftigten, Eigentümern, Kunden, Öffentlichkeit etc.) ein eigenständiges Drittes. Das Unternehmen als lebendiges Sozialgefüge lässt sich nicht auf die Summe jener Partikularinteressen reduzieren, die an seiner Funktionstüchtigkeit jeweils für sich selbst partizipieren wollen. Nur wenn Arbeit und Kapital diesen unverrückbaren Eigenwert eines Unternehmens als disziplinierenden Faktor für den nach wie vor vorhandenen Interessenkonflikt um die Verteilung des erwirtschafteten Mehrwertes anerkennen, bekommt das Unternehmen als eigenständige Überlebenseinheit die erforderliche Prioritätensetzung. Genau in der Durchsetzung dieser Prioritätensetzung, d. h. in der glaubwürdigen Sorge um die Zukunftsfähigkeit eines Unternehmens als eines Wertes an sich, gewinnt Unternehmensführung ihren tieferen Sinn. Führung sorgt dafür, dass die vorhandenen Ressourcen so wertschöpfend eingesetzt werden, dass für die künftigen Entwicklungsnotwendigkeiten des Unternehmens ausreichend Vorsorge getroffen werden kann. Die zentrale Paradoxie im Verhältnis von Anteilseignern und Management besteht eben genau darin, dass nur die Anerkennung des Vorrangs für die vitalen Überlebensinteressen des Unternehmens an sich dafür sorgt, dass genügend zusätzlicher Mehrwert erwirtschaftet wird, um die berechtigten Interessen der relevanten Anspruchgruppen, insbesondere die Renditeerwartungen der Investoren, angemessen zu bedienen.

Die Differenz zwischen der Sorge um das Unternehmen als sozialem Ganzem und den Aktionärsinteressen wird in der Regel in der Situation einer „feindlichen" Übernahme besonders aktualisiert. Die verantwortlichen Führungskräfte eines Unternehmens können aufgrund ihrer Markteinschätzung und der auf dieser Grundlage vorgenommenen strategischen Ausrichtung mit gutem Grund der Meinung sein, dass eine Fusion mit dem übernahmebereiten Unternehmen absolut keinen Sinn hat, während das Angebot an die Aktionäre gleichzeitig hochattraktiv sein kann. In solchen Fällen zeigt sich besonders eindrucksvoll der Unterschied zwischen dem Stellenwert, der Unternehmen in der realwirtschaftlichen Sphäre zukommt, und jenem, den Unternehmen als Handels- und Spekulationsobjekt am Kapitalmarkt gewinnen. Die volle Entfaltung der finanzwirtschaftlichen Sphäre sowie die zunehmende Kapitalmarktorientierung haben diese letztere Funktion stark in den Vordergrund geschoben. Die aktuellen Kontroversen um ein europaweit einheitliches Übernahmerecht spiegeln diesen Grundkonflikt zwischen Real- und Finanzkapital. Diese durch die Fusionsforschung vielfach belegte Problematik (verwiesen sei auf die vielen Scheiternserfahrungen und die längerfristige Beschädigung der fusionierten Unternehmen) zeigt, wie grundverschieden die Interessen der Akteure am Kapitalmarkt von den Überlebensinteressen eines Unternehmens sein können (vgl. Jansen 2001, 2002). Das Shareholder-Value-Prinzip versucht, diesen an sich ja durchaus produktiv nutzbaren Grundkonflikt zwischen dem Interesse eines Unternehmens an sich selbst, eingebunden in die realwirtschaftlichen Zusammenhänge, und seiner Funktion als Spekulationsobjekt am Kapitalmarkt einseitig zugunsten der kurzfristigen Renditeerwartungen der Anteilseigner aus der Welt zu schaffen. Die jüngste Geschichte hat uns eindrucksvoll vor Augen geführt, wohin es führt, wenn man die Führung eines Unternehmens konsequent darauf ausrichtet, dieses als primäres Werkzeug für die finanziellen Verwertungsinteressen der Anleger zum Blühen zu bringen. Diese einseitige Instrumentalisierung schädigt, auf Sicht gesehen, beide Seiten. Sie zerstört nachhaltig die innere Immunkraft, d. h. die lebendige Selbsterneuerungsfähigkeit des Sozialkörpers Unternehmen, sie untergräbt aber auch die Vertrauensbasis der Akteure am Kapitalmarkt bezüglich dessen, was man jetzt in der Corporate-Governance-Diskussion als „gute und verantwortungsvolle Unternehmensführung" bezeichnet. Auf diesen Selbstbeschädigungsmechanismus sei hier abschließend noch anhand einiger beispielhaft aufgezeigter Dimensionen eingegangen.

Die finanzwirtschaftlichen Zielsetzungen bleiben mit den strategischen Möglichkeiten eines Unternehmens in seinem realwirtschaftlichen Umfeld unversöhnt

Streng genommen, zwingt das Shareholder-Value-Prinzip die Verantwortlichen an der Spitze eines Unternehmens dazu, ihre Ertragsziele ausschließlich aus der Erwartungshaltung des Kapitalmarktes heraus zu generieren. Unternehmensziele sind nicht mehr das Ergebnis einer vom Management gemeinsam getragenen strategischen Einschätzung des Marktpotenzials, d. h., sie sind nicht die Antwort auf die Frage, was angesichts der gegebenen realwirtschaftlichen Bedingungen und angesichts der eigenen strategischen Positionierung in diesem Umfeld realistischerweise an Gewinnzielen möglich erscheint, sondern sie reflektieren einzig und allein die Renditeerwartungen, wie sie sich aus dem Zusammenspiel der bestimmenden Kapitalmarktakteure ablesen lassen. Mit diesem Schritt wird letztlich die Kapitalmarktlogik ins Unternehmen hereinkopiert. Die Unternehmensspitze übernimmt die Funktion, die Ressourcenallokation im Unternehmen aus der Perspektive des Kapitalmarktes zu optimieren. Diese Rollenfestlegung der Spitze zwingt dazu, die unterschiedlichen geschäftlichen Aktivitäten eines Unternehmens in erster Linie mit der Brille eines Finanzinvestors zu betrachten. Diese strikte Koppelung des Vorstandes an die Bedingungen des Kapitalmarktes differenziert nicht mehr zwischen seinen unternehmerischen Aufgaben bezogen, auf die realwirtschaftlichen Verhältnisse, und jenen Überlegungen, die ein Investor als Teilnehmer am Kapitalmarkt anstellt.

Diese Selbstdefinition des Top-Managements besitzt in der Praxis weit reichende Folgen: Man trennt sich beispielsweise von durchaus profitablen Geschäftsbereichen, nur weil sie nicht der vom Kapitalmarkt vorgegebenen Portfoliologik entsprechen. Es ist durch nichts bewiesen, dass die immer enger werdende Fokussierung von Unternehmen auf das so genannte Kerngeschäft sie längerfristig tatsächlich wettbewerbsfähiger macht. Es gibt eine Vielzahl von Mischkonzernen, die höchst erfolgreich Geschäfte betreiben, die unterschiedlichen Branchen zugerechnet werden und die es gerade durch ihre kluge Diversifizierung schaffen, sich als Gesamtunternehmen gegenüber schweren konjunkturellen Krisen zu immunisieren. Mit einem kapitalmarktorientierten Portfoliomanagement hingegen ist auch die Gefahr verbunden, dass ein Unternehmen unter Umständen seine wichtigsten Kernkompetenzen zerstört, die gerade im historisch gewachsenen Zusammenspiel zwischen unterschiedlichen Geschäftsbereichen liegen können.

Ein weiterer häufig zu beobachtender Effekt dieses Prinzips der Unternehmensführung liegt in der unvermeidlich eingebauten Präferenz für Maßnahmen mit kurzfristigen Ertragseffekten ohne Rücksicht auf ihre längerfristige Konsequenzen, z. B. wird bei rückläufiger Ertragsentwicklung sofort mit massiven Einsparungsprogrammen, Personalkürzungen und Restrukturierungsprogrammen reagiert. Damit werden vielfach Leistungspotenziale zerstört, die über Jahre mühsam aufgebaut worden sind und bei künftigem Bedarf auch nicht mehr so leicht beschafft werden können. Ähnliche Phänomene, die sich dieser Präferenz für kurzfristig ausweisbare Ertragseffekte verdanken, zeigen sich in der Desinvestition bei Forschung und Entwicklung, in der Verzögerung wichtiger Infrastrukturmaßnahmen, im Outsourcing interner Dienstleister etc. Das Shareholder-Value-Prinzip entscheidet den zentralen Zielkonflikt börsennotierter Unternehmen zwischen kurzfristiger Aktienkurspflege und dem langfristigen Aufbau von aus der Strategie abgeleiteter unternehmerischer Leistungspotenziale (z. B. die Entwicklung neuer Kernkompetenzen, die Marktreife wichtiger Produktinnovationen, die Erschließung neuer Märkte, die erfolgreiche Bewältigung eines Postmerger-Integrationsprozesses etc.) einseitig zugunsten kurzfristig erzielbarer Kurseffekte. Dies geschieht vielfach ungeachtet dessen, dass diese erhofften Effekte zumeist ohnehin ausbleiben, weil die Kursentwicklung letztlich durch andere Faktoren beeinflusst wird. Das Spannungsverhältnis zwischen Maßnahmen zur kurzfristigen Kurspflege und ihren destruktiven Auswirkungen auf die nachhaltige realwirtschaftliche Wettbewerbsfähigkeit von Unternehmen wird natürlich immer dann besonders augenfällig, wenn durch rapide Marktveränderungen die Grunderwartungen ständig steigender Gewinne massiv enttäuscht werden müssen. Dann ist die Versuchung besonders groß, Anlegerinteressen kurzfristig zu bedienen, auch wenn damit das Risiko einer substanziellen Beschädigung der Leistungsfähigkeit eines Unternehmens verbunden ist. Die präferierte Lösung des Shareholder-Value-Konzeptes für die Bewältigung des beschriebenen Zielkonfliktes verdankt sich offenkundig der spezifischen Eigendynamik des Kapitalmarktes, dessen äußerst fungible Kapitalströme von Augenblick zu Augenblick ebendorthin fließen, wo die Erwartungen künftiger Erträge (und dieser Erwartungshorizont kann eben sehr kurzfristig getaktet sein) am höchsten sind. An diesem Umstand ändern die immer wieder vorgebrachten Beteuerungen der Verfechter des Shareholder-Value-Konzeptes nichts, dass ihre Steuerungsintention ohnehin auch auf die langfristige Steigerung des Unternehmenswertes ausgerichtet sei und dass auch in ihrem Verständnis eine kurzfristige Gewinnoptimierung seitens des Managements kontraproduktiv wäre (vgl. Rappaport 1998, S. 28 ff.).

Die konsequente Implementierung des Shareholder-Value-Prinzips stürzt die Führungsstrukturen eines Unternehmens in ein schweres Dilemma. Sie macht die Spitze für die Generierung und Verfolgung der kapitalmarktorientierten, finanzwirtschaftlichen Ziele zuständig und verpflichtet die darunter liegenden Führungsebenen (d. h. die Verantwortlichen der Geschäftsbereiche, die Geschäftsführungen von Tochterunternehmen etc.) zur Einlösung dieser Ziele im realwirtschaftlichen Zusammenhang. Damit geraten diese Ebenen vielfach in eine unlösbare Konfliktsituation, weil sich in ihren Verantwortungsbereichen in aller Regel zeigt, dass sie die ihnen zugemutete Versöhnung von Kapitalmarkterwartungen mit den realwirtschaftlichen Gegebenheiten nicht hinbekommen. Üblicherweise werden von Unternehmen im Schnitt Gesamtkapitalrenditen von 12 bis 15 Prozent erwartet. In den meisten Branchen können solche Vorgaben zurzeit nicht annähernd erwirtschaftet werden. Die Verlagerung dieses elementaren Zielkonfliktes zwischen die Hierarchieebenen zerstört nachhaltig die hierarchieübergreifende Kooperationsbasis, weil sie die Unternehmensspitze tendenziell aus der Verantwortung für die Gestaltung der Überlebensnotwendigkeiten des Gesamtunternehmens entlässt und die Suche nach tragfähigen Kompromissen zwischen den finanzwirtschaftlichen Vorgaben und ihre realwirtschaftlichen Realisierungschancen den Subeinheiten des Unternehmens überlässt. Dies schafft eine Führungskonfiguration an der Spitze von börsennotierten Unternehmen, die die Glaubwürdigkeit zwischen den obersten Führungsebenen untergräbt, zu wechselseitigen Schuldzuschreibungen einlädt und gelingende Kommunikation über divergierende Realitätseinschätzungen äußerst unwahrscheinlich werden lässt. Mit anderen Worten, es spielen sich bei einem solchen Führungsumfeld Einfluss- und Machtkonstellationen ein, die die Problemlösungsfähigkeit der Managementstrukturen, bezogen auf das Gesamtsystem, auf Dauer dramatisch vermindern.

Was ist die Schlussfolgerung daraus? Will man die beschriebenen nichtintendierten negativen Folgewirkungen auf die längerfristige Überlebensfähigkeit von Unternehmen vermeiden, dann bedeutet dies, vornehmlich die Unternehmensspitze selbst für die

Bewältigung des Zielkonfliktes zwischen Finanz- und Realkapital verantwortlich zu machen. Ein rekursiv durchgeführter Strategieentwicklungsprozess müsste, bezogen auf das Gesamtunternehmen unter Einbeziehung der einzelnen Business Units, regelmäßig Gelegenheit schaffen, diese beiden Bezugswelten in der konkreten Zielfindung und Strategiefestlegung plausibel miteinander zu verbinden (vgl. zu dieser Art von Strategieentwicklung Nagel u. Wimmer 2002). Aus der Perspektive des Kapitalmarktes würde dies bedeuten, dass nur die volle Anerkennung dieser obersten Führungsaufgabe auf längere Sicht die beste Voraussetzung dafür ist, den Anlegern eine nachhaltige Wertsteigerung ihres Investments in Aussicht zu stellen. Diese Anerkennung hieße aber, das Top-Management aus der engen Koppelung an die Eigendynamik des Kapitalmarktes zu entlassen. Es ginge dann darum, das Management gerade nicht daran zu messen, wie konsequent es die Erwartungen der Analysten erfüllt, sondern wie gut es mit dem unvermeidlich eingebauten Zielkonflikt umgehen kann und die jeweils gefundenen Kompromisslösungen vor dem Hintergrund der Zukunftsfähigkeit des Unternehmens begründen kann. Das Qualitätskriterium wäre dann in diesem Zusammenhang die Frage, wie glaubwürdig Vorstände Analystenerwartungen auch enttäuschen und sich gegenüber den strategischen Implikationen dieser Erwartungen abgrenzen können. In der Zwischenzeit zeigen es bereits eine Reihe von Vorständen durchaus erfolgreicher Unternehmen (z. B. Wendelin Wiedeking von Porsche), wie dieses paradoxe Beziehungsangebot an den Kapitalmarkt praktiziert werden kann.

Das illusionäre Versprechen ständig steigender Gewinne

Nach dem Grundgedanken des Shareholder Value schaffen nur jene Unternehmen einen zusätzlichen Wert für ihre Aktionäre, die über die kalkulatorischen Eigenkapitalkosten hinaus eine überdurchschnittliche Rendite erwirtschaften. Für jene Ausnahmeunternehmen, die diesen Anspruch dauerhaft erfüllen, ist durch die Steuerungsphilosophie des Value Based Managements außerdem so etwas wie eine selbstbezügliche Renditespirale eingebaut, ein Steigerungsautomatismus sozusagen. Schafft man stetig steigende Aktienkurse, dann steigt der Eigenkapitalkostensatz, der in die Berechnung der notwendigen Mindestrendite eines Unternehmens eingeht, ebenfalls mit. Die kalkulatorischen Eigenkapitalkosten fallen in der jährlichen Zielfindung ja umso höher aus, je höher die marktspezifische Risikoprämie und der unternehmensspezifische Risikofaktor sind (vgl. dazu Sablowski u. Rupp 2001, S. 69). Der dem Shareholder-Value-Prinzip inhärente Steigerungsautomatismus müsste schon dem gesunden Menschenverstand signalisieren, dass hier auf Sicht gesehen mit unrealistischen Grundannahmen operiert wird. Die außergewöhnlichen Wachstumsbedingungen in den 1990er-Jahren haben jedoch eine kollektive Atmosphäre erzeugt, die den irrationalen Glauben an ständig steigende Unternehmensgewinne und damit an einen kontinuierlichen Anstieg der Aktienkurse in nahezu allen gesellschaftlichen Bereichen gefestigt hat. Seit dem Frühjahr 2000 können wir die Kehrseite dieses Glaubens studieren. Die jüngste Geschichte hat uns dramatisch vor Augen geführt, in welche Dynamiken Unternehmen geraten können, die seitens ihres Top-Managements ganz und gar vorbehaltlos in den Dienst des Kapitalmarktes gestellt worden sind. Beispielhaft sei dies am Aufstieg und Fall von *Worldcom*, dem zweitgrößten amerikanischen Telecomunternehmen, untersucht.

Das von Anfang an konsequent an der Logik des Kaptialmarktes ausgerichtete Geschäftsmodell von *Worldcom*, 1983 von Bernie Ebbers gegründet, basierte auf einem viele Jahre hindurch sich selbst verstärkenden kybernetischen Zirkel. Die außergewöhnliche Erfolgsgeschichte fußte auf schnellem Wachstum durch ständig neue Übernahmen, durch enorm hohe Abschreibungen zum Zeitpunkt der jeweiligen Übernahme und radikale Kosteneinsparungen in der Folge bei den übernommenen Unternehmen, sodass immer wieder überdurchschnittliche Gewinne ausgewiesen werden konnten. Dies beeindruckte den Kapitalmarkt, trieb die Aktien in Schwindel erregende Höhen, was eine hervorragende Ausgangsbasis für weitere Übernahmen schuf, usw. usw … Seit seiner Gründung schluckte das Unternehmen auf diese Weise 75 Konkurrenten. Das einschlägige Meisterstück gelang *Worldcom* zweifelsohne 1998 mit dem Kauf des viermal so großen Konkurrenten *MCI*, eine 44 Mrd. US-Dollar teure Übernahme, die man in letzter Sekunde British Telecom abjagen konnte.

Radikal unterbrochen wurde dieses Muster Mitte 2000. Die US-Kartellbehörden untersagten Worldcom seinen bislang größten Übernahmecoup, den Kauf des Konkurrenten *Sprint*. Fast zeitgleich platzte die Internet-Blase und mit ihr die hohen Wachstumsraten in den globalen Datennetzen. Worldcom verfügte diesbezüglich weltweit über 50 % Marktanteil. Die Kurse begannen erstmals zu fallen. Das Unternehmen verfehlte über mehrere Quartale hinweg seine allzu optimistischen Ertragsprognosen. Mit Beginn des Jahres 2001 setzten jene schwerwiegenden Bilanzmanipulationen ein, deren Auffliegen im Juni 2002 die Abwärtsspirale in Richtung Zahlungsunfähigkeit unaufhaltsam beschleunigte.

Besonders aufschlussreich in dieser eindrucksvollen Koevolution von Unternehmen und Kapitalmarkt ist die Rolle des Vorstandes auf der Arena dieses Marktes. Bernie Ebbers und sein Finanzvorstand Scott Sullivan waren jahrelang die Lieblinge der amerikanischen Analystenszene. Unerschrocken mischten sie die Telecom-Branche auf, schrieben kontinuierlich außergewöhnliche Gewinne und hatten eine „großartige“ Story zu bieten. Sie boten als Duo hohe Glaubwürdigkeit: der eine als erfolgreicher Gründer und Visionär, der andere als hoch anerkannter Finanzfachmann mit eindrucksvollem Detailwissen. Der Auftritt der beiden mit Blick auf den Kapitalmarkt war in *Wall-Street*-Kreisen seit Jahren als „Scott-and-Bernie-Show“ bekannt. „Das ungleiche Paar zog Scharen von Fondsmanagern, Analysten und Bankern in seinen Bann“ (*Financial Times Deutschland*, 28.6.2002, S. 28). Sie konnten über Jahre eine Aura des Erfolgs um sich herum aufbauen, die alle Beteiligten für beunruhigende Abweichungen blind machte. Wie man heute weiß, haben gravierende Bilanzmanipulationen bereits 1999 begonnen. Die Verbuchung von Ausgaben als Investitionen setzten in großem Stil mit Beginn des Jahres 2001 ein. *Worldcom* hätte ohne diese Buchungstricks bereits zu diesem Zeitpunkt tiefrote Zahlen geschrieben. Den Prüfern von *Arthur Andersen* ist dies alles nicht aufgefallen. Nichts bemerkt haben auch die Investmentbanker, die *Worldcom* einer genauen Bonitätsprüfung unterzogen haben, bevor sie im Mai 2001 die größte Unternehmensanleihe der USA aufgelegt haben. Noch im April 2002 hat J. Grubman, der Staranalyst der US-amerikanischen Telecom-Branche, *Worldcom*-Aktien euphorisch zum Kauf empfohlen. Eine derartige „kollektive Sehschwäche“ ist nicht zu erklären, wenn man nicht eine im System selbst angelegte selektive Wahrnehmung der etablierten Beobachtungsverhältnisse unterstellt. Gemeint sind gemeinsame Wirklichkeitskonstruktionen von Vorständen, Analysten, Investmentbankern und Investoren, die sich, solange es nur ging, gegen eine Erschütterung ihrer Bilder wechselseitig immunisierten. Die spezifische Dynamik des Kapitalmarktes benötigt offensichtlich diese kollektiven aus immanenten Gründen zu Übertreibungen tendierenden Illusionsbildungen. Dies gilt sowohl für die Phase des scheinbar nie enden wollenden Aufschwungs (hier steuert die Gier die Realitätswahrnehmung) als auch für die Zeit nach dem Platzen der Spekulationsblase (hier sorgen Angst und Misstrauen für massive Wahrnehmungsverzerrungen).

Der Schaden, den *Worldcom* hinterlassen hat, kann sich sehen lassen. Die zuletzt Anfang August 2002 bekannt gewordenen Fehlbuchungen haben den Bilanzbetrug insgesamt auf 7,2 Mrd. US-Dollar erhöht. Das Unternehmen muss zudem aufgrund der veränderten Marktlage Abschreibungen in Höhe von 50,6 Mrd. US-Dollar für Firmenwerte und andere immaterielle Vermögenswerte vornehmen. Diese Summe entspricht dem gesamten Bruttoinlandsprodukt von Ungarn und der Tschechischen Republik zusammen (*Handelsblatt*, 12.08.2002, S. 15). Nicht zu vergessen ist der Schaden, den die Anleger druch den Zusammenbruch von *Worldcom* erlitten haben.

Eine ganz ähnliche Fallstudie ließe sich zu *Enron* verfassen, einem Unternehmen der Energiebranche, das in einem rasanten Wachstum in den 1990er-Jahren zum siebtgrößten US-amerikanische Unternehmen aufgestiegen war und dann Ende 2001 unter ähnlich spektakulären Begleiterscheinungen seinen Niedergang erlebte. Diese und eine Reihe anderer vergleichbarer Fälle haben die amerikanische Wirtschafts- und Finanzwelt schwer erschüttert. Es wird lange dauern, bis das Vertrauen der Anleger in die Mechanismen des Kapitalmarktes, insbesondere in die verantwortungsvolle Führung börsennotierter Unternehmen, wiederhergestellt sein wird. Sind die beschriebenen Entwicklungsmuster einer engen Koppelung von Unternehmen und Kapitalmarktdynamik mit den Bilanzmanipulationen als Begleiterscheinung primär ein US-amerikanisches Phänomen? Keineswegs. Der neue Markt in Frankfurt kennt in der Zwischenzeit auch seine Problemkinder (*Metabox, Comroad, Phenomedia, EM-TV*, um nur einige Beispiele zu nennen).

Solche Verläufe in der Unternehmensentwicklung mit ihren eingebauten Tendenzen zu Bilanzmanipulationen können auch als ein Produkt des spektulativ angeheizten Kapitalmarktes in der zweiten Hälfte der 1990er-Jahre angesehen werden. In dieser Stimmungslage war es möglich, innerhalb weniger Jahre mit geliehenem Geld Konzerne zu schaffen, die mit einer Börsenbewertung in dreistelliger Milliarden-Dollar-Höhe alles andere in den Schatten stellte. Diese hochgepuschten Riesen standen unter dem enormen Druck, die hohen Erwartungen des Kapitalmarktes dauerhaft zu erfüllen. Rasches Wachstum über Firmenzukäufe war lange das Mittel der Wahl bezahlt mit den eigenen überbewerteten Aktien. Diese neue „Währung“ für Fusionen ist jetzt nach den massiven Kurskorrekturen an den Börsen weitestgehend versiegt. Zurückgeblieben sind stark überschuldete Firmenkonglomerate, die organisationsintern ihr rasches Wachstum überhaupt nicht verkraftet haben und wenig Aussicht besitzen, auf dem Weg der normalen Geschäftstätigkeit diesen hohen Schuldenstand je bewältigen zu können. Der überwiegende Teil der Unternehmen der Informations- und Kommunikationstechnologie steckt heute in dieser Klemme. Der kapitalmarktgetriebene Boom der späten 1990er-Jahre hat in dieser Branche zu milliardenschweren Fehlinvestitionen geführt, die bei den Anlegern unglaubliche Summen vernichtet haben (allein in den USA etwa 2 Billiarden Dollar) und damit die heute noch am Markt befindlichen Unternehmen auf Jahre belasten werden (siehe die aktuellen Schwierigkeiten bei der *France Telecom* bzw. bei der *Deutschen Telekom*).

Der schleichende Autoritätsverlust des Top-Managements

Ein fester Bestandteil des Shareholder-Value-Prinzips ist die Vorstellung, die konsequente Ausrichtung der Unternehmensführung an den Kapitalmarkterwartungen könne dadurch gefördert werden, dass man die variable Entlohnung der Führungskräfte an die Wertsteigerung des Unternehmens knüpft. Wenn es gelinge, die relevanten Entscheidungsträger im Unternehmen in ihren persönlichen Interessen möglichst nah an jene der Anteilseigner heranzubringen, dann werde das Unternehmen schon aus dieser Motivlage heraus in die richtige Richtung gelenkt. Das am weitesten verbreitete Instrument dafür sind die so genannten Aktienoptionsprogramme. Diese eröffnen den Begünstigten (in der Regel einer ausgewählten Schicht von Führungskräften) die Möglichkeit, aufgrund von Optionsrechten Aktien des eigenen Unternehmens zu einem späteren Zeitpunkt zu einem im Vorhinein festgelegten „Ausübungspreis“ zu erwerben. Zumeist handelt es sich dabei um den Preis der Aktie zum Ausgabezeitpunkt der Optionsrechte. Die tatsächliche Wirkung solcher Programme ist in der wissenschaftlichen Diskussion heftig um stritten. Analysiert man die besonders auffällig gewordenen Manipulationsfälle der US-Wirtschaft (z. B. *Enron, Worldcom, Quest, AOL-Time Warner* etc.), so ist ein Faktum allen gemeinsam: Das Top-Management hat sein Insiderwissen stets ungebremst ausgenutzt, um über Aktien des eigenen Unternehmens am Spekulationsgeschehen des Kapitalmarktes gewaltig zu partizipieren, ohne das übliche Anlegerrisiko zu tragen. Das Ergebnis dieser Entwicklung kann sich sehen lassen. Eine US-amerikanische Studie stellte fest, dass die Vergütungen der Manager in den USA in den vergangenen 20 Jahren 400-mal stärker als der Durchschnittslohn eines einfachen Arbeiters gestiegen sind (*Handelsblatt*, 13.09.2002, S. 13).

Auch die Aktienoptionsprogramme fast aller im *Deutschen Aktienindex (DAX)* notierten Unternehmen weisen „schwere handwerkliche Fehler" auf. Dies ist die Schlussfolgerung einer aktuellen Studie der Fondsgesellschaft *Union Invest* (vorgestellt am 26.08.2002). „Manche Programme haben eher die Tendenz zur Selbstbedienung als das Ziel, den Marktwert des Unternehmens zu steigern" (*Der Tagesspiegel*, 27.08.2002, S. 19).

Eine Reihe von börsennotierten Unternehmen hat den Shareholder-Value-Gedanken in Deutschland auch genutzt, die Entlohnung von Top-Führungskräften ganz allgemein an US-amerikanische Gepflogenheiten anzupassen. So sind in den drei Jahren zwischen 1996 und 1999 die Vorstandsvergütungen (ohne Aktienoptionsprogramme) bei *Siemens* um 145 Prozent, bei *Daimler-Chrysler* gar um 466 Prozent erhöht worden. Bei *Daimler-Chrysler* spiegelt sich in diesem Punkt natürlich die Fusion mit Chrysler unmittelbar wider (vgl. Höpner 2000). Die enge Anbindung der Vorstandsgehälter sowie der zusätzlichen Anreizsysteme an die spekulativen Gewinnchancen des Kapitalmarktes, ohne dass der betreffende Personenkreis tatsächlich das übliche Investorenrisiko tragen würde, nährt den Verdacht, die Unternehmensspitze sorge sich weniger um das Wohl des Unternehmens als um die Verfolgung höchst persönlicher Gewinninteressen. Ob diese Zuschreibung im Einzelfall nun zutrifft oder nicht, allein der Umstand, dass das Shareholder-Value-Prinzip solche Motivlagen nahe legt, führt dazu, dass die Glaubwürdigkeit der Unternehmensspitze in ihrem Führungshandeln massiv untergraben wird (vor allem, wenn es darum geht, dafür Sorge zu tragen, dass schmerzhafte Maßnahmen im Unternehmen von der Belegschaft mitgetragen werden).

Einen ähnlichen Erosionseffekt besitzt ein anderes Instrument, mit dem Vorstände üblicherweise versuchen, die Entwicklung des Aktienkurses ihrer Unternehmen zu beeinflussen. Gemeint ist die Praxis des Aktienrückkaufes.

Der gezielte Rückkauf eigener Aktien ist eine der wirksamsten Maßnahmen, mit deren Hilfe Unternehmen direkt Einfluss auf den eigenen Aktienkurs nehmen können. Man verknappt damit das Angebot an den Kapitalmärkten, was in der Vergangenheit den Kurs in aller Regel nach oben befördert hat. In den USA besitzt diese Interventionsform bereits eine lange Tradition. „Zwischen 1983 und 1990 wurden dort 72,5 Prozent aller Nettokäufe von Aktien von Unternehmen getätigt" (Sablowski u. Rupp 2001, S. 68). Aktienrückkäufe waren in diesem Zeitraum für 50 Prozent der Kreditaufnahme dieser Unternehmen verantwortlich und beliefen sich auf ca. 25 Prozent des erwirtschafteten Cash-flows (Brenner 2000, S. 23). Diese Praxis der Beeinflussung der Kursentwicklung erhielt in der außergewöhnlichen Boomphase zwischen 1994 und 1999 nochmals einen erheblichen Auftrieb. Nicht zuletzt aus diesem Grund hat der Verschuldungsgrad der Unternehmen des *S & P 500 Index* in diesem Zeitraum merklich zugenommen. Diese Ressourcen gingen jedoch nicht in die Weiterentwicklung der Leistungsfähigkeit der Unternehmen, sondern dienten der „Pflege" des eigenen Aktienkurses. In konkreten Zahlen bedeutete dies, dass 697,4 Mrd. US-Dollar oder 57 Prozent der Kreditaufnahme genutzt wurden, um diese Rückkaufaktionen zu bedienen. Solche Zahlen belegen eindrucksvoll das Ausmaß, in dem durch diese Politik der Vorstände den realwirtschaftlichen Aufgaben und Herausforderungen der Unternehmen Ressourcen entzogen wurden, um auf die Dynamik der Kapitalmärkte Einfluss zu gewinnen bzw. um Potenzial für die Aktienoptionsprogramme zur Verfügung zu haben.

In Deutschland sind Aktienrückkäufe erst seit 1998 erlaubt, und zwar bis zu einer Obergrenze von 10 Prozent des Grundkapitals. Die meisten der bekannten börsennotierten Unternehmen haben seither kräftig von dieser Möglichkeit Gebrauch gemacht. Bei *BASF* etwa belief sich im Jahr 2001 das Rückkaufvolumen auf 1,3 Mrd. Euro (*Financial Times Deutschland*, 29.07.02, S. 19). Seit kurzem beginnt sich jedoch auch am Aktienmarkt unter Analysten wie Investoren eine deutlich kritischere Sicht auf das Instrument des Aktienrückkaufs durchzusetzen. „Die Stimmung hat sich gewandelt. Investoren fordern derzeit, dass die Firmen ihr Geld profitabel ins Kerngeschäft investieren und damit keine Spielchen am Aktienmarkt treiben" (*Handelsblatt*, 19.08.2002, S. 1).

Zusammenfassung

Ist das Konzept des Shareholder Value am Beginn der 1990er-Jahre angetreten, um unter Beweis zu stellen, dass Unternehmen, die sich konsequent am Kapitalmarkt orientieren, auf einen dauerhaften, letztlich nicht einholbaren Erfolgskurs gebracht werden, so steht dieses Prinzip heute mitten in einer schweren Identitätskrise. Stellt man ein Unternehmen instrumentell in den Dienst der Spekulationsdynamik des Kapitalmarktes, so sind zwei (freilich nicht beabsichtigte) Folgewirkungen ausgesprochen wahrscheinlich. Zum einen entzieht die primäre Verpflichtung des Top-Managements auf die Interessen der Aktionäre ihm organisationsintern jene Autoritätsressourcen, die es braucht, um glaubwürdig seine Praxis der Unternehmensführung aus den Überlebensfragen des Unternehmens heraus zu begründen. Je mehr unternehmensintern beobachtet wird, dass zentrale Ressourcen und geschichtlich aufgebaute Potenziale geopfert werden, nur um den Erwartungen der Kapitalmarktakteure kurzfristig zu entsprechen, umso weniger wird die Führung Folgebereitschaft und Verständnis für die heute immer wieder anstehenden tief greifenden Veränderungsnotwendigkeiten mobilisieren können. Diese Art von Führung schädigt für den vordergründigen Beobachter vielleicht nicht gleich sichtbar im Ergebnis aber umso nachhaltiger die Immunkraft eines sozialen Systems. Wenn so deutlich erlebbar wird, wie sich das Top-Management durch seine Nähe zum Kapitalmarkt persönlich bereichern kann, während gleichzeitig dem Rest massive Opfer und außergewöhnliche Anstrengungen abverlangt werden, dann ermutigt das alle, wo immer es geht, primär auf die eigenen Interessen zu schauen. Das Unternehmen verliert so seine Fähigkeit, für sich als soziale Einheit, für die Bewältigung der eigenen unternehmerischen Existenzprobleme die erforderliche Sorgfalt und kollektive Energie zu mobilisieren. Dieser Verlust ist gemeint, wenn von einer nachhaltigen Schädigung des Immunsystems einer Organisation die Rede ist. In einer Schönwetterperiode, wenn die Geschäfte ausgezeichnet laufen, wird dieser Verlust möglicherweise gar nicht unmittelbar sichtbar. Die mangelnde Identifikation mit dem sozialen Ganzen wird aber sofort schlagend, wenn es darum geht, krisenhaftere Herausforderungen zu bewältigen, die ein überdurchschnittliches Engagement aller Schlüsselspieler verlangen. In solchen Phasen macht sich die Glaubwürdigkeitskrise vor allem dem Top-Management gegenüber fatal bemerkbar.

Zum anderen haben die Erfahrungen seit dem Platzen der Spekulationsblase im Frühjahr 2000 auch gezeigt, dass die Anleger in der Zwischenzeit ein massives Misstrauen in die aktuell praktizierte Form der Unternehmensführung entwickelt haben. Paradoxerweise haben gerade jene Firmen besonders mit dieser Vertrauensproblematik zu kämpfen, deren Vorstände noch vor Jahren besonders eifrig für das Shareholder-Value-Prinzip eingetreten sind. Die aktuelle Corporate-Governance-Diskussion, die verstärkten Aktivitäten der Aufsichtsbehörden und politischen Entscheidungsträger, die neuerlichen regulatorischen Eingriffe des Gesetzgebers, all dies sind Symptome dafür, dass der Gedanke des Shareholder Value die Kluft zwischen der Spitze börsennotierter Unternehmen und den Investoren am Kapitalmarkt nicht verringert sondern eher vergrößert hat. Es gibt zurzeit eine Reihe von Anzeichen, die darauf hindeuten, dass der Kapitalmarkt aus den Erschütterungen seit dem Frühjahr 2000 zu „lernen" beginnt und seine Beobachtungskriterien bezüglich dessen, was „gute und verantwortungsvolle Unternehmensführung" heißt, umbaut. Damit könnten die Voraussetzungen dafür entstehen, dass Vorstände, die dem längerfristigen Überlebensinteresse von Unternehmen den Vorrang einräumen, vom Kapitalmarkt wieder belohnt und nicht bestraft werden.

Was heißt dies alles für die Beraterbranche? Die vorangegangene Analyse aktueller Entwicklungen auf den Kapitalmärkten und ihre Implikationen für die Unternehmensführung sollten zeigen, dass wir uns mitten in einer tief greifenden Reorientierungsphase befinden. Die magische Kraft hochgepuschter Managementmoden ist verblasst. Auf allen Seiten ist eine ziemliche Ernüchterung, wenn nicht gar eine Neigung zur Ratlosigkeit zu beobachten. Die Dekonstruktion gängiger Managementleitbilder (in der vorliegenden Arbeit wurde dies insbesondere am Beispiel des Shareholder-Value-Prinzips zu zeigen versucht) trifft mit voller Wucht die klassischen Unternehmensberatungsfirmen, die ihr exorbitantes Wachstum lange Zeit ihrer Fähigkeit verdankten, das Top-Management mit einer tragfähigen Legitimation (nach innen und außen) für die jeweils eingeleiteten Weichenstellungen in der Unternehmensentwicklung zu versorgen. Ganz offensichtlich scheint diese Versorgungsleistung nicht mehr in dem Ausmaß zu greifen, wie dies früher gerade bei den großen börsennotierten Unternehmen der Fall war. Mit dem Verlust dieser fraglosen Autoritätsrolle gerät auch der Zukauf von Beratung unter das Diktat jenes allgegenwärtigen Produktivitätssteigerungsdrucks, der heute auch auf allen anderen unternehmensbezogenen Leistungsprozessen lastet. Dieses Reflexivwerden von Beratung (d. h., die von ihr beförderte Logik muss glaubwürdig auch auf sie selbst anwendbar sein) besitzt für die klassische Unternehmensberatung wie für die systemische Organisationsberatung je unterschiedliche Konsequenzen. Zum Beispiel wird es für die Letztere bedeuten, dass sie sich für ihre unternehmensinternen Ansprechpartner wesentlich mehr auch in den relevanten Businessthemen als kompetente Sparringspartnerin bewähren muss, weil es heute einfach nicht mehr genügt, sich ausschließlich auf die Prozesse des sozialen Miteinanders und auf das Bereitstellen gelingender Kommunikationsarchitekturen zu fokussieren. Die Zukunft wird zeigen, wie sich diese beiden Erscheinungsformen von Beratung auf die veränderten Anforderungen seitens ihrer Kunden werden einstellen können. Eines scheint sicher: Die Erfolgsmuster der 1990er-Jahre haben offensichtlich ausgedient.

Zur Eigendynamik komplexer Organisationen

Sind Unternehmungen mit hoher Eigenkomplexität noch steuerbar?[1]

Was bewegt Organisationen? Zur Aktualität dieser Frage

Dass Gruppen eine spezifische Eigendynamik entfalten, dass in Gruppen je nach ihrem Entwicklungsstand charakteristische Prozesse und Strukturmuster zu beobachten sind, dass Gruppen eigenständige soziale Systeme darstellen, die bei entwickelter Arbeitsfähigkeit eine erstaunliche, weit über die individuelle Leistungsfähigkeit hinausgehende Problemlösungskapazität aufweisen, all dies ist zum sozialpsychologischen Standardwissen geworden. Die Gruppendynamik als Zweig der angewandten Sozialwissenschaften hat dafür ein Set an theoretischen Erklärungsansätzen und Verstehensangeboten erarbeitet und zur Diskussion gestellt. Inzwischen gibt es auch ein durchaus erprobtes Repertoire an praktischen Lernangeboten (angefangen von der klassischen Trainingsgruppe bis hin zu strukturierteren berufsbezogenen Settings), die diesen Wissensbereich, verbunden mit den dazugehörigen sozialen Kompetenzen, in erfahrungsorientierter Weise vermitteln helfen. Obwohl es immer wieder interessante Versuche und Experimente gegeben hat, in ähnlicher Weise auch das soziale Phänomen „Organisation" in laboratoriumsähnlichen Lernarrangements praktisch erfahrbar und theoretisch be-

1 Bei diesem Artikel handelt es sich um einen überarbeiteten und erweiterten Text, der ursprünglich in der Zeitschrift *Gruppendynamik* (4/1991) erschienen ist. In der vorliegenden Form wurde er zuerst veröffentlicht in: Gerhard Fatzer (Hrsg.) (1993): Organisationsentwicklung für die Zukunft. Ein Handbuch. Köln (Ed. Humanistische Psychologie), 2. Aufl. 1999.

greifbar zu machen, so konnte doch in diesem Bereich nicht annähernd ein Erkenntnisfortschritt erzielt werden, wie er heute für den Kleingruppenbereich mit großer praktischer Relevanz vorliegt. Komplexere soziale Systeme wie Organisationen und ihre spezifische Eigendynamik sind der gruppendynamischen Theoriebildung vergleichsweise fremd geblieben. Dies ist umso erstaunlicher, als der gruppendynamische Einfluss auf die verschiedenen OE-Richtungen ganz erheblich war und immer noch ist und außerdem in den vergangenen Jahrzehnten auch vielschichtige praktische Erfahrungen in der gestaltenden Einflussnahme auf solche sozialen Systeme gesammelt werden konnten (zur bisherigen OE-Tradition vgl. Wimmer 1991; Rieckmann 1991).

Ohne nennenswerten Bezug zu dieser gruppendynamischen Forschungstradition haben seit den 1960er-Jahren in anderen Wissenschaftsdisziplinen organisationsbezogene Arbeiten, die nach Erklärungen für die spezifische Eigendynamik von Organisationen suchen, sichtlich an Bedeutung gewonnen. Sei es, dass man sich für ihren Strukturkonservativismus interessiert, für bürokratische Erstarrungstendenzen oder für bestimmte Phänomene der Selbstorganisation, für ihre Fähigkeit oder Unfähigkeit zur Selbsterneuerung, für Fragen der Steuerbarkeit komplexer Systeme und Ähnliches mehr (vgl. Türk 1989, S. 52). In immer stärkerem Ausmaß wird der Blick der Forschung auf das Eigenleben und auf die Prozesshaftigkeit organisierter Sozialsysteme gelenkt, auf den Umstand also, dass es sich um besonders komplexe soziale Gebilde handelt, die ständig in Bewegung sind und deren Entwicklung nicht dem Willen einzelner Personen (Eigentümer, Manager, Organisatoren) folgt. Womit hängt dieses wachsende wissenschaftliche Interesse an Fragen der Organisationsdynamik zusammen?

Dafür sind einerseits wissenschaftsimmanente Gründe ausschlaggebend. Zweifellos erleben wir gegenwärtig in unterschiedlichen sozialwissenschaftlichen Disziplinen (aber nicht nur dort) so etwas wie einen „Paradigmenwechsel“, einen Austausch grundlegender Überzeugungen in der Auffassung von sozialer Realität. Andere theoretische Denkwerkzeuge, ein anderes analytisches Instrumentarium machen Bereiche zugänglich, für die große Teile der Forschung bislang sozusagen einen blinden Fleck besaßen (man denke in diesem Zusammenhang nur an die spannende Karriere jener Diskussionen, die gegenwärtig unter dem Stichwort Chaosforschung laufen, oder an die intensive Debatte über den Stellenwert der Organisationskultur). Auf diesem Wege sind auch in der Organisationsforschung wesentlich mehr als früher evolutionäre Entwicklungstendenzen, eigendynamische Prozesse, ungeordnete, ja scheinbar chaotische Phänomene ins Zentrum wissenschaftlicher Erkenntnisanstrengungen gerückt. Das scheinbar Irrationale, begrifflich schwer Fassbare, bislang von der Forschung als Störfaktor ignoriert, erfreut sich eines regen Interesses (vgl. Brunsson 1986; Heintel u. Krainz 1989). Klaus Türk (1989, S. 28) spricht in diesem Zusammenhang nicht zu Unrecht von einer „produktiven Krise in der Organisationstheorie", einer Krise, die jahrelang dominiert habende Theoriefestlegungen nachhaltig erschüttert.

Es ist aber auch anzunehmen, dass diese Umstellung des Beobachtungsfokus von Stabilität auf Dynamik, dass diese radikale Verzeitlichung in der Beschreibung von Organisationsphänomenen, dass dieses enorm gewachsene Interesse an Prozessen der Selbstorganisation in sozialen Systemen nicht nur einer wissenschaftsimmanenten Entwicklungsdynamik zu verdanken ist. Es ist zu vermuten, dass diese Verlagerung des Aufmerksamkeitsschwerpunktes organisationsbezogener Forschung auch mit tief gehenden Veränderungen im Gegenstandsbereich selbst zu tun hat. Denn komplexe soziale Systeme, wie speziell Organisationen im Wirtschaftssystem hoch entwickelter Industriegesellschaften, unterliegen ihrerseits einer charakteristischen Veränderungsdynamik, die vor allem die Bedingungen der Möglichkeit einer gezielten, gestaltenden Einflussnahme auf ihre Entwicklung nachhaltig berührt haben. Aus diesem Grunde dominiert die zentrale Frage nach der Steuerbarkeit bzw. nach der Beherrschbarkeit von Veränderungsprozessen und Entwicklungsverläufen die gegenwärtige Diskussion. Sind wir dieser Dynamik weitestgehend ausgeliefert? Die Suche nach einer neuen Logik des Eingreifens, der Einflussnahme sowohl auf gesamtgesellschaftlicher Ebene als auch auf der Ebene von Organisationen ist allenthalben zu beobachten. Angesichts der unübersehbaren Steuerungsprobleme komplexer Organisationen sind vor allem alle einschlägigen anwendungsorientierten Forschungsgebiete besonders gefordert (z. B. die Managementtheorie, Führungsforschung, Organisationsentwicklung, Beratungsforschung). Sie operieren ja unter dem Anspruch, unmittelbar praxisrelevantes Wissen zu produzieren. Schon aus diesem Grunde ist es nicht überraschend, dass wesentliche Theorieentwicklungen in der letzten Zeit von wissenschaftlich ausgerichteten Praxisfeldern (wie z. B. der Organisationsberatung) angestoßen wurden und nicht von der akademisch etablierten Betriebswirtschaftslehre (vgl. dazu auch die Beobachtungen von Kasper 1990, S. 138). Der Druck auf unser angestammtes Verständnis von Organisationen ist deutlich gewachsen.

In der älteren Organisationstheorie dachte man sich das Zustandekommen von Organisationen als unmittelbar mit den Aktivitäten der Systemspitze (dem Gründer, den Pionieren etc.) verbunden. Der Wille des Gründers richtet die Organisation nach den Prinzipien rationaler Optimierung ein und nutzt sie dementsprechend als Instrument, um seine Zwecke und Interessen zu verfolgen. Organisation, verstanden als ein ganz bestimmtes Zweckgebilde, wird in dieser Denktradition als „Gesamtheit an formalisierten und generalisierten Regelungen" definiert, die der Leitung eine koordinierte Aufgabenerfüllung und Zielerreichung ermöglichen sollen (Grochla 1982, S. 2; vgl. auch Kasper 1990, S. 8). Mit diesem sehr weit verbreiteten instrumentellen Organisationsverständnis und seinen Implikationen für die Gestaltung von organisationsbezogenen Veränderungsprozessen konnten in der Zwischenzeit ausreichende Erfahrungen gesammelt werden. Die begrenzte Reichweite dieses Verständnisses, vor allem seine Naivität und Blindheit gegenüber zahlreichen mit solchen Gestaltungspraktiken verbundenen kontraintuitiven Effekten wurde in der Zwischenzeit vielfach diskutiert (vgl. beispielsweise Doppler 1991). Die klassische Rationalitätsunterstellung im Agieren von Organisationen, sowohl in ihrem Verhältnis nach innen wie nach außen, hat ihre Plausibilität angesichts konträrer Alltagserfahrungen weitestgehend eingebüßt. Die ältere Betriebswirtschaftslehre hatte ja Wirtschaftsorganisationen „nach Art eines marktorientiert entscheidenden ‚rational actor' zu begreifen versucht. Nach heute wohl überwiegend akzeptierter Auffassung ist dieses Konzept an den Realitäten gescheitert" (Luhmann 1981b, S. 402).

Eine neue Sicht auf Organisationen ist gefragt; denn die eminente Bedeutung dieser Art sozialer Systeme für die Reproduktion von hoch entwickelten Gesellschaften ist unumstritten. Die allermeisten überlebenswichtigen Funktionen werden in diesen Gesellschaften organisationsförmig wahrgenommen. Gleichzeitig nehmen die Steuerungsprobleme von Großorganisationen unübersehbar zu: nach innen, weil die herkömmlichen Führungsstrukturen und das korrespondierende Management-Know-how der gestiegenen Eigenkomplexität nicht mehr gewachsen sind, nach außen, weil Organisationen, bedingt durch ihre spezielle Operationsweise, ein wachsendes gesellschaftliches Risikopotenzial erzeugen, für das sie sich aber meist nicht zuständig fühlen. Niklas Luhmann fragt sich deshalb besorgt, was aus Gesellschaften wird, die auf der Ebene ihrer Organisationen nicht in der Lage sind, diesem Umstand des selbst erzeugten Risikopotenzials angemessen Rechnung zu tragen (Luhmann 1991b, S. 11).

Angesichts des gewachsenen Problemdrucks ist eine Verstärkung der Bemühungen begreiflich, das zu verstehen, was sich da „hinter den Kulissen von Organisationen" abspielt (Selvini Palazzoli et al. 1984), was die spezifische Widerstandskraft gegen gezielte Veränderungseingriffe ausmacht, was immer wieder den Eindruck einer „organisierten Anarchie" (March a. Olsen 1976) erweckt. Was sorgt für die Erhaltung dessen, was Beobachter (sei es aus der Innenperspektive als Mitglieder oder als Externe) als das Bezeichnende, das besonders Charakteristische, das gleich Bleibende und Identische einer Organisation beschreiben? Was ist das Dynamisierende, das Beschleunigende an organisationsinternen Prozessen, das vielen Beteiligten das ohnmächtige Gefühl vermittelt, in ihrem Gestaltungswillen den Ereignissen ständig hinterherzulaufen?

Der vorliegende Beitrag greift zunächst einige interessante Erklärungsversuche auf, die sich aus unterschiedlichen Blickrichtungen bemühen, die Frage zu klären, was denn abseits der vordergründigen Sachebene das alltägliche Organisationsgeschehen in Bewegung hält. Gemeinsam ist diesen Versuchen, dass sie im Verhältnis zur bisherigen Denktradition der Gruppendynamik und Organisationsentwicklung sehr anschlussfähig, zum Teil direkt aus ihr herausgewachsen sind. Im Hauptteil der Arbeit geht es dann darum, diesen Versuchen ein theoretisches Erklärungsangebot gegenüberzustellen, das speziell für komplexe Wirtschaftsorganisationen gedacht ist und als eine Alternative zu den vorangegangenen angesehen werden kann. Im Zentrum dieser Überlegungen steht die Frage, mit welchen organisationsinternen Differenzierungsformen Unternehmungen auf die Eigendynamik des Wirtschaftssystems antworten, welche eigenartige Dynamik der Gesamtorganisation damit verbunden ist und welche Konsequenzen sich daraus für alle Steuerungsversuche in Organisationen mit auf diese Weise gesteigerter

Eigenkomplexität ergeben. Mit der Gegenüberstellung verschiedener Sichtweisen bezüglich Organisationsdynamik soll außerdem ein Beleg für die These geliefert werden, dass man je nach Theorieentscheidung ganz bestimmte Aspekte von Organisationen zu sehen bekommt und andere eben nicht. Das, was man auf diese Weise sieht (sei es als Forscher, als Manager oder als Berater), steuert das eigene Vorgehen in bzw. im Verhältnis zu Organisationen, und meist bekommt man als Reaktionen auf dieses Vorgehen auch genug Anhaltspunkte zurück, um die eigenen Annahmen bestätigt zu erhalten.

Unterschiedliche Deutungsangebote von Organisationsdynamik

Organisationen – Ein Netzwerk interagierender Gruppen

Bernhard Pesendorfer (1983) baut sein Verständnis von Organisationsdynamik auf einigen wichtigen sozialanthropologischen Grundannahmen auf. Seiner Meinung nach ist die ursprünglichste und menschheitsgeschichtlich auch am längsten praktizierte menschliche Sozialform die Gruppe (auf der einen Seite die Aufzuchtgruppe, gebildet von Frauen und Kindern, auf der anderen Seite die „Jagdbande", gebildet von den jungen Burschen und Männern). In vielerlei Hinsicht ist schon aus diesem evolutionären Hintergrund das menschliche Fassungsvermögen, vor allem der Gefühlshaushalt des Menschen auf diese gesellschaftsspezifisch getönte Sozialform bezogen (ähnlich wie dies auch Claessens 1980 beschrieben hat). Aufgrund dieses entwicklungsgeschichtlichen Erbes, das auch die Möglichkeiten hoch entwickelter Industriegesellschaften prägt, fällt es nach Pesendorfers Beobachtungen den allermeisten Menschen sehr schwer, soziale Systeme der Art, die wir heute mit dem Begriff Organisation belegen, emotional positiv zu besetzen. „Denn Organisationen sind spröde, formal, unpersönlich, anonym, funktional, kalt, unflexibel und starr. Menschen hingegen lieben Wärme, Persönlichkeit, Nähe, Gefühl, Verständnis, Entgegenkommen und Geborgenheit" (Pesendorfer 1983, S. 1). Diese grundlegenden Bedürfnisse lassen sich durch die Zugehörigkeit in Gruppen abdecken, die eine unmittelbare soziale Begegnung zwischen Personen erlauben und in ihrem identitätsstützenden Binnenklima Geborgenheit schaffen, indem sie gegenüber allem Fremden Schutz bieten. Kleingruppen versprechen die Möglichkeit, in Übereinstimmung mit familialen Mustern emotionaler Bedürfnisbefriedigung ein Ort zu sein, an dem das Ständig-zu-sich-Finden in der Geborgenheit einer Gemeinschaft mit anderen möglich wird.

Nicht zuletzt aus diesem Grund formieren sich in allen größeren sozialen Systemen (ob formell oder informell, ob offiziell erlaubt oder im Geheimen) Gruppen, die ihrerseits miteinander ein kompliziertes Netzwerk an Interaktionsbeziehungen entwickeln. Folgt man dieser Überlegung, so kann man eine Organisation als „das System der Beziehungen zwischen Gruppen, die selbst wieder Beziehungssysteme von Beziehungen sind", begreifen (ebd., S. 11). Genau diese Vernetzung an sich kooperationsunwilliger sozialer Einheiten, wie es der Eigendynamik von Gruppen entspricht, bildet nach Pesendorfer das Kernproblem von Organisationen. Denn wie können Gruppen, die sich ihrem Wesen nach gegenüber dem Fremden feindselig abgrenzen und das Zugehörigkeitsbedürfnis ihrer Mitglieder im Inneren abdecken, zur Kooperation miteinander gebracht werden? Die „gesellschaftliche Erfindung" der Sozialform Organisation besitzt in der Bearbeitung dieses Grundproblems ihren funktionalen Sinn, ohne den Grundwiderspruch, der dieses Netzwerk von Beziehungen zwischen Gruppen konstituiert, wirklich lösen zu können. „In der Organisation geht es um übergreifende und arbeitsteilige Kooperation von deutlich voneinander abgegrenzten Gruppen im Dienste des Überlebens einer größeren Gemeinschaft" (ebd., S. 11). Die Organisation verkörpert das Begrenzende, sie limitiert die Selbstbezüglichkeit der Gruppe, sie zwingt die Logik des größeren sozialen Ganzen in die Arbeits- und Lebenswelt der Gruppe hinein. Bei aller unaufhebbaren Angewiesenheit aufeinander verbindet diese beiden Systemtypen (Gruppe und Organisation) eine prinzipielle Gegensätzlichkeit, die den Motor für die spezifische Dynamik in Organisationen abgibt. „Die Gruppe ist der natürliche Feind der Organisation und die Organisation der natürliche Feind der Gruppe" (ebd., S. 12).

Täglich neu aktualisiert wird diese unvermeidliche Konfliktdynamik zwischen Gruppen in allen innerbetrieblichen, gruppenübergreifenden Kommunikationsprozessen, in denen es um wechselseitige Abstimmung, um gemeinsame Problemlösungsversuche, um das Aushandeln von Interessenunterschieden geht. Da in solchen Situationen nicht alle mit allen kommunizieren können, sind es in erster Linie die Repräsentanten der jeweils beteiligten Gruppen, die diesen dynamisierenden Grundwiderspruch in Organisationen auszutragen und damit auch emotional auszuhalten haben. An dem besonderen Spannungsfeld, in dem sich solche „Repräsentanten" bewegen (sie gehören ja einerseits zu ihrer jeweiligen Stammgruppe, andererseits aber auch zum jeweiligen Verhandlungsteam), lässt sich die spezifische Dynamik von Organisationen konkret festmachen, sozusagen „mit den Händen greifen" (ebd., S. 15). Um dieser konflikthaften Dauerlabilisierung Herr zu werden, „stellen Organisationen ihre Umgangsformen auf Dauer, gießen sie in geschriebene und ungeschriebene Gesetze, stützen sie mit Strukturen ab" (ebd., S. 15). Mit anderen Worten: Organisationen machen die Unwahrscheinlichkeit gelingender gruppenübergreifender Kommunikation etwas wahrscheinlicher, sie sorgen immer wieder von neuem für die Reproduktion der Erwartbarkeit von Koordination. Im traditionellen Denken über Organisationen hat die Hierarchie jenes Set an Verhaltensprinzipien und Spielregeln zur Verfügung gestellt, das normalerweise ausreichte, um gegen die immanente Verselbstständigung von Gruppen den Belangen des größeren sozialen Ganzen zum Durchbruch zu verhelfen. Angesichts der Operationsbedingungen heutiger Organisationen greifen die klassischen Koordinationsmechanismen der Hierarchie allerdings zu kurz. Hier ist wesentlich mehr situative Flexibilität gefordert, die unter den gegenwärtigen Organisationsverhältnissen in erster Linie von den Führungskräften erwartet werden muss.

Führungskräfte sind ihrem Wesen nach an der Schnittstelle zwischen Gruppe und Organisation angesiedelt. „Der Chef muß grundsätzlich widersprüchliche Kräfte gleichzeitig für- und gegeneinander einsetzen: das Prinzip der Gruppe gegen die Organisation und das Prinzip der Organisation gegen die Gruppe. Die Meisterung dieses Widerspruchs anhand der jeweiligen Sachfragen verdient den Namen Management" (ebd., S. 16). Die Schwierigkeit dieser unvermeidlichen Schnittstellenproblematik liegt unter anderem darin, dass in Organisationen im Gegensatz zur Gruppe die indirekte Form der Kommunikation dominiert. Es geht ständig um Verständigungsversuche ohne die Anwesenheit aller relevanten Kommunikationspartner (deshalb die große Bedeutung von Schriftlichkeit) auf der Basis der diese Indirektheit steuernden Strukturen und Kommunikationswege. „Organisation vergegenwärtigt die Interessen aller jener, die nicht da sind. Wir müssen in Organisationsstrukturen immer für andere mitdenken und andere für uns denken lassen. Dieser Prozess hat eine gewaltige Eigendynamik" (ebd., S. 18). Das Verständnis für diese konflikthafte Eigendynamik und das Umgehen-können mit ihr zählt für Pesendorfer zu den herausragenden Grundqualifikationen von Führungskräften.

Wie aus dem letzten Zitat ersichtlich, spielt der Interessenbegriff in Pesendorfers Verständnis von Organisationsdynamik eine zentrale Rolle. In den täglichen organisationsinternen Abstimmungs- und Aushandlungsprozessen geht es um die Durchsetzung, Bewahrung und Erweiterung von mehr oder weniger deutlich sichtbaren Interessenpositionen. „Auf dem Marktplatz der Organisation" wird zwischen den verschiedenen Gruppen „um die Verteilung knapper Ressourcen, um die Wahrung der eigenen Durchsetzungschancen, um die Realisierung bestimmter Interessenlagen gefeilscht, gestritten und gekämpft" (ebd., S. 15). Die wechselseitigen Beziehungen stehen deshalb in dieser heiklen Balance von Geben und Nehmen, und in allen sachbezogenen Klärungs- und Aushandlungsprozessen läuft diese innere Rechnung, dieses innere Bilanzieren auf der Interessenebene gleichsam indirekt mit und bringt damit bei aller situativen Aktualität des Sachproblems die Vergangenheit und Zukunft der Beziehungen der Kommunikationspartner mit ins Spiel. Dieses Verständnis von Organisation als Ort für Austragung von Interessengegensätzen und gleichzeitig als Lieferant der Spielregeln für diese Auseinandersetzungen bringt Pesendorfer jenem Erklärungsversuch von Organisationsdynamik schon sehr nahe, der im nächsten Abschnitt kurz diskutiert wird.

Organisationen – Arena für diverse Spiele, insbesondere um Macht, Einfluss und um die Realisierung von Interessen

Wie in der Einleitung schon angedeutet, wird die gegenwärtige Organisationsforschung von einem sehr heterogenen Bild geprägt, sowohl hinsichtlich der zugrunde gelegten Theorieentscheidungen als auch hinsichtlich der angebotenen Erklärungsmuster und Gestaltungshinweise. Das viele Jahre vorherrschende Paradigma dieser Forschungsrichtung hatte sich beispielsweise auf die Optimierung der Formalstrukturen angesichts bestimmter Aufgaben, Ziele und Zwecke einer Organisation konzentriert. Es ging um die Rationalität von Entscheidungsprozessen, um die Logik von Arbeitsteilung einerseits und der notwendigen Koordinationsmechanismen andererseits. Letztlich wurden viele Erkenntnisanstrengungen durch die Frage bestimmt, welche direkt kausalen Entsprechungsverhältnisse zwischen den Umwelt- und Kontextbedingungen einer Organisation und ihren Binnenstrukturen anzutreffen sind. Der so genannte Kontingenzansatz in der Organisationsforschung wurde bekanntermaßen viele Jahre von dieser Leitfrage beherrscht, wobei das Ziel im Vordergrund stand, eine weitestmöglich optimale Anpassung der jeweiligen Organisation an ihre anforderungsreichen und sich ständig ändernden Umweltbedingungen zu bewirken (vgl. dazu ausführlicher Kasper 1990, S. 15 ff.). In expliziter Abgrenzung von dieser Forschungsrichtung haben in den vergangenen Jahren die Anstrengungen zugenommen, herauszufinden und zu erklären, was sich in Organisationen abseits ihres formellen Gesichtes, also hinter ihrer Oberflächenfassade, „eigentlich" abspielt. Was bestimmt das Alltagsgeschehen, was steuert und koordiniert das Verhalten ihrer Mitglieder, ohne dass dies den formalen Strukturen und Regeln, den offiziellen Selbstbeschreibungen einer Organisation zu entnehmen wäre?

In der Regel operieren Forscher dieser Fragerichtung mit der Differenz formell/informell oder manifest/latent und kommen zu der Überzeugung, dass sich Organisationen dem Verständnis des Beobachters erst erschließen, wenn er die dem offiziell Gezeigten zugrunde liegenden Mechanismen entschlüsselt, die sich dem Zugriff der direkten, intentionalen Gestaltung von Entscheidungsträgern meist entziehen. Neben dem weit verbreiteten Interesse an Phänomenen, die neuerdings vielfach unter dem Begriff der „Organisationskultur" diskutiert werden (vgl. dazu Kasper 1987, 1990, S. 93 ff.; sowie Probst u. Schwager 1990), konzentriert sich die Aufmerksamkeit auf alle Prozesse, in denen die Organisationsmitglieder einzeln oder in Koalition mit anderen versuchen, die jeweilige Organisation zu benutzen, um ihre persönlichen Interessen zu verfolgen. Diese organisationstheoretischen Perspektiven verstehen Organisationen als „eine Arena interessengeleiteter Interventionen, Aushandlungen, Konflikte mit jeweils nur temporären Problemlösungen" (Türk 1989, S. 122). Man begreift Organisationen demnach nicht, wenn man nur auf ihre Aufgabenstruktur, auf ihre formale Ordnung und die Ordnung erzeugenden Mechanismen schaut. Organisationen sind „in Wirklichkeit Arenen heftiger Kämpfe, heimlicher Mauscheleien und gefährlicher Spiele mit wechselnden Spielern, Strategien, Regeln und Fronten" (Küpper u. Ortmann 1988, S. 7). Organisationen schaffen nach dieser Auffassung den Raum und die Gelegenheit für eine mehr oder weniger offene und deklarierte Auseinandersetzung zwischen den Mitgliedern um Chancen zur Verwirklichung eigener Ziele und persönlicher Interessen. Organisationen stellen dafür die Rahmenbedingungen, die Regeln und Ressourcen zur Verfügung. Mitglieder in Organisationen „zahlen Preise und stellen Weichen, errichten Blockaden oder springen auf Züge, geraten aufs Abstellgleis oder fallen die Treppe hinauf, gehen in Deckung oder seilen sich ab, verteilen Schwarze Peter und holen Verstärkung, suchen Rückendeckung und Absicherung, setzen Brückenköpfe und lassen Bomben platzen, schaffen vollendete Tatsachen oder suchen das Gespräch. Dass es ihnen um die Sache nicht ginge, lässt sich nicht behaupten; aber immer läuft mit: der Kampf um Positionen und Besitzstände, Ressourcen und Karrieren, Einfluss und Macht" (ebd.).

Aus diesem wechselhaften Mit- und Gegeneinander der Mitglieder einer Organisation entsteht eine spezifische Dynamik, die viele Autoren gegenwärtig unter dem Begriff „Mikropolitik" diskutieren (vgl. Türk 1989, S. 125 ff.; sowie Kasper 1990, S. 296 ff.). H. Bosetzky, einer der wichtigsten deutschsprachigen Vertreter dieser Forschungsrichtung, bezeichnet mit diesem Begriff den „Versuch von Organisationsmitgliedern, durch Koalitionsbildung in der und gegen die Organisation die eigenen wie die gruppenspezifisch-partikularen Ziele zu erreichen und die Verteilung der organisationalen Belohnungen zu eigenen Gunsten bzw. zu Ungunsten anderer zu verändern" (Bosetzky 1987, S. 133). Grundgedanke des mikropolitischen Verständnisses von Organisationsdynamik ist die These, dass nicht nur die Entscheidungsträger in einer Organisation diese für ihre Interessen nutzen (sei es in ihrer Rolle als Eigentümer, als Manager, als Politiker, als Spitzenbeamter etc.). Letztlich versucht dies jeder Stelleninhaber zu tun, auch wenn dafür die Chancen und Möglichkeiten sehr ungleich verteilt sind.

Begreift man in diesem Sinne Organisationen primär als Ort, an dem Individuen und Gruppen um die Realisierung ihrer jeweils spezifischen Interessen ringen, dann konzentriert sich der Blick des Beobachters (der des internen gleichermaßen wie der des externen) auf Macht- und Einflusskonstellationen. Die Durchsetzung von Interessen und die Nutzung von Einflusschancen hängen unmittelbar zusammen. Das eigentlich Dynamisierende liegt in dem Bestreben, eigene Einflusschancen zu sichern und auszubauen, das vermutete Potenzial anderer zu schmälern oder zumindest zu kontrollieren und einen möglichen Machtzuwachs der anderen zu verhindern. In Organisationen, in denen die Mitglieder sich selbst und andere primär unter diesem Fokus beobachten, wird jede noch so sachlich begründete Aktion und jede Initiative im Kontext der Realisation von Interessen und möglicher Einflussverschiebungen gesehen und löst zwangsläufig ein korrespondierendes Antwortverhalten aus, das seinerseits unter diesem Fokus beobachtet wird und deshalb entsprechende Gegenreaktionen zur Folge hat. Jede Organisation kanalisiert diese sich ständig selbst reproduzierende Dynamik im Rahmen ihrer Aufgabenstellungen und der dafür geschaffenen Strukturen durch ein Set an Spielregeln, die sich im Laufe ihrer Geschichte ausgeprägt haben. Selbstverständlich sind diese Spielregeln ihrerseits Gegenstand von individuellen Machtstrategien und Spielzügen und wandeln sich deshalb entsprechend veränderten Macht- und Einflusskonstellationen. Die offizielle Zwecksetzung einer Organisation (als Unternehmen, als Krankenhaus, als Universität etc.) steckt somit lediglich das Terrain ab, gibt die Verkleidung her, in deren Rahmen sich das eigentlich Bewegende entfalten kann.

Am konsequentesten zu Ende gedacht haben dieses Organisationsverständnis und die zugrunde liegende Dynamik Michel Crozier und Erhard Friedberg. Das interessengeleitete Handeln der Mitglieder einer Organisation und das soziale Ganze, das diese Organisation darstellt, bedingen und definieren einander. „Eigentlich existiert die Organisation nur durch die partiellen Ziele und Rationalitäten der in ihrem Rahmen interagierenden Individuen und Gruppen“ (Crozier u. Friedberg 1979, S. 57). Die Rationalität der Gesamtorganisation, ihrer Aufgabenstellungen und Ziele ist schlicht ein Mythos. Rationalität meint die Logik individueller bzw. partikularer Gruppeninteressen und die damit zusammenhängenden Spielstrategien. „Eine Organisation ist hier letzten Endes nichts anderes als ein Gebilde von Konflikten und ihre Funktionsweise das Ergebnis der Auseinandersetzung zwischen kontingenten, vielfältigen und divergierenden Rationalitäten relativ freier Akteure, die die zu ihrer Verfügung stehenden Machtquellen nutzen“ (ebd., S. 56 f.). Es ist klar, dass bei einem solchen Organisationsverständnis Fragen der Macht eine ganz zentrale Rolle spielen. „Jede ernstzunehmende

Analyse kollektiven Handelns muss […] Macht in das Zentrum ihrer Überlegungen stellen, denn kollektives Handeln ist im Grunde nichts anderes als tagtägliche Politik. Macht ist ihr ‚Rohstoff'" (ebd., S. 14). Macht hat für die beiden Autoren viel mit dem Beherrschenkönnen von Ungewissheit und Unsicherheit zu tun. Wer die in einer Situation bestimmende Unsicherheit bearbeiten hilft, verfügt über Macht und Einfluss. „Macht ist das Ergebnis der von den Akteuren in einer gegebenen Spielsituation kontrollierten Ungewissheitszone" (ebd., S. 17).

Dem Begriff des „Spiels" kommt in diesem Organisationsverständnis eine zentrale Funktion zu (vgl. auch Neuberger 1988). Hier gibt es eine starke Affinität zur Familientherapie, die zur Charakterisierung bestimmter Aspekte der Dynamik in Familien ebenfalls auf den Begriff des „Spiels" zurückgreift und damit redundante eigendynamische Prozesse beschreibt, die das Verhalten der Familienmitglieder organisieren, ohne dass diesen dieses Organisiertwerden bewusstseinsmäßig zugänglich ist (vgl. beispielsweise Selvini Palazzoli et al. 1978; Simon 1990). Mithilfe der Spielmetapher wird zu erklären versucht, wie es in Organisationen trotz der scheinbaren Chaotik individueller Interessenauseinandersetzungen und ständiger Machtkämpfe zur Koordination von Handlungen und Handlungszusammenhängen kommt. „Das Spiel ist das Instrument, das die Menschen entwickelt haben, um ihre Zusammenarbeit zu regeln. Es ist das wesentliche Instrument organisierten Handelns. Es vereint Freiheit und Zwang" (Crozier u. Friedberg 1979, S. 68). Spiele bilden die Grundbausteine einer Organisation, die in ihrem aufeinander bezogenen Zusammenwirken zur Entwicklung von Strukturen führen. „Die Struktur ist im Grunde nur eine Gesamtheit von Spielen. Die Strategien jedes der Teilnehmer sind nur Spielweisen, und es ist die Beschaffenheit des Spiels, die ihnen ihre Rationalität verleiht" (ebd.). Die einzelnen hier ausgeführten Theoriebausteine zusammenfassend, beschreiben Crozier und Friedberg das soziale System Organisation als „ein strukturiertes menschliches Gebilde, das die Handlungen seiner Angehörigen durch relativ stabile Spielmechanismen koordiniert und seine Struktur, d. h. die Stabilität seiner Spiele und der Beziehungen zwischen diesen, durch Regulierungsmechanismen aufrechterhält, die wiederum andere Spiele darstellen" (ebd., S. 172).

Organisationen und ihre spezifischen Probleme in den einzelnen Phasen ihres Lebenszyklus

Die beiden vorangegangenen Erklärungsangebote für die Dynamik in Organisationen fußten auf der Annahme charakteristischer Grundkonstellationen im Inneren dieser Art sozialer Systeme, die für immer wiederkehrende Bewegungsmuster sorgen. Zu einer anderen Sicht gelangt man, wenn man die spezifische Eigenzeit einer Organisation, ihre „Biografie", d. h. die im Laufe ihrer Existenz jeweils zu bewältigenden Entwicklungsstufen, ins Zentrum der Betrachtung rückt. Dieser Theorieentscheidung liegt die durchaus plausible Vermutung zugrunde, dass die zu einem bestimmten Zeitpunkt beobachtbare Dynamik in einer Organisation Ausdruck jener charakteristischen Problemstellungen ist, die den einzelnen Phasen des Lebenszyklus einer Organisation ihren unverwechselbaren Stempel aufprägen. Es ist leicht nachvollziehbar, dass beispielsweise ein Unternehmen in seiner Gründungsphase mit ganz anderen Problemen zu kämpfen hat und deshalb in seinem Inneren von einer ganz anderen Prozessdynamik bestimmt wird als ein Unternehmen, das sich selbst und seiner Umwelt über einen längeren Zeitraum bereits seine Überlebensfähigkeit bewiesen hat. Die Grundthese lautet deshalb: Im Lebenszyklus einer Organisation stehen jeweils spezifische Problemstellungen im Vordergrund, deren Bewältigung eine bestimmende, strukturbildende Kraft im Inneren zukommt (vgl. als hervorstechende Vertreter dieser Forschungsrichtung etwa Lievegoed 1974; Quinn a. Cameron 1983; Türk 1989, S. 60 ff.).

Dieser stärker biografisch orientierte Ansatz der Organisationsforschung geht zudem von der empirisch durchaus belegbaren Beobachtung aus, dass sich in der Entwicklung einer Organisation eine typische Abfolge von zu bewältigenden Problemstellungen und internen Strukturausprägungen feststellen lässt, wobei die jeweiligen Grundprobleme einer Phase und die internen strukturellen Konstellationen, Entscheidungsmechanismen und Arbeitsweisen kohärente Muster bilden. Sie passen zusammen. Übergänge zwischen den einzelnen Phasen im Lebenszyklus einer Organisation sind demzufolge vor allem durch ein Zerbrechen dieser kohärenten Muster gekennzeichnet. Die Weiterexistenz einer Organisation hängt dann in erster Linie von der Ausprägung neuer entwicklungsadäquater Ordnungsprinzipien ab. Folgt man dieser Konzeption, so gewinnt man eine Menge an plausiblen Erklärungsangeboten für die spezifische Dynamik, die sich in einer Organisation zu einem bestimmten Zeitpunkt beobachten lässt.

Am „Lebenszyklusmodell“ ist im Kontext der vorliegenden Arbeit die Idee besonders interessant, dass die Grunddynamik einer Organisation aus den phasenspezifischen Problembewältigungsmechanismen resultiert, aus den Vor- und Nachteilen der dabei ausgeprägten Strukturen und aus dem möglichen Veränderungsdruck, der aus ihren Defiziten wächst. Dem bloßen Umstand, dass Zeit vergeht, kommt angesichts der angenommenen inneren Entwicklungslogik von Organisationen für ihr Verständnis eine ganz zentrale Bedeutung zu. Der Faktor Zeit spielt in diesem Zusammenhang deshalb eine besondere Rolle, weil man vermuten kann, dass sich oft gerade durch das Gelingen der phasenspezifischen Problembearbeitung und in der Folge durch das Festhalten an diesen erfolgreichen Mustern im Zuge des „Alterungsprozesses“ einer Organisation neue Probleme auftun, deren Bearbeitung die eingespielten Strukturen überfordern und deshalb infrage stellen. Die einzelnen Entwicklungsstufen im Lebenszyklus einer Organisation währen so lange, wie die vorhandene Konstellation von phasenspezifischen Grundproblemen und internen Bearbeitungsmustern die Weiterexistenz sichern kann. Das Paradoxe ist ja meist, dass ein grundlegender Veränderungsdruck gerade aus dem besonderen Erfolg einer Stufe erwächst, z. B. wenn ein rasches Wachstum die spezifischen Möglichkeiten der Pionierphase eines Unternehmens transzendiert. Letztlich führt die Eigendynamik eingespielter Strukturen diese im Zeitablauf über sich selbst hinaus, ohne dass notwendigerweise von außen entsprechende Veränderungsimpulse kommen müssen.

Wie schon angedeutet, sind die Übergänge von einer Entwicklungsstufe zu einer anderen stets von krisenhaften Verunsicherungen und Erschütterungen der bislang prägenden Strukturmerkmale gekennzeichnet. An zwei Beispielen soll dieser Zusammenhang kurz erörtert werden. So sind etwa für die „Pionierphase“ einer Organisation (manche Autoren sprechen auch von der „unternehmerischen Phase“, vgl. Quinn a. Cameron 1983) folgende Merkmale besonders kennzeichnend: Die Orientierung am jeweils aktuellen Kundenauftrag dominiert das organisationsinterne Geschehen, im Verhältnis zu diesem hat alles andere Nachrang. Die Organisation verfügt über eine geringe Distanzierungsfähigkeit gegenüber Kundenwünschen und ist deshalb von dieser Seite leicht irritierbar, ihre

Haut ist in Richtung Kunden sozusagen noch sehr dünn, ihre diesbezüglichen Grenzen sind wenig ausgeprägt. Die Organisation kommt in ihrem Inneren ohne genau festgelegte Kompetenzen aus, sie verfügt über eine hohe Flexibilität in den Arbeitsabläufen, Strukturen werden jeweils ad hoc um das gerade zu lösende Problem gebaut und haben deshalb keine lange Lebensdauer. Im Entscheidungsverhalten herrscht schon aus diesem Grunde eine hohe Varietät vor, d. h., eine im Moment gefällte Entscheidung lässt wenig Rückschlüsse auf künftige Entscheidungen in ähnlichen Situationen zu. Man orientiert sich im Alltagsgeschehen vornehmlich an Personen, und hier wiederum in erster Linie an den Gründern. Eine besondere Ausdifferenzierung von Führungsfunktionen ist nicht notwendig, weil ein jeder in seinem Bereich sieht, wo es gilt, Hand anzulegen. Der Zeithorizont, an dem man sich ausrichtet, ist in der Regel ein sehr kurzfristiger.

Nun gibt es in der Praxis ganz unterschiedliche Gründe, die die unbestreitbaren Vorteile solcher Organisationsverhältnisse schrumpfen lassen (ein Generationswechsel an der Spitze, rasches Größenwachstum, Substitution der eigenen Produkte durch andere Anbieter u. Ä.). Charakteristische Symptome deuten meist darauf hin, dass sich eine Organisation in einer „überreifen" Pionierphase befindet: An der Spitze zeigen sich Überforderungserscheinungen; die Unternehmensleitung kann nicht mehr alles überblicken; es entsteht ein Entscheidungsstau, wichtige Probleme werden nicht mehr angepackt; in gleichem Ausmaß nehmen die Kontrollbedürfnisse von oben her zu, weil sich das Gefühl verstärkt, nicht mehr alles wie gewohnt im Griff zu haben. In den einzelnen Organisationseinheiten sowie zwischen diesen wachsen die Konflikte um Kompetenzen, die Selbstverständlichkeit der internen Verständigung schwindet, die Klagen über mangelnde Information und Kooperation werden lauter, formelle und informelle Gruppierungen beginnen, sich gegeneinander abzuschließen, die Identifikation mit der Organisation als Ganzem geht verloren, die Vision der Pioniere verblasst, die mittel- und langfristigen Folgen von Ad-hoc-Entscheidungen sind nicht mehr vernünftig integrierbar. Sie drohen der Organisation über den Kopf zu wachsen. Die hohe Qualität der eigenen Leistung sowie die maßgeschneiderte Erfüllung der Kundenwünsche kann nur mehr äußerst schwer und begleitet von hohen Zusatzbelastungen der Mitarbeiter gewährleistet werden. Pannen nehmen zu, und Kundenreklamationen beginnen, die interne Drucksituation noch zu steigern.

Erst massive Destabilisierungen der eingespielten Problembearbeitungsmuster der Pionierphase bereiten den Boden für die Schaffung neuer stabiler Strukturen, für mehr Erwartbarkeit im Entscheidungsverhalten, für mehr Routine in den Arbeitsabläufen, für eine stärkere Formalisierung der Zuständigkeiten und Kommunikationsanlässe, für eine deutlichere Ausdifferenzierung in der Wahrnehmung von Führungsfunktionen. In der Bewältigung solch unvermeidlicher Phasen der Desorientierung und Verunsicherung leistet eine Organisation den Übergang zu einer anderen Entwicklungsstufe in ihrem Lebenszyklus (im hier geschilderten Beispiel den Übergang von der Pionier- zur so genannten Differenzierungsphase). Dabei ist klar, dass die in früheren Entwicklungsphasen einer Organisation erworbenen Problembewältigungsstrukturen prägend dafür sind, in welchem Ausmaß, mit welchen Kosten und mit welchem Erfolg solche Übergänge gemeistert werden können. Dieser Gedanke ist für die Ausgangsdiagnose von Strukturveränderungsprozessen von großer Bedeutung, insbesondere für die Einschätzung der Grenzen ihrer Gestaltbarkeit. Denn es ist keineswegs gesagt, dass die angesprochenen Entwicklungskrisen in jedem Fall konstruktiv bewältigt werden bzw. dass sie nicht auch zu einem vorzeitigen Ende der Organisation führen können.

Der Versuch, einen Zusammenhang zwischen der in einer Organisation beobachtbaren Dynamik und den in ihrer jeweiligen Entwicklungsphase zu bewältigenden Grundproblemen herzustellen, dieser Versuch ist in besonderem Maße mit der bisherigen Denktradition der Gruppendynamik verknüpfbar. Geht es doch gerade auch in der Erforschung der so genannten Trainingsgruppe, dem klassischen Lerninstrument der Gruppendynamik (vgl. Wimmer 1990), darum zu verstehen, dass jede Gruppe in ihrem Bemühen um Arbeitsfähigkeit bestimmte Phasen durchlaufen muss, die von phasenspezifischen Problemstellungen gekennzeichnet sind, deren Bewältigung den Reifungsprozess der Gruppe steuert. Zweifelsohne könnte ein Zusammenführen der Forschungsanstrengungen rund um das Lebenszyklusmodell von Organisationen mit jenen der Gruppendynamik für das Verständnis der zeitgebundenen Eigendynamik der beiden Systemtypen und ihrer spezifischen Verzahnung eine Menge beitragen. Diese Aufgabenstellung ist einer eige nen Arbeit vorbehalten. Im Folgenden geht es darum, in Ergänzung zu den eben dargestellten Erklärungsangeboten von Organisationsdynamik einen weiteren Versuch zu diskutieren, der sich mit der Frage steigender Eigenkomplexität von Organisationen beschäftigt und der die organisationsinterne Dynamik auf die unterschiedlichen Formen der Bewältigung des heutzutage rasch wachsenden Komplexitätsgrades formal organisierter Sozialsysteme bezieht.

Steigende interne Komplexität und Versuche zu ihrer Bewältigung als dynamisierende Faktoren von Wirtschaftsorganisationen

Ausgangspunkt des hier vorgestellten Versuches der Erklärung von Organisationsdynamik ist die Frage, was man zu sehen bekommt, wenn man Organisationen als gesellschaftliche Phänomene betrachtet, deren Existenzbedingungen primär durch ihr spezifisches Eingebundensein in gesamtgesellschaftliche Zusammenhänge definiert sind. Während die bislang vorgestellten Deutungsangebote auf ganz bestimmte organisationsinterne Merkmalskonstellationen schauen, um typische Anhaltspunkte für die Eigendynamik von Organisationen zu identifizieren, gehen die folgenden Überlegungen von der These aus, dass wichtige zusätzliche Aspekte mit ins Spiel kommen, wenn man den Charakteristika der Koppelung von Organisationen mit dem weiteren gesellschaftlichen Kontext nachgeht, in dem sie hauptsächlich operieren. Dazu ist es aber notwendig, die Ebene der Organisationstheorie zu verlassen und in aller Kürze einige gesellschaftstheoretische Überlegungen anzustellen (ausführlicher dazu Willke 1989; Luhmann 1988a, 1990).

Zur Logik moderner Gesellschaften

Moderne hoch entwickelte Industriegesellschaften lassen sich dadurch charakterisieren, dass sich in ihnen der Prozess der Ausdifferenzierung von gesellschaftlichen Subsystemen, die auf die Wahrnehmung ganz bestimmter Funktionen spezialisiert sind, voll entfaltet hat. Das gesellschaftliche Ganze lässt sich aus diesem Grunde als Ergebnis des Zusammenwirkens verschiedener, miteinander in komplexer Weise verwobener Funktionssysteme beschreiben. Im Zuge der besonderen gesellschaftlichen Entwicklung der vergangenen Jahrhunderte haben die einzelnen Funktionssysteme wie die

Wirtschaft, die Politik, die Wissenschaft, die Erziehung, die Religion etc. in ihrer eigentümlichen Operationsweise eine weitgehende Verselbstständigung erfahren. Sie besitzen ihre spezifische Eigenlogik und Rationalität, die sich aus der Erfüllung der jeweiligen Funktion für das Ganze ergibt, und haben sich von den anderen gesellschaftlichen Bereichen deutlich abgegrenzt. Gesellschaften mit einer vollen Entfaltung funktionaler Differenzierung verfügen über kein Zentrum mehr, von dem aus alles überblickt und gesteuert werden könnte. Keines der arbeitsteilig operierenden Subsysteme (auch nicht das der Politik) kann eine zentrale Steuerungsrolle behaupten, gleichsam als Teil fürs Ganze sprechen. „Weder die Politik noch die Erziehung, weder die Wirtschaft noch die Wissenschaft können in Anspruch nehmen, mehr als andere für die Gesellschaft zuständig zu sein. Jede dieser Funktionen ist unentbehrlich, jede limitiert die Möglichkeit der anderen, aber keine kann sich selbst an die Stelle der anderen setzen“ (Luhmann 1988a, S. 60). Eine Hierarchisierung der Subsysteme untereinander, wie sie für das Gesellschaftsbild ganz unterschiedlicher Ideologien lange Zeit prägend war, greift für das Verständnis der Entwicklungsdynamik hoch entwickelter Gesellschaften ganz offensichtlich zu kurz.

Der Primat funktionaler Differenzierung der Gesamtgesellschaft fördert die exklusive Zuständigkeit von Subsystemen für bestimmte abgrenzbare Funktionsbereiche (wie etwa für die materielle Zukunftssicherung, für das Herbeiführen allgemein verbindlicher Entscheidungen, für die Produktion von Wissen, für die Bereitstellung von Erziehungsleistungen etc.). Ihr Sinn ergibt sich aus ihrer Spezialisierung auf jene Funktionen, die sie für das Gesamte bzw. für die anderen Teilsysteme erfüllen. Diese Subsysteme saugen gleichsam alle einschlägigen Kommunikationen auf und unterwerfen sie der eigenen Logik (dies ist beispielsweise gut am Erziehungssystem zu sehen, das im Laufe der Zeit einen Großteil der häuslichen Erziehungs- und Ausbildungsleistungen inkorporiert hat).

Wenn hier von der Wirtschaft, der Politik, der Wissenschaft als deutlich abgrenzbaren gesellschaftlichen Systemen die Rede ist, dann ist damit jeweils ein ganz bestimmter Kommunikationszusammenhang gemeint, der sich auf generalisierte Kommunikationsmedien wie Geld, Macht, Wahrheit etc. stützen kann und der durch einen spezifischen binären Code gesteuert wird (im Einzelnen zu einer Theorie gesellschaftlicher Funktionssysteme vgl. Luhmann 1988a,

1990). Damit ist noch keine genauere Aussage darüber getroffen, wie die Funktionswahrnehmung in den einzelnen Subsystemen der Gesellschaft erfolgt, wie beispielsweise in der Politik der permanente gesellschaftliche Bedarf an allgemein verbindlichen Entscheidungen gedeckt wird oder wie im Wissenschaftssystem ein nach ganz bestimmten Kriterien geprüftes Wissen zustande kommt und weiterentwickelt wird. Für diesen Zweck haben sich in den meisten gesellschaftlichen Funktionssystemen Organisationen herausgebildet.

Mit der weitgehenden Durchsetzung des Primates funktionaler Differenzierung in hoch entwickelten Industriegesellschaften geht demnach eine andere Ausdifferenzierung unmittelbar einher. Denn zur Wahrnehmung der spezialisierten Funktionen in den einzelnen Subsystemen haben sich mehr und mehr formale Organisationen ausgebildet, die ihrerseits zum Handlungsträger dieses Differenzierungsprozesses geworden sind (etwa Universitäten und Forschungsinstitute im Bereich der Wissenschaft, Parteien und Verbände im Bereich der Politik, Unternehmungen im Bereich der Wirtschaft, Krankenhäuser im Gesundheitssystem etc.). Damit kommt zum Ausdruck, dass die genannten gesellschaftlichen Funktionssysteme als operative Einheiten nicht in der Form einer Organisation existieren können. Dass dies auf längere Sicht nicht möglich ist, zeigen die jüngsten Umwälzungen in den osteuropäischen Gesellschaften. Die Länder des „real existierenden" Sozialismus hatten ja versucht, die Gesamtgesellschaft und ihre funktionalen Teilbereiche in die Form einer Organisation zu bringen, d. h., sie wie eine große, hierarchisch strukturierte Organisation zu behandeln und zu steuern. Sie sind damit letztlich gescheitert, und zwar deshalb, weil ab einem bestimmten Stand der gesellschaftlichen Entwicklung diese Form der Differenzierung und gesellschaftlichen Steuerung den Funktionserfordernissen entwickelter Subsysteme absolut nicht mehr gerecht wird. Funktionssysteme wie die Wirtschaft, die Politik, die Religion etc. realisieren sich durch ein kompliziertes Netzwerk von Organisationen, die ihrerseits wiederum auf bestimmte Aspekte im Rahmen des jeweiligen Funktionssystems spezialisiert sind. Wenn also in unserem Zusammenhang von der Gesellschaft als Ganzem, von einzelnen Funktionssystemen und von Organisationen die Rede ist, so sind damit ganz unterschiedliche Systemtypen gemeint, die jeweils ihre ganz eigene Funktionslogik aufweisen und ihre verschiedenen Reproduktionsmöglichkeiten haben.

Für alle organisationstheoretischen Überlegungen ist die klare Unterscheidung dieser Systemreferenzen von grundlegender Bedeutung. Denn weder die Gesellschaft noch ihre auf bestimmte Funktionen spezialisierten Subsysteme sind Organisationen, „wohl aber unerläßliche Bedingung der Möglichkeit von Organisation" (Luhmann 1981b, S. 391). Natürlich ist dies keine ahistorische Aussage. Sie bezieht sich auf die Gegenwartsgesellschaft in den hoch entwickelten Regionen dieser Erde. Erst unter den Bedingungen einer voll entfalteten Ausdifferenzierung von funktional spezialisierten gesellschaftlichen Funktionssystemen wirken diese selbst als ein Milieu, das eine fast explosionsartige Herausbildung von Organisationen begünstigt „und damit Entwicklungen ingang setzt, die ihrerseits wiederum nur durch Organisationen fortgeführt und in Betrieb gehalten werden können" (Luhmann 1981a, S. 359). Organisationen, so wie wir sie heute in entwickelten Gesellschaften antreffen, lassen sich als historische Produkte und gleichzeitig als wichtige Träger der gesellschaftlichen Evolution der letzten Jahrhunderte begreifen. Im Effekt sind hoch entwickelte Gesellschaften als Bedingung für die Entfaltung von Organisationen selbst auf funktionierende Organisationen in den einzelnen Funktionssystemen angewiesen, ohne auf die unaufhebbare Differenz von Organisation und gesellschaftlichem Subsystem verzichten zu können. Genau in diesem Steuerungsdilemma stecken alle gegenwärtigen Umgestaltungsversuche in den osteuropäischen Gesellschaften. So sind etwa ein bestimmter Grad an operativer Verselbstständigung des Wirtschaftssystems und das erfolgreiche Bestehen von Organisationen in ihm die unerlässliche Voraussetzung, ja das Hauptmotiv für das Entstehen weiterer Organisationen. „Das Netz interorganisatorischer Beziehungen stimuliert sein eigenes Wachstum" (Luhmann 1981a, S. 361).

Nicht alle gesellschaftlichen Funktionssysteme sind jedoch in gleicher Weise organisationsfähig. Beispielsweise sind die besonderen emotionalen Bedürfnisse der privaten Lebenswelt in familialen bzw. familienähnlichen Sozialsystemen aufgehoben, die von ganz anderen Beziehungsformen und Kommunikationsmustern geprägt sind, als dies in Organisationen normalerweise der Fall ist. Organisationen als ganz charakteristische Systemtypen eignen sich überall dort, wo es um die Erbringung allgemein zugänglicher Leistungen geht. In diesem Sinne transformieren Organisationen unter den Bedingungen ihres jeweiligen Funktionssystems ganz bestimmte Problemstellungen ihrer relevanten Umwelten in Leistungsprogramme (so produzieren Gerichte unter den besonderen Funktionsbedingungen des Rechtssystems rechtliche Entscheidungen, wissenschaftliche Forschungsinstitute erzeugen unter den besonderen Reproduktionsbedingungen des Wissenschaftssystems wissenschaftliche Erkenntnisse usw.). Die Zugehörigkeit einer Organisation zu einem der gesellschaftlichen Funktionssysteme definiert eine Reihe wichtiger Rahmenbedingungen, unter denen eine Organisation ihre Existenz sichern und sich selbst weiterentwickeln kann. Die Art der Binnendifferenzierung, der strukturellen Aufbauprinzipien von Organisationen, die Art der im Prozess der Leistungserbringung einsetzbaren Technologien (für den Schulbereich vgl. dazu beispielsweise Luhmann u. Schorr 1982) erhalten durch die Zugehörigkeit zu einem der Funktionssysteme ihre charakteristische Färbung. Mit anderen Worten: Die durch ein bestimmtes gesellschaftliches Funktionssystem definierten Bedingungen für die Möglichkeit des Weiterexistierens von Organisationen gehen in ihre konkreten Entscheidungsprämissen ein (als Zweckprogramme, als Aufgabendefinitionen, als Meßlatten für die Zielerreichung etc.). Sie prägen ganz bestimmte Spezifika jeder Organisation. Die „sinnhafte Spezialisierung" (Mayntz et al. 1988, S. 19) der gesellschaftlichen Subsysteme formt dann innerhalb der dazugehörigen Organisationen die dominanten Vorstellungen von Rationalität, von dem, was Effizienz in der Leistungserbringung heißt, bzw. von der optimalen Gestaltung der dazugehörigen Entscheidungsprozesse und Arbeitsabläufe.

Was kennzeichnet Organisationen im Wirtschaftssystem?

Im nächsten Schritt gilt es, das eben Gesagte für den Zusammenhang zwischen dem Wirtschaftssystem einerseits und Wirtschaftsorganisationen andererseits noch etwas genauer darzustellen. Worin besteht das Besondere des Wirtschaftens? Das Wirtschaftssystem hoch entwickelter Industriegesellschaften hat sich darauf spezialisiert, schon in der Gegenwart für die Sicherung künftiger Bedürfnisbefriedigungsmöglichkeiten der Teilnehmer am Wirtschaftssystem zu sorgen. Die Sicherung künftiger Bedürfnisbefriedigung bedeutet aber angesichts der Unausweichlichkeit knapper Ressourcen, dass ich im Moment, d. h. in der Gegenwart, die Knappheiten vergrößere. Was ich jetzt konsumiere, steht mir künftig nicht zur Verfügung. Dieses Grundproblem ist letztlich nur in einer voll entfalteten und funktionsfähigen Geldwirtschaft befriedigend zu bearbeiten. Das Geld ermöglicht in besonderer Weise die Ausdifferenzierung von Bemühungen, die Unsicherheiten der Zukunft in ein abschätzbares Risiko zu transformieren (Geld in seiner Funktion als disponible Zukunft). In diesem Sinne fungiert das Geld als abstrakte Sicherstellung von künftig zu konkretisierenden Möglichkeiten der Bedürfnisbefriedigung. Das Medium Geld eignet sich daher in besonderem Maße zur Bewältigung der angesprochenen Knappheitsproblematik und ihrer Zeitdimension. „Diese Bewältigung des Knappheitsproblems auf der Zeitebene, die dazu führt, dass es sich auf der Sach- und Sozialebene reproduziert, ist das Paradox der Wirtschaft, das sie funktionsfähig hält" (Baecker 1991, S. 181).

Wenn man die Wirtschaft als eigenständiges gesellschaftliches Subsystem begreift, dann fragt sich, mit welchen basalen Kommunikationsereignissen sich dieses System reproduziert, also welche Elementarbausteine durch ihre ständige Erneuerung für eine funktionsfähige Fortführung der Wirtschaft sorgen. Vieles spricht dafür, die Zahlung als die elementare Kommunikationsform der Wirtschaft anzusehen (vgl. Luhmann 1988a, S. 43 ff.). Über Preise gesteuerte Zahlungen stellen diejenigen kommunikativen Grundelemente des spezifisch ökonomischen Prozesses dar, die die Relevanz und damit die Informationsverarbeitung der Ökonomie organisieren. „Die Zahlung informiert darüber, welche Preise für welche Leistungen gezahlt werden. Sie teilt mit, dass bestimmte Preise für bestimmte Leistungen gezahlt werden. Und wer sich auf eine Zahlung einlässt, hat verstanden, dass das Verhältnis von Preis und Leistung kontingent, also variierbar ist und dass mit einer Zahlung eine spezifische Sinndimension angesprochen ist, die alle anderen Sinndimensionen, etwa ästhetische oder moralische, aber auch religiöse und politische, unbehelligt und unbeansprucht lässt" (Baecker 1991, S. 42).

Zahlungen setzen eine entsprechende Preisbildung voraus. Über steigende oder sinkende Preise versorgt sich das Wirtschaftssystem auf der Basis seiner Operationen mit all den Informationen, die es braucht. Preise markieren die Erwartung, dass es bei den daran anschließenden Kommunikationen um Zahlung oder Nichtzahlung geht und nicht etwa um Glaubensfragen, um Erkenntnisgewinn, um Erziehungsleistungen, um Liebesbezeugungen etc. Sie sorgen dadurch gleichsam für eine Engführung wirtschaftsspezifischer Kommunikationsprozesse.

Wer Zahlungen leistet, schwächt dadurch im Moment seine eigene Zahlungsfähigkeit und muss Anstrengungen unternehmen, die die Regeneration seiner Zahlungsfähigkeit ermöglichen. Dies gelingt dadurch, dass man andere zu Zahlungen animiert, die sich nun vor das gleiche Problem der Wiederherstellung der eigenen Zahlungsfähigkeit gestellt sehen. Eine der Möglichkeiten, andere zu Zahlungen zu bewegen, ist die Bereitstellung von Leistungen. Genau an dieser Stelle werden Wirtschaftsorganisationen wichtig. Denn die Systembildung in der Form von Organisation ist in der Wirtschaft die vorherrschende Form, wenn es um das Anbieten von Leistungen geht. Um auf dieser Ebene mitmischen zu können, ist die Wahl dieser Form vielfach unerlässlich. Für diese „Leistungsrolle" bietet sich die Form der Organisation unter anderem auch deshalb an, weil sie die größeren Chancen zur Kapitalbildung bietet. Mit Kapitalbildung ist gemeint, dass nicht sogleich alles konsumiert und verteilt werden muss, „sondern dass man sich in gewissem Umfange, symbolisiert als Geldbetrag, die Verwendung offenhalten und ihre Beliebigkeit gleichwohl schon sicherstellen kann" (Luhmann 1981b, S. 402). Mithilfe von Kapitalbildung entsteht angesichts stets knapper Ressourcen jener ökonomische Handlungsspielraum, der eine Vorsorge für die Sicherung künftiger Reproduktionsmöglichkeiten von Zahlungsfähigkeit erlaubt. „Von Wirtschaftsorganisationen kann man deshalb nur sprechen, wenn Organisationssysteme eingesetzt werden, um über die unmittelbare Aktivität und deren Sinn hinaus einen Beitrag zu einer noch unbestimmten Zukunftssicherung gegenwärtig schon zu erwirtschaften" (ebd., S. 401). Je stärker die Autonomisierung der Wirtschaft voranschreitet und je größer der Kapitalbedarf wird, umso eher sind es Organisationen dieses Bereiches, die die „materielle Zukunftsvorsorge" übernehmen (sowohl für sich selbst als auch für das Gesellschaftssystem als Ganzes). Es ist wohl dieser Umstand dafür verantwortlich, dass es zu einer immer stärkeren Differenzierung von Wirtschaft und Familie gekommen ist und dass auch Wirtschaftsorganisationen zusehends unabhängiger von Familienzusammenhängen werden. Was diese Entwicklung für die Zukunft von Familienunternehmen bedeutet, bedürfte einer eigenen Untersuchung.

Aus dem bislang Gesagten lassen sich die wesentlichsten Charakteristika von Wirtschaftsorganisationen ableiten. Es ist das Spezifische an Unternehmungen, dass sie jene Entscheidungsprämissen, die primär der eigenen Überlebenssicherung dienen, durch das aus der Wirtschaft internalisierte Kriterium der Steigerung oder zumindest der Regeneration von Zahlungsfähigkeit konditionieren. Letztlich haben alle relevanten Entscheidungen in Wirtschaftsorganisationen diese spezifische Färbung. „Profitabilität oder Rentabilität ist die Form, über die die Autopoiesis der Wirtschaft in die Entscheidungsprogramme der unternehmerischen Organisationen hineinkopiert wird" (Baecker 1991, S. 48). Die Sicherung der eigenen Zahlungsfähigkeit als Unternehmen ist jedoch nur mehr möglich, wenn Leistungen erbracht werden, die für andere Teilnehmer am Wirtschaftssystem eine Problemlösung darstellen; denn nur dann sind diese bereit, ihrerseits Zahlungen für diese Leistungen zu erbringen. Wirtschaftsorganisationen lassen sich demnach dadurch charakterisieren, dass sie ständig ihre Aufmerksamkeit sowohl auf sich selbst als auch auf ihre gegenwärtigen und künftigen Kunden richten müssen, dass sie also ihr Überleben längerfristig nur sichern können, wenn sie sich sowohl an der eigenen Ertragskraft als auch an den Problemen ihrer Kunden orientieren. Dieser doppelte Fokus schafft die spezifische Problemlandschaft, mit der Unternehmungen fertig werden müssen.

Die Zugehörigkeit einer Organisation zum Wirtschaftssystem zwingt sie unweigerlich zu ganz bestimmten Prioritäten in der Selbst- und Fremdbeobachtung (Ertragskraft, Umsatz- und Kostenentwicklung, Liquidität, Markt- und Konkurrenzsituation, Kundenprobleme und die Qualität der eigenen Leistungen etc.). Organisationen in anderen gesellschaftlichen Subsystemen weisen ganz andere Prioritäten auf (Wählergunst, Mitgliederstärke u. Ä.). Es hängt diese spezifische Prioritätensetzung mit dem binären Code des jeweiligen gesellschaftlichen Funktionssystems zusammen. Dieser strukturiert die dominanten Kriterien der Selbstbeobachtung und Selbstbeschreibung eines Systems (vgl. Luhmann 1990a, S. 195).

Blickt man auf Unternehmen aus der Perspektive eines weiteren gesellschaftlichen Funktionszusammenhanges, so werden sie mithilfe der genannten Kriterien als typische Organisationen des gesellschaftlichen Funktionssystems Wirtschaft beschreibbar. Vom Standpunkt dieser Organisationen aus gesehen, ist die Wirtschaft der Markt, besser gesagt, jene Märkte, auf denen sie agieren und deren Beobachtungen ihnen die erforderlichen Orientierungen verschaffen (vgl. Baecker 1988). Wir haben es also in der Analyse (je nach Perspektive) mit Organisationen einerseits und mit einem auf bestimmte Aspekte spezialisierten gesellschaftlichen Funktionssystem andererseits zu tun. Es handelt sich also um zwei ganz unterschiedliche Typen von sozialen Systemen, die in einer sehr charakteristischen Weise miteinander verbunden und aufeinander verwiesen sind. Es ist nun die These dieses Beitrages, dass sich die Dynamik von Wirtschaftsorganisationen besser verstehen lässt, wenn man auf das Eingebundensein dieser Organisationen in ihren weiteren gesellschaftlichen Kontext schaut bzw. auf die je spezifische Eigendynamik dieser beiden Systemtypen und wie sie sich wechselseitig durch die Art ihrer strukturellen Koppelung stimulieren. Diesem Ziel sind in einer ersten Annäherung die folgenden Überlegungen gewidmet.

Unternehmen operieren heute unter stark veränderten und wesentlich komplexeren Rahmenbedingungen

Alle Teilnehmer am Wirtschaftssystem sind um eine Regeneration ihrer Zahlungsfähigkeit bemüht. Wirtschaftsorganisationen tun dies durch die Produktion von Gütern und Dienstleistungen, d. h. durch die Bereitstellung von Lösungen für Probleme anderer, die dafür Zahlungen zu leisten imstande sind. Um die spezifische Eigendynamik solcher Organisationen besser verstehen zu können, gehen wir hier von der allgemeinen Einschätzung aus, dass sich die wichtigsten Bedingungen für die Steigerung bzw. für die Regeneration von Zahlungsfähigkeit von Unternehmen in der jüngsten Vergangenheit grundlegend geändert haben. Diese These gälte es im Einzelnen zu belegen. Für den Zusammenhang der vorliegenden Arbeit muss es genügen, in aller Kürze einige dieser veränderten Erfolgsbedingungen zu benennen (ausführlicher dazu Peters 1988; Kasper 1990; Wimmer 1992d).

Wir stützen uns im Folgenden auf die Beobachtung, dass die gegenwärtige Entwicklungsdynamik des Wirtschaftssystems, also jenes gesellschaftlichen Funktionssystems, in dem sich Unternehmungen hauptsächlich bewegen, neue Voraussetzungen für die Anschlussfähigkeit solcher Organisationen geschaffen hat. Zu diesen neuen Voraussetzungen zählen aus der Sicht von Unternehmungen:

- *Die Auflösung räumlicher Grenzen wirtschaftlichen Handelns:* Der hohe Integrationsgrad des Weltmarktes hat eine beschleunigte Ausweitung des eigenen Markthorizontes von Unternehmen ermöglicht. Das Entstehen neuer, integrierter Wirtschaftsräume, wie etwa bei der Europäischen Union zu beobachten ist, fördert den schon seit längerem in Gang befindlichen Internationalisierungsprozess und schafft insgesamt neue Anforderungen für den Beobachtungs- und Aktionsradius von Unternehmen (vgl. Welfens 1990).

- *Die Dynamik neuer Wettbewerbsverhältnisse:* Die meisten Unternehmungen operieren im Grunde genommen auf relativ gesättigten Märkten. Überkapazitäten sind in vielen Branchen an der Tagesordnung. Darüber hinaus sorgt der Internationalisierungsprozess dafür, dass bislang weitestgehend geschützte Nischen aufbrechen. Niemand ist vor überraschenden Substitutionsmöglichkeiten sicher. Die Kriterien für die Wettbewerbsfähigkeit von Unternehmen haben sich sichtlich verschärft (vgl. Porter 1990).
- *Von der Produkt- zur Kundenorientierung:* Der verschärfte Wettbewerb hat die Position des Kunden nachhaltig gestärkt. Dies zwingt Unternehmungen in vielen Branchen, ihre traditionelle Produktions- bzw. Produktorientierung aufzugeben. Der Kunde rückt mit seinen spezifischen Problemen ins Zentrum, und die Leistungen des Anbieters bilden den Versuch, im Prozess der Problembearbeitung beim Kunden einen nützlichen Beitrag zu leisten. Diese stärkere Ausrichtung am Kunden und seinen Problemen verändert die herkömmliche Produktphilosophie in radikaler Weise. Darüber hinaus weicht der Trend zur Bereitstellung komplexer Problemlösungsangebote traditionelle Branchengrenzen auf.
- *Die Beschleunigung des Veränderungstempos in wichtigen Dimensionen des Wirtschaftssystems:* Der Faktor Zeit hat ungeheuer an Bedeutung gewonnen. Eine neue Qualität von Beschleunigung unternehmensrelevanter Entwicklungen ist festzustellen (kürzere Produktzyklen, geschrumpfte Planungshorizonte, rascher technologischer Wandel, Wissensbestände altern in einem noch nie da gewesenen Tempo etc.). Erfolge in der Vergangenheit bieten keine Sicherheit mehr für die Bewältigung der Zukunft. Insgesamt lässt dieses erhöhte Tempo die Schere zwischen den erforderlichen Reaktionszeiten und dem tatsächlichen Zeitbedarf für Veränderungen in Wirtschaftsorganisationen immer mehr auseinander klaffen.

Im Vorangegangenen wurden einige Aspekte benannt, die begründen sollen, warum Unternehmungen heute innerhalb des Wirtschaftssystems mit wesentlich komplexeren Verhältnissen rechnen müssen. Dieser Umstand wird noch dadurch verschärft, dass auch von anderen gesellschaftlichen Subsystemen Irritationen ausgehen, deren Relevanz für Wirtschaftsorganisationen zunimmt. Zur Illustration seien hier einige Irritationsquellen angeführt.

- Die Nachkriegsordnung hatte zumindest den Ländern der entwickelten Welt über mehrere Jahrzehnte relativ stabile internationale Verhältnisse beschert. Die jüngste Vergangenheit, insbesondere mit ihren radikalen Umbrüchen in den osteuropäischen Gesellschaften, brachte eine für viele gänzlich unerwartete Bewegung ins internationale politische System. Der wesentlich dichteren globalen Vernetzung der wirtschaftlichen Austauschbeziehungen steht gegenwärtig auf der politischen Ebene eine deutlich gestiegene politische Labilität gegenüber. Trotz verstärkter Anstrengungen, das Instrumentarium einer weltumspannenden internationalen Wirtschaftspolitik weiterzuentwickeln, müssen wir momentan davon ausgehen, dass auf internationaler Ebene für die nächste Zukunft keine stabilen Rahmenbedingungen erwartbar sind. Überraschende Ereignisse wie der Golfkrieg zu Beginn des Jahres 1991 oder der gescheiterte Putsch in der ehemaligen UdSSR im August desselben Jahres hatten stets unkalkulierbare Auswirkungen auf die internationalen Finanzmärkte, die Energiepreise, die Rohstoffsituation im Allgemeinen, auf das Verkehrs- und Transportwesen etc. Die kurz- und mittelfristigen Auswirkungen des endgültigen Zerfalls der ehemaligen UdSSR sind gegenwärtig überhaupt noch nicht abschätzbar.
- Eine wachsende öffentliche Sensibilität für die gesellschaftlichen Folgekosten wirtschaftlichen Handelns prägt in zunehmendem Ausmaß das Image von Wirtschaftsorganisationen. Über viele Jahrzehnte waren Unternehmen in der Lage, wichtige Folgewirkungen ihres Tuns zu externalisieren, d. h., ihre Bearbeitung in andere gesellschaftliche Bereiche zu verlagern. Diese Möglichkeiten schrumpfen, weil die öffentliche Aufmerksamkeit für diese Art des kostengünstigen Problemexports im zurückliegenden Jahrzehnt ganz deutlich gestiegen

ist. Man denke nur an die in der Zwischenzeit wesentlich facettenreicher gewordene Ökologiedebatte, an die Diskussion über die Abschätzung von Technologiefolgen, an den massiven Widerstand gegen die Belastungen durch den Schwerverkehr und Ähnliches. Schärfere Umweltauflagen der öffentlichen Hand und ein gestiegenes Umweltbewusstsein der Konsumenten lassen eine allzu große Blindheit gegenüber den ökologischen Implikationen unternehmerischen Vorgehens zum Risikofaktor werden.

Eine ähnliche Entwicklung zeichnet sich gegenüber der Frage ab, wie Unternehmungen mit der Gesundheit ihrer Mitarbeiter umgehen, welche physischen und psychischen Belastungen ihnen zugemutet werden bzw. welche Auswirkungen die Art der betrieblichen Inanspruchnahme auf die privaten Lebensbezüge der Beschäftigten besitzt. Einerseits nimmt ja die Erwartung an die zeitliche Verfügbarkeit, an die räumliche Mobilität und an die Breite der Einsatzmöglichkeiten insbesondere von qualifizierten Mitarbeitern zu. Andererseits sinkt nach unserer Beobachtung gerade bei schon etwas erfahreneren Know-how-Trägern die Bereitschaft, im Interesse des Unternehmens die Möglichkeiten eines erfüllten Privatlebens, die Qualität des privaten Beziehungsnetzes, die eigene Gesundheit und Ähnliches nachhaltig zu riskieren. Die Fragen nach belastungsadäquaten und Leistung ermöglichenden Arbeitsbedingungen, nach einer neuen Balance zwischen betrieblicher und außerbetrieblicher Lebenswelt, nach einer Unternehmenskultur, die auch qualifizierten Frauen Entfaltungschancen bietet, solche Fragen werden in Zukunft stärker in den Vordergrund rücken.

Letztlich hat in den hoch entwickelten Industriegesellschaften auch die Sensibilität gegenüber sozialen und politischen Destabilisierungsprozessen zugenommen, die mit wirtschaftlichen Entscheidungen von Organisationen verbunden sind (z. B. Betriebsschließungen, Massenkündigungen etc.). Unternehmungen sind heute zweifelsohne in ein labiler gewordenes Netzwerk von System-Umwelt-Bezügen eingebettet, in dem die Unempfindlichkeit gegenüber den Auswirkungen eigenen Handelns zu existenzbedrohenden Rückwirkungen auf die Organisation selbst führen kann.

Folgen aus den veränderten Umweltbedingungen für das erfolgreiche Operieren von Wirtschaftsorganisationen

Das Zusammenwirken der eben skizzierten Gegenwartstrends hat für viele Entscheidungsträger in Organisationen alte, lieb gewordene Gewissheiten schmelzen lassen.

Vielfach werden wir durch überraschende Wendungen, durch zufällige Ereignisse, durch unerwartete Entwicklungen angestoßen, bislang festgefügte Prämissen und Grundüberzeugungen für unser Handeln in Organisationen zu überprüfen. Der in der Vergangenheit angesammelte Erfahrungsschatz zur Bewältigung anstehender Probleme reicht immer seltener aus; ganz im Gegenteil, das Festhalten an solchen früher bewährten Problemlösungen verschärft die gegenwärtigen Probleme. Knut Bleicher betont deshalb nicht zu Unrecht die Notwendigkeit eines grundlegenden Paradigmenwechsels in der etablierten Managementlehre (1990b, S. 126 ff.).

Die momentanen Verhältnisse ebenso wie die in Zukunft zu erwartenden Entwicklungen muten den Verantwortlichen in Wirtschaftsorganisationen ein qualitativ neues Niveau an ständig zu bewältigender Unsicherheit zu. Die wachsende Intransparenz der Rahmenbedingungen für das erfolgreiche Agieren von Wirtschaftsorganisationen, der hohe Vernetzungsgrad der externen Einflussfaktoren sowie das erhöhte Veränderungstempo dieser Faktoren definieren die aktuelle Steuerungsproblematik von Unternehmen. „Die Anpassungsgeschwindigkeit wird zur Determinante des wirtschaftlichen Erfolges“ (ebd.). Dabei kann es zweifellos nicht um bloße Anpassung gehen. Dies würde ein soziales System in eine viel zu passive Rolle drängen und es zu ungefiltert den Schwankungen seiner Umwelt ausliefern. Die Kernfrage lautet deshalb: Wie kann eine Organisation ihre grundlegende Identität, das, was ihre charakteristische Ganzheit ausmacht, angesichts einer anforderungsreichen und sich immer rascher wandelnden Umwelt bewahren bzw. sinnvoll weiterentwickeln? In diesem Sinne ist das Handeln unter Bedingungen hoher Komplexität für absehbare Zeit zur permanenten Herausforderung an die Antwortfähigkeit von Organisationen und ihre Steuerungskapazität geworden.

Die heute in der Praxis beobachtbaren Muster der Bewältigung gestiegener Umweltkomplexität sind sehr vielfältig. Dies kann nicht überraschen. Denn es gibt keine Punkt-zu-Punkt-Relation zwischen den Veränderungen in der Umwelt von Organisationen und ihrer internen Strukturentwicklung. Jedes Unternehmen findet seine eigenen Antworten. Wir müssen die lange Zeit herrschende organistionstheoretische Vorstellung, dass bestimmte Umweltereignisse bzw. dass die Veränderungsdynamik in der Umwelt im Inneren von Organisationen unmittelbar in eine bestimmte Richtung strukturbildend wirken, grundlegend revidieren. Organisationen sind operativ geschlossene soziale Systeme, die lediglich über sehr selektive Koppelungen mit ihren relevanten Umwelten verfügen und die deshalb Ereignisse, Chancen und Gefährdungen außerhalb ihrer selbst je nach eigenem Entwicklungsstand nur sehr selektiv aufgreifen und verarbeiten (zu diesem Prinzip der Strukturdeterminiertheit lebender Systeme vgl. Maturana 1982).

Ein heute weit verbreiteter Versuch, die Antwort- und Lernfähigkeit von Wirtschaftsorganisationen aufrechtzuerhalten, besteht im Vorantreiben der vorhandenen organisationsinternen Differenzierung bzw. im Ausprobieren ganz neuer Gliederungsformen. Diesen unterschiedlichsten Bestrebungen zur Weiterentwicklung vorhandener Organisationsstrukturen und der Steuerungskapazität von Unternehmungen sind zwei Merkmale durchweg gemeinsam. Einerseits wird dadurch eine wesentliche Vergrößerung der „Oberfläche“ einer Organisation angestrebt (d. h. eine Vervielfachung relevanter Kontakte nach außen). Zum anderen steigert man auf diese Weise im Inneren einer Organisation die Vielfalt unterschiedlichster Entscheidungslagen. Man handelt sich auf diesem Wege unweigerlich eine Erhöhung des organisationsinternen Komplexitätsniveaus ein.

W. Ross Ashby hat schon 1956 im Rahmen seiner Kybernetik diesen Zusammenhang als Gesetz von der notwendigen Vielfalt formuliert (1974, S. 202 ff.): Diesem Gesetz zufolge kann das Zulassen des Anwachsens organisationsinterner Vielfalt dafür Sorge tragen, dass die Vielfalt unvorhersehbarer Ereignisse im Inneren sowie in der Umwelt so bearbeitet wird, dass letztlich wieder erwartbare Ergebnisse für das System zustande kommen. Diesem internen Differenzierungsprozess liegt das Prinzip zugrunde, dass die Bearbeitung von gestiegener Umweltkomplexität bis zu einem gewissen Grad nur durch eine Steigerung der Eigenkomplexität von Organisationen möglich ist. Welche spezifische Form von Organisationsdynamik mit dieser Steigerung unvermeidlicherweise verbunden ist, dieser Frage ist der nächste Abschnitt gewidmet.

Die Intensivierung funktionaler Spezialisierung in Wirtschaftsorganisationen und ihre Folgen

In der langen Tradition des *scientific management* hat man mit den Begriffen Arbeitsteilung und Spezialisierung ganz bestimmte Formen der Arbeitsorganisation in Unternehmungen gemeint. Der klassische Weg zur Steigerung der Produktivität von Produktionsprozessen zielte auf eine möglichst weitgehende Zerlegung der Arbeitsvorgänge auf einzelne Rollenträger, die sich durch diese Zerstückelung auf einen ganz schmalen Aufgabenaspekt spezialisieren und in der Arbeitserledigung konzentrieren konnten. Mit Unterstützung durch eine entsprechende Technologie (das Fließband hat in diesem Zusammenhang ja eine paradigmatische Rolle gespielt) ließen sich in den Jahrzehnten einer florierenden Massenproduktion die Arbeitsprozesse entsprechend rationalisieren und beschleunigen. Dieser weitgehenden Ausdünnung des Sinngehaltes von Arbeit stand auf der Ebene organisationaler Steuerung eine möglichst vollkommene Standardisierung und formale Normierung von Zuständigkeiten, Arbeitsbeziehungen und Abläufen gegenüber. Die Ausübung von Führung konnte sich im Rahmen dieses technologiegestützten Regelwerkes auf Koordinationsfunktionen sowie auf die begleitende Kontrolle des Arbeitsprozesses und seiner Ergebnisse konzentrieren. Diese hierarchiekonforme Form innerbetrieblicher Arbeitsteilung und Spezialisierung hat in der Zwischenzeit in sehr vielen Wirtschaftszweigen aus ganz unterschiedlichen Gründen ihre Brauchbarkeit eingebüßt (vgl. etwa die heftige Diskussion, die, gegenwärtig angestoßen von der MIT-Studie über das Modell der „lean production", wie dieses bei japanischen Autoherstellern praktiziert wird, nun auch in der deutschen Automobilindustrie geführt wird; dazu ausführlicher Womack, Jones, Ross 1991).

Diese klassischen Formen tayloristischer Arbeitsteilung sind nicht gemeint, wenn im Rahmen dieser Arbeit von der Beobachtung ausgegangen wird, dass gegenwärtig Wirtschaftsorganisationen ihre Antwortfähigkeit angesichts einer enorm gestiegenen Umweltkomplexität durch ein Vorantreiben und Verfeinern fachlicher Spezialisierungen und durch das ständige Hervorbringen ganz neuer Aufgabengebiete zu erhalten suchen. Was sich momentan in vielen größeren Unternehmungen abspielt, ist ein sich beschleunigender interner Zellteilungsvorgang, der in vielfältiger Weise neue fachliche Schwerpunkte hervorbringt, meist um abgrenzbare Probleme herumgebaut, die sich für eine expertenmäßige Spezialisierung eignen und eine dauerhafte Bearbeitung erfordern. Besonders gut lässt sich dieser Prozess am raschen Wachstum all jener Funktionen studieren, die sich organisationsintern um die diversen Probleme der Datenverarbeitung, des elektronischen Informationsflusses sowie der erforderlichen Systementwicklung kümmern. Ein anderes sehr prägnantes Beispiel geben all jene Bereiche ab, die heute die vielfältigen Beziehungen einer Organisation zu ihren relevanten Umwelten verwalten. Lagen diese Funktionen früher hauptsächlich in der Hand des Vertriebes, so hat sich dieses Feld in den letzten Jahren ungeheuer ausdifferenziert. Eigene Marketingabteilungen sind entstanden, in denen sich wiederum ständig neue Aktivitätsbereiche mit einem eigenen professionellen Spezialistentum herausbilden (systematisierte Marktbeobachtung und Marktforschung, verschiedene Dimensionen der produkt- oder marktbezogenen Werbung, PR-Aktivitäten, Sales Promotion, Sponsoring etc.).

Diese Steigerung des organisationsinternen Spezialistentums lässt sich in den meisten betrieblichen Aufgabengebieten feststellen, die bislang durch die herkömmliche funktionale Gliederung abgebildet werden, ganz abgesehen von der deutlichen Zunahme an Stabstellen, die mit dem geschilderten Prozess verbunden sind. Diese ganz offensichtlich unvermeidliche Entwicklung zu einer stärkeren funktionalen Differenzierung in Organisationen ermöglicht einerseits einen verbesserten Umgang mit der knappen Ressource Zeit. Die Möglichkeit, dass gleichzeitig in fachlich kompetenter Weise an ganz unterschiedlichen Problemstellungen gearbeitet werden kann, vervielfacht sich. Die Intensivierung funktionaler Differenzierung ist damit selbst ein Moment der Beschleunigung. Andererseits können auf diesem Wege dann, wenn die interprofessionelle Kooperation klappt, wesentlich komplexere Problemstellungen bearbeitet werden, als dies bislang der Fall war. Letztlich wächst auf diese Weise die Problemverarbeitungskapazität eines Systems, Expertenwissen wird an vielen Stellen der Organisation ausgeprägt und weiterentwickelt. Wir erleben eine verstärkte Dezentralisierung fachlicher Intelligenz.

Die Vervielfachung von Spezialistenrollen und ihre organisatorische Verselbstständigung in eigens dafür geschaffenen Organisationseinheiten besitzt selbstverständlich auch ihre Kehrseite. Damit solche Einheiten funktionsfähig werden, benötigen sie ein gewisses

Maß an fachspezifischer Autonomie. Sie ordnen die Art und Weise ihrer Leistungserbringung, ihre internen Strukturen und Abläufe nach einer eigenen Logik und fachlichen Tradition, die eben für jene Aufgabenbereiche charakteristisch ist, die solche Organisationseinheiten innerhalb des Gesamtunternehmens bearbeiten. So arbeiten Personalabteilungen nach ganz anderen fachlichen Prinzipien als das Rechnungswesen, die Forschung und Entwicklung nach ganz anderen Grundsätzen als der Vertrieb usw. Im Einzelnen bedeutet dies, dass funktional spezialisierte Organisationseinheiten aus ihrer jeweiligen Fachlogik heraus jene leitenden Gesichtspunkte entwickeln, an denen sie ihr Tun ausrichten. Sie prägen ihre eigenen normalisierten Prozeduren (Problembearbeitungsmuster) aus, mit deren Hilfe sie an Probleme und Aufgaben herangehen (beispielsweise geht ein Produktionstechniker ganz anders an Probleme heran als ein Experte für Strategieentwicklung, ein Controller anders als ein Verkäufer). Im Laufe der Zeit bringen solche Einheiten eine spezifische Professionalität der handelnden Akteure hervor sowie ganz bestimmte Formen, diese zu erwerben. Zu dieser Professionalität gehören auch eigene Kriterien und Kontrollgrößen, mittels deren die Qualität der eigenen Leistungen beurteilt werden kann.

Funktional spezialisierte Organisationseinheiten entwickeln auf diese Weise für ihren Aufgabenbereich ganz eigene Denkweisen, ein spezielles Wirklichkeitsverständnis, eine charakteristische Brille, mit der sie auf die Welt schauen (ein Werbemensch sieht andere Dinge als beispielsweise ein Finanzexperte). Letztlich verfeinern sie eine zu ihrer Fachlogik passende Sprache, die der raschen Verständigung innerhalb der eigenen Profession dient. Diesen unterschiedlichen Spezialsprachen kommt innerhalb von Wirtschaftsorganisationen eine immer größer werdende Bedeutung zu. Begriffe kondensieren die Realitätswahrnehmung eines ständigen Kommunikationszusammenhanges. Von allen geteilte Begrifflichkeiten bringen die ganz selbstverständlich geteilten Konstruktionsprinzipien dieses bestimmten Ausschnittes von Realität zum Ausdruck. Die sprachlichen Eigenheiten eines Expertenbereiches, seine Sprachspiele und symbolischen Kürzel (für außen Stehende zumeist eine fremde Welt) koordinieren und beschleunigen das für die Aufgabenerfüllung relevante interne Kommunikationsgeschehen.

Gelingen solche funktionalen Ausdifferenzierungsprozesse, dann bilden solche Einheiten spezifische Grenzen aus, mit deren Hilfe

Kommunikationsereignisse relativ scharf als dazugehörig oder nicht dazugehörig bestimmt werden können. Das Insgesamt an Merkmalen, das diese Unterscheidung treffen lässt, nennen wir den funktionalen Kontext einer Organisationseinheit. Zwischen den Mitgliedern einer Kontextgemeinschaft bestehen aus den genannten Gründen normalerweise weniger Verständigungsschwierigkeiten als mit „Externen". Jeder Kontext enthält ja einen Fundus an erprobtem Wissen, an Erklärungs- und Deutungsangeboten für das Verstehen von Ereignissen, die für die jeweilige Einheit Relevanz besitzen. Die Frage ist allerdings, welche Ereignisse für eine funktional spezialisierte Organisationseinheit überhaupt Relevanz gewinnen.

Die charakteristischen Grenzen von funktional spezialisierten Organisationseinheiten sorgen dafür, dass sich die Beziehungen zwischen diesen und ihrer organisationsinternen Umwelt äußerst selektiv entwickeln. Man hat sich ja auf ganz bestimmte Aspekte spezialisiert. Alles andere interessiert nicht. Aus diesem Grunde besitzt jedes Subsystem dieser Art eine organisationsinterne Umwelt in doppelter Hinsicht: „als normalerweise relevante und als normalerweise irrelevante Umwelt" (Luhmann 1980, Sp. 1068). Dieser von der jeweiligen Einheit aus ihrer Fachlogik heraus selbst definierte „Normalitätshorizont" bestimmt, welche Art von Umweltereignissen, welche Art von zugemuteten Problemen systemintern überhaupt von Bedeutung sind und gegenüber welchen sich die Funktionseinheit indifferent verhalten, also sagen kann: „Das geht uns nichts an." Diese unvermeidliche Selektivität in den Beziehungen der Funktionseinheiten untereinander führt dazu, dass sich diese zunehmend an sich selbst orientieren, je mehr der Prozess der funktionalen Verselbständigung voranschreitet.

Die wichtigsten Konsequenzen funktionaler Spezialisierung

Die Auswirkungen der eben geschilderten Prozesse sind heute in größeren Organisationen an allen Ecken und Enden zu spüren. Der wachsenden Verselbstständigung der Funktionseinheiten steht ihre größere Abhängigkeit voneinander gegenüber. Jede ist ja nur mehr auf ganz bestimmte Teilaspekte spezialisiert. Wir haben es also mit einer gleichzeitigen Steigerung von Autonomie und wechselseitiger Abhängigkeit der Subsysteme zu tun. Daher stellt sich die drängende Frage: Wie kann der enorm gewachsene Abstimmungs- und Verknüpfungsbedarf zwischen den Einheiten angesichts ihrer ausgeprägten Abschließungstendenz bewältigt werden? Denn die Erfahrung lehrt: Werden die einzelnen Subeinheiten immer potenter, so ist der Zusammenhang zwischen ihnen immer schwieriger zu managen. Wie kann interprofessionelle Kooperation, eine fachübergreifende Problembearbeitung organisationsintern sichergestellt werden? Bei der Zunahme von Fragestellungen, deren Bearbeitung ein breites Zusammenwirken ganz unterschiedlicher Experten verlangt, ist dies eine Überlebensfrage für viele Organisationen geworden. Die vielfache Ausprägung ganz unterschiedlicher Spezialsprachen in Unternehmungen hat die Unwahrscheinlichkeit wechselseitiger Verständigung stark erhöht. Wie können sich EDV-Spezialisten ihren Anwendern gegenüber verständlich machen? Wie können Forscher mit dem Verkauf und den Leuten in der Produktion erfolgreich kommunizieren? Im Alltag liegen da meist Welten dazwischen, ohne dass den Betroffenen die zugrunde liegenden Verständigungsbarrieren direkt zugänglich wären. Dieser weit verbreiteten Erfahrung steht auf der anderen Seite der Umstand gegenüber, dass eine der zentralen Voraussetzungen dafür, dass heutzutage in Organisationen etwas Vernünftiges zustande gebracht werden kann, das ständige Abklären und Aushandeln dessen ist, was für die jeweils Beteiligten die Wirklichkeit ist, von der sie ausgehen. „Mitglieder von Organisationen verbringen beträchtlich viel Zeit damit, untereinander eine annehmbare Darstellung dessen, was vor sich geht, auszuhandeln" (Weick 1985, S. 16). Gelingt diese „konsensuelle Validierung", wie Weick diesen ständig zu leistenden Verständigungsprozess nennt, nicht, so erwachsen daraus erhebliche Koordination- und Kooperationsprobleme.

Letztlich entfacht der Prozess zunehmender funktionaler Spezialisierung in größeren Organisationen eine spezifische Eigendynamik. Er stimuliert sein eigenes Wachstum. Spezialisten schaffen gerade dann, wenn sie besonders erfolgreich sind, die Grundlage für neue Spezialisten (z. B. Strategieentwickler benötigen besonders elaborierte Daten, also müssen neue Fachleute sowohl ins Marketing als auch ins Controlling, diese Fachleute wiederum benötigen spezielle EDV-Programme, also ...). Dieser eigendynamische Wachstumsprozess findet in der Regel seine Grenze in den durch ihn selbst verursachten Kosten. Die gegenwärtigen Bestrebungen vieler Unternehmen, bestimmte interne Dienstleistungen nach außen zu verlagern bzw. die eigene Fertigungstiefe bzw. die Fertigungsbreite unter

Kostengesichtspunkten zu überdenken, wurzeln in dem angesprochenen Wachstumsprozess. Zusammenfassend lässt sich die These formulieren, dass der verstärkte Prozess funktionaler Differenzierung in Organisationen eine Dynamik entfesselt hat, die die Fragen der Integration der Subeinheiten zu einem überlebensfähigen Ganzen zu einem Kernproblem des Managements hat werden lassen.

Die Bildung von weitgehend autonomen Geschäftseinheiten mit eigenständiger Ertrags- bzw. Kostenverantwortung

Neben der Tendenz zur stärkeren funktionalen Differenzierung hat in den letzten Jahren vor allem in größeren Unternehmungen ein anderes organisatorisches Gliederungsprinzip enorm an Bedeutung gewonnen: die Aufgliederung der Gesamtorganisation entlang strategischen Geschäftsfeldern. Dieses organisatorische Gestaltungsprinzip besitzt seine Wurzeln in den verschiedensten Ansätzen und Traditionen „strategischer Unternehmensführung" (vgl. dazu Gälweiler 1979; Drexel 1987; Hinterhuber 1989, S. 121–138).

Seit den 1970er-Jahren ist für immer mehr Unternehmungen die Auseinandersetzung mit strategischen Fragen, die bewusste Beschäftigung mit künftigen Entwicklungen und das Herausarbeiten bestimmter strategischer Optionen eine der bevorzugten Antworten geworden, um angesichts unkalkulierbarer Marktentwicklungen und labiler politischer Verhältnisse die eigene Handlungsfähigkeit noch aufrechtzuerhalten. In den meisten in der Praxis zur Anwendung kommenden Verfahren, die eine halbwegs durchdachte strategische Positionierung eines Unternehmens zum Ziel haben, spielt die Definition sachlich und organisatorisch abgrenzbarer Geschäftseinheiten, in denen sich das Unternehmen besonders engagieren will, eine herausragende Rolle. Zumeist ist die Segmentierung der eigenen unternehmerischen Aktivitäten in Geschäftsfelder, die jeweils eine sinnvolle, marktorientierte Zusammenfassung von unterschiedlichen Aktivitätsbereichen darstellen, schon in der Analyse des Ist-Zustandes eines Unternehmens ein wichtiger Schritt. „Die Durchschlagskraft und Effizienz der strategischen Planung hängt vollständig von der Qualität dieser Segmentierungsarbeit ab. Wenn die strategischen Elemente zu groß oder zu eng definiert sind, kann man die strategische Analyse als wertlos betrachten" (Andreae u. de Bodinat 1981, S. 22). „Die Segmentierung der Geschäftsaktivitäten in schlagkräftige strategische Geschäftsfelder ist der Brennpunkt jeder strategischen Planung" (Drexel 1987, S. 148) vor allem dann, wenn es gelingt, diese Segmentierung personell und organisatorisch sinnvoll umzusetzen.

Die große Schwierigkeit, die Vielfalt unternehmerischer Aktivitäten zu in sich lebensfähigen Einheiten zusammenzufassen, zu Einheiten also, die sich aus der spezifischen Marktsituation eines Unternehmens und seiner Strategie begründen lassen, liegt in erster Linie darin, dass vieles, was so an geschäftlich verwertbaren Leistungen existiert, historisch gewachsen ist, von vielen internen wie externen Zufälligkeiten geprägt ist, oft von persönlichen Vorlieben und Neigungen abhängt und zumeist keiner ausdrücklich formulierten Marktstrategie und aufbauorganisatorischen Logik folgt. Oft haben Unternehmungen ihre Angebotspalette auch deshalb erweitert, um sich mehrere ertragsfähige Standbeine zu schaffen, einerseits, um die Kundenwünsche umfassender bedienen zu können, andererseits aber auch, um die eigenen Risiken zu minimieren, um intern Kapazitätsausgleiche vornehmen zu können, u. Ä. Je unkalkulierbarer (d. h. vom Zufallsgeschehen dominiert) bestimmte Märkte sind, umso sinnvoller ist es, aus Gründen der Risikostreuung mit einer Portfoliodiversifikation zu reagieren (für den Börsen- und Bankenbereich vgl. dazu Baecker 1991, S. 53). Allerdings handelt man sich mit dieser Vielfalt in der Regel vor allem auf der Kostenseite viele neue Probleme ein. Diese meist ungeordnet verlaufende Leistungsvervielfältigung hat neben ihren organisationsbezogenen Folgekosten auch den strategischen Orientierungsbedarf im Unternehmen deutlich ansteigen lassen. Damit verbunden sind in der Regel auch erhöhte unternehmerische Entscheidungslasten: Worin besteht unser eigentliches Kerngeschäft? In welche Geschäftsbereiche lohnt es sich auch in Zukunft zu investieren; aus welchen sollten wir uns langsam zurückziehen, welche neuen Märkte und Zielgruppen können durch neue Leistungsangebote erschlossen werden? Welche Produkt-Markt-Kombination eignet sich eigentlich für die Bildung eines strategischen Geschäftsfeldes (zu dieser letzten Frage vgl. die Kriterien bei Drexel 1987, S. 149)?

Damit eine geschäftsfeldorientierte Strukturierung vorgenommen werden kann, ist die Klärung solcher Fragen unerlässlich. Denn die Geschäftsfeldorganisation versucht ja normalerweise, die spezifische Marktsituation eines Unternehmens (die gegenwärtig praktizierte bzw. die künftig angestrebte) zum Leitprinzip für die organisationsinterne Differenzierung zu machen. Wir haben es hier mit einem einer ganz anderen Logik folgenden Gliederungsgedanken zu tun, als er den bisherigen funktionalen Aufbauprinzipien von Organisationen zugrunde lag. Die Umgestaltung von Unternehmungen in Richtung Geschäftsfelder (*profit center, cost center*) zielt auf die Schaffung überschaubarer Einheiten (gebaut um ein klar benennbares Spektrum an Kundenproblemen herum), die ihre Aufgaben weitgehend eigenverantwortlich wahrnehmen. Eigenverantwortung bedeutet, dass solche Organisationseinheiten mit jener Entscheidungspotenz ausgestattet sind, die sie benötigen, damit ihnen ihre eigene Ertrags- und Kostenentwicklung berechtigterweise als selbst verursacht zugerechnet werden kann. Man würde die Geschäftsfeldorganisation gründlich missverstehen, wollte man sie als bloße Dezentralisierungsmaßnahme, als eine der Delegationsformen von Entscheidungskompetenz begreifen. Ihr liegt die Leitidee zugrunde, die Subeinheiten des Systems nach denselben Prinzipien zu „bauen", wie sie auch für die Überlebensfähigkeit des Ganzen gelten. Es geht letztlich um die Schaffung von Unternehmungen im Unternehmen. Die „Teile" haben die Funktionslogik des „Ganzen" in ihre jeweilige Operationsweise inkorporiert. Die Parallelen dieser organisationalen Gliederungsprinzipien zu einigen wichtigen Grundgedanken der Chaosforschung liegt auf der Hand (man denke an das Prinzip der Selbstähnlichkeit im Rahmen der fraktalen Geometrie, an das Prinzip der Oberflächenvergrößerung dort, wo es darum geht, die Austauschbeziehungen eines Systems zu seiner Umwelt zu intensivieren; vgl. dazu exemplarisch Briggs u. Peat 1990).

Die Geschäftsfeldgliederung verspricht, die Leistungsfähigkeit einer Wirtschaftsorganisation in einer Reihe wichtiger Dimensionen zu steigern. Zum einen zwingt sie alle Subeinheiten dazu, ihre Entscheidungsprozesse ganz konsequent an der Frage zu orientieren, auf welche Kundenprobleme sie sich mit ihren Leistungen beziehen, welchen Nutzen sie in diesem Zusammenhang stiften und ob durch diese Leistungen die Zahlungsfähigkeit des Ganzen erhalten bzw. gesteigert werden kann. Damit wird erreicht, dass die überlebenssichernde Grundorientierung jeder Wirtschaftsorganisation (die Zahlungsfähigkeit einerseits und die Ausrichtung am Kundennutzen andererseits) in allen organisationsinternen Entscheidungsprozessen gleichsam als Hintergrundfolie präsent ist. Die Verantwortung dafür, welche Kosten mit den eigenen Aktivitäten verbunden sind und welche Wirkungen man bei jenen auslöst, für die man Leistungen zu erbringen hat, kann auf diese Weise in der Organisation auf eine wesentlich breitere Basis gestellt werden. Zum anderen lässt sich durch solche Strukturierungsmaßnahmen die Antwortfähigkeit bezüglich überraschender Marktentwicklungen erhöhen. Unternehmungen agieren heute in einem immer komplizierter werdenden Netz von wettbewerblichen Nebenwirkungen, die auch kurzfristige, rasch wirksame Reaktionsmöglichkeiten im Markt verlangen. Die Relevanz der sich zufällig bietenden Chance und die Fähigkeit, sie aktuell wahrzunehmen, gewinnen wachsende Bedeutung. Unter solchen Bedingungen ist es wohl vernünftig, auf der Ebene des Gesamtsystems nur in groben Zügen zu planen, lediglich generelle Orientierungen vorzugeben und möglichst viele Entscheidungen dezentral und problemnah fällen zu lassen.

Darüber hinaus steigert die Geschäftsfeldgliederung auch die Beobachtungskapazität eines Systems. Ertragsverantwortliche Organisationseinheiten entwickeln eine besondere Wachsamkeit gegenüber ihrem Marktsegment, aber auch gegenüber wichtigen organisationsinternen Vorgängen, was etwa die Entwicklung der eigenen Kosten angeht, aber auch, was die Austauschbeziehungen zu anderen Subeinheiten anlangt, sei es in der Zentrale, sei es auf gleicher Ebene. Diese differenzierten Selbst- und Fremdbeobachtungspotenziale können zu einer realitätsangemesseneren Positionierung der Subeinheiten sowie des Ganzen führen, wenn die dafür erforderlichen Informationsverarbeitungsmechanismen entwickelt sind.

Letztlich kann die Schaffung von überschaubaren, ertragsverantwortlichen Geschäftseinheiten auch als eine neue Form des Risikomanagements, als eine organisationsbezogene Technik der Risikoverarbeitung verstanden werden. Der Umgang mit Risiko, charakteristische Formen der Risikoverarbeitung finden sich überall in der Wirtschaft. Ständig stehen Entscheidungen an, die unter Bedingungen hoher Intransparenz möglicher Einflussfaktoren, mithin unter großer Unsicherheit, gefällt werden müssen. Vor allem Entscheidungen, die in die Zukunft gerichtet sind, stehen stets unter Ungewissheiten, und zwar nicht deshalb, weil man zu wenig Sorgfalt in der informativen Absicherung walten lässt, sondern weil man es prinzipiell mit offenen Situationen zu tun hat, die zudem von den Entscheidungen mitgeschaffen werden. Risiken zu managen ist gerade in Unternehmungen eine unvermeidliche Anforderung geworden. „Wer sich nicht entscheidet, riskiert die Folgen der Nichtentscheidung" (Baecker 1991, S. 121). Sicherheit gibt es in unternehmerischen Belangen nicht. Jeder Versuch, sie zu realisieren, begibt sich der Chance, Risiken zu identifizieren und sie Gewinn bringend zu übernehmen. Verantwortliche Risikoübernahme setzt allerdings voraus, dass in die Unsicherheit erzeugende Diffusität einer Entscheidungslage so viel Licht gebracht wird, dass sich die einzugehenden Risiken benennen lassen und angesichts der vermuteten Chance abgewogen werden können. Komplexe Organisationen neigen dazu, Risikomanagement in der Form zu betreiben, dass im Falle des eingetretenen Schadens entsprechende Absicherungs- und Schuldzuschreibungsmechanismen zur Verfügung stehen. Dem gegenüber schafft eine wohlverstandene Geschäftsfeldgliederung organisationsinterne Strukturen, die es ermöglichen, dass die Effekte riskanter Entscheidungen (im positiven wie im negativen Falle) bei jenen anfallen, die diese Entscheidungen treffen. Gelingt es, eigenverantwortliche Geschäftseinheiten tatsächlich zu etablieren, dann sind damit auch Zurechnungsregeln für die Risikoübernahme verbunden, wenn sich im Zusammenspiel zwischen diesen und den übergeordneten Entscheidungsinstanzen klare Verantwortungsgrenzen eingespielt haben.

Erwartbare Folgekosten der Geschäftsfeldgliederung

Jedes Geschäftsfeld muss über die grundlegenden unternehmerischen Funktionen verfügen und so in der Lage sein, in voller Eigeninitiative und Selbstverantwortung sein Geschäft zu entwickeln. Gleichzeitig sind gewisse zentrale Funktionen des Gesamtunternehmens unbedingt erforderlich, damit die Belange des Ganzen auch gegenüber den Geschäftsfeldern wahrgenommen werden können. Hier ist ein fundamentaler Gegensatz in die Organisation eingebaut, dessen sorgfältige Pflege die wesentlichste Erfolgsvoraussetzung solcher Strukturen darstellt. In diesem Gegensatz liegt aber auch das entscheidende Gefahrenpotenzial solcher Strukturlösungen. Schafft man eigenverantwortliche, weitgehend autonome Organisationseinheiten, so riskiert man, dass diese ihre Möglichkeiten auch nutzen. Man forciert mit solchen Organisationslösungen das Entstehen von „Bereichsegoismen" (häufig aus der Perspektive der Zentrale so beschrieben), Verselbstständigungstendenzen sind unvermeidlich. Die Rivalität zwischen diesen Einheiten um die Verteilung insgesamt knapper Ressourcen nimmt zu, z. B. wenn es um die Frage geht, wohin die Investitionsmittel fließen. Natürlich versuchen sie, die anfallenden Kosten zwischen den Subeinheiten hin und her zu transferieren. Das eine Geschäftsfeld optimiert zulasten des anderen. Die Auseinandersetzungen um die Finanzierung jener Kosten, die durch die Belange des Gesamtsystems verursacht werden, werden schärfer (sei es, dass es um bereichsübergreifende Forschungs- und Entwicklungsaktivitäten geht oder um notwendige Bildungsmaßnahmen oder um die Sinnhaftigkeit bestimmter Zentralstellen etc.). Je mehr sich die Identität der Teilbereiche ausprägt (nach innen wie nach außen), umso erheblicher werden die Identitätsprobleme des Gesamtsystems. Sonderkulturen verfestigen sich, und die berühmten Synergieeffekte lassen auf sich warten. Integrierte Problemlösungen werden zusehends schwieriger, weil sich kaum dauerhafte Energien für übergreifende Fragestellungen mobilisieren lassen. Beispielsweise zeigt sich in der Praxis, dass es gar nicht so leicht ist, die Mobilität hoch qualifizierten Personals zwischen den Einheiten und Unternehmensbereichen sicherzustellen. Insgesamt lassen sich die genannten Folgekosten unter dem Begriff des „systemischen Risikos" zusammenfassen. Gemeint ist damit, dass unter solchen Bedingungen die Belange des Ganzen im Verhältnis zu den Subeinheiten unterbewertet bleiben, dass der Gesamtzusammenhang des Unternehmens verloren geht und dass in der Folge Gefährdungen produziert werden können, die das Gesamtsystem bedrohen.

Die Erhöhung der Eigenkomplexität und ihre Konsequenzen für die Wahrnehmung von Führungsfunktionen in Organisationen

Beiden hier beschriebenen Differenzierungsformen (funktionale Spezialisierung und Geschäftsfeldgliederung) ist gemeinsam, dass sie die Eigenkomplexität von Wirtschaftsorganisationen enorm anwachsen lassen. Unternehmungen verbessern auf diese Weise zwar ihre Kundennähe, ihre Ertragschancen, ihre Flexibilität und Reaktionsgeschwindigkeit. Sie holen sich aber gleichzeitig das „Chaos" aus ihrer Umwelt in die Organisation selbst herein. Beide gegenwärtig dominanten Differenzierungsformen stärken die Eigenlogik der Subsysteme und stellen die Funktionsfähigkeit des Ganzen auf eine schwere Probe. Eben in diesem Umstand liegt viel von dem begründet, was gegenwärtig an Konflikten und an widersprüchlichen Dynamiken in komplexen Organisationen erfahren werden kann. In der Gewährleistung der notwendigen Autonomisierung dezentraler und funktional spezialisierter Einheiten sowie in der gleichzeitigen Sicherstellung der emergenten Eigenschaften des Gesamtsystems liegt die große Herausforderung an das Steuerungs-Know-how und an die Qualität der Führungsstrukturen in komplexen Organisationen.

Was stiftet die Einheit des Systemganzen bei zwangsläufig auseinander driftenden Teilen? Herkömmlicherweise wurde dem Prinzip der Hierarchie als der einzig möglichen strukturbildenden Verknüpfungsform jene zusammenbindende Kraft zugeschrieben, die diese Integrationsfunktion zu erbringen hat, und zwar schlicht durch die ununterbrochene Weisungs- und Verantwortungskette, die von oben nach unten alle Hierarchieebenen miteinander verbindet. Die klassische Hierarchie hat organisationsintern konkurrenzfreie Positionen zur Verfügung gestellt, die für sich in Anspruch nehmen konnten, das Gesamtsystem zu überblicken, über das erforderliche Wissen zu verfügen und die notwendigen Entscheidungen in der gebotenen Qualität herbeiführen zu können. In komplexeren Organisationsformen, wie wir sie im Wirtschaftssystem heute vorfinden, sind solche Positionen nicht mehr anzutreffen. Niemand repräsentiert mehr unbestritten die absolute Wahrheit. Durch die systematische Dezentralisierung von fachbezogener Intelligenz sowie durch die unternehmerische Eigenverantwortung der verschiedenen Geschäftsfelder besitzen auch jene zentralen Organisationseinheiten, deren primäre Aufgabe es ist, sich um die Belange des Ganzen zu kümmern (wie beispielsweise der Vorstand), lediglich den Charakter von Subsystemen neben anderen. Auch ihre Wahrheit ist eine perspektivische Wahrheit, die den spezifischen Beschränkungen solcher Organisationseinheiten unterliegt. Der Zuwachs an interner Komplexität erreicht relativ rasch einen Punkt, an dem er die Steuerungspotenz zentralisierter Hierarchien überfordert. Auch Mintzberg sieht dies in seinem „model of organisation life cycles“ ganz deutlich (vgl. Mintzberg 1984, ausführlich erörtert bei Türk 1989, S. 66 ff.). Organisationen tendieren bei wachsender interner Komplexität weg von Formen zentralisierter Macht hin zu solchen eher diffus verteilter Macht, für die die Existenz vieler zueinander in einem Verhältnis wechselseitiger Abhängigkeit stehender Pole bezeichnend ist.

Für die heutzutage dominanten Differenzierungsformen erweist sich das Prinzip der Hierarchie als viel zu einfach. Die der Hierarchie verpflichtete Führungsphilosophie vermag nicht annähernd mehr jenes Steuerungspotenzial zu mobilisieren, das angesichts des Grades an Eigenkomplexität vieler Unternehmen erforderlich geworden ist. Vielfach schafft gerade dieser Umstand, dass einerseits die beschriebenen neuen Differenzierungsformen vorangetrieben werden und dass andererseits aber den daraus resultierenden Folgeproblemen mit den Mitteln und der Mentalität der klassischen Hierarchie begegnet wird, eine ganz eigenartige organisationsinterne Konfliktdynamik. Am Beispiel des Projektmanagements und der dabei auftretenden Probleme kann die angesprochene Dynamik besonders gut beobachtet werden (vgl. dazu Heintel u. Krainz 1990). Will man die gegenwärtige Prozessdynamik in vielen größeren Wirtschaftsorganisationen verstehen, so bildet diese Diskrepanz zwischen hochkomplexen organisationsinternen Verhältnissen einerseits und dem Weiterwirken überholter Führungsstrukturen und Führungspraktiken andererseits in aller Regel einen brauchbaren Zugang (vor allem, wenn es sich um traditionsreiche, bereits „alt" gewordene Unternehmen handelt, die sich aufgrund veränderter Marktgegebenheiten gerade in einer strukturellen Modernisierungsphase befinden).

Die Alternative zur klassischen Hierarchie

Welche Steuerungsformen eignen sich für Organisationsverhältnisse, die sowohl eine hohe funktionale Spezialisierung aufweisen als auch den Schritt zur Geschäftsfeldgliederung unternommen haben? Dazu in aller Kürze einige Hinweise.

Da die Eigenschaften eines Gesamtsystems, abgesehen von der Funktionstüchtigkeit seiner Teile, vor allem von der Qualität ihrer Verknüpfungen abhängen, kommt es bei der Frage nach einem geeigneten Steuerungspotenzial primär auf die tatsächlich praktizierten Verknüpfungsformen und ihre Gestaltbarkeit an. Es machte lange Zeit gerade die Attraktivität der Hierarchie aus, dass sie eine sehr einfache Verknüpfungsform darstellt und darüber hinaus noch ihre Gestaltbarkeit ausschließt. Hierarchische Strukturen sind etwas Feststehendes. Um demgegenüber der Eigenkomplexität heutiger Organisationszustände gerecht zu werden, gilt es, die Art und Weise, wie die einzelnen Subeinheiten miteinander verbunden werden, entsprechend der jeweils zu bearbeitenden Problematik flexibel zu halten, um die Integration des Ganzen immer wieder aufs Neue zu gewährleisten. Dies verlangt vor allem von den Entscheidungsträgern auf den unterschiedlichen Ebenen ein hohes Maß an Design- und Prozesssteuerungskompetenz, welche die erforderlichen Subsysteme in selektiver Weise (je nach Problemlage) in einen gemeinsamen, bereichsübergreifenden Bearbeitungsprozess bringt.

Gelingt diese problemadäquate Wahl der Verknüpfungsform, dann stellt sich in der Praxis in der Regel eine weitere Hürde; denn der Kern des Problems der Steuerung komplexer Organisationen liegt heutzutage ja in der Unwahrscheinlichkeit gelingender Kommunikation und Kooperation zwischen autonomen, primär an sich selbst orientierten Einheiten (vgl. Wimmer 1989). Mit der geschilderten Steigerung der Binnenkomplexität von Organisationen geht die Erschwerung subsystemübergreifender Austausch- und Kooperationsbeziehungen unvermeidlicherweise einher. Diese Steigerung ermöglicht zwar eine Vervielfachung dessen, was an unterschiedlichen Bearbeitungsprozessen gleichzeitig in der Organisation passieren kann. Diese spezifische Art des Einbaus von Zeit schafft aber auf der anderen Seite eine enorme Dynamisierung des Problemdrucks überall dort, wo eine übergreifende Synchronisation dieser Bearbeitungsprozesse nötig ist. Vor allem hier sind neue Steuerungsformen gefragt, die die wechselseitigen Abhängigkeiten der Subsysteme für die Bewältigung der anstehenden Koordinationsaufgaben nutzen. Unter solchen Bedingungen setzt gelingende Kommunikation voraus, dass die einzelnen Organisationseinheiten, Geschäftsfelder, Cost- und Profitcenter die füreinander relevanten Informationen so präsentieren, dass sie in die jeweils eigene Sprache und Funktionslogik übersetzt werden können. Die eigentliche Kunst liegt hier darin, die Anschlussfähigkeit zwischen sehr unterschiedlichen Denkweisen, Problem- und Weltsichten, aber auch zwischen divergierenden Interessenlagen immer wieder von neuem herzustellen. Führung wahrnehmen heißt in diesem Zusammenhang, dafür Sorge zu tragen, dass die einzelnen Teile in der Interaktion mit anderen Probleme so formulieren und dafür solche Kommunikationsformen wählen, dass sie überhaupt „gehört" werden können, also eine relevante Irritation füreinander darstellen.

Diese wechselseitige Irritierbarkeit entsteht nur, wenn eine komplexe Organisation über spezifische Integrationsmechanismen verfügt, die es den verselbstständigten Subeinheiten ermöglichen, die

Auswirkungen ihrer Operationen auf andere Subeinheiten bzw. auf die Evolution des Ganzen nachhaltig zu erleben und in die eigenen Prozesse wirksam einzubauen. Das Vorhandensein solcher Rückkoppelungsformen kann dafür Sorge tragen, dass in den einzelnen Subeinheiten die Belange des Ganzen systematisch mitberücksichtigt werden, weil ihre Vernachlässigung als Selbstschädigung begreifbar wird. Helmut Willke nennt dies das „Prinzip der Ordnung durch Selbstbindung" (1987a, S. 6). Dieses Prinzip setzt in seiner Wirksamkeit an allen relevanten Stellen des Unternehmens allerdings das Vertrauen voraus, dass die einzelnen Subeinheiten in ihre Eigenverantwortung auch die Sorge um die Belange des Ganzen mit übernehmen. Gelingt es nicht, ein solches Vertrauen in trag- und belastungsfähiger Weise aufzubauen, so ist die Selbststeuerungskapazität eines solchen Systems in hohem Maße eingeschränkt. Dies ist der fundamentale Unterschied zur klassischen Hierarchie, in der die Verantwortung fürs Ganze nach oben delegiert werden konnte. Es handelt sich hier um Führungsgrundsätze, die meines Erachtens der Komplexität heutiger Wirtschaftsorganisationen angemessen sind, die der hohen Interdependenz aller Teile Rechnung tragen und die auch den Umstand mitberücksichtigen, dass wir es in solchen Organisationen stets mit multipolaren Macht- und Einflussstrukturen zu tun haben, die bei einem Misslingen dieses Ordnungsprinzips leicht in der Lage sind, sich wechselseitig zu blockieren. Die Entwicklung und Pflege geeigneter Integrationsmechanismen bildet schon aus diesem Grunde heute den Hauptbestandteil der auf das Gesamtsystem und seine Überlebensfähigkeit gerichteten Steuerungsanstrengungen. Abschließend seien noch einige Strukturmerkmale erörtert, die diese allgemeinen Steuerungsüberlegungen für Organisationen mit hoher Eigenkomplexität noch etwas konkretisieren. Dabei gilt es vor allem, folgende Gestaltungsdimensionen besonders im Auge zu behalten.

Der Aufbau komplexitätsadäquater Führungsstrukturen und die Verlebendigung einer korrespondierenden Führungsphilosophie

In einer Organisation mit hoher Binnendifferenzierung vor allem in Richtung Geschäftsfeldgliederung kommt dem Zusammenspiel zwischen der Unternehmensleitung, den Führungskräften der einzelnen Geschäftsfelder und den zentralen Diensten der entscheidende Stellenwert zu. Die Qualität der Kooperationsbeziehung zwischen den oberen und den obersten Führungskräften, die stets neben den unvermeidlichen persönlichen Momenten auch durch strukturelle Festlegungen ganz gravierend geprägt wird, ist fast immer eine der Kernursachen für den Grad der Problemlösungsfähigkeit des gesamten Managements. Je komplexer die Organisationsverhältnisse werden, umso gewichtiger wird dieser Zusammenhang. Es ist dies wohl einer der Hauptgründe, warum Matrixstrukturen in der Regel alle Beteiligten überfordern. Gelingende Kooperationsbeziehungen in dem angesprochenen Dreieck verlangen wechselseitig akzeptierte Aufgabendefinitionen und den glaubhaften Respekt vor der einmal festgelegten Entscheidungsautonomie und Eigenverantwortung der jeweils Beteiligten. Dieser Grundsatz bedingt, dass die Zentralstellen (insbesondere die Mitglieder der Unternehmensleitung) zur Kenntnis nehmen, dass sie in den operativen Belangen der Geschäftsfelder nicht mehr die Kenntnisse und Voraussetzungen mitbringen, um auf dieser Ebene sinnvoll mitwirken zu können. Umgekehrt muss sich in den dezentralen Einheiten die Denkhaltung durchsetzen, dass man selbst nicht der Nabel der Welt ist und übergeordnete Perspektiven durchaus auch ihren Sinn haben, auch wenn sie den eigenen partikularen Interessen widersprechen. Eine der wesentlichen Funktionen integrationsfördernder Führungsstrukturen liegt demnach darin, periodische Abstimmungs- und Aushandlungsprozesse problembezogen zu ermöglichen, d. h., dafür geeignete Kommunikationsanlässe und Kommunikationsstrukturen anzubieten. Alle Beteiligten (die Zusammensetzung ergibt sich jeweils aus dem zu bearbeitenden Problem) bekommen auf diese Weise die Gelegenheit, die Aktivitäten und Überlegungen der jeweils anderen Beteiligten in die eigene Informationsgewinnung miteinzuschließen und dabei die „Logik" der anderen Seiten so weit zu erfassen, dass man in die Lage versetzt wird, realitätsgerechte Erwartungen hinsichtlich der zukünftigen Reaktionen der anderen Organisationseinheiten auszuprägen. Diese systematisch eingebauten Gelegenheiten zu einer auf Wechselseitigkeit beruhenden realistischen Erwartungsbildung sind die Voraussetzung dafür, für sich entscheiden zu können, ob und warum man die Erwartungen anderer enttäuschen will oder nicht, d. h. aus begründetem Anlass einen Konflikt riskieren will oder eben nicht.

Der Organisationsspitze kommt in diesem Geschehen eine Reihe von wichtigen Aufgaben zu. Einmal muss sie sich für das Zustande kommen der erforderlichen „höherrangigen" Entscheidungen verantwortlich fühlen; gemeint sind jene Leitentscheidungen, die als solche erkennbar werden und im Gesamtsystem eine ausreichende Bindungswirkung zur Verfügung stellen, die bei aller Autonomie der Subeinheiten die notwendigen Koordinationsmuster gewährleistet. Aber auch solche Leitentscheidungen sind sinnvollerweise das Ergebnis von Aushandlungsprozessen und nicht von einsamen Entschlüssen der Spitze, die imperativ der gesamten Organisation verordnet werden. Imperative Eingriffe in relativ autonome Einheiten rücken unweigerlich die Machtfrage in den Vordergrund, ein Umstand, der bei polyzentrischen Machtverhältnissen stets ein hohes Maß an destruktivem Potenzial freisetzt. Haben sich nämlich auf dieser Organisationsebene Machtauseinandersetzungen einmal wirklich verselbstständigt, dann ziehen sie alle anstehenden Sachfragen in ihren Bann. Die wichtigste Funktion des Aushandelns der angesprochenen Leitentscheidungen ist es, außer der Mobilisierung dezentraler Problemlösungskapazität eine tragfähige Selbstbindung über Partizipation zu erreichen. Mit solchen Prozessen wird die Basis dafür geschaffen, dass die einzelnen Organisationseinheiten (Geschäftsfelder und Funktionsbereiche) ihr eigenes Handeln nicht nur an sich selbst, sondern auch an den Bestandsbedingungen des Gesamtsystems ausrichten. In der professionellen Gestaltung diesbezüglicher Entscheidungsprozesse besitzt die Unternehmensspitze eine ihrer vornehmsten Aufgaben. Zweifelsohne zählen zu diesen Leitentscheidungen alle für das Gesamtsystem strategisch relevanten Entscheidungsanlässe, wie z. B. notwendige Redimensionierungsprogramme (Schrumpfungen im Gesamten oder in Teilbereichen) oder Internationalisierungsschritte, Firmenübernahmen, Zusammenschlüsse, neue Kooperationsformen etc. Im Detail gehören in dieses Aufgabengebiet der Spitze auch die periodischen Zielvereinbarungsprozesse und ihre Auswertung, weil auf diesem Wege immer wiederkehrende Klarheit über erwartete Leistungen und die diesbezüglichen Einschätzungskriterien hergestellt wird.

Eine der spürbarsten Auswirkungen erhöhter organisationsinterner Komplexität ist die sprunghafte Zunahme an Kommunikationsnotwendigkeiten. Dauernd sitzt man in irgendwelchen Besprechungen und Sitzungen, und das Gefühl, dass für nichts mehr wirklich ausreichend Zeit vorhanden ist, beginnt alles andere zu überlagern. Angesichts dieser enorm zunehmenden Kommunikationszwänge bei einer gleichzeitigen Verknappung des Zeitbudgets wird die Sorge um die Funktionalität der vorhandenen Kommunikationsstrukturen sowie die Art und Weise, wie in diesen Strukturen kommuniziert wird, zu einer zentralen Steuerungsaufgabe. Dies bedeutet, dass für die leitenden Führungskräfte einer Organisation neben den inhaltlichen Gestaltungsdimensionen *des general management* die nutzbringende Steuerung von Prozessen (sei es bezüglich Strategieentwicklung, sei es bei Umstrukturierungen, bei der Bearbeitung von schwerwiegenden Konflikten) zum Kernbestandteil „ihres Geschäftes" geworden ist. Auf diesen prozessorientierten Umgang mit hochkomplexen Systemen wird sich die Qualifikationsentwicklung für Top-Führungskräfte in Zukunft konzentrieren (vgl. dazu Wimmer 1989b sowie die Grundlagenforschungen von Dörner 1989).

Unternehmerische Entscheidungsstrukturen für die Übernahme und Bearbeitung von Risiko

Vielfach taucht im Zusammenhang mit der Umgestaltung von Unternehmungen in Richtung Geschäftsfeldgliederung die Forderung auf, die unternehmerische Eigenverantwortung auf allen Ebenen der Organisation zu stärken: Wir brauchen mehr „Unternehmer im Unternehmen" (Bleicher 1990b, S. 130). Mit solchen Forderungen ist in der Regel allzu einseitig die Erwartung verbunden, alles „Heil" komme vom neuen Managertyp. Die strukturellen Rahmenbedingungen sowie die unternehmenskulturellen Voraussetzungen für unternehmerisches Tätigwerden auf einer breiteren Basis werden aus diesem Blickwinkel vielfach unterschätzt. Die konsequente Realisierung der Geschäftsfeldorganisation impliziert eine neue Form der Verantwortungsteilung in der Übernahme des unternehmerischen Risikos zwischen den Repräsentanten des Gesamtsystems und den Führungskräften in den autonomen Subeinheiten. Diese weitgehende Dezentralisierung des unternehmerischen Risikos besitzt weit reichende Konsequenzen für das Zusammenspiel der Entscheidungsträger auf der Ebene des Gesamtsystems und auf der Ebene der Geschäftsfelder. Sie erfordert neue unternehmensinterne Techniken der Risikoverarbeitung, die sich grundlegend von jenen Mustern unterscheiden, wie sie von den hierarchiebetonten Bürokratien klassischer Prägung für die Lösung dieses Problems zur Verfügung gestellt werden.

Üblicherweise entwickeln Organisationen typenspezifische Spielregeln und Verfahren zur Risikovermeidung. Diese sehen in Krankenhäusern anders aus als im Bankenbereich, wieder anders in Produktionsbetrieben im Vergleich etwa zum Schulbereich. Für all diese unterschiedlichen Muster der Risikoverarbeitung bildet jedoch eine charakteristische Grundüberzeugung die gemeinsame Basis: Risiken lassen sich prinzipiell vermeiden, wenn sich die handelnden Personen nur an die vorgegebenen Spielregeln halten und mit einer ausreichenden Professionalität vorgehen. Gemessen an dieser Grundüberzeugung, ist der Eintritt eines Schadensfalles immer das Ergebnis einer Regelverletzung oder Ausdruck mangelnder Qualifikation.

Die weit verbreitete Dominanz dieser Grundüberzeugung führt heute viele Unternehmungen in ein schwieriges Dilemma, denn in allen wichtigen unternehmerischen Belangen gibt es in Wahrheit keine tragfähige Sicherheit. Das Entscheiden unter Bedingungen hoher Unsicherheit, das Gestalten von Situationen, in denen man bei weitem nicht alle Einflussfaktoren überblickt, bilden den unvermeidlichen Kern heutiger Führungsaufgaben. Die Vorstellung, man könnte Entscheidungsprozesse unter großer Unsicherheit so weit „rationalisieren", dass wiederum Sicherheit einkehrt, ist schlicht eine Illusion. Angesichts des zunehmenden Risikos unternehmerischen Handelns versagt die ökonomische Rationalitätssemantik der vergangenen Jahrzehnte, die ja stets von Entscheidungen bei vollständiger Informiertheit ausgegangen ist.

Was passiert nun, wenn Unternehmenskulturen auf dem Prinzip der Risikovermeidung fußen, also Regeln und Programme implementieren, die dafür sorgen, dass ein Schadensereignis automatisch als ein Fehler qualifiziert werden kann, als Fahrlässigkeit, als Qualifikationsmangel der Beteiligten etc., und wenn gleichzeitig unternehmerisches Handeln auf breiter Basis verlangt wird? Hier ist entweder eine fatale Tendenz zur Selbstlähmung in die Organisation eingebaut, oder es folgt eine verstärkte Verlagerung wichtiger Entscheidungen in den informellen Raum. Eine solche Verlagerung impliziert einen hohen Absicherungsaufwand auf der formellen Ebene bei gleichzeitigem Wissen, dass nur mehr unter Bedingungen ständiger Regelverletzungen vernünftige Ergebnisse erzielt werden können. Unter diesen Bedingungen wird organisationsintern ein erheblicher Aufwand zur Produktion und Kontrolle von Regeln betrieben, deren Einhaltung allenthalben Sicherheit suggeriert, wobei aber alle insgeheim wissen, dass dieser Aufwand nur die Regelproduzenten entlastet, nicht aber jene, die unter riskanten Bedingungen handeln müssen. In einer solchen Organisationskultur muss ungeheuer viel Energie darauf verwendet werden, Entscheidungsvorgänge zu vernebeln und Verantwortlichkeiten möglichst diffus zu halten, damit im Schadensfall die diesbezügliche Entscheidung niemandem mehr wirklich zugerechnet werden kann. Damit sind aber das Selbstentwicklungspotenzial, die Lernfähigkeit einer Organisation nachhaltig beeinträchtigt (vgl. Sattelberger 1991).

Die Dezentralisierung unternehmerischer Verantwortung, wie sie die Geschäftsfeldgliederung vorsieht, braucht eine andere Organisationskultur, eine Kultur, in der die Übernahme von Risiken zum selbstverständlichen Anforderungsprofil der Entscheidungsträger gehört, in der die Kommunikationsprozesse primär risikogesteuert und nicht rationalitätsorientiert im herkömmlichen Sinne verlaufen. Mit anderen Worten, es geht um eine Umstellung vom Prinzip der Risikovermeidung auf geeignete Strukturen des Risikomanagements. Was ist damit gemeint? Allgemein muss man davon ausgehen, dass die vorausschauenden Beurteilungen einer Situation und die rückblickenden Einschätzungen immer dann scharf divergieren, wenn etwas danebengegangen ist, d. h. der Risikofall eingetreten ist. Im Nachhinein ist man immer gescheiter, besonders jene, die jetzt ihre alten Rechnungen begleichen wollen, die es eh schon immer „besser gewusst haben". Situationen, in denen Risiken schlagend werden, mobilisieren in Organisationen natürlich einen großen Erklärungs- und Rechtfertigungsaufwand. Die betroffenen Entscheider haben es aber schwer, denn im Rückblick sind die früheren Erwartungen und Unsicherheiten, die Hoffnungen, Chancen, aber auch Befürchtungen kaum noch verständlich zu machen, sie haben vor allem angesichts des eingetretenen Schadens kein Gewicht. Entscheidungsträger, die unter hohem Risiko handeln müssen, legen aus diesem Grunde „größten Wert darauf, diese Ungleichheit der Urteilskriterien zu vermeiden. Man möchte vorher wissen, nach welchen Regeln man nachträglich beurteilt werden wird" (Luhmann 1991a, S. 10). Mit *risk management* bezeichnet man folglich die Schaffung glaubwürdiger Konfliktbearbeitungs- und Reflexionsmöglichkeiten in der Organisation, die für den Fall, dass etwas schief geht, zwischen allen beteiligten Verantwortungsträgern eine Beurteilung darüber herbeiführen können, ob ein gravierender Fehler passiert ist oder ob das Risiko so gut wie irgend möglich (d. h. nach den herrschenden professionellen Standards) eingeschätzt und angesichts der zu erwartenden Chancen zu Recht übernommen worden ist. Verantwortliche Risikoübernahme setzt nämlich voraus, dass in die Unsicherheit stiftende Diffusität einer Entscheidungslage so viel Licht gebracht wird, dass sich die einzugehenden Risiken benennen lassen und angesichts der vermuteten Chancen plausibel abgewogen werden können.

Risiken werden im Augenblick der Entscheidung mit Blick auf mögliche Gefährdungen bzw. künftige Chancen eingegangen. Es kann natürlich sein, dass der Entscheider (etwa die Geschäftsfeldleitung) das Risiko anders sieht als jemand, der ihn beurteilt (etwa die Unternehmensleitung oder auch umgekehrt). Diese Differenz ist organisationsintern von wachsender Bedeutung, und die konstruktive Kommunikation über diese Differenz im Zuge des Entscheidungsprozesses, in dem es nicht ums Rechthaben gehen kann, bildet den Kern der neuen unternehmensinternen Techniken der Risikoverarbeitung, die eine konsequente Realisierung der Geschäftsfeldorganisation erforderlich macht. Auch hier handelt es sich letztlich um subtile Aushandlungsprozesse, in deren Verlauf klar wird, welche Risiken die jeweils andere Seite zu übernehmen bereit und fähig ist. Getragen werden solche Entscheidungsstrukturen zur Handhabung hohen Risikos durch eine in der Praxis erprobte wechselseitige Sicherheit dahingehend, dass alle Beteiligten sich grundsätzlich risikoavers verhalten, dies aber bei gleichzeitigem Vorhandensein wechselseitig bekannter Risikoübernahmebereitschaft. Es geht um die glaubwürdige Bereitschaft in der Beziehung zwischen den Repräsentanten des Gesamtsystems und denen der Subeinheiten, Risiken zu übernehmen bzw. mitzutragen, ohne einerseits als leichtfertige Hasardeure dazustehen bzw. andererseits als solche, die Marktchancen nicht sehen und deshalb verpassen. „Die wechselseitige Identifizierung von Risikoübernahme und Risikobereitschaft sichert den Aufbau jener Erwartungen, die dem Verhalten aller Beteiligten Struktur geben" (Baecker 1991, S. 137). Ist dieses Vertrauen in die Risikoscheu und gleichzeitig in die Risikofreudigkeit der jeweils anderen Seite auf einer der beteiligten Organisationsebenen nicht gegeben, so werden die erwarteten Effekte der Geschäftsfeldgliederung nur in bescheidenem Ausmaß eintreten. Inwieweit sich in solch komplexen Organisationen adäquate Entscheidungsstrukturen für eine tragfähige Übernahme von Risiken herausgebildet haben, ist daran zu merken, ob die Effekte riskanter Entscheidungen (im Positiven wie im Negativen) auch bei jenen anfallen, die die Entscheidungen getroffen haben. Dies setzt allerdings für die beteiligten Führungskräfte einigermaßen elaborierte und akzeptierte Kriterien für die Erfolgs- bzw. Misserfolgszurechnung voraus.

Die Pflege einer integrationsfördernden Unternehmenskultur
Es ist schon mehrfach betont worden, dass die zentrifugalen Wirkungen dieses höheren Niveaus an Eigenkomplexität in Organisationen eine Dynamik auslösen, die das Hervorbringen ganz neuer Integrationsmechanismen erfordert. Diese Managementaufgabe stellt gegenwärtig eine der größten Herausforderungen an eine zeitgemäße Unternehmensführung dar, weil es sich hier um die Prozesse handelt, die sich der einfachen, direkt zupackenden Einflussnahme von Entscheidungsträgern entziehen. Hier sind indirekte Steuerungsformen gefragt, die die prägenden Merkmale der Unternehmenskultur zum Gegenstand haben, die eine ständige Arbeit an der Unternehmensidentität implizieren, die sich um eine synergiefördernde Art der Verknüpfung zwischen den unterschiedlichsten Organisationseinheiten kümmern und die die dafür erforderlichen Kommunikationsformen wählen und pflegen. Hier geht es um die Sicherstellung einer permanenten Auseinandersetzung um Zukunftsfragen mit dem Ziel, das Bewusstsein möglichst breit in der Organisation zu verankern, dass unser Weg zwar in eine ungewisse, risikobelastete, aber dennoch erstrebenswerte Zukunft führt; erstrebenswert sowohl für den Einzelnen in seiner persönlichen Perspektive als auch für das Unternehmen als Ganzes. Beide Auseinandersetzungsebenen müssen ständig gepflegt werden, damit die heute unentbehrlich gewordene Sinnstiftung in der Organisation gewährleistet ist. Ohne dass jetzt auf die gesamte Palette möglicher Integrationsmechanismen in komplexen Organisationen eingegangen würde, soll doch auf einige exemplarische Bearbeitungsebenen hingewiesen werden.

- Die spezifische Eigendynamik des Wirtschaftssystems hat für Unternehmungen den Druck erhöht, sich am Markt, aber auch in anderen relevanten Umwelten als eine Organisation mit einer unverwechselbaren Identität zu profilieren. Die verschiedensten Aktivitäten und Aufwendungen, um nach außen zu kommunizieren, wer man ist, was man tut und wohin man sich entwickeln will, haben in der jüngsten Vergangenheit enorm zugenommen. Es ist sinnvoll, wenn sich Unternehmen diesen Umstand auch nach innen konsequent zunutze machen. Dies bedeutet, dass das, was man auf den verschiedensten Ebenen nach außen kommuniziert, das Ergebnis intensiver interner Beschäftigung mit sich selbst und der eigenen Zukunft darstellt. Nur dann kann nach außen das erforderliche Maß an Glaubwürdigkeit aufgebaut werden. Dies reicht von der Entwicklung eines Leitbildes für die einzelnen Geschäftsfelder wie für das Gesamtunternehmen über die architektonische Selbstrepräsentation und die Gestaltung der Kommunikationsmedien nach innen und nach außen bis hin zur Produktphilosophie und zum Produktdesign. Die wesentlich abstrakter gewordene Dimension des Unternehmensganzen benötigt zu ihrer Verlebendigung eine ins Alltagsleben integrierte Symbolwelt, die einen emotionellen Bezug zum Gesamtsystem immer wieder herzustellen erlaubt. Unterstützt werden kann dieses schwierige Sich-in-Bezug-Setzen zum Ganzen durch klug eingesetzte und dosierte Prozesse der Beschäftigung mit sich selbst und dem eigenen Eingebundensein in die Vielfalt unternehmensinterner Bezüge. Die Gestaltung und Steuerung unterschiedlicher Selbstreflexionsprozesse bei gleichzeitiger Zügelung ihrer immanenten Tendenz zur Ausuferung kann in ihrer Integrationswirkung heutzutage nicht hoch genug eingeschätzt werden.

- Es dürfte aus den bisherigen Überlegungen deutlich geworden sein, dass mit der Steigerung der organisationsinternen Differenziertheit auch eine Erhöhung des internen Konfliktpotenzials verbunden ist. Diesem Umstand ist durch ein geeignetes Konfliktmanagement Rechnung zu tragen. Konflikte sind stets Zwangssituationen. Sie erzwingen Kommunikation zwischen den Konfliktparteien; gelingt es, solche Situationen für alle Beteiligten konstruktiv zu bewältigen, so besitzt dieses Ergebnis eine nachhaltige Integrationswirkung. Ein gezieltes, vor allem auch prophylaktisch denkendes Konfliktmanagement ist in hochkomplexen Organisationen deshalb so wichtig, weil die hohe Interdependenz und multipolare Machtverteilung leicht

Gelegenheit bietet, Konfliktsituationen auf Dauer zu stellen und destruktive Tendenzen zu chronifizieren. Konflikte fungieren dann wie Parasiten, sie entziehen dem System wichtige Lebensenergien; denn ist ein Konflikt einmal ordentlich etabliert, so ist seine Fortsetzung zu erwarten, nicht seine Beendigung. Konflikte besitzen hingegen dann sowohl eine integrierende als auch eine innovative Funktion, wenn die internen Verhältnisse einen entsprechend konstruktiven Umgang mit Konflikten zulassen.

– Letztlich lässt sich die Integration des Gesamtsystems auch durch ein besonders unter diesem Aspekt betriebenes Personalmanagement fördern. Aus diesem Grunde ist es ratsam, wenn sich Unternehmensleitungen, Holdings und ähnliche fürs Ganze zuständige Instanzen ein gerüttelt Maß an Chancen der Mitwirkung bei Personalentscheidungen, bei Personal- und Potenzialentwicklungsaktivitäten, bei Formen der Gehaltsfindung bzw. bei den unterschiedlichen Anreizsystemen sichern. Die Gewährleistung einer gewissen personellen Mobilität zwischen den Geschäftsfeldern, die Pflege von Führungskräfte-Entwicklungsprogrammen, die auf einer gemeinsamen, unternehmensweit akzeptierten Führungsphilosophie fußen, das systematische Einbeziehen von Personalfragen in Strategie- und Organisation-Entwicklungsprozesse, das Betreiben gezielter Personal-Marketingaktivitäten, all dies sind Tätigkeitsfelder, die den Zusammenhalt des Gesamtsystems von der personellen Seite her unterstützen können (Näheres dazu vgl. Sattelberger 1989, 1991). Die Geschäftsfeldorganisation benötigt darüber hinaus ein aufeinander abgestimmtes Bündel von Anreizsystemen, die nicht nur den bereichsspezifischen Egoismus und die kurzfristige, partikulare Zielerreichung fördern, sondern auch den Beitrag fürs Ganze, Systeme also, die die bereichsübergreifende Kooperations- und Entwicklungsfähigkeit beurteilen und mitbelohnen.

Die Ausführungen zu den Konsequenzen für die Wahrnehmung von Führungsfunktionen in Organisationen mit hoher Eigenkomplexität sollten zeigen, dass diese veränderten organisationsinternen Verhältnisse qualitativ neue Anforderungen sowohl an die Steuerungsstrukturen als auch an die Qualifikation der beteiligten Führungskräfte stellen. Investitionen in diese beiden Dimensionen erscheinen unerlässlich, wenn man die unbestreitbaren Vorteile der Geschäftsfeldgliederung in Verbindung mit einer höheren funktionalen Spezialisierung zur Entfaltung bringen will.

Schlussbemerkung

Der vorliegende Beitrag hat den Versuch unternommen, unterschiedliche Erklärungen dafür anzubieten, welche charakteristischen Spannungsfelder für die Prozessdynamik in komplexen Organisationen ausschlaggebend sind. Es sollten dabei unterschiedliche, auf ihre Art aber jeweils prägende Strukturmerkmale von Organisationen benannt werden, die in ihrem Zusammenwirken eine ganz bestimmte Eigendynamik von Prozessen stimulieren und diese deshalb wahrscheinlich und erwartbar machen. Mit Sicherheit kann man davon ausgehen, dass jeder dieser Erklärungszugänge relevante Dimensionen des heute so wichtigen gesellschaftlichen Phänomens „Organisation" erschließt. Deshalb hat es wenig Sinn, sie zueinander in Konkurrenz zu setzen, um herauszufinden, welcher Deutungsansatz die Wirklichkeit von Organisationen besser trifft. Wichtiger scheint es, über unterschiedliche Optionen zu verfügen, wenn man sich als Berater, als Manager, als Fachexperte etc. von den sich dynamisierenden Prozessen einer Organisation ein Bild machen will.

Die permanente Revolution

Trends in der Gestaltung von Organisationen[1]

„Einen Großteil der Veränderungen, die sich in unserer Gesellschaft abspielen, können wir blockieren, indem wir die Organisationen daran hindern, sich zu ändern. Dann und nur dann wird die Organisation zum unentrinnbaren Alptraum der Gesellschaft."

Baecker (1994)

Zum gesamtgesellschaftlichen Hintergrund

Die Frage nach der Wandlungsfähigkeit von Organisationen ist in der jüngsten Vergangenheit ganz unversehens ins Zentrum gesellschaftlicher Aufmerksamkeit gerückt. Ob man nun das Spitalswesen/Gesundheitswesen nimmt, das durch seine ungebremste Kostenentwicklung unter Reformdruck geraten ist, oder die vielen Versuche, bislang öffentliche Dienstleistungen zu privatisieren wie z. B. bei Bahn und Post, oder ob man die enormen Erneuerungsanstrengungen in vielen Großunternehmen betrachtet, überall stehen historisch lang tradierte Organisationsverhältnisse plötzlich grundsätzlich zur Disposition. Man kann dies als einen Hinweis auf die zunehmend kritischere Beobachtung der Funktionstüchtigkeit von Organisationen nehmen, als einen Hinweis also auf sich möglicherweise überall verstärkende organisationsinterne Schwierigkeiten. Man kann diese Krisensymptome aber durchaus auch als ein Indiz

1 Zuerst veröffentlicht in R. Grossmann, E. E. Krainz, M. Oswald (Hrsg.) (1995): Veränderung in Organisationen. Management und Beratung. Wiesbaden (Gabler).

für eine tiefer liegende Problematik der Gesamtverfassung hoch entwickelter Gesellschaften insgesamt nehmen. Deren Grundstruktur ist ja bekanntermaßen vom Primat funktionaler Differenzierung geprägt und der daraus resultierenden spezifischen Eigendynamik auf gesamtgesellschaftlicher Ebene (vgl. etwa Luhmann 1986; Willke 1989). Hoch spezialisierte gesellschaftliche Subsysteme wie die Wirtschaft, die Politik, die Wissenschaft etc. folgen jeweils ihrer besonderen Funktionslogik und erbringen auf diesem Wege mehr oder weniger erfolgreich füreinander jene Leistungen, die zur Reproduktion der Gesamtgesellschaft erforderlich sind. Die Politik etwa sorgt für das Zustandekommen allgemein verbindlicher Regelungen, die Wirtschaft bearbeitet das Problem der Knappheit bzw. das der Zukunftsvorsorge durch die Bereitstellung von Gütern und Dienstleistungen, die über Zahlungen zugänglich gemacht werden, die Wissenschaft versorgt die Gesellschaft mit neuem Wissen, das der Überprüfung durch bestimmte wissenschaftseigene Kriterien standhält, das Gesundheitssystem stellt professionell geprüfte Heilungschancen zur Verfügung etc. Für die Erbringung und Weiterentwicklung dieser Leistungen greifen die genannten gesellschaftlichen Subsysteme in der Regel auf Organisationen zurück, die durch ihre primäre Zugehörigkeit zu einem dieser Funktionssysteme ihre besondere Färbung und charakteristischen Konturen erhalten. Politische Parteien ringen auf der Basis bestimmter Spielregeln um jenen Anteil an der politischen Macht, der es ihnen erlaubt, im Rahmen der Dynamik von Regierung und Opposition die Produktion allgemein verbindlicher Regelungen nach eigenen Vorstellungen mitzugestalten. Die vielfältigen Organisationen der öffentlichen Verwaltung mischen in diesem Prozess zwar kräftig mit, sie haben ihren Aufgabenschwerpunkt aber primär in der Handhabung und gesellschaftlichen Implementierung dieser Regelungen. Unternehmungen sind auf die Bereitstellung von Produkten und Dienstleistungen konzentriert, wobei es ihnen dabei durch ihre primäre Orientierung an ihrer eigenen Ertragskraft, d. h. durch die ständige Reproduktion ihrer Zahlungsfähigkeit, gelingt, in ausreichendem Ausmaß Kapital zu bilden, um schon in der Gegenwart für künftige Problemlösungen Vorsorge treffen zu können. Auf ähnliche Weise lassen sich in ihrer Leistungserbringung andere Organisationstypen wie Universitäten, Forschungsinstitute, Krankenhäuser, Schulen, Kirchen und Religionsgemeinschaften anderen gesellschaftlichen Subsystemen zuordnen, wobei Mehrfachzugehörigkeiten durchaus beobachtbar sind, ein Umstand, der die betroffenen Organisationen jedoch stets vor eine besondere Problematik stellt, weil organisationsintern ständig massive Zielkonflikte zu handhaben sind.

Wir können davon ausgehen, dass moderne, hoch entwickelte Gesellschaften durch ihre spezifische Eigenart und die charakteristischen Probleme, die sie erzeugen, einen besonders fruchtbaren Nährboden für das Entstehen und Wachstum jenes Typus von sozialen Systemen bilden, den wir üblicherweise mit dem Begriff Organisation belegen. Nicht zuletzt ist es oftmals gerade die besondere Leistungsfähigkeit von Organisationen innerhalb von gesellschaftlichen Funktionssystemen, die an anderen Stellen neue gesellschaftliche Problemstellungen hervorbringt. Man denke etwa an die beängstigend hohe und immer noch steigende Arbeitslosigkeit, die als eine Begleiterscheinung der Produktivitätsentwicklung in den Unternehmen angesehen werden kann, oder an die rapide Überalterung unserer Gesellschaft mit all ihren Folgeproblemen oder an die starken Migrationbewegungen, die durch das große Wohlstandsgefälle weltweit stimuliert werden. Aller Wahrscheinlichkeit nach sind es letztlich aber doch immer wieder Organisationen, die sich spezifische Bearbeitungsmöglichkeiten für solche neu entstandenen Problemlagen einfallen lassen müssen oder die sich zum Zwecke einer solchen Problembearbeitung neu bilden. Organisationen sind ihrem Wesen nach um die Bearbeitung gesellschaftlicher Probleme herumgebaut, und indem sie dieser Funktionsbestimmung folgen, erzeugen sie neue Probleme, die ihrerseits weitere Organisationsbildungen stimulieren. Man kann deshalb mit einiger Berechtigung sagen, dass diese sich selbst verstärkende universelle Bedeutung von Organisationen modernen Zuschnitts zu einem der hervorstechendsten Merkmale unserer gesamtgesellschaftlichen Situation geworden ist (vgl. auch Baecker 1994a, S. 22). In einem historisch noch nie da gewesenen Ausmaß ist unsere Gesellschaft von der Leistungsfähigkeit ihrer Organisationen abhängig geworden, weil der allergrößte Teil ihrer Probleme auf eine organisationsförmige Bearbeitung angewiesen ist. Organisationen bzw. ihre spezifischen Netzwerke bilden aus diesem Grunde gegenwärtig den eigentlichen Engpass in der gesellschaftlichen Aufgabenbewältigung.

Wir können zurzeit beobachten, wie dieser Umstand und die darin verborgene Problematik langsam einer breiteren Diskussion zugänglich werden. Material für diese Diskussion gibt es in der Zwischenzeit genug. Ob das die Neigung der politischen Parteien, sich selbst zu überfordern, betrifft, indem sie sich letztlich für alle auftauchenden Probleme der Gesellschaft zuständig fühlen, ob wir die vielfach beschriebene Unbeweglichkeit der staatlichen Bürokratie und ihrer Beamtenschaft beklagen, ob wir auf die zunehmende Unfinanzierbarkeit des Sozial- und Gesundheitswesens schauen oder auf die nicht zu übersehenden Schwierigkeiten des Bildungswesens, d. h. unserer Schulen und Universitäten – an vielen Ecken und Enden steigt der Problemdruck. Es steigt aber auch die Einsicht, dass das Reformrepertoire und die gesellschaftlichen Problemlösungsversuche der 1970er- und 1980er-Jahre für die vor uns liegende Problemlandschaft keine ausreichenden Antworten mehr zur Verfügung stellen. Die bekannten, oft kontrovers diskutierten Rezepte wie bessere Planung, mehr Demokratie oder weniger Staat etc. haben sich weitgehend verbraucht. Gefordert sind elaboriertere Vorstellungen davon, wie die angesprochenen Organisationen ihr eigenes Problemlösungsvermögen und das des Netzwerks, in das sie eingebunden sind, grundlegend steigern können und wie auf einer Metaebene die Rahmenbedingungen, der weitere gesellschaftliche Kontext für eine solche Steigerung, gestaltet werden können (vgl. dazu etwa Willke 1992; Scharpf 1993; Biedenkopf 1994). In welche Richtung diese organisationsbezogenen Veränderungen gehen können, lässt sich erahnen, wenn man einen Blick darauf wirft, in welcher Weise ein besonders exponierter Typus von Organisation, nämlich Unternehmungen, zur Zeit versucht, seine Überlebensfähigkeit zu sichern. Wirtschaftsorganisationen eignen sich für diese exemplarischen Überlegungen deshalb besonders gut, weil das gesellschaftliche Subsystem Wirtschaft ein Milieu abgibt, das einerseits für das Entstehen und Wachsen von Organisationen gute Voraussetzungen schafft, das andererseits aber auch spezifische Bedingungen für die Fortführung der Existenz von Unternehmungen definiert, das also auch immer wieder das Sterben von Organisationen erzwingt. Hinzu kommt, dass die gegenwärtige Wirtschaftsentwicklung ganz besondere Verhältnisse hat entstehen lassen, die ein Abgehen von jahrzehntelang gepflegten Organisationsvorstellungen vielfach erforderlich machen. Welche Merkmale kennzeichnen diese Entwicklung im Besonderen?

Aktuelle Trends im Wirtschaftssystem

Die Wachstumsphasen der vergangenen Jahrzehnte haben in fast allen Branchen weltweit gesehen enorme Überkapazitäten entstehen lassen. Das, was wir gegenwärtig in der Automobilindustrie, im Maschinenbau oder bei den Stahlerzeugern erleben, ist zweifelsohne nur die Spitze des Eisberges. Eine deutlich verschärfte Wettbewerbssituation für einen Großteil der Unternehmungen ist die Folge solcher Überkapazitäten. Durch die Globalisierung der wirtschaftlichen Austauschbeziehungen wird diese Wettbewerbsproblematik noch zusätzlich angeheizt, weil es heute um vieles einfacher geworden ist, als Unternehmen auch über große geographische Distanzen hinweg und in ganz anderen Kulturen wirtschaftlich aktiv zu werden. Die meisten Märkte haben dadurch einen globalen Charakter erhalten. Zudem machen es deflationäre Tendenzen gegenwärtig in weiten Bereichen unmöglich, die eigenen Kostenprobleme in den Unternehmen nach außen über den Preis auf die Kunden abzuwälzen. Entsprechend diffizil gestalten sich zurzeit die Ertragschancen. Damit steigt der existenzielle Druck, zum Teil recht ungewöhnliche Wege einzuschlagen.

Das beschleunigte Zusammenwachsen der Weltgesellschaft zumindest in wirtschaftlicher Hinsicht erleichtert die rasche regionale Verlagerung ganzer Produktionsbereiche und das kurzfristige Ausnutzen wirtschaftlicher Standortvorteile, ein Umstand, der noch keineswegs abschätzbare gesellschaftliche Folgekosten nach sich ziehen wird. Durchgängig unterstützt wird diese geographische Veränderungsdynamik durch eine erstaunliche Präferenz für alles Neue aufseiten der Abnehmer von Leistungsangeboten (vgl. dazu auch Luhmann 1995a). Mit dieser Präferenz wird die ohnehin vorhandene Tendenz, sich am Markt durch ständige Innovationen, durch besondere Neuheiten zu profilieren, zusätzlich stimuliert. Diese eigentümliche Innovationsdynamik, die natürlich auch etwas mit dem Zwang, sich unterscheiden zu müssen, zu tun hat, verknappt in einem historisch noch nie da gewesenen Ausmaß die vorhandene Zeit. Nichts kann mehr schnell genug gehen. Der Umgang mit der Zeit ist zu einer wettbewerbsentscheidenden Ressource geworden (vgl. etwa Stalk u. Hout 1991). Mit der Präferenz fürs Neue, fürs Besondere geht die Tendenz zur Individualisierung der Kundenwünsche Hand in Hand. Jeder möchte auf sich selbst bezogen maßgeschneiderte Lösungen zur Verfügung gestellt bekommen, die das Bedürfnis nach Individualität unterstreichen. Zum rein funktionalen Gebrauchswert kommt für den Kunden vielfach noch eine modische, mehr erlebnisbezogene Dimension des Austauschprozesses hinzu, die naturgemäß den dargebotenen Leistungen einen sehr flüchtigen Charakter verleiht. Alle Faktoren zusammen genommen bewirken, dass der Kunde mit seinen spezifischen Wünschen in allen Phasen des Prozesses der Leistungserbringung wesentlich mehr an Gewicht gewinnt, ein Umstand, der weit reichende Konsequenzen für die Gestaltung der unternehmensinternen Strukturen und Prozesse besitzt.

Man kann diese unterschiedlichen Einflussdimensionen in ihrer Konsequenz für Unternehmen auf einen einfachen Nenner bringen: Ihre relevanten Umwelten sind noch weniger kalkulierbar und turbulenter, Entwicklungen noch weniger vorhersehbar geworden, als dies bislang schon der Fall war, und die unterschiedlichen Versuche der Anpassung der Unternehmen an diese Verhältnisse führen letztlich dazu, dass sich die beschriebenen Tendenzen in ihrer Eigendynamik nur noch verstärken und beschleunigen. „Turbulente Märkte sind nichts anderes als Märkte, auf denen einzelne Unternehmen Auswirkungen ihrer eigenen Aktionen als Überraschungen erfahren. Turbulenz ist ein Begriff für Rückkoppelungen, denen man nicht mehr ansieht, wo sie herkommen“ (Baecker 1994a, S. 22). Nimmt man diese These von der prinzipiellen Unkalkulierbarkeit der eigenen Umwelten und von der Unvorhersehbarkeit künftiger Entwicklungen ernst (vgl. dazu auch Ansoff 1991), dann hat dies für die Vorstellung von der praktischen Organisierbarkeit unternehmensinterner Prozesse weit reichende Konsequenzen. Es kommt im Kern immer mehr darauf an, dass sich Wirtschaftsorganisationen grundsätzlich von ihrem herkömmlichen Bemühen verabschieden, sich gegenwärtig bereits mithilfe von exakter Planung und entsprechenden Organisationsregelungen auf künftig erwartbare Entwicklungen einzustellen. Es gilt demgegenüber, organisationsintern die Fähigkeit auszuprägen, mit überraschenden Veränderungen aktuell umgehen zu können bzw. selbst für andere Überraschungen produzieren zu können. Diese Umpolung von Planbarkeit, Berechenbarkeit und Sicherheit auf Turbulenz, Unvorhersehbarkeit und Risiko hat in vielen Unternehmen zu einem Überdenken lang tradierter Grundüberzeugungen in der architektonischen Gestaltung der Organisation geführt. „Die herkömmliche Vorstellung von ‚guter Organisation' ist in das Kreuzfeuer der Kritik geraten" (Schreyögg u. Noss 1994, S. 18). Wir sind gegenwärtig in weiten Bereichen Zeugen eines fast als revolutionär zu bezeichnenden organisatorischen Umbruchs. Eine Reihe von zentralen Grundannahmen des 20. Jahrhunderts (etwa zur Bedeutung von Größe, zur Relevanz funktionaler Gliederung, von Arbeitsteiligkeit und Spezialisierung, zur Unverzichtbarkeit hierarchischer Spielregeln für die Steuerung und Konfliktbearbeitung, zur Effizienz tayloristischer Formen der Arbeitsorganisation etc.) sind ins Wanken geraten. Einige lang gepflegte Weisheiten der klassischen Organisationslehre werden durch die gegenwärtigen Entwicklungen in vielen renommierten Unternehmungen (vgl. die Beispiele bei Peters 1992; Heitger u. Boos 1994) gänzlich auf den Kopf gestellt. Aus diesem Grunde kann es nicht überraschen, dass gerade im Selbstveränderungspotenzial von Unternehmen gegenwärtig der entscheidende Wettbewerbsvorteil von Unternehmen gesehen wird. "The logical point of leverage for Western firmes resides in investments to improve the quality of organization" (Prahalad 1993, S. 7). Analysiert man die Vielzahl an organisationsbezogenen Veränderungsbemühungen, die zur Zeit in Unternehmen beobachtbar sind und in den einschlägigen Publikationen diskutiert werden, so lassen sich einige Grundrichtungen herausarbeiten, denen die verschiedenen Umgestaltungsversuche zugeordnet werden können. Die weiteren Überlegungen dieser Arbeit sind einer Kurzcharakteristik dieser Grundrichtungen gewidmet.

1. Das Prinzip der Geschäftsfeldgliederung oder Die Vervielfachung des Unternehmens im Unternehmen

Die organisationsbezogenen Reformbestrebungen in der zweiten Hälfte des 20. Jahrhunderts waren weitgehend von dem Versuch geprägt, die Grundgedanken der Arbeitsteilung, d. h. der funktionalen Spezialisierung in der Strukturierung von Organisationen, immer weiter zu perfektionieren. Diesen Bemühungen lag die Annahme zugrunde, dass das Vorantreiben organisationsinterner Spezialisierungsmöglichkeiten und das Einbetten solcher Spezialistenrollen in nach funktionalen Gesichtspunkten abgegrenzten Organisationseinheiten die größten Rationalisierungspotenziale freisetzen kann, wenn sich die Prozesse der Leistungserbringung auch in technologischer Hinsicht ausreichend routinisieren und standardisieren lassen. Die Möglichkeiten der Automatisierung, unterstützt durch die rasante Entwicklung der elektronischen Datenverarbeitung, schufen hier immer wieder neue Rationalisierungsspielräume. Exakte Stellenbeschreibungen, gute Kompetenzabgrenzungen, eindeutige Berichtswege und Informationspflichten bildeten einerseits die Basis für eine funktionierende hierarchische Koordination und Steuerung und ermöglichten andererseits, dass sich die betroffenen Rollenträger möglichst ungestört auf ihr eng begrenztes fachliches Aufgabengebiet konzentrieren konnten. Im Grunde genommen waren es gerade die großen Erfolge, die diese Organisationsprinzipien im Zeitalter der Massenproduktion feierten, die ihre Realisierung letztlich bis zu einem Punkt steigerten, an dem die hervorgerufenen Folgekosten die angestrebten Rationalisierungsgewinne deutlich zu übersteigen begannen. Wie lässt sich dieses Umkippen erklären?

In der Eigenlogik funktionaler Gliederung und im Prinzip der fachlichen Spezialisierung liegt eine eigentümliche Wachstumsdynamik begründet. Der Prozess der inneren Differenzierung nach fachlichen Gesichtspunkten hat in sich keine Kostenbremse eingebaut, wenn er und solange er sich durch den wirtschaftlichen Erfolg des Gesamtsystems und durch entsprechende Zusatzerträge laufend finanzieren lässt. Denn es tauchen im operativen Geschehen des Alltags immer wieder neue Probleme und Fragestellungen auf, die es rechtfertigen, organisationsintern zu ihrer Bearbeitung Kapazitäten aufzubauen und neue Einheiten zu schaffen, die die Bildung weiterer Einheiten nach sich ziehen. Die angesprochene organisationsinterne Wachstumsdynamik hat in der Vergangenheit vor allem in vielen Großunternehmen einen Grad an Eigenkomplexität entstehen lassen, der letztlich eine deutliche Verminderung des Problemlösungspotenzials des Gesamtunternehmens bei ständig steigenden Kosten zur Folge hatte (zu diesen Problemen zählen: lange und komplizierte Entscheidungswege, ein hoher Abstimmungsaufwand zwischen den vielen an einem Problem beteiligten Organisationseinheiten, energieaufwändige Kompetenzkonflikte, immer größere Distanz zu den Kunden, den eigentlichen Abnehmern der eigenen Leistungen, eine Vielzahl sich wechselseitig behindernder Hierarchieebenen etc.).

Die unerwünschten Folgekosten einer sich selbst perfektionierenden auf die Optimierung funktionaler Teilbereiche ausgerichteten Organisationslogik wurden keineswegs zufällig gerade in der jüngsten Vergangenheit besonders deutlich spürbar, weil sich zusätzlich zu dieser fehlgeleiteten Eigenkomplexität auch die wirtschaftlichen Rahmenbedingungen für diese Art von organisationsinterner Architektur grundlegend gewandelt haben.

Bei sich langsam verändernden Märkten, die sich mit weitgehend standardisierten Massenprodukten bedienen ließen, konnten die herkömmlichen Organisationsprinzipien ihre ertragssichernde Wirksamkeit entfalten. Unter Bedingungen eines stark individualisierten Kundenbezuges und bei sich immer rascher und abrupter verändernden Umwelten werden die überkommenen Organisationsstrukturen und alles, was an persönlichen Einstellungen, an unternehmenskulturellen Faktoren und eingespielten Verhaltensmustern eng mit diesen verbunden ist, zum größten Überlebenshindernis. Die erbrachten Leistungen treffen vielfach die gewandelten Kundenbedürfnisse gar nicht mehr, oder es stimmt die geforderte Qualität nicht, bzw. die aufgewendeten Kosten stehen in keinem Verhältnis zu den unter den gegenwärtigen Wettbewerbsverhältnissen zu erzielenden Preisen. Es ist letztlich das unmittelbare Zusammentreffen der Folgekosten eines erfolgsverwöhnten Größenwachstums in Verbindung mit einer ungebremsten funktionalen Differenzierung bei radikal veränderten wirtschaftlichen Rahmenbedingungen, das gegenwärtig neuen Bauprinzipien einer Unternehmensorganisation zum Durchbruch verhilft. So ganz neu sind diese Prinzipien allerdings auch nicht, wenn man sich die Organisationsstrukturen von in der Vergangenheit besonders erfolgreichen mittelständischen Unternehmen genauer ansieht. Worin liegt die Grundidee dieser Alternative zum Primat der funktionalen Differenzierung?

Sie liegt in dem Versuch, die Errungenschaften der bisherigen Entwicklung (wie etwa konsequenter Know-how-Aufbau und ständig wachsendes Qualifikationsniveau der Beschäftigten, hoher Automatisierungsgrad, volles Ausschöpfen des Leistungspotenzials der EDV) zu bewahren und gleichzeitig die unübersehbaren Nachteile herkömmlicher Organisationsstrukturen zu vermeiden. Gelingen soll dies unter anderem mit dem Prinzip der Geschäftsfeldgliederung. Diesem Prinzip zufolge gliedert sich ein Unternehmen primär nicht nach funktionalen Gesichtspunkten (wie Produktion, Forschung und Entwicklung, Vertrieb, Finanz- und Rechnungswesen, Personal etc.), sondern es bildet in sich selbst Subeinheiten, die im Grunde genommen wie eigenständige Unternehmen konzipiert sind und als solche auch agieren können. Der Grad der unternehmerischen Eigenständigkeit kann bis zur rechtlichen Verselbstständigung gehen, er kann sich aber auch nur auf die unternehmerische Verantwortung für die Kostenseite beziehen (in diesem Falle spricht man gerne von Cost Centern). Wichtig ist an dieser Differenzierungsform, dass sie sich am Prinzip des „Unternehmerischen“ orientiert und nicht an einer an Fachgesichtspunkten ausgerichteten Teilfunktion. Es sollen Einheiten entstehen, die in sich alle für die Überlebensfähigkeit eines Unternehmens wichtigen Funktionen abdecken und durch die von ihnen produzierten Leistungen die erforderliche Ertragskraft sicherstellen können. Dies gilt nicht nur für alle auf externe Kunden bezogenen Geschäftsfelder, sondern im Prinzip auch für interne Dienstleistungseinheiten, die sich nach denselben marktorientierten Spielregeln bewähren müssen. Auf diese Weise entsteht auch im Organisationsinneren so etwas wie eine marktförmige Koordination der erforderlichen Austauschprozesse, wobei die das Gesamtunternehmen repräsentierenden Einheiten (etwa in der Form einer Holding) und die entsprechenden Zentralstellen ihre Existenzberechtigung selbstverständlich auch unter dem Gesichtspunkt ihrer Leistung für die Überlebenssicherung des Ganzen nachweisen müssen. Gelingt ihnen dies nicht, so wird man sie über kurz oder lang auch infrage stellen.

Der Grundgedanke, das Prinzip des Unternehmerischen zum vorherrschenden Kriterium der organisationsinternen Differenzierung zu machen, ist in der Praxis an eine Reihe von Voraussetzungen gebunden. Die wohl wichtigste ist das Herausfinden von tragfähigen Abgrenzungskriterien, die letztlich Geschäftsfelder mit lebensfähigen Produkt-Markt-Beziehungen entstehen lassen. Das Problem einer treffsicheren Segmentierung war bislang schon der heikelste Punkt, wenn es um die praktische Wirksamkeit von Strategieentwicklungsprojekten in Unternehmungen gegangen ist. Viele dieser Projekte sind früher vielfach im Konzeptionellen stecken geblieben, weil die organisatorischen Konsequenzen zur Bündelung der vielfältigen geschäftlichen Aktivitäten nicht gezogen wurden. „Die Segmentierung der Geschäftsaktivitäten in schlagkräftige strategische Geschäftsfelder ist der Brennpunkt jeder strategischen Planung“ (Drexel 1987, S. 148). Hier lohnt es sich, viel Zeit und Energie für die diesbezüglichen Entscheidungsprozesse aufzuwenden, um einerseits unter aktuellen bzw. zukünftigen Markt- und Kundengesichtspunkten sinnvolle Abgrenzungen treffen zu können, um andererseits aber auch die Identität des Ganzen und die Entwicklung seiner Kernkompetenzen nicht zu gefährden. Gelingen solche Identität stiftenden Grenzziehungen nicht, weil man zu sehr auf gewachsene Strukturen und Besitzstände bzw. auf personelle Konstellationen glaubt Rücksicht nehmen zu müssen, so werden vermeidbare Strukturwidersprüche zugrunde gelegt, die viel an unnötiger Konfliktenergie dauerhaft binden (vgl. das Fallbeispiel bei Wimmer 1994a, S. 185 ff.).

Eine andere Voraussetzung sind sorgfältig ausgehandelte Spielregeln für die Austauschbeziehungen zwischen den einzelnen Geschäftsfeldern sowie für die Kooperation zwischen diesen und den übergeordneten Repräsentanten des Gesamtunternehmens. Von zentraler Bedeutung dabei sind ein gemeinsam akzeptiertes Gerüst an Kennzahlen, ein Set an aktuellen zeitgleichen Daten, die einen steuernden Zugriff auf kritische Prozesse erlauben und eine wechselseitige Transparenz des gestifteten Nutzens bzw. der verursachten Kosten ermöglichen. Besonders sensibel sind natürlich die periodischen Prozesse der Aushandlung zwischen dem Top-Management des Unternehmens und den Entscheidungsträgern der einzelnen Geschäftsfelder, in denen es um wichtige unternehmerische Zielfindungsprozesse geht. Eine Gestaltung dieser Kooperationsbeziehungen im Sinne der herkömmlichen Logik einer hierarchischen Über- und Unterordnung ist sicherlich nicht zielführend. Jedes Geschäftsfeld muss über die grundlegenden unternehmerischen Funktionen verfügen und so in der Lage sein, in voller Eigeninitiative und Selbstverantwortung sein Geschäft zu entwickeln. Gleichzeitig sind aber gewisse zentrale Steuerungsfunktionen aus der Sicht des Gesamtunternehmens unbedingt erforderlich, damit die Belange des Ganzen mit der notwendigen Wirksamkeit auch gegenüber den Geschäftsfeldern wahrgenommen werden können. Hier ist ein fruchtbarer Gegensatz zwischen unterschiedlichen unternehmerischen Überlebenseinheiten in die Organisation eingebaut, dessen sorgfältige Pflege die wohl wesentlichste Erfolgsvoraussetzung solcher Strukturen darstellt (ausführlicher dazu Wimmer 1993b, S. 291 ff.).

Ein Blick in die Unternehmenspraxis zeigt, dass eine konsequente Realisierung dieser Grundgedanken angesichts der gegenwärtigen wirtschaftlichen Rahmenbedingungen eine Reihe von Vorteilen mit sich bringt.

Wichtige Vorteile der Geschäftsfeldgliederung

Gelingt die Verankerung eigenständig ertragsverantwortlicher Geschäftsfelder, dann sorgt dies dafür, dass die unternehmerische Verantwortung dezentralisiert, d. h. auf viele Schultern verteilt wird. Jedes Geschäftsfeld, jedes Profit Center ist gleichsam wie ein eigenständiges Unternehmen konzipiert und muss sich auf seinem Markt so bewähren, dass die daraus resultierende Ertragskraft den eigenen Fortbestand als Einheit rechtfertigt. Schafft man diese Ertragskraft nicht, so ist im Interesse der Überlebensfähigkeit des Ganzen ein zeitgerechter Rückzug aus diesen geschäftlichen Aktivitäten anzutreten. Auf diesem Wege können unternehmerische Gründungsphasen und das Aufgeben von Tätigkeitsfeldern, das Wachsen und Schrumpfen in einem Unternehmen gleichzeitig stattfinden. Unternehmerisches Denken und die Übernahme einer diesbezüglichen Verantwortung hält an vielen Stellen der Organisation Einzug und ist nicht mehr nur an der Spitze des Gesamtunternehmens konzentriert. Damit steigt auch die Chance, dass überraschende Entwicklungen und nicht kalkulierbare Zufälle in den eigenen Märkten unternehmerisch genutzt werden können.

Die Zergliederung in mehrere ertragsverantwortliche Einheiten vervielfacht die Kontaktmöglichkeiten eines Unternehmens gegenüber seinen relevanten Umwelten. Sie vergrößert sozusagen seine Oberfläche nach außen und erhöht damit seine Umweltsensibilität. Die größere Nähe zu den Kunden und ihren Problemen erhöht die Wahrscheinlichkeit, dass diesbezügliche Beobachtungen und Zusammenarbeitserfahrungen unternehmensintern produktiv aufgegriffen und für Innovationen genutzt werden können. Die besondere Energie pionierhafter Phasen in der Unternehmensentwicklung lässt sich somit immer wieder von neuem mobilisieren.

Die engere Verknüpfung zwischen jenen, die die Leistung erbringen, und jenen, für die dies geschieht, besitzt weit reichende Konsequenzen für die Gestaltung der alltäglichen Arbeitsbeziehungen. Gelingt es, die Kernprozesse der jeweiligen Leistungserbringung ausreichend nahe an die ins Auge gefassten Zielgruppen heranzuführen, so werden ein Großteil der konkreten Arbeitsaufträge und Aufgaben unmittelbar in den Kundenkontakten generiert und müssen nicht durch eine interne hierarchische Instanz fixiert werden. Auf diesem Wege kann man sich eine Menge an Motivationsproblemen ersparen, denn jeder weiß, dass es wesentlich spannender ist, direkt mit und für Kunden Probleme zu lösen, als den Anweisungen irgendwelcher Vorgesetzten Folge zu leisten. Die Kontrolle und Steuerung der konkreten Arbeitsprozesse kann bis zu einem gewissen Grad der Zusammenarbeit mit den Kunden überlassen werden, und die unter diesen Bedingungen noch erforderlichen Führungskräfte werden für andere Steuerungsaufgaben frei (vgl. dazu auch Baecker 1993b, S. 170). Diese Substitution wesentlicher Teile der traditionellerweise durch die Hierarchie wahrgenommenen Steuerungsfunktionen durch den direkten Kundenbezug verlangt, dass die betroffenen Beschäftigten auch mit der erforderlichen Entscheidungskompetenz agieren können. Um mit den Kunden die anstehenden Probleme rasch und unbürokratisch lösen zu können, benötigen die Beteiligten vor Ort ausreichende Befugnisse. Der überwiegende Teil des täglich anfallenden Entscheidungsbedarfes sollte dort abgearbeitet werden können, wo er entsteht und wo das zur Lösung erforderliche Wissen vorhanden ist. Dies verlangt flexible Kommunikations- und Entscheidungsstrukturen, die rund um die Bearbeitung von Kundenproblemen gebaut sind und die geeignet sind, die für diese Bearbeitung erforderlichen Informationen rasch zu generieren. Solche projektartigen, problembezogenen Arbeitsformen machen es unwahrscheinlicher, dass sich bei neu auftauchenden Fragestellungen niemand im Unternehmen zuständig fühlt. Die legitime Inanspruchnahme eigener Unzuständigkeit wird bei diesem engen Einbeziehen der Kunden in die Prozesse der Leistungserbringung im Vergleich zur primär funktionalen Gliederung deutlich schwieriger.

Ein nicht hoch genug einzuschätzender Vorteil kleiner, pionierhaft operierender Einheiten ist die damit verbunden Möglichkeit, organisationsintern für Kostentransparenz zu sorgen. Die konsequente Realisierung dieses Organisationsprinzips schafft die Grundlage dafür, dass die Selbstkosten der von den einzelnen Einheiten erbrachten Leistungen angebbar werden und dass diese auch den internen Leistungsempfängern in Rechnung gestellt werden können, wenn dies zu den vereinbarten Spielregeln des Kooperierens zählt (Prinzip der internen Leistungsverrechnung). Die Sicherstellung einer halbwegs genauen Zurechnung der Leistungen einerseits sowie der durch sie verursachten Kosten andererseits gibt den Entscheidungsträgern in mehrfacher Hinsicht wichtige Orientierungshilfen in die Hand. Zum einen kann man sich fragen, ob man gewisse im

Lauf der Zeit organisationsintern aufgebaute Leistungen und die damit verbundenen Aufwendungen angesichts der kundenbezogenen Wertschöpfung letztlich wirklich braucht. Die praktischen Erfahrungen mit dem organisatorischen Umbau in Richtung Geschäftsfeldgliederung, die in der jüngsten Zeit gemacht werden konnten, haben eindrucksvoll gezeigt, welch großes Einsparungspotenzial auf diese Weise oftmals gerade in den Stabsbereichen realisiert werden konnte (vgl. die Beispiele bei Peters 1992). Zum anderen eröffnet eine glaubhafte Zurechnungsmöglichkeit von Leistungen und Kosten die Chance, ernsthafte Produktivitätsvergleiche mit ähnlichen externen Leistungsangeboten anzustellen. Dieses ständige „Benchmarking" (zu diesem Begriff vgl. eingehender Watson 1993) stimuliert sowohl einen verantwortungsbewussten Umgang mit den eigenen Ressourcen als auch den Ehrgeiz, bezüglich der angestrebten Qualitätsstandards zumindest ein marktgerechtes Niveau zu halten bzw. besser sein zu wollen als die relevanten Mitbewerber (Vergleichspartner).

Wohl einer der Hauptgründe für die gegenwärtige Attraktivität des Prinzips der Geschäftsfeldgliederung liegt in der Möglichkeit, die Vorteile mittelständischer Strukturen mit der unbestreitbaren Marktpotenz von Großunternehmen zu verbinden. Gerade die Entwicklungen der allerjüngsten Zeit haben die selbstverständliche Zuschreibung von Sicherheit, die oft mit besonderer Größe verbunden wurde, Lügen gestraft (man denke etwa an IBM, an den Daimler-Konzern, an VW oder an die verstaatlichte Industrie Österreichs). Die „Dinosaurier" des Wirtschaftssystems haben unversehens nicht zuletzt aufgrund der Folgen ihrer Größe ernste Existenzprobleme bekommen. „Ich glaube allerdings nicht, dass die großen Unternehmen ganz verschwinden werden. Aber ich bin der Auffassung, dass es in Zukunft eine strategische Entscheidung sein wird, ob ein Unternehmen größer werden soll oder nicht, während bisher Größe an sich das Ziel war ... Es wird immer wichtiger, sich über die richtige Größe Gedanken zu machen" (Drucker 1991, zit. nach Peters 1992, S. 341). Die Zergliederung eines Unternehmens in überschaubare, ertragsmäßig eigenverantwortliche Einheiten ist vielfach der Versuch, die Flexibilität, Kundennähe und Reaktionsgeschwindigkeit eines „Mittelständlers" mit den vielfältigen Möglichkeiten eines Großunternehmens zu verbinden (vgl. etwa die Center-Bildung bei Mercedes und Porsche oder Entwicklungen bei ABB und Siemens). Die ideale Größe von Geschäftsfeldern schwankt natürlich je nach geschäftlicher Aktivität. Der Flugzeug- oder Automobilbau verlangt andere Größenordnungen als etwa das Verlagswesen oder Beratungsdienstleistungen. Peters spricht von ca. 50–200 Beschäftigten und rät konsequent zur Zellteilung, wenn das Größenwachstum diese Grenzen überschreitet.

2. Das Prinzip der Geschäftsprozessoptimierung oder Die Suche nach neuen Formen der Arbeitsorganisation

Seit dem Siegeszug der industriellen Revolution und dem damit verbundenen Zurückdrängen der handwerklichen Produktion wurden die Strukturen des modernen Arbeitslebens weitgehend vom Prinzip der Arbeitsteilung, vom Grundsatz der funktionalen Spezialisierung dominiert. Zu Beginn des 20. Jahrhunderts erfuhren diese Prinzipien durch den Taylorismus dann ihre wissenschaftlich-technische Ausformung und Verfeinerung. Mithilfe der technologischen Errungenschaften in der Zeit nach dem Zweiten Weltkrieg konnten weitere bislang kaum vorstellbare Produktivitätsfortschritte auf der Grundlage einer Perfektionierung tayloristischer Organisationsprinzipien erzielt werden. Im Zeitalter der Massenproduktion war es möglich und unter wirtschaftlichen Gesichtspunkten auch sinnvoll, Kostenvorteile durch die Größe und eine konsequent durchrationalisierte Fertigungsorganisation zu erlangen. Im Zentrum solcher Organisationsanstrengungen stand eine technisch perfektionierte, auf störungsfreie Redundanz ausgerichtete Fertigungsmaschinerie. Klarerweise schufen diese auf gleichförmige Aufgabenerfüllung ausgerichteten Organisationsverhältnisse gewisse Abstimmungsprobleme bezüglich der Anforderungen des Marktes und der Kunden. Zur Bewältigung dieser Probleme bzw. zur Beseitigung organisationsintern auftretender Störungen der erwünschten Redundanz entstanden im Laufe der Zeit immer mehr fachlich spezialisierte Organisationseinheiten, die dem eigentlichen Produktionsprozess entweder vor- oder nachgelagert waren (industrielle Dienstleister wie die Arbeitsvorbereitung, die Instandhaltung, die Produktionsplanung, die Forschung und Entwicklung, die Qualitätssicherung, die EDV etc.). Es spricht einiges für die These, dass die konsequente tayloristische Durchrationalisierung der Produktion den Bedarf an qualifizierten technischen Dienstleistungen hat ansteigen lassen. So hat sich nach und nach um das auf größtmögliche Gleichförmigkeit angelegte Produktionsgeschehen herum ein sich ständig erweiternder Kranz von Expertensystemen gebildet, deren Aufgabe es war, auftretende Unsicherheiten und Störungen bearbeitbar zu machen und damit zu absorbieren.

Ein ähnlicher Differenzierungsprozess lässt sich auf der Ebene der unternehmensbezogenen Führungsfunktionen beobachten. Auch hier haben sich nach und nach um bestimmte dauerhaft irritierende Problemstellungen herum expertenorientierte Einheiten herausgebildet, die die damit verbundenen entweder von innen oder von außen kommenden Unsicherheiten bearbeitbar machen (eine Stabsstelle für strategische Planung, für Marketing, für Öffentlichkeitsarbeit, für Organisationsfragen, für Controlling etc.). Es war offensichtlich die Funktion dieses differenzierten Geflechts aus internen Expertensystemen, unterschiedliche Quellen für Umweltirritationen bzw. an intern erzeugten Unwägbarkeiten abzuarbeiten, um das Management diesbezüglich zu entlasten. Dieses konnte sich auf diesem Wege auf sein überkommenes Geschäft der Verwaltung der Alltagsroutinen bzw. auf die Überwachung der Normalprozeduren konzentrieren. Diese Form der Arbeitsteilung zwischen den Experten in den Stabsbereichen und dem Linienmanagement führte in vielen wichtigen Fragen der Unternehmensführung dazu, dass das entscheidungsrelevante Management-Know-how bei formal einflusslosen Stabsmitarbeitern lag, während sich die eigentlichen Entscheidungsträger um ganz andere Fragen kümmerten und oftmals wenig Energie für das qualitative Zustandekommen unternehmensrelevanter Leitentscheidungen aufwendeten.

Diese hier beschriebenen Muster der Unsicherheitsabsorption (sowohl auf der Ebene der Fertigung als auch auf der Ebene der Unternehmensführung) haben gut funktioniert, solange die Veränderungsgeschwindigkeit in der Umwelt ausreichend Zeit für interne Anpassungsprozesse gelassen und der Komplexitätsgrad der Einflussfaktoren sich in Grenzen gehalten hat, sodass diese spezifischen Formen arbeitsteiligen Vorgehens zu lebensfähigen Problemlösungen führen konnten. Offensichtlich sind in den letzten Jahren die entscheidenden Voraussetzungen für die Leistungsfähigkeit solcher Problemlösungsmuster, die doch lange Zeit ganz grundlegend die Realität in vielen Unternehmen geprägt haben, weggefallen. Die Reintegration zentraler Führungsfunktionen in das Aufgabenprofil der Linienvorgesetzten, wie sie auch durch den Prozess der Geschäftsfeldgliederung erzwungen wird, ist eine der Antworten, ein radikales Umdenken bezüglich tradierter Formen der Arbeitsorganisation in den Kernprozessen der Leistungserbringung eine andere.

Ein besonders markantes Beispiel für dieses Überdenken sind die vielfältigen Versuche, unterschiedliche Formen der Gruppenarbeit in die industrielle Produktion wieder aufzunehmen. Spätestens seit der großflächigen Rezeption der MIT-Studie über die Produktivitätsnachteile der europäischen Automobilindustrie im Vergleich zu ihren japanischen Mitbewerbern wird an vielen Stellen wieder mit dieser teamorientierten Form der Produktionsorganisation experimentiert (vgl. Womack et al. 1991; zur Gruppenarbeit vgl. Heinecke u. Wien 1995 sowie Ernst 1994). Kernanliegen dieser in der Zwischenzeit doch recht umfangreichen Bemühungen um eine Reorganisation des Produktionsgeschehens in Richtung Gruppenarbeit ist es, einen Teil des rund um dieses Geschehen angesiedelten Expertenwissens wieder unmittelbar in den Produktionsprozess zu integrieren (ob dies nun Funktionen der Arbeitsvorbereitung, der Instandhaltung oder der Qualitätssicherung betrifft). Bei diesem Veränderungsschritt entstehen stabile Arbeitsteams, die für einen begrenzten Fertigungsabschnitt möglichst umfassend verantwortlich zeichnen, die sich in ihrem Binnenverhältnis weitgehend selbst steuern, wechselseitig Qualifikationsaufgaben übernehmen und die die leistungsbezogenen Unterschiede ihrer Mitglieder für das Gesamtergebnis gezielt nutzen bzw., wenn nötig, auch kompensieren. Die ständige Sorge um die Pflege jener Rahmenbedingungen, die das Aufbauen und die Aufrechterhaltung der Arbeitsfähigkeit solcher Teams ermöglichen, wird bei diesem Reformschritt zur entscheidenden Managementleistung. Ob es gelingt, dafür die erforderlichen Strukturen und die notwendige Kompetenz aufzubauen, wird darüber entscheiden, dass die erhofften Produktivitätsvorteile tatsächlich realisiert werden können oder nicht. Die Einführung der Gruppenarbeit erfordert immens viel Geduld und das ausreichende Bereitstellen von gemeinsamen Lernchancen vor Ort, die ein begleitendes Aushandeln neuer Rollenerwartungen zwischen allen Beteiligten sicherstellen. Denn die erfolgreiche Etablierung solcher Teams hat in der Praxis weit reichende Auswirkungen nicht nur auf die involvierten Gruppenmitglieder selbst, sondern vor allem auch auf die darüber liegenden Führungsstrukturen im Betrieb, hier insbesondere auf die Meisterebene (vgl. dazu ausführlicher Ernst 1994). In der Beziehung zwischen Meister und Gruppe wird die Nahtstelle zwischen zwei in ihrer Eigenlogik konträren sozialen Systemen, nämlich zwischen Gruppe und Organisation, gehandhabt, ein Umstand, der das ständige Management einer schwierigen Konfliktdynamik verlangt, die nicht mehr mit den Mitteln der klassischen Hierarchie in den Griff zu bekommen ist. Mit der Einführung der Gruppenarbeit werden heute wieder Ideen revitalisiert, die bereits Ende der 1960er-Jahre in die Praxis Eingang gefunden hatten, damals angestoßen durch die Forschungen des soziotechnischen Systemansatzes und getragen von den Humanisierungsanliegen dieser Reformrichtung (vgl. dazu den Sammelband von Trist und Murray 1993). Es ist faszinierend zu sehen, wie mehr als zwei Jahrzehnte später solchen Ideen plötzlich unter Produktivitätsgesichtspunkten wesentlich mehr Erfolg beschieden ist.

Ein anderer Impuls, die in Organisationen eingespielten Muster der Aufgabenerledigung genauer unter die Lupe zu nehmen, kommt derzeit vom Gedanken des „business reengineering“ (vgl. dazu Hammer u. Champy 1994). So revolutionär sich die Vertreter dieses Reorganisationsansatzes zurzeit auch gebärden mögen, eigentlich ist die zugrunde liegende Idee so simpel wie wirksam. Blickt man aus einer gewissen Distanz auf die für die Leistungserbringung bestimmenden Arbeitsprozesse in Unternehmen, so kann man leicht erkennen, dass diese in ihren einzelnen Aspekten historisch gewachsen sind – in der Regel ohne einen besonderen systematischen Zusammenhang. Jeder Teilschritt, so wie er gegenwärtig in der gesamten Kette der einzelnen Geschäftsprozesse realisiert wird, stellt für sich genommen die Lösung für ein Problem dar, das sich irgendwann einmal als dringlich gestellt hatte. Heute werden alle diese Prozeduren oftmals auf der Basis einer implizit tradierten Gewissheit weitergepflegt, dass es für eine ordnungsgemäße Leistungserbringung so und gar nicht anders gehen kann. Irgendwann hatte jede einzelne Tätigkeit vielleicht auch wirklich ihren Sinn. In der Zwischenzeit jedoch hat möglicherweise eine Reihe von Prozessschritten ihre Funktionalität gänzlich eingebüßt. Solange aber im Rahmen einer funktionalen Gliederungslogik jeder Teilaspekt nur sich selbst optimiert, werden die Probleme des Gesamtzusammenhanges nicht sichtbar und deshalb einer Bearbeitung auch nicht zugänglich.

Will man diese fast unvermeidlichen Probleme jeder etwas „älter gewordenen“ Organisation, die um die Aufrechterhaltung ihrer historisch gewachsenen Routinen kämpft, an der Wurzel anpacken, so gilt es, jeden Geschäftsprozess von seinem Ergebnis her, also ausgehend von den Leistungserwartungen der Kunden, zu rekonstruieren, mithin gleichsam neu zu erfinden. Auf dem Wege einer solchen radikalen Neukonstruktion – konsequent aus der Perspektive der Kundenbedürfnisse – wird nachvollziehbar, welche Tätigkeiten im Rahmen der Prozesskette gar keinen eigenständigen Beitrag zur Wertschöpfung mehr leisten, also entfallen können, und welche Tätigkeiten, unterstützt durch adäquate EDV-Lösungen, auf eine ganz neue Weise zusammengefasst werden können (zu diesem „Neuerfinden" des Geschäftes vgl. auch Schmitz 1994) und wie eine Gesamtverantwortung für solche Kernprozesse in der Organisation gebündelt werden kann. Glaubt man den vielen Schilderungen aus der Praxis, dann können durch das radikale Neuerfinden wichtiger Geschäftsprozesse, wenn man sich nur konsequent genug von der eigenen Geschichte löst, ungeahnte Kapazitäten an Zeit und Ressourcen freigesetzt werden, ohne dass hinsichtlich der vom Kunden erwarteten Qualität der Leistung Abstriche gemacht werden müssten. Ganz im Gegenteil, es lässt sich die Zufriedenheit der Kunden erhöhen, wenn es bei diesen Reengineeringprozessen gelingt, die Kunden und die Problemlöser vor Ort noch intensiver in die erarbeiteten Problemlösungen miteinzubeziehen (vgl. etwa die erstaunlichen Erfolge, die zurzeit mit der konsequenten Umgestaltung des Unternehmens bei Porsche erzielt werden, oder auch die vielen ermutigenden Beispiele bei Peters 1992).

In diesem Zusammenhang gilt es auch, auf all jene Reformbemühungen zu verweisen, die darauf abzielen, die strenge, zeitlich serielle Anordnung von Arbeitsschritten, wie sie häufig bei herkömmlichen Formen der Produktentwicklung beobachtbar ist, zu überwinden. Man sucht gegenwärtig gezielt nach Lösungen, um dieses zeitaufwändige und fehleranfällige Nacheinander durch projektförmige Strukturen zu ersetzen, in denen es zu einem engen, professionsübergreifenden und vor allem zeitgleichen Zusammenwirken der ansonsten im Prozess hintereinander geschalteten Funktionseinheiten kommt. Die dramatische Verkürzung von Entwicklungszeiten und die entsprechende Senkung der aufzuwendenden Mittel sind häufig der Lohn für den Mut zu gänzlich ungewöhnlichen Organisationslösungen, die letztlich auf einem konsequenten Denken in Kernprozessen beruhen und die sich von fixen, funktionsorientierten Zuständigkeiten und Strukturvorstellungen befreien.

Die unvermeidlichen Implikationen einer Vervielfachung des Unternehmens im Unternehmen

Der Umbau eines Unternehmens in Richtung selbstständiger Geschäftsfelder mit äußerst schlanken Zentralstellen und übergeordneten Holdingstrukturen besitzt aber auch negative Seiten. Man muss sich bei einem solchen Schritt bewusst sein, dass dadurch die zentrifugalen Kräfte einer Organisation enorm verstärkt werden. Wenn man unternehmerisch eigenverantwortliche Einheiten will, dann stimuliert man ihren „Egoismus" und damit vielfältige Anstrengungen ihrerseits, Kosten und Probleme nach Möglichkeit zu externalisieren. Auf diese Weise werden unternehmensintern eine Vielzahl neuer Konfliktanlässe geschaffen, die unvermeidlich mit der durch diese Struktur ja gewollten Wettbewerbsdynamik verbunden sind. Prozesse der Desintegration, der Optimierung des eigenen Bereiches zulasten anderer, des oft kleinlichen Hortens von Wissen und Ressourcen, eine systematische Vernachlässigung der Belange des Gesamtunternehmens sind daher wahrscheinlich. Will man diese negativen Begleiterscheinungen nicht, gilt es, von Anbeginn an Integrationsmechanismen zu implementieren, die diesen Phänomenen gegensteuern. Der wohl wichtigste Parameter in diesem Zusammenhang ist der Aufbau geeigneter Führungsstrukturen. Gemeint sind damit eine gut ausgehandelte Arbeitsteilung zwischen den Entscheidungsträgern an der Spitze des Gesamtunternehmens und jenen auf der Ebene der Geschäftsfelder sowie gemeinsam akzeptierte Spielregeln für die Kooperation miteinander (vgl. dazu im Detail Wimmer 1993b, S. 291 ff.; sowie zur Frage der Funktion des General Management Wimmer 1994b). Die Funktionstüchtigkeit geeigneter Managementstrukturen ist bei solchen Organisationsverhältnissen deshalb besonders wichtig, weil auf ihnen die Hauptlast der Unsicherheitsbearbeitung, des „Störungsmanagements" hochkonfliktanfälliger Prozesse lastet.

Wie schon mehrmals betont, ist darüber hinaus das Vorhandensein eines wirksamen Controllings, das allen beteiligten Führungskräften aktuelle Einflussgrößen betreffend ihren jeweiligen Verantwortungsbereich in die Hand gibt, eine der Grundvoraussetzungen für die Funktionsfähigkeit solcher Organisationslösungen. Zusätzlich dazu gilt es, ein ganz besonders sorgfältiges und aktives Wissensmanagement zu betreiben, um dafür Sorge zu tragen, dass die Lernprozesse in den einzelnen Geschäftseinheiten den anderen, soweit dies von Nutzen ist, auch wirklich zugänglich werden. Dies ist bei stark dezentralisierter Verantwortung ein äußerst schwieriges Unterfangen, weil dieses gemeinsame Lernen ein längerfristig bewährtes Vertrauen in ein wechselseitiges Geben und Nehmen voraussetzt, das unter Bedingungen einer verschärften internen Konkurrenz erstens schwer aufgebaut werden kann und zweitens einer ständigen Enttäuschungsgefahr ausgesetzt ist. Letztendlich benötigen solche Strukturen ein dafür maßgeschneidertes Personalmanagement. Es liegt auf der Hand, dass solche Organisationsverhältnisse auf breiter Basis auf das Vorhandensein von Qualifikationen angewiesen sind, die in herkömmlich hierarchisch strukturierten und primär funktional gegliederten Unternehmen nicht ausgeprägt werden. Mit dem Umbau in Richtung überschaubarer selbstständiger Geschäftsfelder machen sich Unternehmen in einem bislang noch nicht da gewesenen Ausmaß von einem auf allen Ebenen umfassend qualifizierten und hoch motivierten Personal abhängig. Gerade diese neuartige Abhängigkeit ist es, die im Alltagsgeschehen der professionellen Wahrnehmung der unterschiedlichen Personalmanagementfunktionen einen so außergewöhnlich hohen Stellenwert verleiht, will man die Produktivitätsvorteile der Geschäftsfeldgliederung tatsächlich realisieren.

3. Die Konzentration auf die eigenen Kernkompetenzen und der Aufbau von unternehmensübergreifenden Netzwerken entlang der ganzen Wertschöpfungskette

Was kann man von jenen Unternehmen lernen, die sich gerade unter den schwierigen wirtschaftlichen Rahmenbedingungen der letzten Zeit besonders erfolgreich behaupten konnten? Lassen sich hier überhaupt mit einer gewissen Berechtigung unterscheidungsfähige Kriterien angeben? Es gewinnen die Untersuchungen zunehmend an Plausibilität, die zeigen, dass jene Firmen, die gerade in den momentan so krisenhaften Phasen der Wirtschaftsentwicklung besonders erfolgreich sind, sich über Jahre hinweg vor allem um den Aufbau ihrer Kernkompetenzen gekümmert und jene Geschäftsfelder bzw. Produkte forciert haben, die Ausfluss dieser Kernkompetenzen waren (vgl. dazu Prahalad a. Hamel 1991, Prahalad 1993).

Mit Kernkompetenzen sind spezifische, in der Regel Identität stiftende Fähigkeiten eines Unternehmens gemeint, besondere Technologien beispielsweise, die sich in der Folge in unterschiedlichen

Produkten und einander abwechselnden Produktgenerationen ausdrücken (z. B. die Gummi-Metall-Verbindungen bei der Firma Freudenberg oder bestimmte Blech-Lack-Kombinationen bei der Voest-Alpine). Der Vorteil eines strategischen Denkens in Kernkompetenzen besteht darin, dass es dabei um die Identifizierung hochkomplexer kollektiver Potenziale in einem Unternehmen geht, deren Pflege und Aufbau oft jahrelanger Anstrengungen bedarf, die deshalb auch nicht so einfach kopiert werden können und die immer wieder in kreativer Weise in unterschiedlichen Kombinationen zur Entwicklung neuer Produkte für sich verändernde Kundenbedürfnisse und Marktentwicklungen genutzt werden können (vgl. etwa die diesbezügliche Geschäftspolitik bei Sony oder auch von Canon).

Die periodische Auseinandersetzung mit den eigenen Kernkompetenzen hilft, strategische Festlegungen zu überprüfen oder erstmals vorzunehmen. Entsprechen die Geschäftsfelder, in denen wir hauptsächlich tätig sind, diesen definierten Kompetenzen? Wo bewegen wir uns in Bereichen, in denen wir uns deutlich von diesen Kompetenzen entfernen oder einen sehr geringen Anteil an der Wertschöpfung aufweisen? Ist es sinnvoll, an solchen Feldern weiter festzuhalten? Wenn ja, warum? Wenn man sich die große Vielfalt an geschäftlichen Aktivitäten, die im Laufe der Zeit in einem Unternehmen aufgebaut worden sind, einmal genauer ansieht, stellen sich Fragen wie: Welche leisten tatsächlich einen Beitrag zur Sicherung und Weiterentwicklung der eigenen Kernkompetenzen, wo werden die unternehmensinternen Energien verzettelt? Ist es beispielsweise nicht klüger, relativ einfache, aber arbeitsintensive Produktionsleistungen aus Regionen zuzukaufen, in denen bei gleicher Qualität sehr viel kostengünstiger produziert werden kann? Müssen wir einen Großteil der Logistikfunktionen im eigenen Haus wahrnehmen, oder können wir diese nicht einem Speditionsunternehmen übertragen? Ähnliches gilt für EDV-Dienstleistungen, für bestimmte Teile des Rechnungswesens, für die Gebäudereinigung und vieles mehr. Unternehmen sehen sich in vermehrtem Ausmaß aus Kostengründen, aber auch aus Gründen der Komplexitätsbewältigung gezwungen, sich die gesamte Wertschöpfungskette anzusehen und ernsthaft zu prüfen, für welche Glieder dieser Kette man selbst das größte Potenzial mitbringt. Eine solche Prüfung kann dazu führen, dass man sich konzentriert und für gewisse Leistungsfelder gezielt Kooperationen mit anderen Partnern eingeht (sei es nun auf der Zulieferseite oder im vertrieblichen Bereich). Die Suche nach einer optimalen Fertigungstiefe bzw. Fertigungsbreite, das Herausarbeiten der im eigentlichen Sinn Identität stiftenden Kernkompetenzen, also jener Bereiche, in denen man als Unternehmen besondere Fähigkeiten entwickelt hat und sich deshalb von den Mitbewerbern deutlich unterscheiden kann – die Pflege dieser Dimensionen hat sich zu einem Schwerpunkt heutiger Managementaufgaben entwickelt. Hier sind immer im Detail sehr schwierig zu handhabende Anpassungsentscheidungen hinsichtlich der organisatorischen Dimensionierung des Unternehmens zu fällen (z. B. Outsourcingprozesse, Auflösung ganzer Bereiche, aber auch Übernahmen und Fusionen zur Komplettierung des eigenen Leistungsprofils; vgl. dazu auch Dachenhausen u. Schulte-Derne 1995).

Zweifelsohne gewinnen in diesem Zusammenhang die Frage der Arbeitsteilung und die Frage nach der Art des Zusammenspiels mit den anderen Partnern in der jeweiligen Wertschöpfungskette eine immer größer werdende strategische Bedeutung. Mit welchen Zulieferern geht man eine engere Kooperation ein? Wie viel Know-how kann man in dieser Partnerschaft aus der Hand geben? Welche Zusammenarbeitsformen sind auf der vertrieblichen Seite am günstigsten? Auf diesem Wege entstehen interorganisatorische Netzwerke, in denen eigene Spielregeln für den Umgang mit wechselseitiger Kooperation und Konkurrenz ausgeprägt werden müssen, die deutlich mehr Verbindlichkeit aufweisen, als dies bei den normalen Wirtschaftsbeziehungen am Markt der Fall ist (vgl. Boos, Exner u. Heitger 1994)? Wenn oben gesagt wurde, dass durch das Prinzip der Geschäftsfeldgliederung marktförmige Verkehrsformen in die Organisation Einzug halten, so gewinnen durch das Entstehen solcher Netzwerke organisationsförmige Koordinationsmechanismen in den Beziehungen von Unternehmungen untereinander zunehmend an Bedeutung, dort also, wo bislang der Markt das alleinige Sagen hatte (vgl. dazu auch Teubner 1992). Gelingen solche Wertschöpfungsgemeinschaften, deren Aufbau und Pflege allerdings ein besonders hohes Maß an Einfühlsamkeit und sozialer Kompetenz erfordern, dann bieten sie neben großen Rationalisierungsvorteilen (etwa auf dem Gebiet der Qualitätssicherung, der Logistik, des Just-in-Time sowie durch eine deutliche Senkung der Transaktionskosten) auch eine Vielzahl an Chancen zur wechselseitigen Unterstützung bei der Entwicklung neuer Produkte, beim Aufbau und der Pflege spezifi scher Know-how-Bereiche, beispielsweise in der Forschung und Entwicklung, letztlich auch beim Aufbau leistungsfähiger Organisationsverhältnisse (etwa durch Prozesse einer wechselseitigen Auditierung und ähnliche Maßnahmen, die einen organisationsübergreifenden Lerntransfer zum Ziel haben; zur Problematik der Zulieferer vgl. Wildemann 1993). Gerade wegen dieser schwierigen Balance von Kooperation und Konkurrenz sind solche Netze naturgemäß sehr störanfällig und leicht zu labilisieren. Sie benötigen eine permanente Erneuerung eines übergreifenden Commitments, das auf der wechselseitigen Sicherheit beruht, dass der gemeinsame Erfolg längerfristig auch das eigene Überleben am besten sichert. Das Hineinwachsen in strategische „Familien" und Allianzen, insbesondere das forcierte Ausschöpfen der Vorteile, die darin liegen, konfrontiert Unternehmen mit einer Problematik, die sich bislang in dieser Schärfe nicht gestellt hat, nämlich mit dem Problem des Verschwimmens der eigenen Grenzen. Wenn die Kunden immer intensiver in den Prozess der Leistungserbringung einbezogen werden, wenn mit Zulieferern enge und umfassende Partnerschaften eingegangen werden, wenn auf der Seite des Vertriebs die unterschiedlichsten Kooperationsformen gewählt werden (wie z. B. Franchising u. Ä.), wenn ein erheblicher Teil der Mitarbeiter Leiharbeitskräfte sind, wie lässt sich da zwischen innen und außen noch halbwegs klar unterscheiden? Offensichtlich werden zurzeit durch die Eigendynamik des Wirtschaftssystems Prozesse angestoßen, die die traditionellen Vorstellungen von einer festen Grenze grundlegend unterlaufen. Zu Recht kann man sich deshalb die Frage stellen, „ob man heute überhaupt noch von eindeutigen Grenzen zwischen Markt und Organisation sprechen kann" (Baecker 1993a, S. 24). So wie in vielen anderen Dimensionen entlasten die bestehenden Organisationsstrukturen ihre Mitglieder auch in dieser überlebenswichtigen Frage immer weniger. Die Grenzen zwischen dem Unternehmen und seinen verschiedenen Umwelten sind im Alltagsgeschehen vielfach uneindeutig und nur noch recht vage vordefiniert. Letztlich entscheiden die handelnden Einheiten vor Ort, wie die Zurechnung von Leistungen und Ergebnissen, von Kosten und Folgelasten zu erfolgen hat. Diese Flexibilisierung der Grenzen zwischen innen und außen schafft enorme Identitätsprobleme, sie erzeugt einen ungewöhnlichen Orientierungsbedarf, dessen Befriedigung voraussetzt, dass auf einer sehr breiten Basis und in alle Gliederungen hinein immer wieder eine

Auseinandersetzung über die strategischen Grundpositionen eines Unternehmens und über ihre Weiterentwicklung erfolgt. Soziale Systeme müssen ihre Grenzen als steigerbare Leistungen begreifen können, um einerseits Möglichkeiten des internen Komplexitätsaufbaus zu gewinnen und um andererseits durch eine signifikante Eigenprofilierung und Selbstdarstellung die Chancen, die in den verschiedenen Umwelten zur eigenen Überlebenssicherung bereitliegen, auch wirklich nutzen zu können.

Die Fähigkeit eines Unternehmens, den Kern der eigenen Identität zu bewahren, sich diesbezüglich vor permanenten Irritationen zu schützen, d. h. die Grenze zwischen innen und außen aktiv zu gestalten, beinhaltet gerade wegen der angesprochenen Flexibilisierung ein lebenswichtiges Potenzial. Nichtanpassung ist in diesem Sinne eine große Leistung. Die Abwehr der immer vielfältiger werdenden Veränderungszumutungen aus der Umwelt, gemeint ist ein selektiver Umgang damit, ist schon aus Gründen der organisationsinternen Komplexitätsbewältigung zu einer Frage des Überlebens geworden. Für diese Identität stiftende Selektionsleistung schafft die gezielte und periodisch durchgeführte Auseinandersetzung im Unternehmen über seine Kernkompetenzen und über ihre strategiegeleiteter Weiterentwicklung die erforderliche Basis. Die Einzigartigkeit des eigenen Problemlösungspotenzials liefert den Stoff für die Fragen, die die Kontinuität der eigenen Identität als Unternehmen sichern helfen. Denn der Erfolg auf den heutigen Märkten hängt zunehmend weniger davon ab, wie viel Ressourcen man besitzt oder im überkommenen Sinne innerhalb einer fest abgegrenzten Organisation kontrolliert. Stattdessen ist der Erfolg direkt proportional zu dem Wissen, das eine Organisation mobilisieren kann, bzw. zu der Schnelligkeit, in der ihr dies gelingt. Es geht letztlich um die Reichweite, die Dichte und Flexibilität jenes Netzes, das für die Bearbeitung eines bestimmten Problems beansprucht werden kann.

Die Kunst ist also, mit herausfordernden Kundenproblemen befasst zu werden, die den Aufbau eines die eigenen Kernkompetenzen stimulierenden Know-how-Netzes ermöglichen und seine ständige Weiterentwicklung erzwingen. „Die Fähigkeiten einer Organisation auszubauen und neue zu erwerben, ist der Wettbewerbsvorteil vor allen anderen, der sich am besten verteidigen lässt" (Hamel u. Prahalad 1989).

Schlussbemerkungen

Den hier beschriebenen aktuellen Gestaltungsdimensionen von Wirtschaftsorganisationen ist eines gemeinsam: Sie stellen bislang festgefügte Eckpfeiler der Funktion von Organisation zur Disposition. Dies führt im Alltag zu einem beachtlichen Gewinn an Entscheidbarkeit organisatorischer Festlegungen. Diese werden damit zu einem ständig mitlaufenden Aufgabenaspekt von Führung. Die flexible Gestaltung und Steuerung von Organisationsprozessen, jeweils angepasst an die zu bewältigenden Aufgaben und Problemstellungen, bilden gegenwärtig die zentrale Herausforderung an die Kompetenz des Managements. Die Leistungsstärke der in einem Unternehmen anzutreffenden Führungsstrukturen ist deshalb die kritische Variable, die den Beobachter heute über die Wettbewerbsfähigkeit eines Unternehmens zuallererst informiert (zu dieser Thematik vgl. ausführlicher Wimmer 1994b). Zweifelsohne steigert der zum Teil ganz radikale Verlust der klassischen Funktion stabiler Organisationsverhältnisse die Anforderungen an alle handelnden Personen. Vieles, was heute in den unterschiedlichsten Arbeitsprozessen erst auf der Basis einer gemeinsamen Situationseinschätzung entschieden werden kann, fällt jetzt als Entscheidungslast auf die involvierten Funktionsträger. Wie die dafür notwendigen Qualifikationen ausgeprägt werden können und wie mit den zweifelsohne zunehmenden emotionalen Belastungen umgegangen werden kann, wird künftig sicherlich ein zentraler Punkt. Auf Unternehmensebene geht es in Zukunft um ein ständiges Experimentieren mit organisatorischen Festlegungen, die korrigierbar bleiben müssen, und damit um den Verzicht auf das perfektionistische Streben nach der einen optimalen Struktur, die auf Dauer allen anderen überlegen ist. Die beste Struktur ist jene, die sich ohne allzu großen Aufwand aus gegebenem Anlass weiterentwickeln lässt. Bereits in absehbarer Zeit wird dies zum normalen Organisationsalltag zählen, und niemand wird dabei mehr an Revolution denken.

Die Zukunft von Organisation und Beschäftigung

Einige Thesen zum aktuellen Strukturwandel von Wirtschaft und Gesellschaft[1]

Zum Stellenwert von Prognosen

Vergleicht man die in der Vergangenheit angestellten Prognosen gesellschaftlicher Entwicklung mit dem, was sich dann tatsächlich ereignet hat, dann zeigt sich in der Regel, dass sich die Dinge zumeist ganz anders entwickelt haben, als zunächst gedacht. Trotz der wachsenden Konjunktur der Trendforschung und des Einsatzes immer raffinierterer Denkwerkzeuge und Simulationsmöglichkeiten hat sich an diesem Umstand nichts geändert. Wir Menschen sind schlechte Prognostiker. Unser Vorstellungsvermögen, bezogen auf die Eigenart zeitlicher Verläufe, ist äußerst begrenzt, auch wenn uns unser Bedürfnis nach Zukunftsgewissheit immer wieder dazu verführt, uns mithilfe von prognostischen Zukunftsaussagen in offensichtlich falschen Sicherheiten zu wiegen.

Die hohe Eigenkomplexität unserer Gesellschaft und ihrer Subsysteme (Wirtschaft, Politik, Recht, mediale Öffentlichkeit, Wissenschaft etc.) schafft ein Ausmaß an Intransparenz, das uns heute mehr denn je dazu zwingt, uns von allen überkommenen Planbarkeitsillusionen zu verabschieden. Die Zukunft ist und bleibt ungewiss. Gerade die turbulente Veränderungsdynamik 1990er-Jahre legt es nahe, heute mehr denn je mit der Prämisse der prinzipiellen Unberechenbarkeit künftiger Entwicklungen zu operieren.

Die grundsätzliche Schwierigkeit, Erwartungssicherheit durch Prognosen zu erzeugen, wird noch durch die menschliche Neigung

1 Zuerst veröffentlicht in *Organisationsentwicklung* 3/1999, S. 26–40.

verstärkt, das bislang Erfahrene einfach kontinuierlich in die Zukunft zu verlängern. Wir blicken regelmäßig in den Rückspiegel, wenn wir Annahmen über die Zukunft konstruieren. Es tut sich der menschliche Denkapparat üblicherweise außerordentlich schwer, ein angemessenes Vorstellungsvermögen betreffend die zeitliche Dynamik von komplexen Verläufen (exponentielle Mechanismen, die verzögerte Wirkung von Interventionen, plötzliche Brüche etc.) zu gewinnen (vgl. D. Dörner 1999). Die gesellschaftliche Evolution hat in der Vergangenheit die Ausprägung dieses Vermögens nicht erforderlich gemacht.

In der Zwischenzeit hat aber genau diese Evolution einen solchen Grad an Vernetztheit der Welt geschaffen sowie eine solche in die Verhältnisse eingebaute Beschleunigung des Veränderungstempos, dass dieses mangelnde zeitliche Vorstellungsvermögen selbst zu einer ernsthaften Gefährdungsquelle geworden ist. Die heute mehr und mehr Lebensbereiche erfassende Hektik, die allgemeine Vorstellung, es müsse alles immer noch schneller gehen, erschwert darüber hinaus das Verständnis für die unterschiedliche Zeitlogik von sozialen wie von ökologischen Entwicklungsprozessen.

Nicht zuletzt auch durch die starke Technikabhängigkeit haben wir gesellschaftliche Verhältnisse erzeugt, die die Menschen mit ungewöhnlich hohen, bislang nicht gekannten Risiken konfrontieren. All die genannten Umstände zusammen schaffen die paradoxe Situation, dass wir uns heute entgegen unseren tradierten Neigungen, primär aus dem Augenblick heraus zu leben, verstärkt mit Zukunftsfragen beschäftigen müssen und dabei gleichzeitig wissen, dass daraus keine Sicherheit spendenden Orientierungen im Sinne von „Genau so wird es kommen" mehr zu gewinnen sind. Wie wird es möglich, mit dem enorm gestiegenen Maß an Unsicherheit vernünftig leben zu lernen?

Wozu beschäftigen wir uns heute mit Zukunftsfragen?

Ein Blick in die Praxis von Organisationen, insbesondere auch von Unternehmen zeigt, dass die explizite Beschäftigung mit künftigen Herausforderungen, dass die bewusste Entwicklung eines geschärften Blicks für zukünftige Chancen und Bedrohungen nach wie vor eine Seltenheit darstellt. Selbst in den Top-Etagen bedeutsamer Firmen sind de facto oft nur ganz wenige Prozent der Managementaufmerksamkeit der gezielten Entwicklung einer gemeinsam getragenen Zukunftsvorstellung gewidmet (vgl. dazu die aufschlussreiche Arbeit von G. Hamel u. C. K. Prahalad 1995b). Die Bewältigung der jeweils aktuell anstehenden Problem dominiert, und je mehr die betrieblichen Ressourcen aus Produktivitätsgründen verknappt werden, umso größer wird der Druck, die eigenen Energien auf die Bewältigung des Tagesgeschäftes zu konzentrieren. Der kurzfristige Erfolg zählt. Man löscht jene Feuer zuerst, die einem unmittelbar unter den Füßen brennen. Der Gedanke an die Zukunft erhöht eher noch das Gefühl der Unsicherheit.

Dieses anlassbezogene, tendenziell eher zufallsgesteuerte Mitschwingen mit einer als undurchschaubar eingeschätzten und damit endgültig unberechenbaren Umwelt besitzt durchaus seine Vernünftigkeit. Denn wozu strategische Planung – vielleicht sogar bezogen auf lange Zeithorizonte –, wenn diese Art von Planung ohnehin obsolet geworden ist? Trotzdem ist es wahrscheinlich ausgesprochen unklug, angesichts der Einsicht in die prinzipielle Ungewissheit von Zukunft jede Art der Beschäftigung mit Zukunftsfragen sein zu lassen. Dies hieße ja, sich von der Möglichkeit einer aktiven Mitgestaltung dessen, was im eigenen Umfeld passiert, weitestgehend zu verabschieden. Das Wiedergewinnen einer Steuerungsvorstellung, die dem heutigen Komplexitätsgrad gesellschaftlicher Verhältnisse angemessen ist, setzt einen gezielten Umgang mit künftigen Ungewissheiten voraus.

Die regelmäßige Beschäftigung mit den auf die Zukunft bezogenen wichtigen Existenzfragen des eigenen Unternehmens, das Entwickeln unterschiedlicher Zukunftsszenarien besitzt in erster Linie den Sinn, die eigene Wahrnehmung für mögliche Entwicklungsstränge, für mehr oder weniger plausible künftige Konstellationen zu schärfen. Szenarien sind „Werkzeuge des Weitblicks" sagt Arie de Geus, einer der Pioniere dieser Art des Herangehens an künftige Herausforderungen (ders. 1998). Gemeinschaftlich getragene Zukunftsbilder und daran anknüpfende Entscheidungen über die eigene zukünftige Identität helfen, einen zunächst unüberschaubaren Weg überschaubar zu machen.

Natürlich entsteht dieser Weg erst beim Gehen, und nur durchs Gehen kreiert man jene Informationen, die einem helfen, den Weg fortzusetzen, oder die es ratsam erscheinen lassen, eine Weganderung vorzunehmen. Genau für diesen Prozess sind elaborierte Zukunftsvorstellungen hilfreich, weil sie die Aufmerksamkeit für zunächst oft noch ganz schwache Signale schärfen und ein System frühzeitig mit Verhaltensoptionen versorgen, die eine aktive Auseinandersetzung mit oft unerwarteten Veränderungen erlauben. Es geht also um ein Umbauen der Denkgewohnheiten weg von Planbarkeit hin in Richtung einer neuen Art von visionärer Wachheit, die ein Unternehmen vorausschauend mit viablen Handlungsoptionen versorgt.

„Gebt dem Zufall eine Chance", sagt Tom Peters in einem seiner erfolgreichen Bücher (ders. 1992). Damit es eben nicht dem Zufall überlassen bleibt, dass zufällig sich bietende Chancen eine strategische Bedeutung gewinnen, bedarf es der Definition von Beobachtungsräumen, in denen es gilt, nicht vorhersehbare, überraschende Gelegenheiten gezielt zu nutzen. Gleichzeitig ist mit dieser gemeinsam getragenen Identitätsdefinition natürlich auch eine Selektion verbunden. Sie hilft, in der Situation zu entscheiden, welche zufällig sich bietenden Chancen aufgegriffen werden und welche nicht. Genau diese Fokussierung des Energiepotenzials eines Unternehmens ist wichtig, wenn es gilt, für gänzlich veränderte, wesentlich turbulentere Umweltbedingungen geeignete Überlebensstrategien zu finden. Unter anderem auch dafür ist die hier angeregte Form der Beschäftigung mit Zukunft als nicht delegierbarer Kernaufgabe von Führung unerlässlich geworden.

Einige Grundannahmen zur Entwicklung unserer Gesellschaft (insbesondere zur Dynamik des Wirtschaftssystems)

Unsere Welt ist am Ende des 20. Jahrhunderts zu einer einheitlichen Weltgesellschaft zusammengewachsen. Es hat immer weniger Sinn, von nationalen Gesellschaften zu sprechen, so als ob diese noch in der Lage wären, sich in wichtigen Überlebensfragen den globalen Zusammenhängen zu entziehen (dazu insbesondere N. Luhmann 1997). Dieser Prozess der Herstellung weltumspannender Interdependenzen und Abhängigkeiten schafft historisch bislang noch nicht da gewesene Bedingungen und scheint als solcher unumkehrbar, auch wenn er für viele Betroffene im Bewusstsein noch kaum verankert ist.

Die rasante Entwicklung der Informations- und Kommunikationstechnologie in Verbindung mit den heutigen Transportmöglichkeiten haben die traditionellen Raum- und Zeitgrenzen total gesprengt. Kein Teil der Welt kann sich diesem Veränderungsprozess mehr ernsthaft entziehen. Die Wettbewerbsdynamik innerhalb der medialen Öffentlichkeit und in der boomenden Unterhaltungsindustrie hat diesem Entstehen eines globalen Lebenszusammenhanges eine besondere Schubkraft verliehen.

Zweifelsohne spielt die Wirtschaft für die Beschleunigung dieses weltumspannenden Integrationsprozesses eine Taktgeberrolle. Angetrieben durch die Vereinheitlichung der Finanzmärkte und die dadurch ausgelöste Eigendynamik, haben sich auch die übrigen Branchen in ihren Markthorizonten tendenziell globalisiert. Traditionelle Schutzwälle sind eingebrochen, und die verbleibenden Nischen, die sich dem globalen Wettbewerb entziehen können, werden von Tag zu Tag weniger.

Die ungeheure Menge an freifloatendem Kapital, das heute rund um den Erdball ständig nach neuen profitablen Anlagemöglichkeiten sucht, nutzt in dieser Hinsicht die regionalen Unterschiede, die die wechselnden Ertragschancen in der Welt insgesamt zur Verfügung stellen. Damit geraten die einzelnen Weltregionen und in diesen die bestehenden Volkswirtschaften in eine intensive Standortrivalität zueinander, eine Rivalität, die diese Unterschiede tendenziell eher verstärkt denn mindert. Insofern werden sich die weltweiten Entwicklungsdisparitäten auch in Zukunft kaum verringern.

Den Prozess der Internationalisierung kennzeichnet nicht nur eine Ausweitung der weltweiten Handelsbeziehungen. Von zentraler Bedeutung ist das starke Wachstum der Direktinvestitionen. Mehr und mehr entstehen damit Konzerne mit transnationalem Charakter. Wirtschaftsorganisationen spannen ihr geschäftliches Netz rund um den Erdball und büßen damit ihre einst klare nationale bzw. kulturelle Zugehörigkeit ein. Sie können damit überall dort, wo sie es für strategisch sinnvoll erachten, vor Ort als lokaler Spieler präsent sein und gleichzeitig ihre Stärke als Global Player ausspielen.

Eine der weit reichenden Konsequenzen des sich in Gang befindlichen Globalisierungsprozesses ist das deutliche Schrumpfen des nationalstaatlichen Handlungsspielraumes. Dies gilt einerseits für die wirtschaftspolitischen Steuerungsmöglichkeiten im engeren Sinne (die Geld-, Steuer- und Beschäftigungspolitik). Andererseits hat der Strukturwandel von Staat und Politik in der Zwischenzeit aber durchaus auch bereits ganz klassische Politikfelder wie die Außen- und Sicherheitspolitik erfasst. Am markantesten sind diese Veränderungen an den unterschiedlichen Umgestaltungsversuchen zu beobachten, denen derzeit die typisch europäische Tradition des Wohlfahrtsstaates unterworfen ist.

Alle Anzeichen deuten daraufhin, dass die weitere Verknappung der öffentlichen Finanzmittel und die gleichzeitige Verschärfung sozialpolitischer Probleme (Verschiebung der Alterspyramide, hohe Sockelarbeitslosigkeit, verstärkte Migration, soziale Konflikte in den städtischen Ballungsräumen etc.) den Druck auf die gewachsenen sozialstaatlichen Problemlösungsmuster noch erhöhen wird. In politischer Hinsicht werden deshalb im kommenden Jahrzehnt neben den brisant bleibenden sicherheitspolitischen Fragen die weitere Intensivierung des europäischen Integrationsprozesses sowie eine sozialverträgliche Neudefinition des Wohlfahrtsstaates die herausragenden Themen unserer Gesellschaft sein.

Der angesprochene Strukturwandel von Staat und Politik bezieht seine spezielle Dynamik gerade auch aus der sich verschärfenden Standortrivalität. Während der Staat in seinem Wirken unabdingbar an regionale Grenzen gebunden ist, haben sich Unternehmen weitgehend von diesen Begrenzungen gelöst. Diese können ihre wirtschaftlichen Aktivitäten je nach ihren strategischen Prioritäten flexibel in unterschiedlichen Weltregionen platzieren. Damit hängt das Wohlstandsniveau einer Gesellschaft in hohem Maße davon ab, wie es einem Staat gelingt, attraktive Rahmenbedingungen für unternehmerisches Engagement zu schaffen (hohes Bildungs- und Qualifikationsniveau der arbeitsfähigen Bevölkerung, Infrastrukturleistungen, vor allem bezogen auf die neuen, wissensbasierten Technologien, ein ausbalanciertes Konfliktniveau der Sozialpartner, stabile rechtsstaatliche Verhältnisse, die einen kalkulierbaren Rahmen für wirtschaftliche Aktivitäten abgeben, etc.).

Hier entstehen neue Anforderungen an den Staat, die diesen einerseits zwingen, zur Lösung der Probleme wesentlich stärker als früher mit nichtstaatlichen Akteuren zu kooperieren, die es auf der anderen Seite aber auch notwendig machen, den ganzen Sektor der staatlichen und staatsnahen Organisationen einer grundlegenden Effizienzprüfung zu unterziehen (Stichwort *new public management*).

Innerhalb des Wirtschaftssystems selbst ist eine deutliche Verschiebung der Wertschöpfung in Richtung Dienstleistung zu beobachten (vgl. die nach wie vor richtungsweisende Studie von J. B. Quinn 1992). Aber auch dieser Trend ist differenziert zu betrachten. Denn gerade Dienstleistungen lassen sich keineswegs mehr über einen Kamm scheren. Eine besondere Zukunftsbedeutung gewinnen hier die so genannten intelligenten Dienstleistungen, die etwa in der Industrie (aber auch bei Banken und Versicherungen) vielfach erst die Voraussetzung sowohl für den Produktentwicklungs- wie den Produktentstehungsprozess schaffen. Wenn wir hier also von neuen, in der Regel technisch gestützten Dienstleistungen sprechen, dann meinen wir damit nicht nur den Dienstleistungssektor im engeren Sinne (Banken, Versicherungen, Handel, Tourismus, freie Berufe etc.) sondern große Teile der industriellen Arbeitsprozesse selbst, die heute die Form wissensbasierter Dienstleistungen angenommen haben.

Der gesellschaftliche Umbau in Richtung Dienstleistung erfolgt im deutschsprachigen Raum allerdings deutlich langsamer als in anderen hoch entwickelten Regionen der Welt. Wir finden hier immer noch relativ mehr Beschäftigte im produzierenden Gewerbe bzw. in der Industrie. „Dies zeigt nach einer weit verbreiteten Auffassung, dass die Bundesrepublik Deutschland nach wie vor ‚überindustrialisiert' ist und den Übergang zur modernen, arbeitsintensiven Dienstleitungs- und Informationsgesellschaft noch nicht geschafft hat" (Naschold 1999, S. 39). Die ausschlaggebenden Institutionen von Wirtschaft, Staat und Politik neigen in ihrem Zusammenwirken zu einer Konservierung tradierter Wirtschaftssektoren. Demgegenüber entwickeln sich neue Wirtschaftszweige bei uns offensichtlich weniger dynamisch.

Eine besonders zukunftsweisende Rolle kommt in diesem Zusammenhang den Informations- und Kommunikationstechnologien zu, wobei vor allem vom rapiden Zusammenwachsen der Informationsverarbeitung und der Telekommunikation ganz entscheidende Impulse ausgehen. Die Innovationen auf diesem Gebiet werden die künftigen Chancen und Risiken in allen relevanten Wirtschaftszweigen entscheidend mitbestimmen. In einem ganz besonderen Maße werden von diesen Schlüsseltechnologien die künftige Medienlandschaft und damit in Verbindung die gesamte Freizeit- und Unterhaltungsindustrie profitieren. In diesen Sektoren ist deshalb weiterhin ein stürmisches Wachstum zu erwarten.

Die säkulare Verschiebung der Wertschöpfung in Richtung intelligentere Produkte und Dienstleistungen verschafft dem Faktor Wissen eine bislang ungeahnte Bedeutung. Wissen wird neben den klassischen Produktionsfaktoren Boden, Arbeit und Kapital zu der erfolgskritischen Ressource. Anknüpfend an diesen Umstand, sprechen Gesellschaftstheoretiker wie Helmut Willke heute gerne von einer Wissensgesellschaft, um diese folgenschwere Bedeutungsverschiebung auf der Ebene der Ressourcen zu charakterisieren (ders. 1997 und 1998).

An diese Entwicklung knüpfen eine Reihe von Herausforderungen an, denen sich außer dem politischen System insbesondere alle Organisationen und die dort Beschäftigten gegenübersehen. Die künftige Leistungsfähigkeit wird in hohem Maße davon abhängen, in welchem Ausmaß und mit welcher Geschwindigkeit es auf allen Ebenen der Gesellschaft gelingt, das für die Bewältigung der ständig komplexer werdenden Problemen erforderliche Know-how zu mobilisieren. Deshalb wird zurzeit zu Recht viel über Wissensmanagement und die Lernfähigkeit von Organisationen gesprochen und geschrieben. Hier stehen wir insgesamt erst am Beginn einschneidender Veränderungen (Wimmer 2000).

Der Prozess der Globalisierung führt uns nachhaltig vor Augen, dass wir in vielen Wirtschaftszweigen deutliche Überkapazitäten aufweisen. Eine sich weiter verschärfende Wettbewerbsdynamik wird uns also auch in Zukunft begleiten. Damit bleibt der Druck auf die Produktivitätsentwicklung deutlich aufrechterhalten, die Ertragspotenziale unterliegen starken Schwankungen, in der Tendenz schrumpfen sie aber. Die damit verbundene Verdrängungssituation beschleunigt die Innovationsspirale in Unternehmungen, ein Umstand, der das ohnehin atemberaubende Veränderungstempo noch erhöhen wird.

Das Ende der Massenproduktion, der Zwang zu industrialisierten Leistungsangeboten bei gleichzeitig wesentlich verkürzteren Produktzyklen erschweren es, den erforderlichen Investitionsaufwand rechtzeitig zu amortisieren. Dazu kommt vielfach eine erhöhte Neigung zu einer Wettbewerbsauseinandersetzung primär über den Preis, eine Tendenz, die die Überlebenschancen vieler Unternehmen zusätzlich einengt. Besonders viele eigentümergeführte Betriebe kleinerer und mittlerer Größenordnung, die in der Vergangenheit nicht schon die Chance zur Umorientierung genutzt haben, werden angesichts dieser Rahmenbedingungen in den nächsten Jahren schwerer zu kämpfen haben. Es bedarf deshalb keiner besonders hellseherischen Fähigkeiten, wenn man davon ausgeht, dass der einschneidende wirtschaftliche und gesellschaftliche Strukturwandel der 1990er-Jahre auch in der nächsten Zukunft seine Fortsetzung erfahren wird. Damit werden sich die schon bestehenden gesellschaftlichen Konflikte eher verschärfen als beruhigen.

Konsequenzen für Organisationen (insbesondere Unternehmen)

Die geschilderten gesellschaftlichen Entwicklungen, insbesondere die angesprochene Eigendynamik des Wirtschaftssystems, haben den Organisationen, die unter diesen Rahmenbedingungen operieren müssen, eine in diesem Ausmaß geschichtlich neue Grunderfahrung beschert: Das Veränderungstempo im Inneren von Organisationen hält mit der Dynamik ihres Umfeldes nicht mehr mit. Die in jede Organisation eingebaute „evolutionäre Selbstentwicklungsfähigkeit" reicht heute nicht mehr aus, um die eigene Antwortfähigkeit angesichts der beschriebenen Unberechenbarkeit des Umfeldes dauerhaft aufrechtzuerhalten.

In der Zwischenzeit hat diese Erfahrung des ständigen Nachhinkens, des „Nicht-schnell-genug-Seins" die traditionellen Bauprinzipien bezüglich Organisationen grundlegend erschüttert. Die viele Jahrzehnte gültigen Strukturgesetze der klassischen Hierarchie, die Organisationsprinzipien der funktionalen Gliederung und Arbeitsteilung, die bürokratischen Formen der Koordination und Kommunikation haben ihre bislang unbestrittene Gültigkeit eingebüßt.

Während man früher durch Organisationsveränderungsmaßnahmen versucht hat, diese herkömmlichen Bauprinzipien von Zeit zu Zeit zu optimieren oder durch temporäre Formen wie das Projektmanagement zu ergänzen, geht es heute darum, ganz neuen Organisationsarchitekturen zum Durchbruch zu verhelfen. Der Abschied von den klassischen Ausprägungen hierarchischer Strukturen ist unübersehbar. Der machtmäßige Unterschied zwischen den Hierarchieebenen verschwindet damit natürlich nicht. Er ist gerade dabei, eine andere Funktion zu gewinnen.

Die 1990er-Jahre haben diesen folgenschweren organisationalen Umbau weltweit in Gang gesetzt. Dieser Prozess wird auch in naher Zukunft seine Fortsetzung erfahren und neben den Organisationen der Wirtschaft auch die der öffentlichen Verwaltung, des Gesundheitswesens, des Bildungs- und Wissenschaftssystems etc. erfassen. In diesem Sinne können wir mit einiger Sicherheit davon ausgehen, dass die aktuellen Transformationen der Weltgesellschaft unter anderem auch eine radikale Neugestaltung jenes Typus von sozialen Systemen erzwingen, den wir üblicherweise mit dem Begriff Organisation belegen. (Zu den Chancen und Risiken eines radikalen Umbaus von Organisationen vgl. Wimmer 1999.)

Wenn es also künftig darum geht, die Leistungsfähigkeit von Organisationen unter veränderten Rahmenbedingungen aufrechtzuerhalten, dann impliziert dies unausweichlich eine stärkere Flexibilisierung der organisationsinternen Strukturen und Prozesse. Damit ist die eigene Wandlungsfähigkeit zum zentralen Überlebensthema von Organisationen geworden. Mit diesem zentralen Thema ist aber nicht die Erwartung verbunden, dass die Turbulenzen des Umfeldes unmittelbar in ständig neu angepassten Organisationsstrukturen ihren Niederschlag finden. Solche kausalen Vorstellungen scheitern letztlich an der nicht hintergehbaren Eigensinnigkeit sozialer Systeme. Deshalb benötigen wir in Zukunft genauere Vorstellungen davon, wie die strukturelle Koppelung einer Organisation mit ihren relevanten Umwelten gedacht werden kann.

Eine Steigerung der Wandlungsfähigkeit von Organisationen ist letztlich an das Ausmaß gebunden, in dem sie sich mit Überraschungen versorgen können und damit in einem gesunden Maße irritierbar bleiben. Gemeint ist damit jene organisationsinterne Fähigkeit, die es möglich macht, aus der Beobachtung der relevanten Umwelten jene spezifischen Informationen zu gewinnen, auf deren Grundlage erst entschieden werden kann, ob eine Veränderung der eingespielten Routinen angesagt ist oder nicht (zur Frage der Lernfähigkeit von Organisationen vgl. ausführlicher Wimmer 2000). Mit dieser Erhöhung der eigenen Irritierbarkeit holen sich Organisationen allerdings einen größeren Grad an Unsicherheit und damit ein höheres Maß an Destabilisierung in ihr internes Geschehen herein. Um mit dieser neuen Art von innerer Dynamik einen leistungsfördernden Umgang zu gewinnen, haben viele Unternehmen damit begonnen, ihre internen Verhältnisse entlang neuen Gestaltungsprinzipien umzubauen. Die wichtigen Bauprinzipien in diesem Zusammenhang sind folgende.

Das Prinzip der Fraktalität

Die bisherige Gliederung nach primär funktionalen Gesichtspunkten wird weitestgehend aufgegeben. Es entstehen Organisationseinheiten, die zumindest dem Anspruch nach wie Unternehmen im Unternehmen agieren können (*business units*, Cost und Profit Center etc.). Damit entstehen auch innerhalb des Unternehmens Kunden- bzw. Lieferantenverhältnisse, mit deren Hilfe sich marktförmige Muster der Koordination zwischen den Subeinheiten etablieren können. Dies erzwingt unternehmensintern eine höhere Kostentransparenz, es beschleunigt die Entscheidungsprozesse und verringert den hierarchischen Führungsaufwand. Nach Außen erlauben solche Strukturen spezialisierte Formen der Marktbearbeitung, weil die Kundensegmentierung präziser vorgenommen und mit maßgeschneiderten Leistungen versorgt werden kann.

Gleichzeitig ist damit auch eine größere Flexibilität im eigenen geschäftlichen Engagement verbunden. Es können neue Geschäftseinheiten schneller aufgebaut und bestehende mit einem kalkulierbaren Risiko auch wieder abgestoßen werden, ohne dass das Gesamtsystem gefährdet würde. Zudem fördern solche Strukturen den Schritt zur Internationalisierung und stimulieren einen produktiven Umgang mit der wachsenden Multikulturalität von Organisationen.

Das Prinzip der Prozessorientierung

Wenn die Ertragsspielräume schmelzen, dann wird es unausweichlich zu prüfen, ob der getätigte Aufwand für eine Leistung mit dem zu erzielenden Kundennutzen in einem vernünftigen Verhältnis steht. Ausgehend von dem zu lösenden Kundenproblem, ist zu fragen, wie die gesamte Prozesskette in der Leistungserbringung gestaltet ist, welcher Beitrag in den einzelnen Gliedern zur Wertschöpfung erbracht oder auch nicht erbracht wird, welche Faktoren als „Werttreiber" fungieren und ob die internen Steuerungsmechanismen diesem Umstand Rechnung tragen.

Die konsequente Umpolung von Funktionsoptimierung zu einer Prozessverantwortung, bezogen auf den Gesamtzusammenhang des jeweiligen Leistungsprozesses, eröffnet oft ungeahnte Möglichkeiten. Die Bearbeitungszeiten verringern sich vielfach dramatisch, neue, funktionsübergreifende Kooperationsformen steigern die Innovationsfähigkeit, matrixähnliche Strukturen erlauben die Verknüpfung von fachlicher Spezialisierung und ihre breitere Anschlussfähigkeit betreffend andere Expertisen. Die Orientierung an Prozessen relativiert die Bindung an Funktionseinheiten, sie stimuliert die Übernahme übergreifender Verantwortlichkeiten, sie steigert aber auch die Anforderungen an das Kooperationsvermögen der Beteiligten ganz erheblich.

Die Balance von Be- und Entschleunigung

Blickt man heute aufmerksam ins Innenleben von Organisationen, so ist es augenfällig, dass dem Faktor Zeit eine ganz besondere Bedeutung zugewachsen ist. Nichts kann mehr schnell genug gehen. Vordergründig betrachtet, spitzt sich die Wettbewerbsdynamik auf die Frage zu, wer rascher mit seinen Innovationen und Leistungsangeboten am Markt und beim Kunden ist. In Verbindung mit dem ständigen Zwang zur Ausschöpfung von Produktivitätsreserven führt diese Situation zu einer unübersehbaren Zeitverknappung im operativen Geschehen von Organisationen. Das Ausdünnen der letzten zeitlichen Spielräume zeitigt nicht nur für die beteiligten Personen enorme Belastungen, diese Beschleunigungstendenz macht die Organisation selbst in hohem Maße störanfällig, weil für die Bewältigung ungewöhnlicher Situationen keine Kapazitäten mehr vorhanden sind.

Wir stehen heute und in Zukunft wahrscheinlich noch mehr vor der paradoxen Anforderung, dass die Aufrechterhaltung der Geschwindigkeitsanforderungen nur bewältigt werden kann, wenn es gleichzeitig gezielte Formen der Entschleunigung gibt, in denen das System die gemachten Beobachtungen über sich selbst und die eigene Umwelt in Ruhe auswerten kann, um das dabei generierte Wissen für allfällige Kurskorrekturen und strategische Neupositionierungen gezielt nutzen zu können.

Dem Flexibilitätspostulat kann man nur gerecht werden, wenn diese kunstvolle Balance von Be- und Entschleunigung gelingt. Die einseitige Betonung von Geschwindigkeit dünnt den Möglichkeitsraum einer Organisation aus und raubt ihr die Fähigkeit, mit überraschenden Störungen einen produktiven Umgang zu gewinnen. Sie zwingt ein System, all seine Energien auf die Bewältigung des operativen Geschehens zu konzentrieren und lässt damit die strategischen Potenziale eines Unternehmens weitgehend verkümmern. Mit der schließlichen Dominanz der Zeitlogik des operativen Geschehens geht auch die Fähigkeit verloren, unterschiedliche Zeithorizonte der eigenen Entwicklung gezielt ineinander zu integrieren.

Die Konzentration auf die eigenen Kernkompetenzen und das Eingehen strategischer Allianzen mit anderen (sei es auf dem Weg über Fusionen oder durch netzwerkförmige Kooperationen)

Die deutliche Verschärfung der Wettbewerbsbedingungen, die wir im Gefolge der Globalisierung in fast allen Branchen erwarten müssen, legt es Unternehmen nahe, sich auf jene Felder zu konzentrieren, auf denen es besondere Kompetenzen ausgeprägt hat. Auf diesen Feldern kann es seine Existenzberechtigung sichtlich unter Beweis stellen und ein einmal aufgebautes Markenimage verstärken. Diese Kernkompetenzorientierung begrenzt allerdings die Wachstumschancen, soweit sie primär aus eigener Kraft bewältigt werden müssen.

Angesichts der veränderten Spielregeln, die wir heute in einer globalisierten Weltwirtschaft beobachten können, spitzt diese Begrenzung ganz bestimmte strategische Kernfragen, bezogen auf die eigene Größe, zu. Kann man sich ein organisches Wachstum mit einer „Stand-alone-Position" auf dem Spielfeld mit der gegebenen Wettbewerbsstruktur längerfristig leisten? Oder benötigt man deutlich andere Größenverhältnisse, um mit guten Erfolgsaussichten fürs eigene Überleben auch künftig mitspielen zu können? Die aktuelle Fusionswelle spiegelt die angesprochene Wachstumsdynamik wider. Die spektakulären Zusammenschlüsse der 1990er Jahre sind ein Zeichen dafür, dass die Strategiekonzepte in den Konzernzentralen sichtlich von der Vorstellung dominiert werden, dass erhebliche Wachstumssprünge fürs Überleben erforderlich sind und dass diese kurzfristig am ehesten durch Übernahmen realisiert werden können.

Zumeist geht es dabei allerdings nicht um schiere Größe, sondern um strategisch motivierte Ergänzungen des eigenen Leistungsprofils. Bevor man mühsam neue Kernkompetenzen, die man künftig für erforderlich hält, selbst aufbaut, schließt man sich mit anderen, bei denen diese vermutet werden, zusammen. Das Zusammengehen von Daimler-Benz und Chrysler ist ein exzellentes Beispiel für diese Strategie.

Unter dem Gesichtspunkt der Bewältigung globaler Wettbewerbsherausforderungen sind Fusionen und die Bildung von strategischen Allianzen in einem Netz von Kooperationspartnern entlang der jeweiligen Wertschöpfungskette unterschiedliche Lösungsversuche für ein und dasselbe Problem. Nicht zu unterschätzen sind allerdings die organisationsinternen Folgeprobleme, die mit solchen Zusammenschlüssen immer verbunden sind. Unter dem Blickwinkel des organisationalen Wandels schaffen Fusionen für die jeweiligen Führungsspitzen plausible Gelegenheiten, geschichtlich gewachsene Zustände in den bestehenden Einheiten aufzubrechen und damit die Belange des Gesamtsystems gegenüber der Tendenz dezentraler Verselbstständigung wieder in den Vordergrund zu rücken.

Deshalb können Fusionen gewissen Zentralisierungstendenzen vorübergehend wieder Auftrieb verschaffen. Die mangelhafte Beachtung der äußerst komplexen Auflösungs- und Reintegrationsprozesse, die in der Postmergerphase unweigerlich anstehen, ist der Hauptgrund dafür, dass die anfänglich oft sehr euphorischen Erwartungen in Fusionen längerfristig gesehen zumeist einer nachhaltigen Enttäuschung weichen. Trotzdem wird die damit in Gang gekommene Dynamik einer Neuordnung der Kräfteverhältnisse in den einzelnen Branchen in nächster Zukunft ihre Fortsetzung finden.

Revolutioniert der Faktor Wissen unsere Arbeitswelt?

Mit der Verlagerung der Wertschöpfungsschwerpunkte in Richtung intelligenter, wissensbasierter Dienstleistungen hat die Dimension Wissen in Organisationen einen gänzlich veränderten Stellenwert bekommen. Die Fähigkeit, für komplexe Problemstellungen rasch das erforderliche Know-how zu mobilisieren, sowie die innovative Kraft zur Generierung neuen Wissens, das Antworten auf künftige Bedürfnisse zu finden erlaubt, werden zu den Schlüsselkompetenzen für die Wettbewerbsfähigkeit von Unternehmen. Wissen gewinnt damit die Rolle eines neuen Produktionsfaktors, der den klassischen Faktoren (Boden, Arbeit und Kapital) den Rang abzulaufen beginnt. Es handelt sich hier um einen säkularen Veränderungsprozess, dessen gesellschaftliche Bedeutung Helmut Willke in seinem Buch über systemisches Wissensmanagement überzeugend beschreibt (ders. 1998).

Entgegen dem weit verbreiteten Missverständnis lässt sich Wissen allerdings nicht in ähnlicher Weise managen und optimieren, wie man das bei den klassischen Produktionsfaktoren gewohnt ist. Wissen wird in den Leistungsprozessen einer Organisation in einer dem oberflächlichen Beobachter entzogenen Weise als gemeinschaftliche Ressource genutzt und durch erfolgreiche Anwendung in seiner Brauchbarkeit bestätigt und weiterentwickelt. Wissen in Organisationen hängt also von einem äußerst komplexen Zusammenspiel zwischen Personen und ihrem organisatorischem Umfeld ab, einem Zusammenspiel, das sich in der Regel der unmittelbaren Beeinflussung durch Führungsleistungen entzieht. Dazu kommt, dass gerade die erfolgreiche Wiederverwendung von Wissen es gegen Veränderungsimpulse immunisiert. Wissen und Lernen sind Geschwister, die sich keineswegs gut miteinander vertragen (dazu eingehender Simon 1997).

Genau dieses Dilemma werden Organisationen in Zukunft in verstärktem Ausmaß bewältigen müssen. Sie hängen mehr denn je von geprüftem Expertenwissen ab und müssen gleichzeitig dafür sorgen, dass dieses revidierbar, d. h. in seiner Wirkung enttäuschbar bleibt. Ansonsten ist der immer raschere Wandel unserer Wissensgrundlagen nicht zu bewältigen. Denn die Halbwertszeit von Wissen verringert sich kontinuierlich. Dieser permanente Anspruch an die Lernfähigkeit von Personen, aber auch an die Lernfähigkeit der Organisation selbst erhöht den Druck, unsere überkommenen Vorstellungen von Management wie auch von der Funktionsweise von Organisationen grundlegend zu überdenken. In diesem Sinne wird die neue Rolle des Faktors Wissen auch weiterhin eine der zentralen Triebfedern sein, unser Verständnis von Organisationsentwicklung unter neuen gesellschaftlichen Rahmenbedingungen auf eine gänzlich veränderte Grundlage zu stellen.

Die Virtualisierung von Organisationslösungen

Die Zeiten, in denen man Organisationen ähnlich wie Paläste für lange Zeiträume gebaut hat, sind wohl endgültig vorbei. Der Zwang zur Flexibilität begünstigt organisatorische Festlegungen, die ohne großen Aufwand wieder verändert werden können. Dieser Trend lässt sich beispielsweise an der Zunahme temporärer Organisationsformen ablesen. Man baut um komplexe Kundenprobleme herum maßgeschneiderte Bearbeitungsformen, etwa zur Errichtung einer Industrieanlage, zur Entwicklung eines Autos, zur Neukonzeption der EDV-Architektur einer Bank etc., die es nach Beendigung ihrer Aufgabe relativ leicht zulassen, die dabei gebundenen Ressourcen und Wissenspotenziale für andere Problemstellungen neu zu konfigurieren.

Die Zunahme projektartiger Organisationsformen für die Bewältigung des normalen operativen Geschäftes relativiert nachhaltig die Bedeutung der klassischen Linienorganisation. Diese rückt in die Funktion einer zuliefernden Infrastruktur, die ihre Wertschöpfung primär daraus gewinnt, die kundenbezogene Projektarbeit erfolgreich zu unterstützen. Die oftmals hochkomplexen und zumeist mit einem ziemlichen unternehmerischen Risiko belasteten Projekte fungieren so in der Organisation gleichsam als Unternehmen auf Zeit. Der Umstand, dass viele Aufgaben aufgrund der komplexen Kundenanforderungen nur mehr projektartig bewältigt werden können, verschiebt die Einflussverhältnisse in Organisationen ganz erheblich zuungunsten der traditionellen Linienfunktion. In der Zwischenzeit mehren sich Produktionsformen, die überhaupt nur mehr mit Organisationen auf Zeit operieren, etwa wenn es darum geht, einen Film zu produzieren, Großveranstaltungen zu organisieren, besondere Sportereignisse zu ermöglichen. Vor allem die gesamte Entertainmentindustrie, die ja zweifelsohne als künftige Wachstumsbranche gilt, stützt sich mehr und mehr auf das, was man heute unter Virtualität versteht. Dazu kommt ein weiterer Trend.

Wenn es darum geht, sowohl schnell zu sein wie auch Problemlösungen zu finden, die sich eng am je individuellen Kundenbedürfnis ausrichten, dann ist es nahe liegend, Zusammenarbeitsformen zu kreieren, die die Kunden, die Zulieferer, die Vertriebspartner etc. in den Prozess der Leistungserbringung möglichst intensiv integrieren. Damit entstehen, zum Teil auch über längere Zeiträume hinweg,

Arbeitsverhältnisse, in denen die Grenzen zwischen Organisationen weitgehend verschwimmen. Das Lösen gemeinsamer Probleme, so es gelingt, verbindet. Herkömmliche Loyalitäten verlieren ihre gewohnte Integrationskraft.

Wir müssen davon ausgehen, dass die zeitlich begrenzte „Adhoc-Organisation" wie auch das Erfordernis einer engen Zusammenarbeit über traditionelle Organisationsgrenzen hinweg die Arbeitswelt der Zukunft noch viel stärker prägen wird, als wir uns das heute vorstellen können. Mit dieser Relativierung stabiler Zugehörigkeiten, mit dem Verlust klarer Unternehmensgrenzen handeln sich Unternehmen allerdings Folgeprobleme ein, die in ihrer ganzen Dimension heute noch gar nicht abschätzbar sind. Diese Folgeprobleme tangieren vor allem das „Immunsystem" einer Organisation, das durch instabile Zugehörigkeiten wie durch verschwimmende Grenzen zweifelsohne nachhaltig irritiert wird. In der Bewältigung dieser Irritationen liegt wohl eine der zentralen Managementherausforderungen der Zukunft, insofern es noch darum gehen wird, das längerfristige Überleben von Unternehmen im Auge zu haben.

Neue Organisationsverhältnisse erfordern veränderte Führungs- und Steuerungskonzeptionen

Die Art und Weise, wie Führung jahrzehntelang in Organisationen gedacht und praktiziert worden ist, hält dem Grad an Eigenkomplexität, den die organisationsbezogenen Veränderungstrends erzeugt haben, nicht mehr stand. Die realen Verhältnisse in den meisten Unternehmen mit einer gewissen Größe korrespondieren immer weniger mit der gelebten Führungsphilosophie bzw. mit den eingespielten Steuerungsmustern, die vielfach einer in der Zwischenzeit vergangenen Organisationsrealität entstammen. Die veränderten Organisationsverhältnisse, Arbeitsformen und sich neu einspielenden Prozesse der Leistungserbringung sind in vielen Unternehmen der alltäglich gelebten Praxis von Führung weit davongeeilt.

Diese Diskrepanz schafft im täglichen Miteinander nicht unerhebliche Friktionen. Nicht notwendigerweise, aber letztlich doch sehr oft ist die beschriebene Ungleichzeitigkeit zwischen dem, was an Organisationsveränderungen in Gang gekommen ist, und dem, wie Führung im Alltag nach wie vor praktiziert wird, auch an Generationsunterschiede gebunden. Dieser Umstand beschleunigt die ohnehin vorhandene Neigung, die ältere Generation frühzeitig aus dem Arbeitsgeschehen auszugrenzen.

Die hohe Eigenkomplexität künftiger Organisationen schafft die Schwierigkeit, einerseits die weitgehend autonomen Subsysteme in ihrer eigensinnigen Funktionsweise zu fördern – denn ihr Erfolg trägt mit zum Erfolg des Gesamtsystems bei –, sie aber gleichzeitig in ihrer Autonomie im Interesse der Überlebensfähigkeit des Ganzen zu begrenzen. In erster Linie an der Bewältigung dieser paradoxen Anforderung wird das Management in Zukunft gemessen (vgl. R. Wimmer 1996). Wenn wir im Unternehmen marktähnliche Abstimmungsmechanismen haben, wenn die Hierarchieebenen nicht mehr dazu da sind, im operativen Alltag durchgängige Befehlsketten sicherzustellen, wenn die Kooperation primär über Zielvereinbarungsprozesse läuft, die in gemeinsam erarbeiteten Strategien und Zukunftsvorstellungen wurzeln, dann bekommt Führung gegenüber früher eine veränderte Funktion.

Führungsleistungen gewinnen ihre Wertschöpfung daraus, dass sie sich auf die Überlebensfragen der jeweiligen Einheit bzw. des Gesamtsystems spezialisieren. Ein wichtiger Teilaspekt davon ist die Sorge um funktionstüchtige Kommunikationsstrukturen im Unternehmen. Denn mit der gestiegenen Eigenkomplexität explodiert der erforderliche Abstimmungsaufwand in Unternehmen. Damit wird gelingende Kommunikation zum alles entscheidenden Engpass (vgl. Baecker 1998c).

Die Bewältigung dieses Engpasses zwingt uns, unsere bisherigen Autoritätsvorstellungen zu revidieren. Autorität haben heißt nicht mehr, die Zustimmung anderer als gegeben voraussetzten zu können. Gemeinsame Verständigung ist letztlich nur mehr über Zeit raubende Aushandlungsprozesse zu gewinnen. In der Sicherstellung und Pflege effizienter Kommunikationsstrukturen, in denen diese die heterogenen Einheiten vernetzenden Verständigungsprozesse erfolgen können, liegt eine der zentralen Steuerungsleistungen künftiger Führung. Um mit diesen Anforderungen einen guten Umgang zu gewinnen, braucht es adäquate Führungsstrukturen, aber auch Führungskräfte, die von ihrer Qualifikation her den veränderten Verhältnissen gewachsen sind (ausführlicher dazu Wimmer 1998a).

Die zentralen Merkmale der künftigen Arbeitswelt

Betrachtet man die geschilderten organisationsbezogenen Entwicklungslinien in ihrem Zusammenhang, dann lassen sich unschwer Aussagen darüber treffen, wie wir künftig arbeiten und welche Beschäftigungsformen dominieren werden. Dazu abschließend einige Thesen.

Wir werden auch in Zukunft mit einer relativ hohen Arbeitslosenrate rechnen müssen. Der anhaltende Druck auf die Ertragslage der Unternehmen sowie die wachsenden Anforderungen an die organisationale Leistungsfähigkeit in den unterschiedlichen Nonprofit-Bereichen und in der öffentlichen Verwaltung lassen die Produktivität rascher steigen als die Nachfrage nach neuen Arbeitsplätzen. Arbeitslosigkeit ist kein konjunkturbedingtes Phänomen mehr. Sie ist zur dauerhaften Begleiterscheinung einer globalisierten Weltwirtschaft geworden, die den Faktor Arbeit wesentlich direkter und schärfer, als dies früher der Fall war, einer weltumspannenden Wettbewerbsdynamik aussetzt.

Ein moderates Wirtschaftswachstum ist deshalb nicht mehr in der Lage, den kontinuierlichen Anstieg der Sockelarbeitslosigkeit nachhaltig zu bremsen (ausführlicher dazu Reske 1998). Damit ist ein gesellschaftlicher Strukturwandel in Gang gekommen, dessen weit verzweigte Konsequenzen heute überhaupt noch nicht absehbar sind. Immer unverkennbarer wird der Umstand, dass die bisherigen Instrumente nationalstaatlicher Wirtschaftspolitik (ob dem Neoliberalismus oder dem Keynesianismus verpflichtet) ihre steuernde Wirkung verloren haben. Erfolg versprechende Alternativen zu diesen tradierten Formen staatlicher Steuerung sind in unserem Raum derzeit trotz diverser Ankündigungen der EU nicht in Sicht.

Als weiteres beschäftigungspolitisches Phänomen ist zu beobachten, dass die Fragmentierung des Arbeitsmarktes und der strukturellen Bedingungen für Erwerbsarbeit weiter fortschreiten. Während auf der einen Seite die Nachfrage nach weniger qualifizierten Arbeitskräften in den letzten Jahren deutlich zurückgegangen ist (um mehr als 4 Millionen allein in Deutschland), ist auf der anderen Seite der Arbeitsmarkt für bestimmte Fachkräfte (wie zur Zeit etwa für EDV-Spezialisten) total leer gefegt. Die Gleichzeitigkeit von schmerzhaften Engpässen in bestimmten Qualifikationsbereichen und einem massiven Überangebot in anderen lässt die Chancen am Arbeitsmarkt weiter auseinander driften.

Dies bringt die bislang eingespielten Relationen zwischen unterschiedlichen Lohnniveaus, die durch staatliche Interventionen, gestützt auf sozialpartnerschaftliche Absprachen, bisher aufrechterhalten wurden, mehr und mehr ins Wanken. Ähnlich wie in den USA ist wohl auch im Wirtschaftsraum der EU künftig eine tendenziell noch größere „Lohnspreizung" zu erwarten. Die damit wachsenden Einkommensunterschiede werden das in der europäischen Tradition wohlfahrtsstaatlich abgestützte Sozialgefüge weiteren Belastungen aussetzen. Es ist anzunehmen, dass damit auch bei uns das gesellschaftsinterne Konfliktpotential deutlich zunehmen wird.

Eine andere Dimension der angesprochenen Fragmentierung, mit der die Chancenungleichheit zunimmt, betrifft den Eintritt ins bzw. das Ausscheiden aus dem Erwerbsleben. Der überall sich durchsetzende Primat einer kurzfristigen Effizienzsteigerung führt zur wachsenden Scheu auf Arbeitgeberseite, nach dem Abschluss einer schulischen oder universitären Ausbildung in den erforderlichen Qualifikationsaufbau für eine umfassende betriebliche Verwendung der jungen Menschen zu investieren. Man möchte Leute einsetzen, die rasch und ohne viel Umwege ihre volle Produktivität bringen. Je größer die Diskrepanz wird zwischen den betrieblichen Anforderungen und dem, was die tradierten Ausbildungseinrichtungen leisten können, umso schwieriger wird es für die nachwachsende Generation, einen adäquaten Berufseinstieg zu finden.

Das damit verbundene Problem einer wachsenden Jugendarbeitslosigkeit schafft gesellschaftliche Folgekosten, die in Zukunft eine besondere Aufmerksamkeit verdienen. Vor allem die öffentlichen Bildungseinrichtungen sind gefordert, ihre Qualifikationsangebote angesichts des aktuellen Strukturwandels unserer Gesellschaft tief greifend zu überprüfen. Die Diskussion über diese Fragen hat allerdings noch nicht einmal ernsthaft begonnen. Schulen wie Universitäten haben den Übergang zu einer wissensbasierten Gesellschaft noch nicht registriert.

Wohl ähnlich dramatisch entwickelt sich die Situation für die älteren Mitarbeiter in vielen Unternehmen. Trotz aller Gegensteuerungsversuche der öffentlichen Hand sinkt das faktische Rentenalter kontinuierlich. Den Unternehmen ist es in den vergangenen Jahren in einem überraschend hohen Ausmaß gelungen, ihre eigenen Kosten- und Beschäftigungsprobleme durch den Prozess der Frühverrentung in die Gesellschaft zu verlagern. Durch den Anstieg der Lebenserwartung wird der Anteil der älteren Mitbürger ohne offizielle Erwerbsarbeit im Vergleich zum Rest der Bevölkerung immer größer. In der Zwischenzeit ist deutlich geworden, dass die daraus erwachsenden Belastungen von den etablierten Arbeitslosen- und Rentenversicherungssystemen nicht mehr getragen werden können. Der für die zweite Hälfte des 20. Jahrhunderts so tragfähige Konsens zwischen den Generationen ist in Auflösung befindlich.

Was an die Stelle des bislang gültigen Generationenvertrages treten kann, ob dies etwa eine Grundrente zur Minimalversorgung sein wird, wird in den kommenden Jahren zu entscheiden sein. Nicht weniger brennend ist die Frage, wie lange es sich Organisationen noch werden leisten können, ihre älteren Mitarbeiter schon ab fünfzig aus dem Arbeitsgeschehen zu eliminieren. Wenn Wissen zur wettbewerbsentscheidenden Ressource geworden ist, dann wird wohl künftig mehr Sorgfalt im Umgang mit aus dem Unternehmen ausscheidenden Know-how-Trägern erforderlich werden.

Das Flexibilitätsgebot, dem sich alle Organisationen in zunehmendem Ausmaß stellen müssen, tangiert auf einer ganz grundsätzlichen Ebene auch die Möglichkeiten der Bindung des einzelnen Individuums an Organisationen. Während früher in die Tauschbeziehung von Person und Organisation vielfach auch die Hoffnung auf eine dauerhafte Zugehörigkeit miteingebaut war, so hat sich diese Beziehung in den letzten Jahren deutlich gelockert. An die Stelle von Anstellungsverhältnissen, mit denen in der Vergangenheit ein hohes Maß an Arbeitsplatzsicherheit verbunden war (und dies nicht nur in der öffentlichen Verwaltung), treten mehr und mehr flexible Beschäftigungsformen, die es dem Arbeitgeber ermöglichen, seine Kapazitäten möglichst zeitgleich an die stark schwankende Nachfrage anzupassen. Es entspricht diesem Trend, dass die Zahl der „Normalarbeitsverhältnisse" deutlich zurückgeht. Während sich 1970 noch 83,4 % der Beschäftigten in so einer ganztätigen, unbefristeten Arbeitsbeziehung befanden, waren es 1995 nur mehr 68 % (vgl. dazu Reske 1998). Die Tendenz ist stark fallend.

Gleichzeitig ist eine große Vielfalt neuer Beschäftigungsformen im Entstehen. Soweit es die Arbeitnehmervertretungen zulassen, häufen sich befristete Anstellungsverhältnisse; Teilzeitarbeit wird zusehends attraktiver; die Zahl der geringfügig Beschäftigten ist stark im Ansteigen; vor allem in der Produktion hat die Leiharbeit enorm zugenommen; mit neuen Formen der Tele- und Heimarbeit wird wieder verstärkt experimentiert. Diesem bunten Strauß an Varianten ist eines gemeinsam: Sie privatisieren die Risiken der Arbeitnehmerexistenz noch stärker, als dies früher bereits der Fall war. Bei diesen Veränderungen spielen natürlich die Möglichkeiten, die sich mit den neuen Informations- und Kommunikationstechnologien bieten, eine herausragende Rolle. Der heutige Stand der Technik unterstützt die beschriebene Lockerung im Verhältnis von Person und Organisation sowohl in räumlicher wie in zeitlicher Hinsicht.

Im Moment ist noch unklar, welche Konsequenzen für Organisationen mit dieser Lockerung letztlich verbunden sein werden. Ganz sicher stehen das Personalmanagement ebenso wie die betrieblichen Interessensvertretungen vor ganz neuen Herausforderungen. Der Trend zu eher differenzierteren Formen der Zugehörigkeit, verbunden mit einer starken Individualisierung der jeweiligen Arbeitsbeziehung, stellt die bisherigen Spielregeln für die Arbeitszeitgestaltung, die Lohn- und Gehaltsfindung, die innerbetriebliche Laufbahnplanung und die Personalentwicklung ziemlich auf den Kopf. Abgesehen davon, dass für diese Themenfelder das Tauschverhältnis zwischen Person und Organisation neu überdacht werden muss, wissen wir noch wenig, was es für die Leistungsfähigkeit von Organisationen bedeutet, wenn sich ihre bisherigen Muster der Loyalitätsgewinnung und der Sicherstellung von Zugehörigkeit auflösen.

Aus dem bislang Gesagten lassen sich in Anlehnung an J. Reske (1998) vier Gruppen von Beschäftigten unterscheiden. Das vorrangige Unterscheidungskriterium ist dabei im Wesentlichen die Verhandlungsmacht, über die der einzelne Anbieter von Leistungen gegenüber potenziellen Abnehmern verfügt.

Die neue Elite von Wissensarbeitern

Dazu zählen unter anderem viele Selbstständige, heute vielfach in Berufen, die erst in den letzten zwei Jahrzehnten entstanden sind. Zu dieser Gruppe gehören aber auch all jene abhängig Beschäftigten in Organisationen, die als Experten und Führungskräfte am Arbeitsmarkt hoch gefragt sind und deshalb in ihrer Rolle als besonders wichtige Know-how-Träger organisationsintern eine große Unabhängigkeit genießen. Der Bedeutungszuwachs dieser Gruppe ist eine direkte Folge der Verschiebung der Wertschöpfungsprozesse in Richtung komplexer wissensbasierter Dienstleistungen, ein Prozess, der sich gerade in allen hoch entwickelten Industriegesellschaften vollzieht. Bei dieser Kategorie von Beschäftigten ist zu beobachten, dass sie dazu neigen, sich weit mehr, als ihnen persönlich auf Dauer gut tut, zu belasten. Das Risiko frühzeitigen Ausbrennens, der Zerstörung des privaten Beziehungsgefüges sowie des Inkaufnehmens anderer psychosozialer Folgekosten ist bei dieser Gruppe besonders groß.

Die Kernbelegschaften von Organisationen

Bei allen Flexibilisierungstendenzen sind Organisationen auch in Zukunft darauf angewiesen, über einen Stock an Beschäftigten zu verfügen, die für Kontinuität sorgen. Diese sitzen auf unterschiedlichen Hierarchieebenen an wichtigen Knotenpunkten, die für ihre Leistungsfähigkeit keinen häufigen Wechsel vertragen, sei es, weil an diesen Stellen ein ganz bestimmtes Erfahrungswissen gefordert ist, sei es, weil es dort darum geht, für soziale Stabilität zu sorgen etc. Insgesamt müssen wir allerdings davon ausgehen, dass diese Gruppe in Hinkunft wesentlich kleiner sein wird, als dies früher der Fall war.

Die Jobnomaden

Zu dieser Gruppe zählt ein zweifelsohne wachsender Teil der arbeitenden Bevölkerung. Gemeint sind alle Formen der Leiharbeit und der befristeten Beschäftigung, aber auch die vielen Varianten der Scheinselbstständigkeit, die auf dem Weg über die Auslagerung bestimmter nicht zum Kerngeschäft zählender Tätigkeitsbereiche aus Organisationen entstanden sind (vgl. den Report von M. Spiewak u. W. Uchatius 1999). In diese Kategorie sind auch die vielen Saisonarbeiter zu rechnen, die immer wieder im Verhältnis zu den jahreszeitlichen Schwankungen der Auftragslage zum Zuge kommen.

In dieser Gruppe kommt die aktuelle Tendenz des Wirtschaftssystems am deutlichsten zum Ausdruck, die arbeits- und sozialrechtlichen Fesseln des Wohlfahrtsstaates zu sprengen und, wo immer es geht, die vorhandenen Ertragspotenziale für das Unternehmen auszuschöpfen. Will man diese Entwicklung mit einer eher positiven Beschreibung unterlegen, dann könnte man sagen, dass die neue Ökonomie ihr Versprechen einzulösen beginnt, dass in Zukunft für jeden Einzelnen eine stärker unternehmerisch ausgerichtete Form der Existenzsicherung zur Normalität wird. Man darf aber nicht verhehlen, dass diese Sicht angesichts der wachsenden Chancenungleichheit am Arbeitsmarkt eines gewissen Zynismus nicht entbehrt.

Die Arbeitslosen

Zwischen den Jobnomaden und den Arbeitslosen wird es ein vielfaches Hin und Her geben, ergänzt um einen wachsenden grauen Markt an Erwerbsarbeit, der sich abseits der offiziellen Arbeitsmarktstatistik bildet. Weil die weniger qualifizierte Arbeit rapide an Bedeutung verliert, müssen wir davon ausgehen, dass der Anteil an Langzeitarbeitslosen tendenziell eher zunehmen wird. Die aktuelle Eigendynamik unseres Wirtschaftssystems zeigt unverkennbar die Tendenz in sich, all jene Personen aus bezahlten Arbeitsverhältnissen konsequent auszugrenzen, deren Leistungsfähigkeit nicht, noch nicht oder nicht mehr gegeben ist. Der anhaltende Druck, alle nur erdenklichen Produktivitätsreserven auszuschöpfen, wird den personalpolitischen Spielraum der Unternehmen, aber wohl auch anderer Organisationen weiter einengen. Diese Entwicklung wird die Suche nach alternativen Beschäftigungsformen, die auch den aus den Normalarbeitsverhältnissen Ausgegrenzten eine menschenwürdige Lebensperspektive bieten, zweifelsohne forcieren. In diesem Punkt liegt wohl die große Herausforderung in der Weiterentwicklung des Sozialstaates europäischer Prägung.

Die diesbezüglichen sozial- und wirtschaftspolitischen Auseinandersetzungen konzentrieren sich zurzeit überwiegend auf die Frage, wie die Beschäftigungsquote insgesamt erhöht werden kann (vgl. Streeck u. Heinze 1999). Die traditionelle Arbeitsmarktpolitik, die in den 1980er- und 1990er-Jahren darum bemüht war, auf eine Stilllegung wachsender Teile des Arbeitsangebotes hinzuarbeiten, kann als gescheitert gelten (Verlängerung der Ausbildungs- und Studienzeiten, Frühverrentung, Arbeitszeitverkürzung). Jedoch welche

Alternativen dazu gibt es? Wie lässt sich auch bei uns der Anteil der Erwerbspersonen an der erwerbsfähigen Bevölkerung deutlich steigern, ähnlich etwa, wie es den Holländern bereits gelungen ist? Vielfach wird in der Diskussion die US-amerikanische Praxis als Königsweg angepriesen. Die amerikanische Politik, personen- und haushaltsbezogene Dienstleistungen auf Niedriglohnbasis konsequent zu stimulieren, hat in der jüngsten Vergangenheit tatsächlich hohe Beschäftigungsraten bewirkt.

Es ist jedoch nicht zu übersehen, dass die damit forcierte gesellschaftliche Entwicklung auch ihre Kehrseite besitzt, die mit einigen Grundprinzipien des europäischen Sozialstaates bricht. „Diese Beschäftigungsstrategie bildet zumindest für das Arbeitsmarktsegment der Niedrigentlohnung und Niedrigqualifikation einen Hintergrund für die Ausweitung der Einkommensdisparitäten und Armutsfallen und die daraus resultierenden Gefahren einer Apartheid-Ökonomie“ (Naschold 1999, S. 50). Gibt es einen Mittelweg zwischen der Tendenz sinkender Realeinkommen bei der unteren Hälfte der Einkommensbezieher, die wie in den USA eine wachsende Schicht der working poors produziert, und der Dominanz eines transferorientierten Systems der sozialen Sicherheit, das wie bei uns wenig Anreize für ein Beschäftigungswachstum bei den Niedriglohngruppen bietet?

Die geschilderten Veränderungen in der Arbeitswelt von morgen werfen eine Reihe grundlegender Fragen auf. Die demokratische Tradition unserer Gesellschaft basiert auf kontinuierlichen Beschäftigungsverhältnissen aller Menschen im erwerbsfähigen Alter. Nun erodiert aber jener Grundmechanismus, der in der Industriegesellschaft einen Großteil der Bürger in das gesellschaftliche Leben integriert und als primärer Identität stiftender Faktor gewirkt hat: die außerhäusliche Erwerbsarbeit. Unterliegt diese einem so dramatischen Strukturwandel wie erwartet, dann hat dies zweifelsohne weit verzweigte Folgen.

Die sozialen Sicherungssysteme wie die Kranken-, Arbeitslosen- und Pensionsversicherungen hängen direkt davon ab. Das staatliche Steueraufkommen fußt mehr denn je auf dem persönlichen Arbeitseinkommen. Nachdem Arbeit naturgemäß deutlich weniger mobil ist als Kapital, haben sich in der jüngsten Vergangenheit die steuerlichen Lasten ohnehin zuungunsten der unselbstständig Erwerbstätigen verschoben. Ein deutliches Schrumpfen der klassischen Erwerbsarbeit wird den Finanzspielraum des politischen Systems weiter verengen und damit die begonnene Transformation des Sozialstaates beschleunigen.

Die Richtung, in die diese Weiterentwicklung gehen muss, zeichnet sich in ersten Konturen ab. Es kann in Zukunft nicht mehr darum gehen, jene, die längerfristig am regulären Arbeitsmarkt keine Chance mehr haben, ausschließlich mit Geld zu alimentieren. Die bestehenden Sicherungssysteme tendieren dazu, Hilflosigkeit zu perpetuieren. Es wird um die Förderung von Möglichkeiten gehen, die durch Arbeit wiederum persönliche Anerkennung in einer Gemeinschaft schaffen helfen. Denn gesellschaftlich Sinn stiftende Arbeit gibt es genug. Der in Zukunft kaum behebbare Mangel betrifft Arbeitsplätze, die sich in unserer Tradition auf Normalarbeitsverhältnisse in den klassischen Organisationen der überkommenen Industriegesellschaft beziehen.

Die beschriebenen Veränderungen der Arbeitswelt besitzen nicht minder weit reichende Implikationen für die Möglichkeiten der persönlichen Identitätsfindung in unserer Gesellschaft. Nach wie vor definieren wir uns als Personen nicht über das, was wir in der Freizeit tun, oder darüber, was wir konsumieren, sondern über unsere Arbeit, die wir in organisationalen Kontexten verrichten (vgl. dazu den neuen Bericht an den Club of Rome, Giarini u. Liedtke 1999). Organisationen sind soziale Systeme, die unter anderem wegen dieser Möglichkeiten persönlicher Identitätsfindung in der Lage sind, eine hohe Bindungskraft für Individuen zu entwickeln. Sie verwalten Karrierechancen, sie bieten die Hintergrundfolie für individuelle Laufbahnkonzepte und Berufsbiografien. Immer noch knüpfen in unserer Gesellschaft wichtige Dimensionen der persönlichen Selbstwertfindung an den Besitz eines festen Arbeitsplatzes an.

Wenn sich die Grundfesten der Erwerbsarbeit in der beschriebenen Form verändern, dann gilt es, die inneren Konzepte von Karriere, beruflicher Laufbahn, die herrschenden Vorstellungen von professionellen Biografien und Formen der Identitätsstiftung, die auf dem Weg über die Arbeit zu gewinnen sind, neu zu schreiben. Aus diesem Grunde kann man mit einiger Sicherheit davon ausgehen, dass die kommenden Jahrzehnte eine größere Vielfalt an gesellschaftlich akzeptierten Lebensentwürfen hervorbringen werden, die nur mehr sehr bedingt an bezahlte Erwerbsarbeit im klassischen Sinn anknüpfen werden.

Wider den Veränderungsoptimismus

Zu den Möglichkeiten und Grenzen einer radikalen Transformation von Organisationen[1]

Vorspann

In den 1990er-Jahren haben viele Unternehmen mit großem Aufwand versucht, ihre gewachsenen Organisationsstrukturen radikal umzugestalten. Die Zerschlagung in unternehmerisch eigenverantwortliche Geschäftsfelder, das Reengineering der Geschäftsprozesse, die Ausgliederung von nicht zum Kerngeschäft gehörenden Aktivitäten, die Fusion mit zugekauften Unternehmen rund um den Erdball, der Aufbau von Partnerschaften und Unternehmensnetzwerken – all dies sind Maßnahmen, die stets mit einer weitreichenden Transformation der bestehenden Organisationsverhältnisse verbunden sind. Empirische Studien zeigen, dass der Erfolgsoptimismus, mit dem solche Veränderungsprojekte regelmäßig gestartet werden, in den wenigsten Fällen berechtigt ist. Es wird die hohe Komplexität, die mit jeder Transformation von Organisationen unvermeidlich verknüpft ist, in den allermeisten Fällen weit unterschätzt. Eine systemtheoretisch inspirierte Beschreibung der Möglichkeiten und Grenzen solcher Veränderungsanstrengungen kann Hinweise dafür liefern, welche zentralen Herausforderungen in solchen Prozessen wie bewältigt werden können.

1 Zuerst veröffentlicht in *Soziale Systeme* 1/1999, S. 159–180.

Einleitung

Das letzte Jahrzehnt des 20. Jahrhunderts wird als jenes Jahrzehnt in die Geschichte eingehen, in dem ein erheblicher Teil der größeren Unternehmen versucht hat, durch eine radikale Umgestaltung ihrer bislang gepflegten Organisationsverhältnisse ihre Wettbewerbsfähigkeit wiederzugewinnen bzw. den bislang erreichten Vorsprung gegenüber den Mitbewerbern weiter auszubauen. Wie nie zuvor hat man in diesem Zeitraum versucht, in erster Linie über neue Organisationskonzepte wie Lean Management, Reengineering und veränderte Organisationsstrukturen die brennenden Überlebensfragen von Unternehmen in den Griff zu bekommen. Während man in den Jahrzehnten vorher die laufende Rationalisierung stets *im* Rahmen des bestehenden hierarchischen Aufbaus mit seiner primär an funktionalen Gesichtspunkten orientierten Gliederung vorangetrieben hat, so wurde jetzt dieser Rahmen selbst zum Gegenstand der Veränderungsbemühungen. Der offensichtliche Zwang, in kurzer Zeit qualitative Sprünge in der Produktivitätsentwicklung zu erreichen (wie z. B. eine radikale Senkung der Kosten bei gleichzeitiger Steigerung der Qualität, eine Halbierung der Durchlauf- und Entwicklungszeiten, eine wesentlich engere Anbindung an wechselnde Kundenbedürfnisse etc.), hat die bislang aus den Veränderungsbestrebungen ausgeklammerten Prinzipien der klassischen Hierarchie selbst mit zur Disposition gestellt. Tendenziell gibt es heute keine „heiligen Bezirke“ der Organisation mehr. Alles ist kontingent, kann so, aber auch anders gestaltet werden. Fragen des angemessenen Organisiertseins und der raschen Veränderbarkeit diesbezüglicher Festlegungen sind zu Existenzfragen von Unternehmen geworden. Organisationen sind sich damit selbst als Dauerproblem zur Bearbeitung auferlegt worden. In dieser konsequenten Reflexivität der eigenen Organisationsverhältnisse liegt die eigentliche Herausforderung, mit der sich in der Zwischenzeit Organisationen in fast allen gesellschaftlichen Bereichen konfrontiert sehen.

Diesem in seiner Intensität und Reichweite zweifelsohne neuen historischen Phänomen liegt ein einschneidender Strukturwandel unseres gesamten Wirtschaftssystems zugrunde, der inzwischen die Rahmenbedingungen für ein erfolgreiches Agieren von Unternehmen nachhaltig verändert hat (ausführlicher dazu Wimmer, Domayer, Oswald u. Vater 1996, S. 33 f.). Vielfach ist die Diskussion in der medialen Öffentlichkeit immer noch damit beschäftigt, diesen folgenschweren Wandel in seinen fundamentalen Konsequenzen adäquat zu erfassen. Unterschiedliche Beschreibungsformeln haben sich eingebürgert, mit denen benannt zu werden versucht, was viele Wirtschaftsorganisationen dermaßen unter Druck gesetzt hat, dass sie ihre bisherigen organisatorischen Grundfesten so grundlegend infrage zu stellen begonnen haben. Vom „Ende der Massenproduktion" ist die Rede; der Kunde mit seinen Wünschen nach Individualisierung hat einen deutlich veränderten Stellenwert bekommen; neue Produktionstechnologien ermöglichen es, auf diese individualisierten Wünsche einzugehen, ohne die Kosten explodieren zu lassen.

Vor allem in den so genannten reifen Wirtschaftszweigen sind enorme Überkapazitäten zu beobachten, die eine anhaltende Verschärfung der Wettbewerbsbedingungen nach sich ziehen. Die Transformation des Systems der internationalen Beziehungen seit dem Ende des Kalten Krieges hat in Verbindung mit Veränderungen in der Informations- und Kommunikationstechnologie die Welt zu einem einheitlichen Wirtschaftsraum zusammenwachsen lassen; räumliche Entfernungen haben ihre begrenzende und damit letztlich auch schützende Wirkung verloren. Der Begriff der Globalisierung ist zum dominanten Erklärungsmuster geworden, wenn es darum geht, diese neue Form des weltweiten Ausgesetztseins von Unternehmen angesichts einer sich beschleunigenden Internationalisierung des Wirtschaftsgeschehens zu beschreiben; dieses Schlagwort dient in der Zwischenzeit aber auch als wirtschaftliches Druckmittel, um die inner- und überbetrieblichen Interessenvertreter zu bislang undenkbar gewesenen Zugeständnissen zu zwingen oder um im Dienst der regionalen Standortsicherung den Umbau des Wohlfahrtstaates voranzutreiben.

Ein weiterer wichtiger Aspekt dieses Strukturwandels unseres Wirtschaftssystems ist die drastische Verschiebung der Wertschöpfung in Richtung Dienstleistung; dies gilt nicht nur für das Wachstum des Dienstleistungssektors im engeren Sinne, sondern auch für den wachsenden Anteil von Dienstleistungen innerhalb der industriellen Produktion, die das erst möglich machen, was man heute unter intelligenten Produkten *(embedded intelligence)* versteht (vgl. dazu die wichtige Studie von Quinn 1992). Mit dieser Verschiebung ist ein gewaltiger Zuwachs an Bedeutung des Faktors Wissen verbunden, der die Unternehmen und letztlich die Arbeitswelt ganz allgemein vor große Herausforderungen stellt; wer in möglichst kurzer Zeit das für die Komplexität der heutigen Problemstellungen erforderliche Wissen mobilisieren kann und gleichzeitig in der Lage ist, das rasch veralternde Wissen durch die Generierung neuen Problemlösungs-Know-hows zu ersetzen, besitzt die besseren Überlebenschancen (vgl. dazu vor allem die Arbeiten von Willke 1996, 1997b, 1998). Diese neue Form der Abhängigkeit von Wissen erklärt die aktuelle Karriere von Begriffen wie „Wissensmanagement", „lernende Organisation" etc.; solche Konzepte signalisieren allerdings zurzeit viel mehr die Existenz eines wachsenden Problems, als dass sie bereits praktikable Wege zu seiner Bewältigung aufzeigen könnten.

Welche Beschreibungsformeln auch immer gewählt werden, sie haben in den zurückliegenden Jahren vielfach die Argumentationsbasis dafür geliefert, dass Unternehmen mit viel Aufwand versucht haben, ihre gewachsenen Organisationsstrukturen aufzubrechen. Einen nicht unerheblichen Einfluss hatten dabei gekonnt vermarktete Managementkonzepte, die jeweils aus ihrer Perspektive den Königsweg in die neue Wettbewerbslandschaft versprachen. Ausgehend von der MIT-Studie über die zweite Revolution in der Automobilindustrie (Womack, Jones u. Ross 1991), die uns den Begriff des Lean Managements bescherte, über das Reengineeringkonzept, das uns ein radikales Neuerfinden der Geschäftsprozesse aus der Sicht des jeweiligen Kunden versprochen hat, bis hin zum Gedanken der lernenden Organisation, der die Fähigkeit zur ständigen Selbsterneuerung ins Zentrum der Veränderungsbemühungen stellt – all diese Leitideen haben in der Praxis mehr oder weniger explizit Pate gestanden, wenn es darum ging, tradierte Organisationszustände zu überwinden. Insofern kann man diesen wechselnden Leitbildern für das Handeln des Managements durchaus eine gewisse Transformationsfunktion zuschreiben.

Sie halfen, allgemeine Systemprobleme in konkrete Entscheidungsprogramme für die Weiterentwicklung der jeweiligen Organisationsarchitektur zu transformieren. In diesem Sinne lieferten sie zumindest für den Augenblick plausible Erklärungen für das Problematische am eigenen Zustand und zeigten gleichzeitig den dafür scheinbar passenden Lösungsweg auf. In dieser Wegweiserfunktion sind sie natürlich unvermeidlicherweise selektiv. Denn die Überbetonung eines ganz bestimmten organisationsinternen Problemaspektes weckt Hoffnungen auf eine relativ einfache Erreichbarkeit der angestrebten Veränderungsziele und bietet gleichzeitig die Basis für das Auftauchen neuer Problemlösungsversprechen, die dann genau an den ausgeblendeten Dimensionen des Organisationsgeschehens ihrer Vorgänger ansetzen. Insofern darf man sich durch die auf Verschiedenheit und Neuartigkeit getrimmte Terminologie dieser Managementleitbilder nicht täuschen lassen. Letztlich zielen sie doch auf ein ähnliches Ergebnis.

Betrachtet man nämlich die zum Teil doch recht radikalen Transformationsversuche von Unternehmen in den zurückliegenden Jahren aus einem etwas distanzierteren Blickwinkel, so ist ein gemeinsamer Zug auffällig: Es geht in der Regel um kurzfristige Produktivitätsgewinne. Durch eine Neugestaltung der organisationsinternen Strukturen und Prozesse wird eine sprunghafte Steigerung der Leistungseffizienz angestrebt, zumeist verbunden mit einer drastischen Reduktion des Personalstandes. Diese starke Binnenorientierung der Managementaufmerksamkeit, wie sie für viele Organisationsveränderungsvorhaben der 1990er-Jahre bezeichnend war, hat in der Zwischenzeit viel Kritik auf sich gezogen (vgl. etwa Hamel u. Prahalad 1995b; Porter 1997). Zu Recht wird darauf hingewiesen, dass die primäre Konzentration auf kurzfristig wirksame Prozessoptimierungen und Kostensenkungsprogramme den Blick für die weitere Zukunft verstellt. Auf diese Weise geht die Sensibilität für längerfristig wirksame Entwicklungen verloren. Man verpasst die Gelegenheit, rechtzeitig Leistungspotenziale aufzubauen, die man für das Ergreifen zukünftiger Chancen benötigt. Mit der Kurzatmigkeit ausschließlich auf Produktivitätsgewinne gerichteter Maßnahmen gefährden viele Unternehmen zudem häufig ihre Kernkompetenzen, denen sie ihre bisherigen Erfolge verdankt haben. Auf längere Sicht gesehen, ist dieser ausschließlich auf Produktivitätssteigerung gerichtete Managementfokus ganz offensichtlich zu eng. Geht es um eine nachhaltige Strategie der Überlebenssicherung, so „muß das Topmanagement ein Gefühl für neue geschäftliche Chancen entwickeln, sich ändernde Kundenbedürfnisse erahnen, beizeiten in die Basis zum Aufbau neuer Kompetenzen investieren und dergleichen mehr“ (Hamel u. Prahalad 1995b, S. 38).

Diese zweifelsohne sehr ernst zu nehmende Kritik stimuliert nun ihrerseits neue Heilsversprechen, die genau an den genannten Einseitigkeiten der inzwischen abgelösten Managementmoden anknüpfen. Mit dem Untertitel *Wider die Magersucht in Unternehmen* versuchen die beiden Autoren des Buches *Grow to Be Great* ihre Leser auf ein neues Wachstumskonzept zu verpflichten, das jetzt die Lösung für künftige Wettbewerbsprobleme verspricht (vgl. Gertz u. Baptista 1996). Auch dieser neuen strategischen Ausrichtung liegt ein aktueller Trend zugrunde, der ihr auf den ersten Blick eine gewisse Plausibilität verspricht. Während man noch vor wenigen Jahren vor der ungebremsten Sucht nach Größe heftig gewarnt hat (Peters 1993), weil man die unvermeidbaren Folgekosten von Unüberschaubarkeit und hoher Eigenkomplexität als nicht beherrschbar eingeschätzt hat, erleben wir zurzeit eine Übernahme- und Fusionswelle, die ihresgleichen in der Wirtschaftsgeschichte sucht.

Ob das die Papierindustrie oder die pharmazeutische Industrie, die Automobilbranche oder der Bankensektor ist, überall wird versucht, die gegebenen Wettbewerbsstrukturen durch Überraschungscoups auf den Kopf zu stellen. Ganz offensichtlich hat die sich verschärfende und gleichzeitig sich beschleunigende Wettbewerbsdynamik dazu geführt, dass man zurzeit größere Überlebenschancen darin sieht, neue Vertriebswege, neue Märkte, komplementäre Kernkompetenzen und zusätzliche Synergiepotenziale einfach durch das Zusammengehen mit anderen zu erwerben, anstatt das erforderliche Wachstum Schritt für Schritt und ausschließlich aus eigener Kraft zu bewältigen. Dem Eingehen von strategischen Partnerschaften, der Bildung von unternehmensübergreifenden Netzwerken und ähnlichen Gebilden scheint eine vergleichbare Funktion zuzukommen. Nicht zuletzt hofft man, offensichtlich durch diesen Konzentrationsprozess, der die relevanten Mitspieler in den einzelnen Branchen drastisch reduziert, die prinzipielle Unüberschaubarkeit einer globalisierten Weltwirtschaft wieder auf ein handhabbares Maß zu reduzieren. Fusionen dürften zurzeit der erfolgversprechendere Weg sein, die enorm ehrgeizigen Wachstumsziele in angemessener Zeit zu erreichen. Es ist dies allerdings ein Trend, der die in Gang gekommene Veränderungsdynamik in den betroffenen Unternehmen nochmals deutlich beschleunigt. Die Ertragslage der zweiten Hälfte der 1990er-Jahre (die Kriegskassen sind vielfach gefüllt) sowie ein wesentlich entwickelterer internationaler Kapitalmarkt sorgen für die finanzielle Machbarkeit dieser Art von strategischer Ausrichtung und Wachstumspolitik.

Aber auch gegenüber diesem neuen Managementtrend reißen die kritischen Stimmen nicht ab. Immer wieder wird von Beobachtern dieser Entwicklung darauf hingewiesen, dass der überwiegende Teil der bisherigen Fusionen die in sie gesetzten hohen Erwartungen bei weitem nicht erfüllen konnte. Vielfach ist das Zusammengehen von Unternehmen mit ihren oftmals ganz unterschiedlichen Kulturen mit hohen internen Reibungsverlusten verbunden, die über einen langen Zeitraum immense Energien binden. Gerade weil es im Zuge des Zusammengehens von Unternehmen zunächst einmal zu einem Verteidigen der mitgebrachten Identitäten kommt, ist es eher wahrscheinlich, dass sich die beteiligten Unternehmen in diesen Auseinandersetzungen wechselseitig in ihren schlechten Eigenschaften anstecken und die versprochenen Synergiepotenziale eine Illusion bleiben. Verschärft wird diese Scheiternswahrscheinlichkeit durch die vielen interkulturellen Probleme, die heute vielfach mit Übernahmen und Fusionen verbunden sind. Es ist schon innerhalb Europas immens schwierig, die große Unterschiedlichkeit der nationalen Mentalitäten innerhalb eines Unternehmens in ein fruchtbares Verhältnis miteinander zu bekommen. Mit Amerika oder dem Fernen Osten steigen die zu überwindenden Hürden noch zusätzlich. Deshalb hat der Trend zur globalisierten Unternehmung eine ganz neue Dimension organisationsinterner Komplexität aufgetan, deren Bewältigung uns noch viel Einfallsreichtum abverlangen wird. Trotz der berechtigten Skepsis gegenüber der aktuellen Meganomie fehlen gleichwohl noch wirklich fundierte Studien, die es erlaubten, seriöserweise auf breit gefächerte Erfahrungswerte zurückgreifen zu können. Es ist ja zugegebenermaßen wirklich sehr schwierig, im Nachhinein bestimmte Entwicklungen eines fusionierten Unternehmens eindeutig dem Prozess der Fusion zuzurechnen (zur Problematik der Steuerung von Übernahme- und Fusionsprozessen vgl. insbesondere die Arbeit von Haspeslagh a. Jemison 1991).

Blickt man auf die verschiedenen organisatorischen Gestaltungswellen der 1990er-Jahre und auf die diesen Wellen jeweils zugrunde liegenden Managementleitbilder zurück, so ist der ungebrochene Veränderungsoptimismus, dieser feste Glaube an die Transformierbarkeit von großen, hochkomplexen sozialen Systemen, besonders auffällig. Vor allem die einschlägige (vielfach beratererzeugte) Managementliteratur schafft es, die Vorstellung aufrechtzuerhalten, man müsse nur über das richtige Rezept verfügen, an den entscheidenden Stellhebeln drehen, dann seien solch radikale organisatorische Umbauten und tief gehenden Identitätsveränderungen eigentlich kein Problem. Der vorliegende Beitrag möchte zeigen, dass solche Vorstellungen zwar in der Lage sind, das Selbstbild, insbesondere die persönlichen Größenvorstellungen von Topmanagern, zu festigen, dass sie aber regelmäßig die Komplexität, den Zeitbedarf und die charakteristischen Schwierigkeiten einer tiefer gehenden Organisationstransformation nachhaltig verkennen.

Trotz der großflächigen Veränderungsbemühungen in den vergangenen Jahren verfügen wir immer noch über relativ wenig gesichertes Wissen, auf das wir aus der Perspektive des Managements oder aus der der Beratung bei solchen Anlässen in der Praxis zurückgreifen können. Zwar wurden in der Denktradition der Organisationsentwicklung einige wichtige Grundprinzipien für das Vorgehen bei Veränderungsprojekten herausgearbeitet (vgl. etwa Doppler u. Lauterburg 2008 oder Fischer 1997 oder Gairing 1996). Letztlich aber hat diese Tradition angewandter Sozialwissenschaft in ihren theoretischen Grundlagen die veränderte Situation, wie sie sich heute im überwiegenden Teil der Organisationen unserer Gesellschaft darstellt, noch nicht angemessen aufgearbeitet (dazu Wimmer 1998b). In diesem Sinne teile ich die These von John P. Kotter voll und ganz, der angesichts des weiter anhaltenden Drucks auf die Wandlungsfähigkeit von Organisationen für verstärkte Forschungsaktivitäten auf diesem Gebiet plädiert. „Das Veränderungstempo wird sich noch steigern, und der Zwang zur Transformation für die Unternehmen während der nächsten Jahrzehnte wird deutlich größer werden. Wenn das der Fall ist, so gibt es nur eine einzige rationale Lösung. Wir müssen mehr über erfolgreiche Veränderungen lernen und dieses Wissen an eine ständig wachsende Gruppe von Menschen weitergeben“ (Kotter 1997, S. 50).

Die folgenden Überlegungen möchten einen kleinen Mosaikstein dieser Hinsicht darstellen.

Worum geht es bei radikalen Veränderungen in Organisationen?

Bevor man sich über die Möglichkeiten und Grenzen des Managements weitreichender Veränderungen in Organisationen den Kopf zerbricht, erscheint es sinnvoll, sich ein Verständnis dessen zu erarbeiten, was bei einem solchen Vorhaben eigentlich passiert. Was heißt es denn, eine Organisation zu transformieren? Lassen sich radikale Umbauprozesse wie die Zergliederung in weitgehend autonome Business Units oder eine Geschäftsprozessoptimierung oder eine Fusion überhaupt gezielt managen? Welches Verständnis von Organisationen und ihrer Veränderung ist für solche Intentionen letztlich angemessen?

Was man in der Praxis an diesbezüglichen Denkmustern immer noch am häufigsten beobachten kann, ist, dass mit einem ausgesprochen instrumentellen Organisationsverständnis an Veränderungsvorhaben herangegangen wird.

In dieser Denktradition sind Organisationen ein Instrument in den Händen derjenigen, die über ihren Zweck verfügen können (die Eigentümer, das Topmanagement, die Organisationsspitze etc.). Diese Funktionsträger nutzen Organisationen in ihrem Sinne als Mittel, und wenn dies nicht erwartungsgemäß gelingt, dann gilt es, dieses Instrument dementsprechend neu auszurichten. Operiert man mit diesem Grundverständnis, dann gerinnt das Problem der Organisationsgestaltung primär zu einer ingenieurmäßigen Aufgabe. Man behebt die festgestellten Funktionsmängel, indem man die Organisation in Richtung einer vorweg definierten Soll-Konzeption umbaut, wobei diejenigen, die umbauen, natürlich selbst nicht Teil des zu behebenden Problems sind. Veränderung so gesehen heißt, ein vorwiegend technisches Problem in einer zugegebenermaßen immer komplizierter werdenden Maschinerie zu lösen. Hat man das richtige Organisationsdesign gefunden und die passenden Stellhebel definiert, dann gilt es nur, den Widerstand der betroffenen Organisationsmitglieder geschickt zu brechen und ihre Zögerlichkeit zu überwinden. In diesem Verständnis gibt es eine klare, vorweg definierte Asymmetrie zwischen denjenigen, die verändern, und denjenigen, die verändert werden.

Diese trivialisierende Form des Umgangs mit Organisationen, obwohl weit verbreitet, war immer schon eine unzulässige Vereinfachung. Dies war jedoch lange Zeit nicht wirklich störend. Denn solange die klassische Hierarchie als Modell für die Binnendifferenzierung von Organisationen fraglos gestellt war und die alltäglich erlebbare Führungspraxis diesen Prinzipien korrespondierte, ist diese Vereinfachung nicht grundsätzlich zum Problem geworden (vgl. dazu Wimmer 1992a). Mit der deutlichen Zunahme an Eigenkomplexität, die mit den Produktivitätssteigerungsversuchen der 1990er-Jahre regelmäßig verbunden war, ist jedoch die beschriebene trivialisierende Form des Herangehens an Organisationsveränderungen vielfach an ihre Grenzen gestoßen. Diese Grenzerfahrung wird in der Praxis umso unausweichlicher, je mehr man sich gezwungen sieht, die bislang ausgeklammerten Bauprinzipien, die zentralen Organisationsprämissen der Vergangenheit, in die Veränderung miteinzubeziehen. Dann nämlich werden die etablierten Führungsstrukturen und die zugrunde liegenden historisch gewachsenen Machtverhältnisse selbst zum Gegenstand der Veränderung. Dies ist bei den radikalen Transformationsversuchen der jüngsten Vergangenheit regelmäßig der Fall gewesen. Überall dort, wo man diesen entscheidenden Punkt nicht erkannt und die Führungsspitze gemeint hat, sich selbst aus dem Veränderungsprozess heraushalten zu können, blieben die angestrebten Erfolge letztendlich aus. Hierin mag der tiefere Grund zu suchen sein, warum die Suche nach einem nichttrivialisierenden Verständnis von Organisationsveränderung nicht nur in der theoretischen Auseinandersetzung, sondern auch im professionellen Diskurs unter Praktikern zurzeit stark an Bedeutung gewinnt (vgl. zur Unterscheidung „trivial/nichttrivial" grundlegend von Foerster 1993, S. 233 f., und Wimmer 1992a; unter Transformationsgesichtspunkten auch Baecker 1998a, S. 39 f.). Was meint man mit „Nichttrivialität" im Zusammenhang von Organisationsveränderung? Dazu in aller Kürze einige Annahmen, auf denen die weiteren Ausführungen aufbauen.

Wenn wir in den hoch entwickelten Gesellschaften von Organisationen sprechen, dann meinen wir damit einen spezifischen Typus sozialer Systeme, der sich regelmäßig um bestimmte gesellschaftliche Problemlagen herum bildet und sich darauf spezialisiert, zu deren Bewältigung adäquate Leistungen anzubieten, z. B. durch die Bereitstellung von Produkten oder Dienstleistungen, wie dies für Wirtschaftsorganisationen charakteristisch ist.

In ähnlicher Weise kann man aber auch auf Schulen, Krankenhäuser, politische Parteien, Religionsgemeinschaften, Sportverbände, Behörden etc. schauen. Moderne Gesellschaften schaffen in besonderem Maße Kontextbedingungen, die in diesem subtilen Wechselspiel von definierter Bedarfslage und darauf spezialisierter Antwortversuche die Ausdifferenzierung von Organisationen fördern. Damit dieser Selbsterschaffungsprozess gelingen kann, benötigen Organisationen eine dezidierte Grenze zwischen sich und ihrer Umwelt. Sie nutzen diese Grenze als produktive Chance, um in dem dadurch abgeschirmten Binnenraum Strukturen und Prozesse auszuprägen, die die Produktion jener Leistungen ermöglichen, mit deren Hilfe sie sich ihr Umfeld als existenzsichernde Interaktionspartner definieren. In diesem Sinne schaffen Organisationen nicht nur sich selbst, sondern definieren damit auch jenen Ausschnitt ihrer Umwelt, mit dem sie durch ihre Leistungen in einem besonderen Austauschverhältnis stehen. Es ist deshalb beispielsweise durchaus berechtigt zu sagen, Unternehmen schaffen ihre Märkte, oder, mit anderen Worten, jeder hat die Kunden, die er verdient. Diese Grenzziehung in Verbindung mit dem spezifischen Leistungsprogramm einer Organisation erzeugt darüber hinaus auch die erforderlichen Auswahlmechanismen, um jene Zulieferungen aus der Umwelt aufzunehmen, die es erlauben, den selbst gesetzten Zwecken und Zielen nachkommen zu können bzw. – wenn erforderlich – diese auch zu ändern.

Sobald eine Organisation diesen Prozess der Ausdifferenzierung erfolgreich hinter sich hat und auf eine gewisse Identität stiftende Geschichte zurückblicken kann, prägt sie unweigerlich eigensinnige soziale Muster aus, das heißt eingespielte Entscheidungsroutinen, die das Zusammenspiel im Inneren wie das Verhältnis nach außen steuern. Das, was alltäglich in Organisationen geschieht, dieses mehr oder weniger koordinierte Herbeiführen von Entscheidungen, an die dann weitere Entscheidungen anschließen – stets eng geführt durch den Existenzgrund einer Organisation –, findet nicht voraussetzungslos und ungesteuert statt. Vielmehr folgen diese Ereignisse „den in der Systemgeschichte aufgebauten Struktur- und Prozeßmustern. Diese lassen sich verstehen als die kondensierten Traditionen, Lernerfahrungen und Selbstidentifikationen des Systems" (Willke 1997a, S. 7). Es sind genau diese kommunikativen Routinen und mehr oder weniger expliziten Regelwerke, die sich für die Überlebenssicherung einer Organisation wie in gleicher Weise auch für die interessenbezogene Anbindung ihrer Mitglieder bislang als erfolgreich (viabel) erwiesen haben, die auf einer tieferen Ebene ihren Reproduktionsprozess steuern. In erster Linie auf die Fortführung dieser Erfolgsmuster sowie der diesen zugrunde liegenden Spielregeln, die das jeweilige Verhalten der Mitglieder organisieren und diesem Sinn verleihen, ist der überwiegende Teil der vorhandenen Energie in Organisationen gerichtet.

Dies bedeutet nun aber keineswegs, wie ein weit verbreitetes Vorurteil meint, dass Organisationen starr und unbeweglich an den eingespielten Strukturen festhalten. Lebende Systeme und damit auch Organisationen ändern sich ohnehin laufend. Die etablierten Prozesse des Austauschs mit den relevanten Umwelten prägen jene spezifischen evolutionären Mechanismen aus, die es diesen Systemen in Grenzen erlauben, die wechselseitig erzeugten Irritationen füreinander in Veränderungsimpulse umzumünzen. Bei der Fortführung des Routinegeschäfts einer Organisation sind stets kleine, zumeist unbemerkte Änderungen an der Tagesordnung.

Das heißt, die Kontinuität, das scheinbar gleich Bleibende, in Organisationen ist nur mithilfe ihrer lebendigen Weiterentwicklung zu gewinnen. Dieses dynamische Moment ist, wenn auch nicht immer auf den ersten Blick erkennbar, stets ein Teil der unentrinnbaren Tendenz von Organisationen, für die Fortsetzungen jener eingespielten Erfolgsmuster und Normalprozeduren zu sorgen, die sich in der Vergangenheit, gemessen an den expliziten und impliziten Zielen der Organisation und ihrer Mitglieder, als „viabel" erwiesen haben. Das Sicherstellen genau dieser „dynamischen Stabilität" von Organisationen (vgl. Luhmann 1995b) bindet einen Großteil ihres Energiepotenzials. Ohne Rücksichtnahme auf die Möglichkeiten und Grenzen dieses historisch aufgebauten Eigensinns von Organisationen scheitern Veränderungsimpulse in ihrem Immunsystem oder sie zerstören ihre Überlebensfähigkeit.

Jede Art von gezielten Eingriffen des Managements, die eine markante Änderung der eingespielten Strukturen und Prozesse bezwecken, trifft unweigerlich auf diese Ausgangslage. Solche Eingriffe mischen sich stets in die fest etablierte Eigendynamik eines nicht wirklich durchschaubaren, hochkomplexen Organisationsgeschehens ein, ein Umstand, der die Wirkung solcher Eingriffe auch nicht wirklich voraussehbar macht. Veränderungskonzepte, die das nicht mitberücksichtigen, sondern von einer naiven Gestaltungsfreiheit ausgehen, erzeugen häufig genau jene Probleme im Prozess der Realisierung ihrer Vorhaben (völliges Unverständnis bei vielen Betroffenen, heftige Gegenwehr, massive Machtkämpfe und Interessenkonflikte etc.), über die sich ihre Initiatoren, diese „naiven Reformer", im Nachhinein dann beschweren. Unzählige Beispiele für diese These lieferten in den vergangenen Jahren viele Reengineeringprojekte, die ja explizit mit dem Anspruch antreten, die Geschäftsprozesse eines Unternehmens von der Kundenanforderung her völlig neu zu erfinden (vgl. etwa Hammer 1995 oder auch Schmitz 1994). Auf dem

Papier entstehen so oft recht beeindruckende Ergebnisse. Die Umsetzung dieser Soll-Konzeptionen in das lebendige Geschehen einer Organisation scheitert allerdings in den allermeisten Fällen, ohne dass in diesem Prozess ein ausreichendes Wissen davon mitproduziert würde, worauf dieses Scheitern letztlich zurückzuführen sei. Das Scheitern hat weniger damit zu tun, dass sich die betroffenen Organisationsmitglieder nicht bewegen wollen, dass sie aus rein egoistischen Motiven heraus Widerstand leisten und damit die guten Absichten ihrer Führung unterlaufen. Das oftmals beschriebene Verpuffen der Veränderungs- und Reformimpulse lässt sich vielfach auf ein Unterschätzen des Komplexitätsgrades solcher Vorhaben zurückführen, ein Unterschätzen, das zumeist mit einem instrumentellen Organisationsverständnis und einer trivialisierenden Veränderungskonzeption der handelnden Personen eng verbunden ist. Aus der Sicht der „Trivialisierer" genügt es, sich eine perfekte Soll-Vorstellung zu erarbeiten und diese dann nach Plan umzusetzen. In diesem Sinne gibt es einen kleinen Kreis Veränderer, die selbst schon dort sind, wo der große Kreis der zu Verändernden erst hingebracht werden muss. Diese klare Asymmetrie gibt Sicherheit und Orientierung. Die während des Umsetzungsprozesses auftauchenden Hindernisse gilt es einfach aus dem Weg zu räumen. Denn alles, was nicht ins Konzept passt, wird als Störung gewertet und ist entsprechend zu behandeln.

Im Unterschied zu dieser schlichten Weltsicht besteht die Kunst der Organisationstransformation gerade darin, die Steuerung dieses Prozesses so anzulegen, dass sie mit der unvermeidlichen Eigendynamik, die mit solchen Maßnahmen in Organisationen losgetreten wird, rechnet und dass sie sich auf die prinzipielle Unkalkulierbarkeit solcher Prozesse einstellen kann. Dies bedeutet, davon auszugehen, dass weder das Ergebnis der Transformation noch der Weg dorthin exakt planbar sind. Wenn dem so ist, dann benötigen wir ein Steuerungsverständnis, das der beschriebenen Komplexität und dem Eigensinn organisierter sozialer Systeme wirklich Rechnung trägt. Wir müssen davon ausgehen, dass Organisationsveränderungen allein schon dadurch eine Menge heterogener, nichtintendierter Wirkungen erzeugen, dass ihre Absicht kommuniziert und organisationsintern beobachtet wird. Diese Beobachtungen stimulieren vielfältige Prozesse, die in der Regel wenig mit den beabsichtigten Wirkungen der Initiatoren von Veränderungen zu tun haben.

So wie der Beginn eines Transformationsprozesses eine Vielzahl unkalkulierbarer Reaktionen auslöst, die seinen weiteren Fortgang entscheidend beeinflussen, so stößt jeder weitere Schritt auf überraschende Konstellationen, die erst durch den Prozess selbst hervorgebracht werden. Entscheidend ist es demnach, ob es gelingt, die ausgelösten Beobachtungen und die daran sich anschließenden Reaktionen und wiederum die Beobachtungen dieser Beobachtungen organisationsintern zum Gegenstand von Kommunikation zu machen. Im Kern impliziert dieses Verständnis von Steuerung die Ermöglichung eines Kommunikationsprozesses, indem sich iterativ in einem Hin-und-Her-Pendeln von Veränderungsimpulsen und einem Bearbeiten der jeweils ausgelösten Reaktionen das Transformationsgeschehen selbst vorantreibt. Es geht also um das laufende Wiedereinschließen der durch die Eigendynamik einer Organisation jeweils produzierten Zustände in das Veränderungsgeschehen selbst, sei es als etwas, das als zusätzliche Energie aufgegriffen werden kann, sei es als etwas, mit dem man sich in besonderer Weise auseinander setzen muss, weil ansonsten das Ganze ins Stocken gerät. Wenn wir in diesem Sinne Organisationsveränderung als rekursiven Prozess begreifen, in dem es ratsam ist, die Prinzipien der Veränderung auf sich selbst anzuwenden, also die Transformation der Transformation von Anbeginn miteinzuplanen, dann geht mit diesem Schritt unweigerlich eine „Enttrivialisierung des Transformationsbegriffes einher“ (Baecker 1998a, S. 52). Es lässt sich insofern nicht länger die Vorstellung durchhalten, es gäbe da einige wenige, die den Rest der Organisation nach ihren Vorstellungen umbauen, ohne dass dieser Vorgang unberechenbare Rückwirkungen sowohl auf die Initiatoren der Veränderung wie auch auf die davon Betroffenen hätte.

Im Grunde genommen lässt sich in dieser Einsicht ein Großteil der Schwierigkeiten bündeln, denen sich ein Unternehmen, seine Mitglieder und hier vor allem wiederum seine Entscheidungsträger im Falle einer radikalen Umgestaltung konfrontiert sehen. In der Handhabung des Phänomens der Rekursivität gezielter Organisationsveränderungen liegt deshalb die eigentliche professionelle Herausforderung für Manager wie für Berater, wenn es um die Konzeption und Steuerung solcher Prozesse geht. Verabschiedet man sich von der beschriebenen, technisch-ingenieurmäßigen Art des Herangehens an Veränderungsvorhaben, die aufgrund ihrer Komplexität reduzierenden Funktion für alle Beteiligten zunächst zugegebenermaßen eine äußerst entlastende Wirkung haben, dann besitzt dies eine Reihe wichtiger Implikationen, auf die im Folgenden kurz eingegangen werden soll.

Konsequenzen der Nichttrivialität für radikale Umgestaltungsprozesse in Organisationen

1. Sicherheit im Umgang mit hoher Unsicherheit

Sieht man sich gezwungen, in existenziell wichtige Prozesse und Strukturen einer Organisation verändernd einzugreifen, dann steht man vor dem unangenehmen Dilemma, etwas Existierendes, das sich bislang ja in irgendeiner Form bewährt hat, dem sich also aus dem bisherigen Geschehen ein plausibler Sinn zuordnen lässt, zu zerstören. Diesem „destruktiven" Akt – es gilt, etwas Gewohntes aufzugeben – steht auf der anderen Seite fürs Erste einmal nichts vergleichbar Sicheres, sondern eine äußerst ungewisse Zukunft gegenüber. Das, was man durch die Veränderung erreichen will, dieser „bessere Zustand", ist ja zunächst einmal nur ein relativ abstraktes Versprechen. Dieser Schritt weg vom sicheren Terrain hinein in unbekanntes, risikoreiches Gelände verlangt ganz bestimmte Prinzipien des Vorgehens, die sein Gelingen wahrscheinlicher machen, weil sie den Grad an selbst erzeugter Unsicherheit bewältigbar machen.

Wenn unsere Annahme stimmt, dass man zwar bestimmte Veränderungsziele intendieren kann, dass die tatsächlichen Wirkungen eines Veränderungsprojektes aber nicht vorhersehbar sind, dann ist es klug, den durch die Veränderung angestrebten Zustand zwar im Groben festzulegen, in seinen Details aber offen zu lassen. Dieser Zielzustand ist letztlich das Ergebnis einer viel Zeit in Anspruch nehmenden gemeinsamen Anstrengung, wobei der Weg dorthin durchs Gehen erst erfunden wird und durch zahlreiche Korrekturschleifen erst Gestalt annimmt, sodass am Beginn niemand wirklich wissen kann, was am Ende letztlich rauskommt. Genau an dieser Stelle geraten die Verantwortlichen eines Veränderungsvorhabens in der Regel enorm unter Druck. Ihre Umgebung – die von der Veränderung Betroffenen – will ja wissen, was sie genau erwartet, womit sie als Endergebnis zu rechnen hat. Lassen sich Entscheidungsträger auf diese Erwartung ein und treffen am Beginn bereits detaillierte

Festlegungen, dann wird sie der Veränderungsprozess in der Regel Lügen strafen. Es müssen im Zuge des Geschehens wichtige Entscheidungen wieder zurückgenommen werden, ein Umstand, der in solchen Phasen der Verunsicherung das Problem der Glaubwürdigkeit zusätzlich verschärft. Verweigert man aber am Beginn konkrete inhaltliche Aussagen, weil eben in der Anfangsphase auf viele wichtige Fragen noch keine endgültigen Antworten gegeben werden können, dann enttäuscht man das Sicherheitsbedürfnis der Leute. Diese Enttäuschung der eigenen Führungskräfte wird umso einschneidender sein, je mehr die Leute in der bisherigen Führungstradition gewohnt waren, als primär Ausführende sich an den inhaltlichen Vorgaben des Managements zu orientieren. Dem hier aufgezeigten Dilemma ist bei radikalen Versuchen der Transformationen von Organisationen eigentlich nicht zu entkommen. Es muss gehandelt werden, es müssen gewachsene Strukturen aufgelöst und es muss in eingespielte Interessenkonstellationen eingegriffen werden, obwohl das Neue erst im Zuge des Prozesses Gestalt annehmen wird und wichtige Weichenstellungen erst zu einem viel späteren Zeitpunkt in sinnvoller Weise vorgenommen werden können. Es handelt sich also bei solchen Anlässen stets um besonders risikobelastete Entscheidungsprozesse; denn niemand kann glaubhaft garantieren, dass am Ende die erwarteten Wirkungen tatsächlich zu beobachten sein werden. Stellt man sich als Träger eines solchen Transformationsprozesses diesem Dilemma, dann verlangt dies erhebliche Sicherheit und Routine im Umgang mit großer Unsicherheit. Denn nur mithilfe dieser inneren Sicherheit kann man die schwierigen Kommunikationsaufgaben bewältigen, die solche Transformationsprozesse von Anfang an begleiten. Es muss in intensiven Kommunikationsschleifen mit den Betroffenen immer wieder geklärt werden, was schon entschieden ist und was – weil noch offen – den weiteren Prozessschritten zur Erarbeitung obliegt. Nach unserer Erfahrung ist diese Sicherheit im Umgang mit großer Unsicherheit (weil alles hochkomplex und letztlich nicht durchschaubar ist) am ehesten aus einer begründeten Vorstellung davon zu gewinnen, wie ein solcher Transformationsprozess unter nichttrivialen Vorzeichen professionell angegangen werden kann und weniger daraus, dass man am Beginn die inhaltlichen Ergebnisse im Detail schon vorwegnimmt (wir sprechen hier von Prozesssicherheit im Gegensatz zu inhaltsorientierter Expertensicherheit).

2. Die Verzeitlichung der Balance von Bewahren und Verändern

Auch für radikale Transformationen gilt, was für jede Art von Organisationsänderung mitzudenken ist: Sie finden bei „laufenden Betrieb" statt. Es ist schlecht möglich, eine Organisation stillzulegen, zu reparieren und dann wieder zu starten. Dies erfordert die Unterscheidung zwischen dem, was zunächst wie bislang weiterläuft, damit eine basale Leistungsfähigkeit aufrechterhalten werden kann, und dem Ausschnitt des Organisationsgeschehens, auf den sich die Veränderungsbemühungen in einer ersten Phase konzentrieren. Häufig gelingt gerade am Beginn diese Dosierung zwischen Kontinuität und Bruch nicht in ausreichendem Maße. Will man – oft unter hohem Zeitdruck – zu viel auf einmal umkrempeln, dann überfordert man das System und erreicht gerade durch diese Überforderung genau das Gegenteil dessen, was man intendiert. Auf der anderen Seite, wenn man nicht von Anfang an mit der erforderlichen Radikalität und Konsequenz an zentralen Problemstellungen ansetzt, bewegt sich gar nichts, und es bleibt bei symbolischen Korrekturen. Die Kunst in der Steuerung solcher Umgestaltungsprozesse liegt in der genauen Fokussierung der Frage, welche Aspekte der Veränderung zunächst eingeschlossen werden, weil man sich von ihnen die größte Hebelwirkung verspricht, und in der Entscheidung darüber, wann das zunächst Ausgeklammerte selbst zum Gegenstand der Transformation wird. Im guten Timing des Wechsels des Fokus von Veränderung liegt ein erheblicher Erfolgsfaktor für Transformationsprozesse. Dies bedeutet letztlich die Verzeitlichung der Balance von Bewahren und Verändern. Die Potenziale und Ressourcen, auf die man sich heute im Veränderungsprozess als Anker der Kontinuität stützt, geraten morgen selbst unter Veränderungsdruck. Gelungene Transformationen zeichnen sich durch diesen gezielten Wechsel zwischen einem in den Veränderungsprozess Ein- und Ausgeschlossensein aus, ein Wechsel, der es ermöglicht, über die Zeitachse hinweg alle relevanten Organisationsdimensionen in Richtung der neuen Logik umzubauen und das Ganze noch als wechselseitigen Lernprozess anzulegen.

3. Organisationsformationen gehen nicht ohne eine Selbsttransformation des jeweiligen Führungssystems

Wenn wir die landläufige Unterscheidung zwischen jenen, die transformieren, gleichsam den Schöpfern der neuen Organisation, und jenen, die transformiert werden müssen, aufgeben, dann ist jede Transformation im Grunde genommen Selbsttransformation. Die Grenze zwischen jenen, die verändern und selbst deshalb gleich bleiben können, und jenen, die sich deutlich bewegen müssen, damit sich etwas bewegt, diese sattsam bekannte Spaltung in Veränderungstäter und Veränderungsopfer führt sich unter diesem Blickwinkel selbst ad absurdum. Es gibt diesen archimedischen Punkt in Organisationen nicht, der selbst stabil und von Veränderungen unberührt gehalten werden kann. „Es ist, mit anderen Worten, notwendig, den Beobachter, der glaubt, sich heraushalten zu können und Ausgangs- und Endzustand sowie Übersetzungsregel vorgeben zu können, in den Prozeß miteinzubeziehen" (Baecker 1998a, S. 51).

Dies ist leichter gesagt als getan. In der Praxis ist immer wieder zu beobachten, wie schwer es den Entscheidungsträgern fällt, sich selbst nicht nur als Impulsgeber der Veränderung zu sehen, sondern auch ein Gespür dafür zu bekommen, wie sehr das Gelingen der Organisationstransformation von der eigenen Veränderungsfähigkeit abhängt. Diese Schwierigkeit wurzelt in einer weiteren Paradoxie, in die jeder Versuch einer ernst zu nehmenden Organisationstransformation unweigerlich gerät. Will man Organisationen aus ihren gewohnten Geleisen herausbringen, benötigt man in ihnen Entscheidungsinstanzen, die dazu effektiv in der Lage sind. Im Normalfall einer radikalen Organisationstransformation sind jedoch diese Kapazitäten nicht vorhanden, weil üblicherweise das gesamte Führungshandeln um die Steuerung der eingespielten Normalprozeduren herumgebaut ist. Genau besehen, bedeutet dies: Die Führungsstrukturen, das Zusammenspiel der Führungskräfte auf und zwischen den einzelnen Hierarchieebenen, ihr Qualifikationsniveau – all diese Aspekte sind ein wesentlicher Teil des Problems, das durch die Transformation einer Organisation bearbeitet werden soll. Genau dieser Punkt lässt die Veränderungsfähigkeit des Managements, seine Bereitschaft, zunächst bei sich selbst anzufangen, zum entscheidenden Engpass für einschneidende Veränderungsvorhaben werden. Organisationsveränderungen sind ohne nennenswerte Veränderungen in den Führungsverhältnissen nicht zu haben. Dies betrifft nicht nur die Zahl der Führungsebenen, der Positionen und formalen Kompetenzen; dies tangiert in der Regel auch ganz nachhaltig das konkrete Rollenverständnis und das damit in Zusammenhang stehende alltägliche Führungshandeln. Hat man diesen für

Organisationstransformationen zentralen Engpass im Auge, so bedeutet dies, dafür Vorsorge zu treffen, dass sich die Führungsstrukturen und die alltäglich gelebte Führungspraxis in Abhängigkeit von den einzelnen Veränderungsschritten weiterentwickeln kann.

Auch dies ist ein Prozess, der seine Reifezeit braucht und von der Unterschiedlichkeit der getätigten Interventionen lebt (Qualifikationsmaßnahmen, Jobrotation, neue Führungskräfte hereinholen, passende Führungsinstrumente entwickeln etc.). Zunächst wird eine Organisation, die sich gezielt verändern will, wohl unweigerlich auf jene Führungsstrukturen und kulturell verankerten Bearbeitungsmuster zurückgreifen, die in der bisherigen Geschichte aufgebaut worden sind. Es steht ihr anfänglich nichts anderes zur Verfügung, es sei denn, es kommt zu einem personellen Wechsel an der Spitze, womit sich allein dadurch neue Optionen eröffnen. Man kann aber davon ausgehen, dass sich eine Organisation durch jeden ernsthaften Veränderungsversuch mit diesen etablierten Strukturen und den in sie eingebauten Problemen auf eine ganz neue Weise bekannt macht.

Die Erfahrung zeigt, dass durch das Anstoßen eines Transformationsprozesses Führungsprobleme deutlich zutage treten, die in der operativen Routine des Alltagsgeschäftes ganz gut überspielt werden konnten. Nutzt die Führung einer Organisation die spezifischen Informationen, die sie durch das Lostreten eines Veränderungsvorhabens über sich selbst und den eigenen Zustand generieren kann, als besondere Chance, dann wird sie mit den paradoxen Anforderungen leben lernen, die aus der Steuerung eines Transformationsprozesses unweigerlich resultieren. Damit mit diesem im Zuge der Veränderung selbst erzeugten Spiegel gut umgegangen werden kann, bedarf es geschützter Kommunikationsgelegenheiten, in denen man sich gemeinschaftlich über die aus der Selbstbeobachtung gewonnenen Eindrücke verständigen kann. Diese Art der Selbstreflexion ist unter Führungskräften keine Selbstverständlichkeit – vor allem in Zeiten des Umbruchs, die in der Regel die interne Rivalitätsdynamik noch verstärken. Der auf der Führung lastende Zwang zur Selbstentwicklung benötigt auf der anderen Seite aber auch Entscheidungsstrukturen, die die als erforderlich erachteten Maßnahmen (der Rollenklärung, der Qualifizierung, des Führungswechsels etc.) in Gang setzen und konsequent umsetzen können. Gerade in Phasen des Umbaus von Organisationsstrukturen werden Führungskräfte sehr genau dahin gehend beobachtet, in welchem Ausmaß sie in der Lage sind, die selbst verkündeten Prinzipien der Transformation auf sich selbst anzuwenden. Das aus solchen Beobachtungen gewonnene Material ist mitausschlaggebend dafür, wie ernst die gesetzten Veränderungsimpulse in anderen Bereichen der Organisation aufgenommen werden.

4. Die wechselseitigen Erwartungen von Person und Organisation werden aufgelöst und neu verhandelt

Wenn wir von Organisationstransformationen sprechen, dann meinen wir in der Regel Veränderungsprozesse, die unter anderem auch die persönliche Beziehung der Mitglieder einer Organisation zu dieser nachhaltig berühren. Mithilfe der Mitgliedschaft prägen beide Seiten, die Personen wie die Organisation, aneinander Erwartungen aus. Diese müssen nicht immer klar ausgehandelt und explizit formuliert sein. Von beiden Seiten wird aber mehr oder weniger offen darüber Buch geführt, wie diese Erwartungen erfüllt bzw. enttäuscht werden. Üblicherweise pendeln sich in Organisationen typische kulturelle Gepflogenheiten ein, wie die als offen empfundenen „Rechnungen" im Laufe der Zeit ausgeglichen werden können. Radikale Umgestaltungsprozesse in Organisationen, wie sie etwa eine Fusion, eine Zergliederung in unternehmerisch selbstständige Einheiten, ein Redesign der wichtigsten Geschäftsprozesse regelmäßig darstellen, greifen tief in diese kulturell abgesicherten Fundamente der Tauschbeziehung von Person und Organisation ein. Sie stellen die Weitergeltung der bislang aufgebauten Basisspielregeln in dieser Beziehung grundsätzlich infrage. Täten sie dies nicht, müssten Zweifel an der Reichweite des Veränderungsvorhabens aufkommen. In solchen Prozessen kommt es unweigerlich zu Verschiebungen im bestehenden Rollen- und Einflussgefüge und zu einer Neudefinition der gegebenen Handlungschancen seitens der beteiligten Funktionsträger. Die Zuschreibungen von organisationsinterner Bedeutung und Gewichtung ändern sich. Die in der eigenen beruflichen Entwicklung aufgebauten ebenso wie statusbezogene Identitäten – oft von hoher persönlicher Bedeutung – können plötzlich in der gewohnten Form nicht mehr aufrechterhalten werden. Mit diesen zunächst oft nur vermuteten Bedeutungsveränderungen kommt automatisch die Suche nach Gewinnern und Verlierern in diesem Prozess ins Spiel.

Aus diesem Grunde wäre es höchst verwunderlich, wenn solche Umgestaltungsprozesse nicht auch von intensiven Machtauseinandersetzungen begleitet würden. Es werden ja die Karten neu gemischt und wieder verteilt, und dies nicht nur in der aktuellen Situation, sondern auch für die nächste Zukunft. Eine Organisationsformation unterbricht bislang aufgebaute Laufbahnerwartungen eines erheblichen Teiles der Organisationsmitglieder, sie zerstört so manche lang gehegte Hoffnung. Sie schafft in der Regel aber auch ganz neue Aufgabenfelder und daran anknüpfend auch neue Karrierechancen, die es in dieser Form in der Vergangenheit vielleicht noch gar nicht gegeben hat. Aber die Zukunft ist ungewiss, und jeder fragt sich: Wie groß ist das Risiko, auf diese zunächst noch vagen Karriereaussichten zu setzen?

Blickt man auf viele unternehmerische Umgestaltungsversuche in den 1990er-Jahren zurück, so waren diese zumeist auch von drastischen Personalabbaumaßnahmen begleitet. Solche Schritte hinterlassen stets tiefe Spuren in einer Organisation. Die Art und Weise, wie und warum es zu solchen Entscheidungen kommt und wie sie dann auch umgesetzt werden, stellt vielfach die Weichen in Bezug darauf, wie sich die verbleibende Belegschaft dem Unternehmen gegenüber künftig verpflichtet fühlt (zu diesem wichtigen Zusammenhang vgl. auch Kets de Vries u. Balazs 1996). Die wichtigste Konsequenz aus dem eben Gesagten für die Steuerung von Transformationsprozessen besteht darin, Sorge dafür zu tragen, dass für die unvermeidlichen Erschütterungen auf der persönlichen Ebene und in der Tauschbeziehung von Person und Organisation geeignete Bearbeitungsmöglichkeiten zur Verfügung stehen. Personenbezogene Entscheidungen sind rechtzeitig und mit besonderer Sorgfalt herbeizuführen, die bei aller oft unvermeidlichen Schmerzlichkeit so etwas wie einen Grundrespekt und eine wechselseitige Wertschätzung ganz konsequent zum Ausdruck bringt. Hat eine Organisation einen Blick für das, was sie durch eine Veränderung bei ihren Mitgliedern lostritt, dann kann sie durch das Bereitstellen von Zeit und Energie für das kommunikative Bearbeiten von Ängsten, Befürchtungen, Wut und Trauer mithelfen, dass die Auseinandersetzung um höchstpersönliche Interessen der Mitglieder getrennt werden kann von der Auseinandersetzung über geeignete Strukturen, Prozesse und Besetzungsentscheidungen.

Gelingt es im Zuge einer Organisationstransformation nicht, diese beiden Spielfelder in ihrer je eigenen Konfliktdynamik weitestgehend getrennt zu halten, dann ist die durch solche Prozesse losgetretene destruktive Energie schwer zu kanalisieren. Die sorgfältige Wahrung der angesprochenen Differenz stellt extrem hohe Anforderungen an die Steuerungsleistung der Führungskräfte auf allen Hierarchieebenen. Dies gilt vor allem für sämtliche Entscheidungen, von denen sie unmittelbar selbst betroffen sind. Hat man etwa bei einer Reorganisation den Eindruck, die gefundene Neustrukturierung spiegele im Wesentlichen das Bedürfnis der Entscheidungsträger wider, auf keinen Fall einem aus den eigenen Reihen wehzutun, dann ist das ein entsprechendes Signal in den Rest der Organisation. Dies gilt aber auch für die Qualität, mit der sich Führungskräfte im Zuge eines Veränderungsprozesses mit den persönlichen Sorgen ihrer Leute auseinander setzen und dafür, wie viel Transparenz sie für die zu treffenden Personalentscheidungen im eigenen Verantwortungsbereich schaffen können. Denn die Erfahrung zeigt uns, dass gerade an diesen personenbezogenen Entscheidungen in einem ganz starken Ausmaß abgelesen wird, wie es um die Glaubwürdigkeit des gesamten Veränderungsvorhabens bestellt ist und welche inhaltliche Richtung dieser Prozess eingeschlagen hat.

Wie entsteht Veränderungsenergie in Organisationen?

Auf dem ersten Blick könnte man meinen, dies sei eine banale Frage. Gerade wenn man in der Denkwelt eines eher instrumentellen Organisationsverständnisses operiert, dann scheint es einem selbstverständlich, dass Veränderungsentscheidungen, die von der Spitze ausgehen, in der Organisation auch aufgegriffen und umgesetzt werden. Ist dies nicht der Fall, dann hat man es entweder mit Unfähigkeit oder Obstruktion zu tun. Geht man mit solch einer Brille an Veränderungsvorhaben heran, dann stellt sich die Frage nach der Energie tatsächlich nicht. Der berühmten „Bombenwurfstrategie" folgend, glaubt man fest an die Wirkung von Zerstörungsmaßnahmen, die von oben in die Welt gesetzt werden. Mit dieser Mentalität übersieht man allerdings, dass sich die Ziele einer einschneidenden Organisationstransformation nicht mit Zwang erreichen lassen. Dafür benötigt man ein weit über das Normalmaß hinausgehendes Engagement eines Großteils der Mitarbeiter. Es wäre eine Illusion, dieses einfach als gegeben anzunehmen oder auf den Druck der Hierarchie zu vertrauen. „Das Problem bei diesem Vorgehen besteht darin, dass es äußerst schwierig ist, die großen Veränderungen, die heute zur Sicherstellung der Leistungsfähigkeit von Unternehmen oft notwendig sind, mit nackter Gewalt durchzusetzen. Transformation fordert Verzicht, Engagement und Kreativität, und nichts davon läßt sich erzwingen" (Kotter 1997, S. 49).

Entscheidend für einen Transformationsprozess ist daher weniger die gute Absicht der Agenten der Veränderung, sondern ihre Fähigkeit, die bislang eingespielten Erfolgsmuster und Routinen einer Organisation zu irritieren. Dafür ist es erforderlich, zunächst einmal nüchtern zur Kenntnis zu nehmen, dass das gegebene Energiepotenzial einer Organisation auf die Fortsetzung der für die bisherige Leistungsfähigkeit tragenden Routinen gerichtet ist. Je mehr in der Vergangenheit im Sinne einer Optimierung dieser Routinen bereits rationalisiert worden ist, umso weniger „freischwebende" Ressourcen sind vorhanden, die für den Transformationsprozess zur Verfügung stehen.

Man verkennt die Eigendynamik von Organisationen ganz grundlegend, wollte man davon ausgehen, dass sie so ohne weiteres den für ihre eigene Transformation erforderlichen Energieaufwand mobilisieren könnte. Die *governing values and procedures* einer Organisation sorgen in Verbindung mit den persönlichen Interessen und Identitätsfragen ihrer Mitglieder, die ja stets auf das Engste mit ihnen verwoben sind, dafür, dass die vorhandene Energie auf die Reproduktion der eingespielten Muster und Organisationsverhältnisse ausgerichtet ist. Nimmt man diese Eigenheit von Organisationen zur Kenntnis, dann heißt dies, dass es Teil des Transformationsprozesses werden muss, das nötige Energiepotenzial gezielt zu mobilisieren. Das Verkennen dieses Erfordernisses hat in der Vergangenheit häufig dazu geführt, dass die daraus resultierenden Schwierigkeiten in der Realisierung von Veränderungsvorhaben dem „Widerstand" der betroffenen Personen und Organisationseinheiten zugeschrieben werden. Die Beliebtheit des Widerstandskonzeptes wurzelt letztlich genau in der Möglichkeit, sich selbst als Veränderer aus der Betrachtung auszuklammern und die Probleme am Widerstand der anderen festzumachen. „Letztendlich sind es die in einem Unternehmen handelnden Personen, die Entwicklungen hemmen oder sogar verhindern" (Vahs 1997, S. 19). Solche Überzeugungen entlasten zwar die unter Druck geratenen Manager und Berater, sie bieten aber keine gute Grundlage für die erfolgreiche Steuerung von Transformationsprozessen.

Will man eine gute Ausgangsbasis für den nachhaltigen Erfolg solcher Prozesse legen, dann ist es ratsam, in der Organisation selbst eine intensive Auseinandersetzung über die Beweggründe und die Dringlichkeit der Veränderung zu führen. Nur ein vergemeinschaftetes Verständnis der aktuellen oder künftig erwartbaren Problemlage, die ein radikales Abgehen vom Staus quo erforderlich macht, lässt genug Bereitschaft entstehen, das Risiko des Neuen auf sich zu nehmen. Die Befürchtungen, die mit der Veränderung verknüpft werden, gilt es durch das deutlich größere Risiko der Nichtänderung zu überwinden (vgl. dazu auch Schein 1995). Dafür ist es eine Voraussetzung, dass das Bedrohungspotenzial, das in einer Fortführung der bisherigen Erfolgsmuster steckt, plausibel gemacht werden kann. Kann man diesen *case for action* in einer Organisation nicht benennen oder seine existenzielle Dringlichkeit nicht glaubhaft machen, warum sollten dann die Leute ihre gewohnte Sicherheit aufgeben? Eine gute Reformidee oder die Profilierungschance bestimmter Akteure reichen in der Regel nicht aus, tief greifende Veränderungen in Gang zu setzen. Radikale Transformationen, die zumeist mit schmerzhaften Einschnitten in Bezug auf zentrale Identitätsfragen und etablierte Interessenlagen verbunden sind, benötigen einen entsprechend großen, real nachvollziehbaren, existenzbedrohenden Druck, der die erforderlichen „Notoperationen" erklärbar macht. Der Kommunikationsaufwand, der anfänglich investiert werden muss, um die Dringlichkeit eines Organisationsumbaus glaubhaft zu machen, lohnt sich allemal in den späteren Phasen eines Transformationsprozesses.

Das Bewusstsein der Unausweichlichkeit einer Änderung reicht allerdings nicht aus, um über einen längeren Zeitraum in einer Organisation die erforderliche Schubkraft zu mobilisieren. Dazu bedarf es eines gegenüberliegenden Pols, eines Attraktors, der die Entwicklung in eine bestimmte Richtung zieht. Diesen Gegenpol zum *case for action* bildet eine attraktive Zukunftsperspektive, die bei aller ehrgeizigen Anspannung real erreichbar scheint und für die es sich lohnt, sich besonders anzustrengen bzw. zwischenzeitlich auch Opfer auf sich zu nehmen. Energie, aus einem problematischen Zustand herauszukommen, entsteht erst, wenn genügend Vertrauen gewachsen ist, dass es real möglich ist, diesen Zustand zu ändern, und eine ausreichend attraktive Alternative zur Verfügung steht. Solange es nur darum geht, den vorhandenen Leidensdruck zu mildern, wird man in der Regel in die alten Verhaltensmuster zurückfallen, sobald sich dieser Druck abgeschwächt hat. Erst wenn man für den Aufbau beider Pole (Verständigung über das Problematische der eigenen Ausgangslage und Vergewisserung einer gemeinsamen Zukunftsperspektive) gesorgt hat, entsteht in einer Organisation jener Energie erzeugende Spannungsbogen, mit dessen Hilfe die eingespielten Routinen in einem Maße irritiert werden können, dass alternative Optionen eine Chance bekommen (vgl. Abb. 1).

Abbildung 1

Die bisherigen Erfahrungen mit einschneidenden Transformationsprozessen zeigen, dass für die Tragfähigkeit des angesprochenen Spannungsbogens einige wenige Entscheidungsträger, auch wenn diese in der Hierarchie hoch angesiedelt sind, nicht genügen. Solche Vorhaben benötigen eine wesentlich breitere Basis. Wichtig ist vor allem, dass sich die Führungskräfte der betroffenen Organisationsbereiche bezüglich beider Pole eine übereinstimmende Grundüberzeugung erarbeitet haben und diese in ihrem Alltagshandeln glaubwürdig zum Ausdruck bringen können. John P. Kotter (1997) spricht in diesem Zusammenhang von einer tragfähigen Führungskoalition, die für den Rest der Organisation sichtbar am gemeinsamen Willen zur Veränderung festhält, und zwar mehr durch das gezeigte Verhalten als durch die deklarierten Absichten.

Der enge Zusammenhang zwischen dem angesprochenen Spannungsbogen und den Führungskräften als den Trägern dieses Bogens macht den Zustand der Führungsstrukturen, die Qualität des Zusammenwirkens der Führungskräfte auf bzw. zwischen den einzelnen Führungsebenen einer Organisation zum entscheidenden Engpass für das Gelingen oder Scheitern eines Transformationsprozesses. Deshalb sind prozessbegleitende Interventionen in diese Kooperationsqualität des betroffenen Managements in der Regel ein wichtiger Stellhebel, mit dessen Hilfe man über die unvermeidlichen Klippen eines Transformationsprozesses hinwegkommt. Gelingt es, zwischen den betroffenen Führungsebenen so etwas wie eine gemeinschaftliche Ownership, bezogen auf den Veränderungsprozess, aufrechtzuerhalten und zu verhindern, dass sich die einen primär um den „laufenden Motor", d. h. um das Tagesgeschäft, kümmern, während andere zu erfolglosen Wanderpredigern in Sachen Veränderung werden, dann bekommt der Transformationsprozess eine reelle Chance.

Begreift man Organisationsveränderung als nichttrivialen Vorgang, so kommt man nicht umhin, sowohl die Definition des Ausgangszustandes wie die des gewünschten Zielzustandes als wichtige Leistung des Transformationsprozesses selbst zu begreifen und darauf aufbauend die einzelnen Schritte von A nach B zu konzipieren. Das Ganze benötigt eine Prozessanlage im Sinne einer gezielten Dramaturgie, die in ausreichender Menge und Qualität Kommunikationsgelegenheiten schafft, die es möglichst vielen Organisationsmitgliedern erleichtern, aus einer abwartend defensiven Beobachterhaltung herauszutreten und in eine Position des aktiven Mitmachens und, bezogen auf das eigene Aufgabengebiet, der Verantwortungsübernahme zu kommen. Es ist dies der tiefere Sinn, wenn im Zusammenhang von Organisationsveränderungen immer wieder die Beteiligung der Betroffenen angemahnt wird. Auch hier haben wir es mit einem schwierigen Dilemma zu tun. Beteiligungsprozesse nehmen enorm viel Zeit in Anspruch, und sie erhöhen die Wahrscheinlichkeit, dass bislang latent gehaltene Konfliktpotenziale zutage treten. Ohne solche Prozesse, die in einem definierten Rahmen reale Mitgestaltungsmöglichkeiten eröffnen, sind das persönliche Engagement und die Übernahme von Eigenverantwortung der betroffenen Mitarbeiter allerdings nicht zu haben.

Weil das eine nicht ohne das andere geht, zählt die Gestaltung des darauf gerichteten Kommunikationsgeschehens zu den zentralen Erfolgsfaktoren in der Architektur eines Transformationsprozesses. Das Entscheidende an dieser Prozessanlage aber bleibt ihre Rekursivität, ihre Fähigkeit, sich aus den jeweils gemachten Beobachtungen selbst zu korrigieren, das heißt, den Veränderungsprozess als solchen lernfähig zu halten. Wenn es stimmt, dass eine Organisation sich erst im Prozess der Selbständerung von ihrer „wahren Seite“ kennen lernt, dann kommen die entscheidenden Chancen und Hindernisse einer Transformation erst beim Gehen ins Blickfeld. Es ist dies wie beim Umbau eines alten Hauses. So wichtig eine gute Planung ist, sie schützt einen nicht vor den eigentlich entscheidenden Überraschungen. „Man wird so weit gehen können, die Transformation als einen Vorgang zu beschreiben, der sich aus seiner eigenen Gefährdung immer wieder neu und anders zu gewinnen hat – oder scheitert“ (Baecker 1998a, S. 59). Im Anhang findet sich ein Vorschlag, wie so eine Prozessanlage für eine Organisationstransformation konzipiert werden kann, indem bestimmte ihrer Phasen unterschieden und diesen Phasen spezifische Leitfragen zur Bearbeitung zugewiesen werden.

Anhang:

Die wichtigsten Phasen eines organisationsbezogenen Veränderungsprozesses – Die besonderen Herausforderungen einer radikalen Transformation

Ausgangsthese

Die ernsthafte Umgestaltung von Organisationen ist stets mit schmerzlichen Einschnitten in bislang erfolgreich gepflegte Gewohnheiten und persönliche Interessen verbunden. Dieser Prozess erfordert und bindet enorm viel Energien, zumal er bei „laufendem Motor“ stattfinden muss. Er benötigt deshalb eine ganz eigene Dramaturgie, die gekonnt zwischen konsequentem Veränderungsdruck und dem Verständnis für das zu Bewahrende balanciert. Jede Phase dieses Prozesses ist durch charakteristische Problemlagen gekennzeichnet und verlangt ein darauf abgestimmtes Engagement der verantwortlichen Entscheidungsträger.

Die zentrale Herausforderung liegt in dem Umstand, dass man in der Anfangsphase auf viele wichtigen Fragen noch keine endgültigen Antworten geben kann. Man muss handeln, obwohl sich vieles erst im Zuge des Prozesses klären wird und deshalb erst zu einem späteren Zeitpunkt entschieden werden kann.

Dies verlangt Sicherheit im Umgang mit großer Unsicherheit. Diese ist eher aus der professionellen Gestaltung des Prozesses selbst zu gewinnen als aus vorschnellen inhaltlichen Festlegungen (Prozesssicherheit versus inhaltliche Risikovermeidung).

Im Sinne dieser Dramaturgie lassen sich folgende fünf Phasen eines Veränderungsprozesses unterscheiden, die eine durchgängige Aufmerksamkeit der involvierten Führungsebenen erfordern.

1. Phase
Die Schaffung einer angemessenen Sicht auf jene aktuelle oder in Zukunft zu erwartende Problemkonstellation, die durch die angestrebte Veränderung bearbeitet werden soll. Was ist der case for action? Welche „Not" gilt es zu „wenden"? Transparenz schaffen für den Handlungsdruck und die Dringlichkeit der Veränderung

Dazu einige Leitfragen:

- Wessen Sichtweise bzw. wessen Know-how ist für diese problemverstärkende Startphase wichtig? Wie lässt sich dieses Wissen mobilisieren und miteinander sinnvoll verknüpfen?
- In welchen Schritten kristallisiert sich jene Problemdefinition heraus, die letztlich handlungsleitend wird? Was soll im Kern transformiert werden? Wer ist an diesem Prozess zu beteiligen? Wer fühlt sich für seine Qualität verantwortlich? (In der Regel gilt es, schwierige Thematisierungsschranken zu überwinden, um sich in einer Organisation offen über die entstandene Bedrohungslage zu verständigen. Es stellt eine eigene Anstrengung dar, gemeinschaftlich Transparenz betreffend den eigenen Zustand zu erzeugen und aufgebaute Selbsttäuschungen zu zerstören. Dieser erste Schritt ist die Voraussetzung für alles Weitere; denn eine Bedrohung, die jeder sieht, über die aber alle schweigen, erzeugt unseligerweise mehr Angst als eine Bedrohung, die klar erkannt und zum Ausgangspunkt energischer Abhilfen wird.)
- Wie lassen sich vorschnelle Fixierungen auf bestimmte Symptome und Oberflächenphänomene vermeiden? Wie lässt sich verhindern, dass primär nach Schuldigen gesucht wird, dass Rechtfertigungsversuche und Selbstverteidigungsanstrengungen die Analyse prägen? (Je drängender die Krise, umso größer ist die Gefahr von Aktionismus und Kurzschlusshandlungen. Deshalb hat es in dieser Phase keinen Sinn, tief schürfend zu forschen. Solche Anstrengungen lenken die Energie lediglich in den Aufbau von Selbstschutzmechanismen. Wichtig ist eine nüchterne Einschätzung der aktuellen Lage und der erwartbaren Konsequenzen ihres Fortbestehens).
- Welche Organisationseinheiten sind von der diagnostizierten Prob-

lemkonstellation hauptbetroffen? Erfolgt die diesbezügliche Grenzziehung realitätsgerecht? Wodurch kann in diesen Einheiten das Problembewusstsein gestärkt werden?

- Werden Gelegenheiten dafür geschaffen, dass die persönlichen Befürchtungen, Sorgen und Ängste der Betroffenen Gehör finden? Stellen sich die verantwortlichen Führungskräfte diesen Auseinandersetzungen, oder delegiert man diese Aufgabe an Externe bzw. geht den Leuten überhaupt aus dem Weg? (Einschneidende Veränderungen lösen in weiten Bereichen der betroffenen Organisation stets einen Zustand des emotionellen „Alarmiertseins" aus, das in solchen Phasen im informellen Miteinander noch verstärkt wird. Es gilt deshalb, den offiziellen Kommunikationsaufwand deutlich zu verstärken, um mit dieser besonderen Form kollektiver Alarmiertheit, dieser gesteigerten Bereitschaft zur Gerüchtebildung einen gezielten Umgang zu finden.)
- Sind vor allem die für die Bearbeitung des Problems verantwortlichen Entscheidungsträger mit der diagnostizierten Bedrohungslage ausreichend identifiziert? Wie kann die gemeinsame Einsicht in die Notwendigkeit von Veränderungen und in die eigene Verantwortlichkeit ihnen gegenüber wachsen? Ist der Sinn für die Dringlichkeit transparent und in ausreichendem Maß gemeinschaftlich erörtert worden? Gibt es ein schlagkräftiges Team an der Spitze, das in dieser Frage von einer gemeinsamen Überzeugung getragen ist?
- Welche wichtigen Personalentscheidungen werden durch den in Gang gesetzten Veränderungsprozess höchstwahrscheinlich erforderlich? Wer fühlt sich für diese heiklen Entscheidungen verantwortlich? Welches Verfahren wird gewählt, um einerseits die erforderliche Qualität dieser Entscheidungen zu gewährleisten, um andererseits aber auch die unvermeidliche Verunsicherung in der Organisation nicht noch zusätzlich zu steigern? (Wenn Klarheit in diesen Fragen existiert, dann sollten die notwendigen Entscheidungen nicht lange hinausgezögert werden und eine faire Form der Kommunikation mit den Betroffenen gefunden werden.)

These: Die Qualität der Problemdiagnose und die Breite des Verständnisses dafür entscheidet über die Qualität der nachfolgenden Bearbeitungsschritte sowie über ihre Erfolgsaussichten. Was man sich hier an Sorgfalt erspart, erweist sich in den späteren Phasen unweigerlich als Hindernis. Außerdem: Nur ein von den wichtigen Entscheidungsträgern *geteiltes* Problemverständnis setzt die erforderlichen Energien für Veränderungen frei. Gibt es bezüglich der Bedrohungslage, d. h. der Folgen der Nichtveränderung, kein einheitliches Verständnis, so lassen sich die erforderlichen kollektiven Anstrengungen nicht bündeln. *Stichwort: „Der Krise gemeinsam ins*

Auge sehen können."

2. Phase
Die Strukturierung und Steuerung jener Aushandlungs- und Entscheidungsprozesse, die die Ziele und die Richtung der Veränderung festlegen. Schaffung einer attraktiven Zukunftsperspektive, für die es sich lohnt, außergewöhnlich große Anstrengungen auf sich zu nehmen

Dazu einige Leitfragen:

- Was soll die angestrebte Veränderung im Kern bewirken? Woran wird man ihren Erfolg messen können? Welche Kriterien lassen sich hierfür heranziehen? Welcher Zeitraum steht dafür zur Verfügung? Sind die ins Auge gefassten Zeithorizonte realistisch?
- Benötigt die Klärung dieser Fragen einen umfangreicheren Strategieentwicklungsprozess, mit dessen Hilfe tragfähige Zukunftsvorstellungen erarbeitet werden? Welche Trends des relevanten Umfeldes sind mitzudenken? Welche Kernkompetenzen der eigenen Organisation sollen durch den Veränderungsprozess auf jeden Fall gestärkt und weiterentwickelt werden?
- Entsteht in diesem Prozess eine attraktive Zukunftsperspektive, auf die sich das Unternehmen durch den Veränderungsprozess hinbewegt, die es den Betroffenen ermöglicht, sich mit ihren langfristigen persönlichen Interessen damit zu verbinden?
- Welche möglichen Veränderungsrichtungen sind angesichts der angestrebten Ziele denkbar? In welcher Organisationsform können solche Optionen erarbeitet werden? Wer ist an diesem Prozess sinnvollerweise zu beteiligen?
- Auf welche Weise und von wem wird letztendlich die entscheidende Festlegung der Veränderungsrichtung und der damit verbundenen Ziele vorgenommen?
- Wie wird diese Festlegung der künftigen Ausrichtung im System kommuniziert? Wer trägt für eine angemessene Auseinandersetzung mit dieser Entscheidung auf allen betroffenen Ebenen Sorge? Wie sind solche Prozesse am besten zu gestalten? Welche Kommunikationskanäle können dafür sinnvollerweise genutzt werden? Ist die erforderliche Zeit für diesen nicht unerheblichen Kommunikationsaufwand eingeplant?
- Verfügen wir als Organisation über die erforderlichen Ressourcen, um das angestrebte Veränderungsziel erreichen zu können? Für welche Problemstellungen benötigen wir eine externe Unterstützung, sei es in fachlich-inhaltlichen Fragen oder zur Unterstützung des Prozesses?

These: Die inhaltliche und soziale Qualität solcher Entscheidungsprozesse präjudiziert in nachhaltiger Weise die Möglichkeiten und Grenzen der tatsächlichen Realisierung von Veränderungsvorhaben. Erst die gemeinsam erarbeitete Klarheit, auf welches Ziel, auf welche glaubwürdige Vision hin man sich weiterentwickeln will, setzt in Verbindung mit einem entsprechenden Problemdruck jene Kräfte frei, die für grundlegende Neuerungen erforderlich sind.

3. Phase
Die Festlegung und Konkretisierung der einzelnen Veränderungsmaßnahmen sowie die Konzeption und Vorbereitung der dafür erforderlichen Implementierungsschritte. Sorge tragen für eine gezielte Verknüpfung der einzelnen Schritte in inhaltlicher und zeitlicher Hinsicht, um einen integrierten Gesamtprozess zustande zu bringen

Dazu einige Leitfragen:

- An welchen Stellgrößen muss man nun konkret ansetzen, um die angestrebten Veränderungsziele auch tatsächlich zu erreichen? Welche Maßnahmen werden zu welchem Zeitpunkt von wem in die Wege geleitet?
- Gibt es die Möglichkeit, in einem überschaubaren Bereich in der Form eines Pilotprojektes Erfahrungen zu sammeln?
- Lassen sich Maßnahmen ins Auge fassen, die relativ kurzfristig erste Erfolge der eingeleiteten Veränderungsanstrengungen erwartbar machen? (Denn nichts ist ermutigender als sichtbare Erfolge!)
- In welcher Organisationsform werden die Implementierungsschritte betreut? Wo liegen die Verantwortlichkeiten? Welche Form der Projektorganisation wird benötigt? Wie können die Linienverantwortlichen in ausreichendem Ausmaß eingebunden bleiben? Gibt es auf allen betroffenen Hierarchieebenen genügend Promotoren für das Veränderungsvorhaben?
- Auf welche Spielregeln bezüglich der Art und Weise, wie in der Organisation bislang mit einschneidenden Veränderungen umgegangen wurde, werden die geplanten Maßnahmen stoßen? Mit welcher „Brille" werden die Betreiber des Veränderungsprozesses beobachtet? Welche vorausgegangenen Erfahrungen werden durch die aktuellen Transformationsmaßnahmen wieder mobilisiert? Wie kann man dieser Kultur begegnen?
- Was lösen sie aller Wahrscheinlichkeit nach bei den betroffenen Stellen und Organisationseinheiten aus? Wie greifen die geplanten Veränderungen in das bestehende Macht- und Einflussgefüge ein? Welche Gegenkräfte werden losgetreten? Welche Interessenlagen werden

hier in welcher Weise berührt? Wie lässt sich das Energiepotenzial der von der Veränderung negativ Betroffenen konstruktiv nutzen?
- Wer spricht mit jenen Führungskräften und Inhabern von fachlichen Schlüsselpositionen, die sichtlich Schwierigkeiten haben, sich auf die veränderte Situation einzulassen? (Den offenen Dialog suchen, Ansprechen der gemachten Beobachtung, keine Tabuisierung, aber auch keine Vorwürfe in dieser Phase.)
- Welche Mechanismen und Verfahren zur Bearbeitung der erzeugten Unsicherheiten und Ängste werden benötigt? (Informations- und Kommunikationskonzept für die Kanalisierung des losgetretenen destruktiven Potenzials.)
- In welcher Form können die betroffenen Individuen die persönliche Seite des Veränderungsprozesses bearbeiten, sodass es gelingt, persönliche Interessen und die Erfordernisse des Veränderungsprozesses zunächst auseinander zu halten?
- Welcher Entscheidungsbedarf wird durch den Veränderungsprozess hervorgerufen? Wie wird dieser Bedarf organisationsintern gedeckt? Gibt es dafür die passenden Entscheidungsstrukturen und zeitlichen Ressourcen?
- Welche Zeitdimensionierung ist für die einzelnen Schritte angemessen? Wie werden die verschiedenen Maßnahmenbündel aufeinander abgestimmt, sodass sich die Wirkungen nicht wechselseitig behindern? Welches Maß an Belastung kann der Organisation insgesamt zugemutet werden? (Ernsthafte Transformationsprozesse beanspruchen einen erheblichen Zeitaufwand. Komplexe Anstrengungen einer einschneidenden Reorganisation, wie etwa das Zusammenwachsen bislang getrennter Unternehmensteile etc., bergen deshalb stets das Risiko in sich, dass der Bezug zur Zeitdimension verloren geht. Es braucht eine klare Vorstellung von Etappenzielen, die in einer überschaubareren Zeit erreicht werden können. Ohne solch kurzfristige Siege geben zu viele Funktionsträger auf oder verlieren das Langfristziel aus den Augen.)

These: Veränderungsmaßnahmen stoßen stets auf ein Umfeld, das in irgendeiner Form bereits „gelernt“ hat, mit solchen „Zumutungen“ umzugehen. Insofern ist es klug, den Umstand, dass jede Veränderungsabsicht organisationsintern beobachtet wird und dass diese Beobachtungen entsprechende Wirkungen erzeugen, in die Veränderungsstrategie miteinzubauen. Die Erarbeitung eines Gesamtkonzeptes hat den Sinn, sich davor zu schützen, sich in zu viele Einzelmaßnahmen gleichzeitig zu verzetteln. Es gilt, die Kräfte auf klare Prioritäten zu konzentrieren und dafür zu sorgen, dass die einzelnen Veränderungsimpulse in ihrer Wirkung einander verstärken und nicht behindern, sodass in einem überschaubaren Zeitraum erste Erfolge sichtbar werden.

4. Phase
Die Steuerung des Implementierungsprozesses selbst. Das Sicherstellen ermutigender Erfolgserlebnisse. Die Balance zwischen konsequentem Dranbleiben und geduldigem Wachsenlassen, das Pendeln zwischen „die Ziele nachhaltig im Auge behalten" und „der Fähigkeit zur Selbstkorrektur", wenn erforderlich

Dazu einige Leitfragen:

- Was lösen die einzelnen Veränderungsmaßnahmen konkret aus? Welche Überraschungen, Störungen und Irritationen treten auf? Von wem werden die diesbezüglichen Beobachtungen registriert und verarbeitet? Welche Konsequenzen sind aus solchen Beobachtungen zu ziehen?
- Wo sind neue Schwerpunkte zu setzen? Welche Vorannahmen gilt es angesichts der gemachten Erfahrungen zu revidieren? Welche Richtungsänderungen erweisen sich als erforderlich?
- Wie lassen sich die losgetretenen Konflikte in konstruktive Bahnen lenken? Welche Kompromisse können eingegangen werden? Wo gibt es diesbezüglich Grenzen, damit nicht das Veränderungsvorhaben insgesamt gefährdet wird?
- Wie lässt sich das Gefühl aufrechterhalten oder, wenn erforderlich, gar verstärken, dass es mit dem eingeleiteten Veränderungsprozess wirklich ernst gemeint ist? Welche Signale (gerade auch von der Spitze) vermitteln diese Botschaft, welche unterlaufen sie? (Es geht, solange noch nicht ausreichend Sicherheit mit den neuen Verhältnissen gewonnen ist, ganz besonders um Glaubwürdigkeit in Wort und Tat!)
- Gibt es ausreichend Mitgestaltungsmöglichkeiten für die betroffenen Organisationsmitglieder, damit diese ihre Vorstellungen eigenverantwortlich in den Implementierungsprozess einbringen können? (Jeder größere Veränderungsprozess kann davon ausgehen, dass es genügend Beschäftigte gibt, die in der Vergangenheit mit ihren Reformideen nicht durchgedrungen sind. Hier gibt es viel aufgetautes Wissen darüber, was verbessert gehört. Dieses Wissen wird allerdings erst mobilisierbar, wenn das Zutrauen gewachsen ist, dass jetzt die Chance zu seiner Realisierung gegeben ist.)
- Gibt es ausreichend Gelegenheit für Zwischenauswertungen, die allen Beteiligten in regelmäßigen Abständen eine reflexive Auseinandersetzung über den Stand des Prozesses ermöglichen? Wo stehen wir? Was haben wir erreicht? Was sind die sinnvollen nächsten Schritte? (Werden beobachtete Abweichungen vom eingeschlagenen Weg der Veränderung nicht rechtzeitig und deutlich genug markiert, dann gilt dies als ein Signal, dass in der Zwischenzeit die ursprünglichen Intentionen nicht mehr so ganz ernst zu nehmen sind. Deshalb kommt solchen Markierungen, die stets Anlass für eine gezielte Reflexion des Prozesses bieten sollten, für das Lebendighalten der Veränderungs-

energie eine ganz zentrale Bedeutung zu.)

- Lassen sich die vorgenommenen zeitlichen Rahmenbedingungen sicherstellen? Welche Ressourcen sind ansonsten für die Begleitung des Implementierungsprozesses vonnöten? Sind zusätzliche Qualifizierungsmaßnahmen für die Betroffenen erforderlich geworden? Wie können diese gezielt in ihr neues Aufgabenprofil hineinwachsen? (In dieser Phase sind gezielte den Veränderungsprozess unterstützende Personalentwicklungsmaßnahmen höchst sinnvoll, weil sie inhaltlich mithelfen können, einen adäquaten professionellen Umgang mit der neuen Rolle zu finden.)
- Welche der existierenden, geschriebenen oder ungeschriebenen Basisspielregeln für das persönliche „Tauschverhältnis" der einzelnen Person zum Unternehmen (Form der Leistungsfeststellung, Art der Vergütung, Belohnungs- und Bestrafungsmuster, Karrierechancen etc.) müssen mit der neuen Organisationswirklichkeit in Übereinstimmung gebracht werden?

These: Kein Veränderungsprozess ist „planbar". Das Verändern von Organisationen ist ein hypothesengeleitetes Experimentieren, das das Verändern des Veränderns von Anbeginn miteinbaut. Insofern gilt es, solche Prozesse in sich lernfähig zu halten. Wichtig ist darüber hinaus, dass in dieser Phase die betroffenen Funktionsträger die Chance erhalten, ihre persönliche Qualifikation in Richtung der veränderten Rollenanforderungen weiterzuentwickeln. Jetzt gilt es, den Prozess der Transformation mit gezielten Personalentwicklungsmaßnahmen zu unterstützen.

5. Phase
Die Auswertung des gesamten Veränderungsvorhabens. Achten darauf, dass die Organisation nicht zu früh zur Tagesordnung zurückkehrt, ohne zu überprüfen, wie gut die intendierten Veränderungen tatsächlich im Alltagsleben verankert sind und welche Erfahrungen man aus der Vergangenheit für die Zukunft aufbewahren möchte.

Dazu einige Leitfragen:

- Mit welchen Erfolgskriterien wurde der Prozess begonnen? Wo steht man heute? Welche Bilanz lässt sich ziehen? In welchen Dimensionen wurde die Leistungsfähigkeit der Organisation tatsächlich gestärkt? In welchen Dimensionen hat man sich neue Probleme eingehandelt? Wie wird daran weitergearbeitet?
- Haben die angestrebten Veränderungsziele in ausreichendem Maße

in der Unternehmenskultur ihren Niederschlag gefunden? Werden sie in der Zwischenzeit von den herrschenden Grundüberzeugungen, Normen und Werten der Organisation mitgetragen? („Solange Veränderungen nicht tief in der Kultur verankert sind, was bei einem Gesamtunternehmen drei bis zehn Jahre dauern kann, bleiben neue Ansätze fragil und sind möglicherweise sogar Anlässe für Rückschritte" vgl. Kotter 1997, S. 26).
- Welche Erkenntnisse lassen sich aus den gemachten Erfahrungen für den Umgang der Organisation mit Veränderungen gewinnen? Was hat sich im Vergleich zu früheren Projekten wiederholt? Was war diesmal anders? (Das Gedächtnis von Organisationen ist in Bezug auf ihre früheren Veränderungsanstrengungen erstaunlich schwach ausgeprägt. Deshalb ist es äußerst unwahrscheinlich, dass sie aus den gemachten Erfahrungen sowohl in positiver wie in negativer Hinsicht wirklich lernen können).
- Welche Folgeprobleme, die durch das Veränderungsvorhaben ausgelöst wurden, bedürfen in Hinkunft einer besonderen Beachtung? Wer wird sich darum kümmern?
- Wie können die wichtigsten Lernerfahrungen aus dem Veränderungsprozess dokumentiert werden?

These: Veränderungen wenden das Blatt nicht unbedingt zum „Besseren". Sie sind aber in jedem Fall ein außergewöhnlich reichhaltiger Anlass zum Lernen einer Organisation über sich selbst. Diese Chance gilt es zu nutzen. Ansonsten ist man gezwungen, unangenehme Scheiternserfahrungen immer wieder von neuem zu wiederholen. Die Erfahrung lehrt, dass dies leider häufiger der Fall ist, als man dies angesichts des jeweils investierten Aufwandes erwarten möchte.

Die Steigerung der Lernfähigkeit von Organisationen[1]

Einleitung

Die Beratungsbranche hat im Jahr 2002 einen dramatischen Einbruch erlitten. Erstmals in der Geschichte dieses Dienstleistungssektors hat sich sein Wachstum deutlich verlangsamt, in manchen Bereichen sind sogar schrumpfende Umsatzvolumina zu beobachten. Die Auftragslage schwankt – mit extremen Ausschlägen nach beiden Seiten. Viele der renommiertesten Beratungsunternehmen stehen zum ersten Mal vor erheblichen Auslastungsproblemen, hoch gelobte Jungstars von gestern sind in der Zwischenzeit auf Jobsuche. Der Wettbewerb unter den Beratungsfirmen verschärft sich, im Kampf um Aufträge hat gar ein regelrechter Verfall der Honorarsätze eingesetzt. Die Logik der etablierten Businessmodelle ist ins Wanken geraten, mehr als drei Jahrzehnte ungebrochener Wachstumsdynamik haben damit ein jähes Ende gefunden.

Wie lässt sich diese Trendumkehr erklären? Warum ändern Unternehmen ausgerechnet jetzt ihre Nutzungsgewohnheiten gegenüber externen Beratungsdienstleistern? Im allgemeinen Konjunkturabschwung kann die Ursache jedenfalls nicht liegen – gerade die Berater waren es ja in der Vergangenheit, die von konjunkturellen Abschwüngen und Krisen am meisten profitierten. Jetzt aber steckt die Beratungsbranche selbst in der Krise, von der sie zum Teil sogar heftiger getroffen wurde als viele ihrer Kunden.

Ein Phänomen, das den Einbruch teilweise erklären mag, liegt ziemlich offenkundig auf der Hand. Viele Unternehmen setzen heute deutlich weniger auf externe Beratung, wenn es um die Erschließung neuer Produktivitätsreserven, um Konzepte für Kostenreduk-

1 Zuerst veröffentlicht als *Wittener Diskussionspapiere* 126, 2003.

tion und Produktivitätssteigerung geht. Ähnliches gilt für die traditionelle expertenorientierte Strategieberatung. Einer Studie zufolge schrumpfte in diesem Bereich der Umsatz 2002 um gute 14 Prozent. Der überwiegende Teil der großen am Kapitalmarkt orientierten Unternehmen hat im Jahr 2002 die Budgets für Beratung insgesamt drastisch gekürzt, zum Teil um einen dreistelligen Millionenbetrag (in Euro gerechnet), und für 2003 sind weitere Kürzungen geplant.

Es scheint also, als unterlägen die Aufträge an Berater jetzt selbst den laufenden Maßnahmen zur allgemeinen Kostensenkung. Der Hintergrund ist klar: Nicht nur im mittleren Management und bei den Beschäftigten, sondern auch in vielen Chefetagen ist eine gewisse Ernüchterung hinsichtlich der Wirksamkeit von Beratung bei Restrukturierungsprojekten eingekehrt. Zu viele solche Vorhaben sind gescheitert, teilweise spektakulär, und die zunehmend kritische Berichterstattung in den Medien kratzt ihrerseits weiter am Lack der großen Consultingfirmen. Kommt hinzu, dass neuerdings das Top-Management selbst unter ganz besonderer Beobachtung steht, extern vonseiten wacher werdender Aufsichtsräte und wesentlich misstrauischerer Analysten, unternehmensintern vonseiten eines kompetenter gewordenen Managements, das es inzwischen müde geworden ist, bestimmte Rituale beratungsgetriebener Veränderungsprojekte widerstandslos über sich ergehen zu lassen. Bei vielen Entscheidern ist die Bereitschaft jedenfalls gewachsen, erheblich sorgfältiger zu prüfen, für welche Themen und in welchem Umfang nach außen Beratungsaufträge vergeben werden.

Nicht zu unterschätzen ist indessen ein zweiter Aspekt: Durch ihre langjährigen Erfahrungen im Einsatz unterschiedlicher Beratungsfirmen haben die Unternehmen selbst in der Zwischenzeit eine Menge gelernt, es hat ein gewisser Know-how-Transfer stattgefunden. Dies betrifft etwa das Projektmanagement, das strukturierte Herangehen an komplexe Problemstellungen, die visualisierte Aufbereitung und Präsentation von Konzepten und Arbeitsergebnissen. Das Management verfügt heute über unternehmensinterne Ressourcen, die es bei der Steuerung solcher Projekte unterstützen kann, ohne dass diese Assistenzkräfte dabei selbst in eine Ersatzmanagementrolle geraten. Ein Mitglied des Vorstandes der *Deutschen Bank* bestätigte mir diesen Trend kürzlich im persönlichen Gespräch: „Wir haben uns in den letzten Jahren eine Menge an Problemlösungs-

Know how von den externen Beratungen abgeschaut. Viele dieser Aufgaben nimmt unser Haus in der Zwischenzeit selbst wahr. Allein dadurch ersparen wir uns im heurigen Jahr [gemeint ist das Jahr 2002] einen Betrag in dreistelliger Millionenhöhe."

Der Schluss liegt nahe, dass der Einsatz von Beratung heute nicht mehr nur der vordergründigen aktuellen Problembewältigung dient (nach dem Motto „Koste es, was es wolle"), sondern selbst unter Produktivitätsgesichtspunkten analysiert und systematisch gesteuert wird. Damit sieht sich Beratung einer anderen Beobachtungsintensität hinsichtlich des Preis-Leistungs-Verhältnisses ausgesetzt als früher. Beratung ist reflexiv geworden. Sie agiert nicht mehr in einer vom Top-Management unter Schutz gestellten Sonderzone. Der stillschweigende Schulterschluss zwischen den Auftraggebern im Top-Management und den Entscheidern in den großen Beratungsfirmen, diese über viele Jahrzehnte so stabile Machtkonstellation, bekommt erste Risse. Die erhebliche Autorität, die den großen, renommierten Beratungsgesellschaften lange Zeit zugeschrieben wurde, unterliegt einem stetigen Erosionsprozess, ähnlich wie es beim Top-Management schon seit einiger Zeit zu beobachten ist. Beratung muss deshalb künftig wohl wesentlich systematischer mit in ihr Kalkül ziehen, dass die Kunden im Umgang mit und in der Nutzung von Beratern in den letzten Jahren viel gelernt haben, sodass es am Markt immer schwieriger wird, den Unterschied plausibel zu erklären, den der Einsatz von externer Beratung in der Praxis tatsächlich macht.

Musterwechsel in der Berater-Klienten-Beziehung?

Diese Eingangsüberlegungen sollten verdeutlichen, dass das Grundthema des vorliegenden Beitrages keinesfalls rein akademisch ist. Je mehr Organisationen, angestachelt durch die Herausforderungen ihrer Umwelten, lernen, ihr eigenes Problemlösungsrepertoire adäquat weiterzuentwickeln, desto konsequenter verändern sich die Nutzungsbedingungen externer Beratung. Mit anderen Worten: Offenbar befinden wir uns in einer Phase gesellschaftlicher Entwicklung, in der die Lerngeschwindigkeit von Organisationen kräftig stimuliert wird, was indirekt andere Rahmenbedingungen für die Entfaltung organisationsbezogener Beratungsdienstleistungen schafft. Im Umkehrschluss hieße dies, dass sich der jahrzehntelang ungebrochene Boom der Beratungsbranche dem Umstand verdankte, dass Organisationen ihre Probleme gelöst bekommen haben, d. h. mit einer ständig steigenden Umweltkomplexität fertig werden konnten, ohne dass sie ihre evolutionär erworbenen Grundmuster der Selbstentwicklung in nennenswerter Weise verändern mussten. Sie konnten sich für langsames, gleichsam geräuschloses Lernen entscheiden, weil es reichte, das auf die eigene Veränderung bezogene Problemlösungs-Know-how je nach Situation von außen zuzukaufen. Jahrelang sind die Entscheidungsträger gut damit gefahren (letztlich auch gegenüber ihren Aufsichtsgremien), wenn sie für schwierige, mit viel Unsicherheit behaftete Fragen der Unternehmensentwicklung auf externe Expertise zurückgriffen. Ein wohl nicht bewusst gewollter Nebeneffekt war jedoch eine Art Outsourcing des managerialen Lernens im Umgang mit hoher Komplexität. Die einen meinten, sich diese beunruhigende Lernanstrengung ohne Autoritätsverlust ersparen zu können. Die anderen bekamen ihr eigenes Lernen, ohne dass dieses nach außen sichtbar geworden wäre, durch immer astronomischere Honorarsätze gefördert.

Genau die beschriebene Art von Symbiose ist im Moment wohl aber gerade am Zerbrechen, das Muster scheint zu drehen. Um diese Annahme, die derzeit noch auf einer Reihe vager empirischer Beobachtungen und Vermutungen beruht, deutlicher zu machen, sollen im Folgenden einige theoretische Probleme erörtert werden. Die Frage zum einen, ob es tatsächlich einen wachsenden gesellschaftlichen Druck gibt, die Lernfähigkeit von Organisationen in den einzelnen gesellschaftlichen Bereichen zu steigern, und zum anderen, wodurch solches geschehen könnte. Sind Organisationen überhaupt imstande, ihre eigene Lernfähigkeit gezielt zu beeinflussen? Wovon reden wir, wenn wir von organisationaler Lernfähigkeit sprechen, welche Funktion kommt in diesem Zusammenhang dem Management zu und welche externer Beratung? Denn eines scheint klar: Die Fähigkeit einer Organisation, sich selbst angemessen weiterzuentwickeln, ist eng an die Lernfähigkeit ihrer Führungsstrukturen geknüpft. Damit ist nicht nur die persönliche Kompetenz der Manager gemeint, sondern in erster Linie die Qualität ihres Zusammenspiels auf gleicher Ebene wie über die Hierarchiestufen hinweg. Vom Zustand der Führungsstrukturen hängt es letztlich ab, welche Art von Beziehung zu externen Beratern gesucht wird und in welcher Funktion diese de facto genutzt werden.

Das sind die Grundannahmen, von denen wir uns leiten lassen, wenn wir nun den eben gestellten Fragen etwas auf die Spur zu kommen versuchen.

Wandlungsfähigkeit als die zukunftsrelevante Organizational Capability

In der Frage, welche Faktoren in der aktuellen Phase für die Zukunftssicherung von Unternehmen entscheidend sein werden, sind sich die prägenden Figuren der Managementtheorie weitgehend einig: Es kommt heute in erster Linie auf die Wandlungsfähigkeit von Organisationen an (vgl. stellvertretend für viele Peters 1992; Drucker 1994; Doppler u. Lauterburg 2002; Senge 1996a; de Geus 1998). Nichts scheint zur Zeit gefährlicher, als naiv auf die Erfolge der Vergangenheit zu vertrauen. Nicht die aktuelle Macht und Größe vermag angesichts einer ungewissen Zukunft Sicherheit zu vermitteln. Was längerfristig zählt, ist die eigene Schnelligkeit und Innovationskraft. Wer sich primär auf die Absicherung des bereits Erreichten stützt, riskiert über kurz oder lang, den Anschluss zu verlieren, mag der aktuelle Vorsprung noch so beruhigend sein. Damit kann das zukunftssichernde Erfolgskonzept nur lauten: schneller lernen als die anderen.

Die Einhelligkeit dieses Befundes wirkt auf den ersten Blick beeindruckend – ihr entspricht ja auch schwer zu leugnende empirische Evidenz. Was dieses „schneller Lernen“ in der Praxis indessen letztlich heißt, bleibt oft diffus und vordergründig. Ist es sinnvoll, die tradierten personenorientierten Lern-Konzepte ohne weiteres auf komplexe soziale Systeme zu übertragen? Sind unsere Vorstellungen davon, worauf sich eine Organisation letztlich einlässt, wenn sie ihre Lernfähigkeit steigern will, ausreichend präzise? An welchen „Stellhebeln“ müsste man drehen, um eine Entwicklung in dieser Hinsicht zu befördern? Kann man mit dem Thema der Lernfähigkeit von Organisationen ähnlich umgehen, wie man in den letzten Jahren andere organisatorische Neuerungen gehandhabt hat, etwa Prozessoptimierungen, den kontinuierlichen Verbesserungsprozess (KVP) oder Total Quality Management (TQM) etc.? Genügt die Anlehnung an Peter Senges fünf Disziplinen (vgl. Senge 1996a und das darauf aufbauende Fieldbook 1996b), oder benötigen wir eine noch tiefer gehende theoretische Fundierung und mehr praxiserprobtes Wissen? Aus meiner Sicht sind in der Tat viele zentrale Fragen noch offen, und es gilt, der Gefahr vorzubeugen, bewährte Rezepte der Vergangenheit blindlings auf eine neue, in ihrer ganzen Komplexität noch kaum erfasste Herausforderung zu übertragen. Allerdings lässt sich auf dem Beratermarkt eher jene Tendenz zum Altbewährten beobachten – zu groß ist offenbar die Versuchung, einen sich öffnenden Markt mit schnell fabrizierten Rezepten zu bedienen. Dies soll uns aber nicht vergessen lassen, dass wir in diesem Themenfeld für das praktische Handlungsrepertoire von Managern noch sehr wenig konkretes Wissen aufgebaut haben.

Und wenn sich in der Praxis so viel Unsicherheiten und Orientierungsschwierigkeiten feststellen lassen, so ist das kein Zufall. Denn trotz der Flut von Publikationen zu Fragen der lernenden Organisation und des Wissensmanagements betreten wir hier weitgehend Neuland. Neuland deshalb, weil der Druck auf die Veränderungsgeschwindigkeit von Organisationen uns dazu zwingt, einige Eigenheiten der Steuerung hochkomplexer sozialer Systeme, wie es Organisationen nun einmal sind, und die Frage nach der Angemessenheit ihres Selbstveränderungspotenzials erst einmal eingehender zu untersuchen. Tun wir das nicht, dann werden alle unsere Bemühungen in der Praxis ein ähnliches Schicksal erfahren wie die Versuche in den 1980er-Jahren, durch traditionelle Managementmethoden den Erfolgsfaktor Unternehmenskultur direkt zu gestalten. Es ist dabei bekanntlich nicht allzu viel bewirkt worden.

Unserer Position liegt die Überzeugung zugrunde, dass wir den neuen, schwierigen Herausforderungen an Organisationen nur gewachsen sein werden, wenn wir ein angemessen komplexes Verständnis ihrer Wandlungsfähigkeit gewinnen. Angemessen heißt in diesem Zusammenhang, dass es für die in der Praxis damit befassten Professionen (Manager, Führungskräfte, interne und externe Berater) wirksame Orientierungshilfen anbieten, aber auch vor vorschnellen Machbarkeitsillusionen ausreichenden Schutz bieten sollte.

Man kann das unternehmensintern überall vernehmbare Bedürfnis nach mehr Flexibilität, nach einer höheren Veränderungsgeschwindigkeit, nach einem schnelleren Lernen als Symptom dafür nehmen, dass die ständig steigende Komplexität im Umfeld von Unternehmen mit den bisherigen Bordmitteln von Organisationen nicht zu bewältigen ist. Wie so häufig ist allerdings das Symptom selbst nicht der beste Lehrmeister, wenn es darum geht, angemessene Lösungen zu finden. Denn ob dafür eine organisationsinterne Erhöhung des Tempos, eine Flexibilisierung der Organisationsstrukturen und -prozesse und eine Destabilisierung der bisherigen Beziehungen zu den Organisationsmitgliedern die probate Antwort darstellt, wäre erst noch zu untersuchen.

Wie auch immer vor diesem Hintergrund die aktuelle Diskussion um die Steigerung der Wandlungsfähigkeit von Organisationen einzuschätzen ist, sie berührt ein sehr ernstes Problem, das die künftige Leistungs- und Überlebensfähigkeit von Organisationen in ihren gesellschaftlichen Bezügen im Kern trifft. Dabei geht es nicht so sehr um Geschwindigkeit, wie man auf den ersten Blick annehmen könnte. Im Mittelpunkt steht vielmehr die Frage, in welchem Ausmaß Organisationen in der Lage sind bzw. in die Lage versetzt werden können, die durch sie selbst miterzeugte massive Komplexitätssteigerung ihrer Umwelten organisationsintern angemessen zu verarbeiten. Warum ist dies ein so wichtiger Punkt? Man könnte ja auf den organisationsbezogenen Ausleseprozess der gesellschaftlichen Evolution vertrauen. Wer nicht wachsam genug ist, den bestraft halt die Geschichte. Es kann doch nicht schaden, wenn Organisationen, die ihre Leistungsfähigkeit verloren haben, zur Selbstauflösung gezwungen sind. Die weltwirtschaftliche Flaute, die nun schon das dritte Jahr anhält, hat den Ausleseprozess ohnehin dramatisch verschärft. Das Niveau der Bewältigung organisierter Komplexität, das hier angesprochen ist, berührt jedoch nicht nur Fragen der künftigen Wettbewerbsfähigkeit einzelner Organisationen, es betrifft in der Zwischenzeit auch eine gesamtgesellschaftliche Problematik ersten Ranges.

Denn unsere Gesellschaft hat sich in ihrer eigenen Entwicklung unabdingbar von der Veränderungsfähigkeit von Organisationen abhängig gemacht (vgl. auch Luhmann 1997, S. 826 ff.). In einer hoch entwickelten Gesellschaft wie der unseren ist die Leistungsfähigkeit von Organisationen und der durch sie gebildeten Netzwerke Problem und Lösung zugleich. Nur in Organisationen kann entschieden werden. Sie bilden den entscheidenden Engpass, wenn es darum geht, Lösungen für die drängenden Zukunftsprobleme unserer Gesellschaft zu finden. Diese unentrinnbare Abhängigkeit der Gesamtgesellschaft von der Leistungsfähigkeit der in ihr operierenden Organisationen verschafft dem Thema der Organisationsentwicklung wachsende gesellschaftliche Brisanz und hebt es aus der Beliebigkeit der Einzelverantwortung von Organisationen heraus. Deshalb rühren wir an ein eminent gesellschaftsrelevantes Problem, wenn wir fragen, wie es jenseits aller Beschwörungsformeln um die „lernende Organisation", um das Selbstentwicklungspotenzial von Organisationen heute tatsächlich bestellt ist und wie dieses, wenn überhaupt, beeinflusst werden kann.

Wissen als Rohstoff der Zukunft

Die Einschätzungen, wie der weltweite gesamtgesellschaftliche Strukturwandel mit all seinen Implikationen für die Funktionstüchtigkeit von Organisationen letztlich zu qualifizieren ist, gehen in der sozialwissenschaftlichen Diskussion weit auseinander. Die einen sehen nach dem Zusammenbruch des Sozialismus den Kapitalismus im ideologischen Gewande des Neoliberalismus ungebremst auf dem Vormarsch. Ziel dieser Entwicklung sei es, die ausgleichende und regulierende Funktion des Wohlfahrtsstaates gegenüber den negativen Effekten der kapitalistischen Ökonomie so weit als möglich zurückzudrängen (zu dieser Position vgl. etwa Bourdieu et al. 1998). Tatsächlich hat sich der Staat in der Zwischenzeit ja aus vielen Gebieten der Daseinsvorsorge zurückgezogen. Der Umbau des Sozialstaates ist in vollem Gange – mit all den krisenhaften Begleiterscheinungen, die dies in wirtschaftlich enorm verunsicherten Zeiten mit sich bringt. Aus der skizzierten Perspektive scheint der Prozess der Entstaatlichung die Gewinner der Globalisierung zu unterstützen, die sich darangemacht haben, die im Zuge des 20. Jahrhunderts aufgebauten wohlfahrtsstaatlichen Bremsen gegenüber einer brutalen Entfaltung der Spielregeln der kapitalistischen Ökonomie zu beseitigen. Dabei scheint der Neoliberalismus jenes Denkgebäude zu liefern, das diesen Prozess als unausweichlich erscheinen lässt: „Globalisierung ist ein Mythos im starken Wortsinne, ein Machtdiskurs, eine ‚Ideenmacht', eine Vorstellung, die gesellschaftliche Macht besitzt, die Glauben auf sich zieht. Sie ist die entscheidende Waffe im Kampf gegen die Errungenschaften des Welfarestate" (Bourdieu et al. 1998, S. 17).

Auf der anderen Seite mehren sich die Stimmen, die betonen, unsere heutige Gesellschaft sei nicht mehr in der altbewährten Dichotomie von Sozialismus und Kapitalismus zu beschreiben. Die lange Zeit so stabilen Strukturen der Industriegesellschaft, wie sie für die wirtschaftlich hoch entwickelten Regionen dieser Welt prägend waren, befänden sich selbst in Auflösung. In diesem Sinne müsse man den Zusammenbruch des Sozialismus und seiner spezifischen Form gesellschaftlicher Verfasstheit als einen grenzsprengenden Aspekt der gesellschaftlichen Evolution sehen, in der diese lange Zeit so wichtige Differenz ihren historischen Sinn verloren habe. Wenn man nun aber Kapitalismus und Sozialismus als zwei Seiten der modernen Gesellschaft auffasst (dazu Baecker 1998a), dann hat der Wegfall dieser Differenz längst auch dem Kapitalismus einen tief gehenden Strukturwandel beschert, dessen Vorboten lange vor dem Fall der Berliner Mauer wirksam waren. Demnach könnte man die einschneidenden Veränderungen im Wirtschaftssystem und darüber hinaus auch in den anderen gesellschaftlichen Funktionssystemen, deren Zeuge wir in den letzten Jahrzehnten geworden sind, als Beleg dafür nehmen, dass wir es bei dieser Entwicklung „nicht mit einem Problem der Transformation des Sozialismus in den Kapitalismus zu tun haben, sondern mit Problemen einer Transformationsgesellschaft, die weder nach dem Modell des Sozialismus noch nach dem Modell des Kapitalismus verstanden werden kann. Statt dessen sucht diese Gesellschaft nach einem neuen Verhältnis von Organisation und Gesellschaft, dem sowohl die Suggestion des Sozialismus (das haben alle gemerkt) als auch die Suggestion des Kapitalismus (das werden wir noch merken) geopfert werden mußten" (ebd., S. 113). In der Zwischenzeit haben wir begriffen. Die Euphorie unbegrenzter Gewinnentwicklungen an den Kapitalmärkten ist einem tiefen Katzenjammer gewichen. Das Vertrauen in die sich selbst regulierenden Kräfte des Marktes ist schwer angeschlagen. Gleichzeitig greifen die klassischen wirtschaftspolitischen Steuerungsmechanismen sichtlich zu kurz. In der nun schon seit drei Jahren anhaltenden Krise ringen die meisten Unternehmen um eine Neupositionierung, die wieder Orientierung stiften könnte. Und dieser Suche nach einer Neudefinition verdanken wir letztlich die anhaltende Diskussion um die Lernfähigkeit von Organisationen.

Viele Beobachter stimmen darin überein, dass dem Funktionswandel des Faktors Wissen im laufenden Transformationsprozess eine ganz entscheidende Rolle zukommt. Dieser Wandel betrifft sowohl die künftige Rolle des Staates in seiner Funktion als Infrastrukturproduzent als auch die einzelnen Organisationen, die in ihrer Leistungserbringung mehr und mehr auf neue Formen der Wissensarbeit angewiesen sein werden (vgl. zu beidem Willke 1997b, 1998). In einem ähnlichem Sinne äußert sich auch Peter Drucker: "That the new society will be both a nonsocialist and a postcapitalist society is practically certain. And it is certain also its primary resource will be knowledge" (Drucker 1994, S. 4).

Der Bedeutungszuwachs des Faktors Wissen speist sich hauptsächlich daraus, dass sich die Wertschöpfung der Unternehmen in den beiden letzten Jahrzehnten zusehends in Leistungsprozesse verlagert hat, in denen es primär auf die Mobilisierung und Rekombination komplexer Wissensbestände ankommt. Das heißt, der Wertschöpfungsanteil der schlichten Produktion von Gütern ist deutlich zurückgegangen und wird noch weiter schrumpfen, während der Anteil wissensbasierter Dienstleistungen in der Industrie und in der Gesellschaft ganz allgemein stark im Steigen begriffen ist. "Knowledge-based service activities are now the critical elements in most companies value chains – regardless of wether they are in manufacturing or in the service industries. Such activities, developed in strategic depth around customer needs, provide the primary bases (1) for differentiation in today's marketplace and (2) for creating insurmountable entry barriers for competitors" (Quinn 1992, S. 58).

In der eben zitierten Studie kann J. Quinn eindrucksvoll zeigen, wie die schrittweise Verlagerung der Wertschöpfungsprozesse hin zu wissensbasierten Dienstleistungen, die immer mehr auch im Zusammenhang mit hochintelligenten Produkten stehen, dem Faktor Wissen gegenüber den klassischen Produktionsfaktoren eine Sonderstellung verschafft hat. Der wirtschaftliche Strukturwandel hat in den letzten Jahren diesen Prozess eher noch beschleunigt, ohne dass sich allerdings ein entsprechendes Problembewusstsein auf einer breiteren Basis in den einzelnen gesellschaftlichen Bereichen schon mitentwickelt hätte. „Mit der Höherstufung von Produkten und Dienstleistungen zu wissensbasierten, professionellen Gütern verlieren die herkömmlichen Produktionsfaktoren (Land, Kapital, Arbeit) gegenüber der implizierten oder eingebauten Expertise dramatisch an Bedeutung, und damit wandelt sich die moderne kapitalistische Ökonomie schrittweise in eine Produktionsform, die zwar immer noch von Arbeit und eingesetztem Kapital abhängig ist, tiefgründiger und nachhaltiger aber von Expertise im Sinne von ‚intellectual capital' als demjenigen Produktionsfaktor, der die zukünftige Leistungsfähigkeit von Organisationen bestimmt" (Willke 1998, S. 163). Nimmt man solche Einschätzungen ernst, und aller Augenschein spricht eigentlich dafür, dass wir sie ernst nehmen sollten, dann wird der Umgang mit Wissen zu einem der ganz zentralen Qualitätsmerkmale von Organisationen. Gemeint ist damit "the capability of a company as a whole to create new knowledge, disseminate it throughout the organization and embody it in products, services and systems" (Nonaka a. Takeuchi 1995). Mit dieser Bedeutungsumschichtung der klassischen Produktionsfaktoren zugunsten der Ressource Wissen verlagert sich die Suche nach Faktoren für den Erfolg von Unternehmen auf eine ganz andere Ebene. Es geht nicht mehr nur um hohe Marktanteile, um niedrige Kosten, um einen bestimmten technologischen Vorsprung, um eine gute Eigenkapitalausstattung usw., sondern es steht nun die Organisation selbst, insbesondere ihre geschichtlich aufgebauten Lernmechanismen, ihr evolutionäres Potenzial im Zentrum der Betrachtung.

Verknüpft man diese Überlegungen mit der Diagnose einer prinzipiell unüberblickbar gewordenen Umwelt und der Nichtprognostizierbarkeit von Zukunft, dann wird vollends verständlich, warum die Themen Lernen und Wandlungsfähigkeit derart ins Zentrum der Managementaufmerksamkeit gerückt sind. Denn nach landläufiger Auffassung führt Lernen zu mehr Wissen und die Flexibilisierung der Organisation zu einer schnelleren Anpassung an sich ändernde Verhältnisse in der Umwelt. Deswegen führen Fragen des Wissensmanagements, der lernenden Organisation und Konzepte des Veränderungsmanagements heute die Top-Themen der Managemententwicklung an. Dies mag zur Auffassung ermutigen, dass damit endlich auf einer breiteren Basis der schon seit langem diskutierte Paradigmenwechsel im Management hin zu einem nichttrivialen Führungsverständnis angestoßen wird (vgl. zu diesem Verständnis Wimmer 1992a). Doch wer die unterschiedlichsten Managementmoden in den vergangenen zwei Jahrzehnten hat kommen und wieder verschwinden sehen, mahnt zur Vorsicht. Gerade die neu entstandene Qualität von Unsicherheit und die zugrunde liegende Tendenz zur Beschleunigung der beobachtbaren Veränderungen stimulieren in der Praxis verstärkt jene Bemühungen, die rasche Lösungen versprechen. Damit kommt wieder ein eher instrumentelles Interventionsrepertoire zum Zuge, indem, ebenso wie vor Jahren KVP oder

TQM „eingeführt“ worden sind, jetzt auf neue Change-Management-Konzepte gesetzt oder der Aufbruch in eine lernende Organisation proklamiert wird. Schon ein oberflächlicher Blick in die einschlägigen Publikationen zeigt, dass auf die neuen Herausforderungen vielfach mit alten Antworten reagiert wird. Seit langem praktizierte Lösungen und die ihnen zugrunde liegenden Denkmodelle erhalten bloß neue Überschriften. Die sensiblen Teile des Managements sowie Berater mit ihrem feinen Gespür für modisch wirksame Terminologien, aber auch der eine oder andere aus dem Feld der Wissenschaft haben gelernt, in einer veränderten Sprache das zu beschreiben, worauf es heute ankommt. Die zum Einsatz kommenden Bewältigungsmuster entstammen aber vielfach noch den gewohnten Routinen. Die semantischen Neuerungen dürfen deshalb nicht darüber hinwegtäuschen, dass die tatsächlich praktizierten Steuerungsformen oft nur die eingespielten Strukturen eines trivialen Organisationsverständnisses reproduzieren.

Das Thema „Wissensmanagement“ dürfte sich für diese Art von Mutation in besonderer Weise anbieten. Wenn man Wissen als Ressource, als Produktionsfaktor – ähnlich wie Boden, Kapital, Arbeit, Energie etc. – betrachtet, dann liegt die Hoffnung nahe, man könne diesen „Rohstoff der Zukunft“ auch in der bisherigen Tradition managen. „Denn ähnlich wie herkömmliche Produktionsfaktoren läßt sich auch das Wissen eines Unternehmens analysieren, bilanzieren und managen“ (Probst et al. 1997, S. 30). Schreibt man Wissen einen primär stofflichen Charakter zu, wie dies zum Beispiel in der Schule üblich ist, so wird man zugleich annehmen, die traditionellen Denkmuster eines optimierenden Ressourceneinsatzes ließen sich auch hier zur Anwendung bringen. Entsprechend verdinglicht sehen dann auch die Verfahrensweisen aus, mit deren Hilfe neue Formen des Wissensmanagements in Unternehmen implementiert werden sollen. Dominant bleibt in solchen Fällen stets der Ausbau der technologischen Infrastruktur (interne Netze, Wissensdatenbanken etc.). Es ist abzuwarten, welcher Einfluss von solch primär technologieorientierten Maßnahmen auf die Diffundierung bestehenden Wissens bzw. auf die Generierung neuen Wissens in Organisationen tatsächlich ausgehen wird.

Im Unterschied zu derart „dinghaften“ Vorstellungen gehen wir davon aus, dass sich die Besonderheit der Ressource Wissen nicht dadurch erschließt, dass man sie mit den klassischen Produktionsfaktoren auf eine Ebene stellt (ähnlich sieht dies auch Willke 1998). Wissen hat offenbar sehr viel mit dem zu tun, was ein soziales System im Prozess seines Entstehens und seiner Geschichte an erfolgreichen Strategien zur Sicherung des eigenen Überlebens entwickelt hat. Es findet in den Produkten und Dienstleistungen, im gesamten Leistungsspektrum einer Organisation den äußerlich beobachtbaren, meist sinnlich nachvollziehbaren Ausdruck. Diese sind die nach außen sichtbaren Früchte, während das kollektiv erworbene Wissen die nicht leicht zugänglichen Wurzeln, die tiefer liegende Quelle der Leistungsfähigkeit einer Organisation, darstellt. Diese Quelle speist sich aus dem Erfahrungsschatz, der im Laufe der Zeit durch die erfolgreiche Bewältigung von Herausforderungen im Verhältnis zu spezifischen Umwelten, aber auch im Umgang mit den eigenen internen Entwicklungsproblemen aufgebaut worden ist. Ein solcher Erfahrungsschatz bündelt ganz unterschiedliche Wissenskomponenten (das Beherrschen bestimmter Technologien, unterschiedliches Prozesswissen, Kenntnisse der Bedürfnisse der Kunden und anderer externer Bezugsgruppen, das Wissen betreffend die Eigenheiten der eigenen Organisation, der handelnden Personen usw.). Erst das Zusammenwirken dieser Komponenten schafft die spezifische Know-how-Basis einer Organisation, die die Einzigartigkeit ihres Problemlösungspotenzials im Vergleich zu anderen zu begründen vermag. Wissen ist eine Ressource, die sich durch ihren Einsatz nicht verbraucht, im Gegenteil. Gelingt es, die eigenen Operationen als erfolgreich zu qualifizieren, so bestätigt und festigt dies die in Anwendung befindlichen Wissensfelder, und dies wiederum schützt vor Verunsicherung und Irritation.

Eines ist aus dem Gesagten wohl bereits deutlich geworden: Wenn heute vom Wissen als einer besonderen Ressource für die Leistungsfähigkeit von Organisationen die Rede ist, so ist damit in der Regel nicht jenes Wissen gemeint, „das in den Köpfen von Personen steckt, obwohl dieses natürlich auch immer mehr an Bedeutung gewinnt. Sondern hier ist die Rede von einem sozialen Wissen, das in den Verhältnissen steckt, und das uns in dem Ausmaß, in dem wir in ihnen stecken, zwangsläufig bekannt und unbekannt zugleich ist" (Baecker 1998b, S. 10). Wenn wir Wissen zum Thema machen, dann thematisieren wir unweigerlich diese Verhältnisse und uns in ihnen. Diese Thematisierung ist insofern heikel, als sich schwer vermeiden lässt, dass bei solchen Kommunikationsanlässen die Differenz zwischen Wissenden und Nichtwissenden gleichzeitig mit zum Thema wird. Wer Wissen in Anspruch nimmt, um es explizit anderen zur Verfügung zu stellen, baut damit automatisch eine Asymmetrie auf zwischen jenen, die wissen, und jenen, die es offenbar notwendig hätten, zu wissen. Die irritierenden Implikationen, die in der Regel mit einer solchen Beziehungskonstellation verbunden sind, machen zunächst einmal die emotionale Ablehnung einer solchen Zumutung wahrscheinlich. In einer sozialen Umgebung, in der es überwiegend auf die Selbstinszenierung von Wissen ankommt, in der man in Entscheidungsprozessen glaubt, nur über Wissensbehauptungen Einfluss zu bekommen, kurz, im Kontext von Organisationen ist das explizite Rekurrieren auf das Nichtwissen anderer stets riskant. Es bedarf schon ganz spezieller Kommunikationsanlässe, die es ermöglichen, die Position des Nichtwissens und die damit verbundene Irritation des eigenen Kompetenzempfindens als chancenreich zu entdecken; chancenreich deshalb, weil nur so tiefer gehende Lernprozesse angestoßen werden. Üblicherweise treffen wir aber in Organisationen eine solche Lernkultur nicht an. Die Umsteuerung organisationaler Aufmerksamkeit von Wissen auf Nichtwissen ist überall dort von ausschlaggebender Bedeutung, wo es auf Innovation, auf Lernen und rasches Verlernen ankommt. Letztlich also überall dort, wo es um einen produktiven Umgang mit unerwarteten, überraschenden Ereignissen geht. Deshalb betonen Weick und Sutcliffe zu Recht: "If people are serious about becoming a 'learning organization', they should not impose strict definitions in advance about where the learning will come from. The whole point of a learning organization is that it needs to get a better handle on the fact that it doesn't know what it doesn't know" (Weick a. Sutcliffe 2001, S. 18). Das Wissen betreffend das eigene Nichtwissen programmiert Organisationen und die in ihnen tätigen Personen auf eine ganz neue Art und Weise.

Es ist zu vermuten, dass der Bedeutungszuwachs des Faktors Wissen die hier nur angedeuteten Paradoxien im expliziten Management dieser Ressource noch verschärfen wird. Jede Art von Wissensmanagement, das auf die eingespielten „naturwüchsigen" Muster des Umgangs mit bestehendem Wissen und der Generierung neuen Wissens gezielt Einfluss gewinnen will, muss Mittel und Wege finden, wie den „Ablehnungswahrscheinlichkeiten" begegnet werden kann, die mit der expliziten Thematisierung von Wissen in Organisationen unvermeidlich verknüpft sind. Voraussetzung dafür ist ein Managementverständnis, das Organisationen als autopoietische, d. h. als sich selbst organisierende soziale Systeme sieht und nicht als maschinenähnliche Werkzeuge zur Verfolgung von Zwecken, die von außen gesetzt sind. Am Beispiel des Wissensmanagements lässt sich gut zeigen, welche Herausforderungen in der Steuerung von Prozessen liegen, mit deren Hilfe ein System sich entlang der Differenz von Wissen und Nichtwissen selbst zum Thema macht. Diese Art von Reflexion sorgt gleichsam für eine Dauerirritation. Denn „die Ablehnungswahrscheinlichkeit jeden Wissens erklärt sich daraus, daß damit sowohl die Realitätssicht des sozialen Systems, in dem dieses Wissen kommuniziert wird, als auch das System selbst, das sich diese und nicht eine andere Realität konstruiert, auf dem Spiel steht“ (Baecker 1998b, S. 10).

Sind unsere heutigen Organisationen für diese Art von Dauerirritation gerüstet? Wie müssten die organisationsinternen Kommunikationsstrukturen aussehen, damit sich dieses Irritationspotenzial bewältigen ließe? Welche Art von Führungsleistung muss dafür erbracht werden? Es tauchen an dieser Stelle eine Fülle von Fragen auf, auf die wir weder in der Theorie noch in der Praxis bereits erprobte Antworten anbieten könnten. Am eindrucksvollsten sind solche Antworten am Beispiel jenes Typus von Organisationen zu beobachten, den Karl E. Weick „high reliability organization“ nennt (Kernkraftwerke, Intensivstationen, Flugzeugträger u. A.; dazu Weick a. Sutcliffe 2001).

Wir gehen davon aus, dass mit den eingangs beschriebenen Veränderungen im Umfeld von Organisationen das organisationsinterne Potenzial zur Selbstthematisierung unweigerlich erhöht werden muss, will man den qualitativ neuen Steuerungsanforderungen gerecht werden, die mit einer Ausweitung primär wissensbasierter Leistungsprozesse zwangsläufig einhergehen. Damit nehmen jene Kommunikations- und Entscheidungsanlässe dramatisch zu, in denen emotional heikle, zutiefst verunsichernde Themen verhandelt werden müssen. Auf diese Weise wird die Vermehrung der Selbstthematisierungsanlässe vor den eingeschwungenen Zuständen im Management selbst, vor der Art und Weise, wie in einer Organisation die relevanten Führungsleistungen erbracht werden, nicht Halt machen. Die Themen Wissensmanagement und lernende Organisation markieren somit zentrale Entwicklungsfelder, in denen das traditionelle Führungs- und Organisationsverständnis an seine Grenzen kommt. Im Übrigen sind dies Grenzen, die auch bei den vielen radikalen Transformationsversuchen der 1990er-Jahre oftmals ganz schmerzhaft erfahren werden mussten (vgl. dazu Wimmer 1999). Aus diesem Grunde stehen unsere tradierten Vorstellungen von Führung, von Hierarchie, von Wandel, letztlich unser herkömmliches Organisationsverständnis selbst mit auf dem Spiel, wenn wir zu Fragen der Lernfähigkeit sozialer Systeme einen angemessenen theoretischen Zugang bekommen wollen, der letztlich auch unserem praktischen Umgang mit diesen Fragen eine tragfähige Orientierung verschaffen kann.

Was meint überhaupt „Lernfähigkeit" mit Blick auf Organisationen?

Die beeindruckende Karriere, die der Begriff der lernenden Organisation in den letzten zehn Jahren durchlaufen hat, hängt nicht zuletzt auch mit seiner Unschärfe zusammen. Einerseits weckt er ausreichend unbestimmte Hoffnungen, dass es in der Zukunft besser wird (denn ein Mehr an Lernen kann auf keinen Fall schaden), und lässt andererseits Raum für sehr unterschiedliche Konzepte und Lösungswege, diese Hoffnungen einzulösen. Diese Unschärfe, die eine Vielfalt von Anschlussstellen bereithält, macht ihn insbesondere für Situationen attraktiv, in denen es um die Suggestion von Verständigung zwischen sehr heterogenen Partnern geht, ohne dass das zu lösende Problem genauer spezifiziert und ein explizites Verständnis anzustrebenden Ziele herbeigeführt werden müsste.

Die hohe Plausibilität, die die Forderung nach einer Verstärkung des Lernens heute besitzt, bestärkt den Eindruck, man könne Veränderungen vorantreiben und sich gleichzeitig aufwändige Kommunikations- und Abstimmungsprozesse ersparen. Diese eigentümliche Suggestionskraft des Begriffs Lernfähigkeit könnte sich wohl vor allem im Zusammenhang mit Organisationen entfalten, handelt es sich hier doch um einen Typus sozialer Systeme, mit dem man diese Eigenschaft zumindest auf den ersten Blick nicht unbedingt assoziiert. Angesichts des akuten Veränderungsdrucks, unter den in der Zwischenzeit Organisationen in fast allen gesellschaftlichen Bereichen geraten sind, stellt die Fokussierung auf Lernfähigkeit ungewöhnliche Lösungsperspektiven in Aussicht. Lernen verspricht

Beweglichkeit und damit die Umsteuerung der gebündelten Aufmerksamkeit einer Organisation von Routine auf Innovation. Genau diese latenten Versprechen sind es, die den Begriff der Lernfähigkeit einerseits emotional so attraktiv machen, die ihm aber andererseits sowohl in seiner Orientierung für die praktische Gestaltung von Organisationsentwicklungsschritten als auch in seiner theoretischen Reichweite charakteristische Grenzen auferlegen.

Diese Grenzen werden zugänglich, wenn man sich die Frage stellt, welche Unterscheidung eigentlich der Diskussion um die Lernfähigkeit von Organisationen zugrunde liegt. Wovon wird denn die lernende Organisation unterschieden? Jenes andere wird selten explizit beschrieben, weil man die Kehrseite als selbstverständlich geklärt voraussetzen kann. Normalerweise sehen jene, die diesen Begriff in die Debatte um die zukünftige Entwicklungsrichtung von Organisationen einbringen, auf der Außenseite der Unterscheidung die „nicht lernende" Organisation. Diese ist stabil, hält an den eingespielten Routinen fest, wehrt sich gegen Veränderungszumutungen; für sie ist Lernen kein Thema, weil es ihr im Kern darum geht, ihre historisch gewachsene Identität auch künftig aufrechtzuerhalten. Wie gesagt, gerade im Umgang mit Organisationen leuchtet die Differenz prima vista ein. Unsere Alltagserfahrungen, in denen uns immer wieder das Scheitern von Veränderungsbemühungen vor Augen geführt wird, verschaffen genau dieser Art von Unterscheidung eine gewisse Evidenz. Lernfähigkeit, das ist es, woran es den Organisationen unserer Zeit zutiefst mangelt. Den Teufelskreis der „Logik des Misslingens" (Dörner 1989) zu durchbrechen, auf dieses Ziel hin gälte es Organisationen weiterzuentwickeln, wenn sie mit dem heutigen Komplexitäts- und Risikograd ihrer Entscheidungslagen halbwegs angemessen fertig werden sollen. Unterstützt wird diese Plausibilität durch den impliziten Aufforderungscharakter, der der Unterscheidung zwischen Lernfähigkeit und Lernunfähigkeit zugrunde liegt. Lernfähigkeit ist allemal besser als das Gegenteil. Automatisch richtet sich der Blick auf die Innenseite der Differenz. Denn welche Organisation möchte schon als lernunfähig dastehen!?

Es gibt also eine Reihe von guten Gründen, die dafür sorgen, dass die dem Begriff der lernenden Organisation zugrunde liegende Unterscheidung unsichtbar bleibt. Damit bleibt aber auch der Umstand unthematisierbar, dass sich die Verwender dieses Begriffes automatisch auf die bessere Seite bringen und den Status quo von Organisationen als lernunfähig abwerten. „Je mehr wir glauben, daß die Motive einer Unterscheidung in der Sache stecken, die sie sichtbar macht, desto unauffälliger wird uns der Beobachter, der die Unterscheidung trifft" (Baecker 1998b, S. 17). In diesem Unsichtbarmachen wichtiger Implikationen des Begriffs liegen allerdings die zentralen Probleme, mit denen die bisherige Diskussion um Fragen der Lernfähigkeit von Organisationen vor allem in der Praxis zu kämpfen hatte. So plausibel die Forderung nach einem Ausbau des Lernens von Organisationen auch ist, so schwierig ist es, dieser nachzukommen, ohne dass man wüsste, was Lernen, bezogen auf Organisationen, eigentlich heißt und was da neu hinzukommt, wenn Organisationen die „lernende Organisation" in sich selbst einführen. Wann kann ein Unternehmen von sich behaupten, es sei lernfähig im Unterschied zu anderen bzw. im Vergleich zu seiner bisherigen Geschichte? Solche und ähnliche Fragen führen sehr rasch in die Paradoxien hinein, die der herkömmliche Sprachgebrauch normalerweise verdeckt, der so tut, als wäre Lernen etwas, das bestehenden Organisationen hinzugefügt, in diese erst eingeführt werden müsste.

Dieser blinde Fleck wird dem Beobachter unmittelbar zugänglich, wenn er seine Unterscheidungen anders wählt. Ein genauerer Blick in die Eigendynamik von Organisationen zeigt uns rasch, dass die Differenz lernende/nicht lernende Organisationen eigentlich wenig Sinn hat. Wie andere lebende Systeme auch lernen Organisationen, solange sie existieren. Um die eigene Existenz fortzusetzen, bedarf es ständiger Aktivitäten, die im Austausch mit den Umwelten, in die sie eingebettet sind, die eigene Reproduktion sichern helfen. Im Falle von Organisationen sind es Entscheidungen, die die immer wieder neu auftauchende Unsicherheit bearbeitbar machen und an die weitere Entscheidungen anschließen, die wiederum vor dem gleichen Problem der Unsicherheitsbewältigung stehen. Bei diesen Anschlussaktivitäten passieren unweigerlich mehr oder weniger große, mehr oder weniger auffällige Veränderungen, sei es in den Leistungen und Produkten selbst, in den Verfahren und Prozessen, in den Kommunikationsmustern und Strukturen, auf denen das weitere Geschehen in der Organisation dann aufsetzt. Existenzsicherung und Identitätserhaltung sozialer Systeme sind über die Zeit hinweg nur durch permanenten Wandel zu haben. Dies bedeutet, dass jede Art von Organisation ihre eigendynamische Form des Lernens besitzt, im Laufe ihrer Geschichte höchst individuelle Lernmechanismen ausgeprägt hat, die als das Ergebnis der Auseinandersetzungen mit ihren spezifischen Umwelten und der selbst aufgebauten Eigenkomplexität anzusehen sind. Insofern kann jede Organisation auf eine charakteristische Lerngeschichte zurückblicken und beweist durch die Fortführung der eigenen Existenz ein bestimmtes Maß an Lernfähigkeit.

Folgt man diesen Überlegungen, dann ist leicht einsichtig, dass die Differenz Lernen / Nichtlernen im Sinne eines Entweder-oder in die Irre führt. Jedes soziale System braucht eine lebensfähige Balance zwischen Sichändern und Einen-bestimmten-Zustand-stabil-Halten. Lernen und Sichweiterentwickeln bzw. Nichtlernen und Gleichbleiben, d. h. Sich-gegenüber-bestimmten-Veränderungsimpulsen-indifferent-Zeigen, sind beides Fähigkeiten, die für die Überlebenssicherung von Organisationen in gleicher Weise bedeutsam sind. Jede Art von prinzipieller Höherwertigkeit einer dieser beiden grundsätzlichen Verhaltensstrategien verweist auf die Präferenz des jeweiligen Beobachters und rechtfertigt sich nicht aus den Überlebensbedingungen von Organisationen. Für diese kommt es letztlich in erster Linie darauf an, sich als Organisation in ausreichendem Maße irritierbar zu halten, um überhaupt entscheiden zu können, ob in der jeweiligen Situation Lernen oder Nichtlernen die angemessene Strategie darstellt. Weil sich in der bisherigen Diskussion um die Lernfähigkeit von komplexen sozialen Systemen eine Präferenz fürs Lernen entwickelt hat, wurde meist übersehen, dass es gerade um eine jeweils neu zu findende Balance zwischen Lernen und Nichtlernen geht und dass dafür das Ausmaß der eigenen Irritierbarkeit in der Beobachtung überraschender Abweichungen (gemessen an den eingespielten Erwartungen) das entscheidende Kriterium ist. In diesem Sinne könnte es weiterführen, wenn wir den Begriff der Lernfähigkeit auf den Grad der Irritierbarkeit bzw. auf die Chancen der Verarbeitung von Irritationen in Organisationen zuspitzen. Wollen wir diesen Gedankengang noch weiter vertiefen, so gilt es in einem nächsten Schritt, im Kontext der Entwicklung von Organisationen einige aktuelle evolutionstheoretische Überlegungen aufzugreifen (vgl. dazu H. Wimmer 1996; Luhmann 1997, S. 413 ff.).

Evolutionäre Mechanismen von Organisationen

Der Rückgriff auf Denkfiguren aus der Evolutionsforschung ist im Zusammenhang mit organisationstheoretischen Fragen nicht selbstverständlich, obwohl es da bereits den einen oder anderen Versuch gegeben hat. Einige Grundannahmen der klassischen Evolutionstheorie sind zu sehr umstritten, als dass sie ohne weiteres in sozialwissenschaftliche Überlegungen eingebaut werden könnten (im Detail vgl. dazu H. Wimmer 1996, S. 83 ff.). Trotzdem könnte es fruchtbar sein, einige evolutionstheoretische Einsichten, wie sie im Rahmen der neueren Systemtheorie weiterentwickelt worden sind, aufzugreifen und zu überprüfen, inwieweit sie gerade für das Verständnis der Lernfähigkeit von Organisationen nutzbar gemacht werden können (vgl. in einem ähnlichen Sinne Baecker 2003, S. 274 ff.).

Die Systemtheorie geht davon aus, dass alle lebenden, sich autopoietisch reproduzierenden Systeme (somit auch Organisationen) von ihrer Umwelt durch ganz bestimmte Störungen zwar irritiert, aber nicht direkt (im Sinne eines linear kausalen Wirkungszusammenhanges) zur Anpassung gezwungen werden können. Lebende Systeme folgen ihrer eigenen Melodie, sie entwickeln sich entlang ihren internen Strukturen und Variationsmöglichkeiten und nutzen dafür die Gegebenheiten der für sie relevanten Umwelten. In diesem Sinne sind sie immer schon „angepasst" oder verschwinden von der Bildfläche. „Die Evolution selbst benötigt keine Richtungsangaben. Sie ist ohnehin kein zielorientierter Prozeß" (Luhmann 1997, S. 446), sondern einer, der im Zeitverlauf zufällige Entwicklungschancen nutzt. Die alte Vorstellung, nach der die Evolution gleichsam als ein natürlicher Selektionsmechanismus wirkt, der die Tüchtigsten aussortiert und am Leben hält, unterschätzt die Komplexität, die in der wechselseitigen Beeinflussung von System und Umwelt liegt. So gesehen, ist von der Evolution keine immer bessere Anpassung der übrig Bleibenden zu erwarten.

Soziale Systeme bringen keine endgültige Sicherheit des eigenen Gerüstetseins für unterschiedliche Umweltherausforderungen zustande. Dem Problem einer ungewissen, unbestimmten Zukunft und der Undurchschaubarkeit der Umwelt und dessen, was dort wirklich läuft, ist nicht zu entrinnen. Die Hoffnung auf eine „Übereinstimmungsgarantie" (ebd., S. 126) fußt auf realitätsfernen Erwartungen. Ziel der Organisationsentwicklung kann deshalb nicht so etwas wie eine optimale Anpassung an ständig komplexer werdende Umwelten sein, sondern die Ausprägung der Fähigkeit, sich zum einen als aktiver Mitspieler zu verstehen, der die Bedingungen des eigenen Überlebens zum Teil selbst miterschafft. Dies bedeutet, sich selbst in einer Koevolution zu begreifen, in der man die Entwicklung des eigenen Umfeldes selbst aktiv mitbeeinflusst und deshalb auch selbst mitzuverantworten hat. Zum anderen geht es aber auch darum, sich in die Lage zu versetzen, dass man für allfällige Veränderungsnotwendigkeiten organisationsintern rechtzeitig die erforderliche Empfindsamkeit aufbringt, die die Entscheidungsgrundlagen für etwaige Kurskorrekturen zu schaffen vermag.

Die Evolutionstheorie geht davon aus, dass in dem prinzipiell nicht überwindbaren Komplexitätsgefälle zwischen System und Umwelt und in der Nichtsynchronisiertheit der jeweiligen Veränderungsdynamiken die eigentlich entscheidenden Entwicklungschancen für das jeweilige System stecken. Soziale Systeme nutzen ihre Grenzen, um sich im Austausch mit ihren Umwelten in einem bestimmten Ausmaß mit Überraschungen zu versorgen, die ihrerseits Anstoß für die Weiterentwicklung der internen Strukturen bieten können, allerdings nicht zwangsläufig bieten müssen.

In diese Theorie sind demnach „Unwiederholbarkeitsannahmen eingebaut, und in diesem Sinne handelt es sich um eine Theorie des geschichtlichen Aufbaus von Systemen. Denn Evolution kommt durch eine Nutzung von vorübergehenden, nicht bleibenden Bedingungen zustande. Genau darin, daß dies möglich ist, besteht die Chance des Aufbaus einer unwahrscheinlichen Ordnung im Laufe der Zeit“ (Luhmann 1997, S. 416).

Hier setzt unser Verständnis von organisationaler Lernfähigkeit an. Sie beschreibt das Potenzial einer Organisation, die Unwägbarkeiten und Zufälle in der eigenen Umwelt für die Weiterentwicklung der systemeigenen Antwortfähigkeit zur Bewältigung interner und externer Herausforderungen gezielt zu nutzen. Auf einer ganz allgemeinen Ebene wird dieser evolutionäre Lernmechanismus gerne in dem bekannten Dreischritt der Variation, Selektion und Restabilisierung beschrieben. Dieses „natürliche Driften“ ist in Organisationen vielfach beobachtbar. Evolutionäre Anstöße erfolgen üblicherweise im operativen Geschäft, auf der Ebene des alltäglichen Tuns. Hier wird es immer wieder einmal passieren, dass man einen bestimmten Vorgang anders durchführt als bisher oder dass die nach außen gehende Leistung von dem bislang Gewohnten abweicht (etwa weil man aufgrund einer hartnäckigen Kundenanforderung eine andere Lösung findet). Wird diese Abweichung organisationsintern beobachtet und (aus welchen Motiven immer) für interessant empfunden, dann entsteht die Möglichkeit, mit dieser Variante weiterzuexperimentieren. Der nachhaltige Erfolg dieses Probierens kann dann zu einer stabilen Routinisierung dieses neuen Lösungsweges beitragen und möglicherweise gleichzeitig das Verschwinden (Verlernen) bisheriger Praktiken anregen. Nur wenn alle drei Schritte (Variation, Selektion, Restabilisierung) beobachtet werden können, spricht man von einer erfolgreichen evolutionären Veränderung. Wir müssen hier nicht weiter betonen, dass diese drei Prozessschritte in keinem mechanischen Verhältnis zueinander stehen, sondern sich wechselseitig bedingen und einander voraussetzen, also zirkulär miteinander verbunden sind.

Versteht man unter Lernfähigkeit die im Laufe der eigenen Geschichte aufgebauten Möglichkeiten, unerwartet sich bietende Impulse für Veränderungen zu nutzen und andere zu ignorieren, so kann man davon ausgehen, dass jedes soziale System das ihm gemäße Lernpotenzial entwickelt hat. Beobachter (intern wie extern) mögen angesichts aktueller oder künftig erwartbarer Herausforderungen durchaus zu einer anderen Einschätzung kommen. Ist dies der Fall, so stellt sich die Frage, ob auf diese historisch eingespielten Lernmechanismen gezielt Einfluss genommen werden kann, um für künftige Leistungsanforderungen besser gerüstet zu sein, und wenn ja, welche Art von Einflussnahme dafür geeignet ist.

Verlässt man die Naivität einer relativ voraussetzungslosen Förderung des Lernens in und von Organisationen, dann gilt es, nach Interventionsmöglichkeiten zu suchen, wie man auf die eingespielte naturwüchsige Drift, d. h. auf die bestehende eigensinnige Form, in der eine Organisation ihre Balance von Lernen und Nichtlernen jeweils herstellt, gezielt Einfluss gewinnen kann. Kann es gelingen, ihr inneres Lernprogramm, ihre kulturell tief verwurzelten Mechanismen der Überlebenssicherung tatsächlich umzuschreiben? Kann eine Organisation ihre eigenen evolutionären Mechanismen sich selbst verfügbar machen, d. h. lernen, wie man die eigene Art zu lernen verändert? Es ist dieser Anspruch durchaus dem Vorhaben vergleichbar, welches die Gentechnologie mit ihrem *genetic engineering* verfolgt (vgl. zu dieser Analogie auch Willke 1997a, S. 48). Helmut

Willke nennt dieses Bemühen um eine gezielte Einflussnahme auf die eigensinnige Entwicklungsdynamik organisierter Sozialsysteme so etwas wie eine „Evolution der Evolution“ oder den Umstieg von „naturwüchsiger Veränderung zu strategischer Veränderung“ (ebd., S. 48 ff.). Wir wissen auf diesem Gebiet noch vergleichsweise wenig. Es gibt jedoch bereits eine Reihe von Anhaltspunkten, die uns helfen können, die Charakteristika des Selbstveränderungspotenzials einer Organisation zu diagnostizieren.

Ausschlaggebend für dieses Potenzial ist zweifelsohne die Vielfältigkeit, mit der ein System mit seinen unterschiedlichen Umwelten verkoppelt ist. Damit in engem Zusammenhang steht die Frage, welche Resonanz diese Koppelungspunkte zwischen System und Umwelt organisationsintern finden können. An diesen Grenz- und Verbindungsstellen entzünden sich vielfältige Irritationen, d. h. Erwartungsenttäuschungen, die letztlich den Stoff für mögliche Lernprozesse liefern können. Deshalb ist die Art der strukturellen Koppelungen eines Systems mit seinen Umwelten und der damit verbundene Grad an Umweltsensibilität ein ganz ausschlaggebender Faktor dafür, wie ein System das eigene Lernen organisiert. Je bestimmender die eigene Rolle gegenüber den eigenen Umwelten systemintern konzeptionalisiert werden kann und je kontaktärmer die Austauschbeziehungen nach außen gestaltet werden können, umso geringer lässt sich das Irritationspotenzial halten.

Ein anderes Merkmal, das den Grad an Umweltsensibilität einer Organisation nachhaltig prägt, ist die Art und Weise, wie sie ihre Verhaltenserwartungen an ihre Umwelt ausrichtet. Sind diese Erwartungen, die ja die alltäglichen Austauschbeziehungen mit den verschiedenen Umwelten steuern, enttäuschungsbereit konzipiert, weil sie letztlich auf Wissen basieren, das revidiert werden kann, dann erzeugen abweichende Erfahrungen stets die Chance, dass es zu einer Überprüfung des bestehenden Wissens kommt. Ergebnis eines solchen systeminternen Prüfprozesses kann dann sein, dass neue Verhaltensstrategien entwickelt werden, mit deren Hilfe versucht wird, auf veränderte Umweltanforderungen zu antworten.

Leichter fällt es einem System, sich gegenüber Erwartungsenttäuschungen im Verhältnis zu seinen Umwelten zu immunisieren, wenn man diese Erwartungen normativ konzipieren kann, zum Beispiel wird ein Gericht an den seine Entscheidungen leitenden Rechtsnormen auch dann festhalten, wenn in seinem Umfeld ständig dagegen verstoßen wird. Ähnlich gelingt es primär glaubensbasierten Systemen, an ihren Grundüberzeugungen festzuhalten, selbst wenn die gemachten Erfahrungen im Umgang mit externen Partnern zum wiederholten Male dagegen sprechen (Beispiele dafür sind Glaubensgemeinschaften, Sekten, aber gelegentlich auch politische Parteien und Protestbewegungen). Organisationen weisen in der Regel eine charakteristische Mischung zwischen beiden Erwartungstypen auf, wobei entsprechend den Leistungsschwerpunkten, d. h. ihrem Aufgabenprofil, entweder die kognitiven oder die normativen Erwartungen dominieren. Da allerdings zwischen Glauben und Wissen die Grenzen oft fließend sind und Wissen gerade dann, wenn es vielfach bestätigt worden ist, eine erhebliche Enttäuschungsresistenz entwickeln kann, gelingt es oft auch primär wissensbasierten Systemen, sich gegen jeglichen Augenschein über einen längeren Zeitraum gegenüber Veränderungsimpulsen von außen zu immunisieren, d. h. ausschließlich auf die Option des Nichtlernens zu setzen.

Das Verhältnis von Wissen und Lernen ist seltsam widersprüchlich, was vielfach stark unterschätzt wird (vgl. eingehender dazu Simon 1997, S. 145 ff.). Je erfolgreicher man nämlich mit bestimmten Wissensbeständen die anfallenden Probleme bewältigen kann, desto weniger ist Lernen erforderlich. So verstanden, beinhaltet Wissen in Organisationen einen gemeinsam aufgebauten Erfahrungsfundus, der Bewahrenswertes (weil im Tun Bewährtes) für künftige Wiederverwendung verfügbar hält. In dem Ausmaß aber, als die Berechenbarkeit des erfolgreichen Umgangs mit Umweltherausforderungen rapide abnimmt, wird es gleichzeitig darum gehen, Bedingungen zu schaffen, die die Enttäuschungsbereitschaft bestehenden Wissens fördern und primär glaubensbasierte Annahmen überprüfbar machen. Dabei spielt die Ausdifferenzierung von Kommunikationsanlässen, die für den einzelnen relativ risikolos solche Prüfvorgänge ermöglichen, organisationsintern eine große Rolle. Das müssen Anlässe sein, die nicht unter einem hohen aktuellen Zeitdruck stehen und deshalb das Aufkommen von eigener persönlicher Irritiertheit angesichts des sichtbar gewordenen Nichtwissens zulassen. Eine Art des sozialen Miteinanders aufzubauen, die die subjektive Äußerung von Zweifeln, von Unsicherheit, von Wahrnehmungen, die noch auf vagen Einschätzungen und Gefühlen beruhen, ist heute eine der ganz herausfordernden Organisationsentwicklungsaufgaben. Denn wie kann es angesichts einer weit verbreiteten Misstrauenskultur gelingen, Organisationen mit der Fähigkeit auszustatten, die „Intelligenz wahrnehmungsnaher Formen der Kommunikation" gezielt zu nutzen (Baecker 2003, S. 307)? Diese Fähigkeit impliziert, dass Personen ihre persönlichen Wahrnehmungen zu relevanten Prozessen in und außerhalb der Organisation in die organisationsinterne Kommunikation ungeschützt einspeisen können und dass diese dort als Material zu gemeinsam geteilten Realitätseinschätzungen auch genutzt werden.

Für die Einschätzung des Selbstentwicklungspotenzials einer Organisation ist neben den eben geschilderten Faktoren, die den Grad der Umweltempfindlichkeit beschreiben, d. h. die Chancen des Irritiertwerdens erfassen, bedeutsam auch die Frage, welche Merkmale die organisationsinterne Verfasstheit aufweisen muss, damit aus den erzeugten Irritationen tatsächlich nachhaltig wirksame Lernprozesse angestoßen werden können.

Hier steht ein Faktor besonders im Zentrum, nämlich die Frage, wie man mit dem umgeht, was man intern gerne als Fehler ansieht. Organisationskulturen, die beispielsweise auf Perfektionismus ausgerichtet sind, qualifizieren Unerwartetes, etwas, was vom normalen Gang der Dinge abweicht, gerne als Fehler und setzen deshalb viel Energie darauf, diese zu vermeiden. In einem solchen Umfeld kann sich Neues erst durchsetzen, wenn es seine Bewährungsprobe vielfach bereits bestanden hat. Hier benötigen Innovationen ihre spezifische Zeit, um sich – wenn überhaupt – gegenüber dem bislang Bewährten durchsetzen zu können. Der Intensitätsgrad der Lernfähigkeit wird organisationsintern demnach stark von der Vielfalt an Gelegenheiten bestimmt, vom bislang Gewohnten legitimierterweise abzuweichen. Je mehr aus dem Aufgabenbezug heraus Anlässe produziert werden, entgegen dem jeweils eingespielten Modus des Vorgehens innovative Variationen zu produzieren, umso mehr gerät ein System unter Druck, entscheiden zu müssen, was es künftig mit diesen Variationen macht, ob man sie weiterverfolgt oder als unbrauchbar zur Seite schiebt. Die Lernfähigkeit einer Organisation hängt folglich unmittelbar an der Qualität dieser Entscheidungsmechanismen, die beobachtete Abweichungen bearbeitbar machen. Organisationen, die diesen lernträchtigen Umgang mit Fehlern geradezu perfektioniert haben, sind die von Karl E. Weick untersuchten „high reliability organizations" (HROs). Diese sind schon aus Gründen der Bewältigung der permanenten Gefahr einer Katastrophe darauf spezialisiert, Abweichungen genau zu registrieren und sie als Material für die Diagnose des eigenen Systemzustandes zu nutzen. "In fact, they tend to view any failure, no matter how small, as a window on the system as a whole" (Weick a. Sutcliffe 2001, S. 56). Feste Routinen für diese Art des Umgangs mit Auffälligkeiten zu gewinnen ist eine höchst unwahrscheinliche organisationale Fähigkeit. Üblicherweise versuchen Organisationen, auftretende Probleme möglichst rasch zu lokalisieren, am besten zu personalisieren. Denn sobald man einen Schuldigen gefunden hat, kann sich der Rest der Organisation beruhigt und entlastet zurücklehnen. Abweichungen als systemdiagnostisches Lernmaterial offensiv zu verwenden, um damit vorausschauend die Leistungsfähigkeit einer Organisation zu steigern, setzt eine konsequente und nachhaltig betriebene Führungspraxis von der Spitze bis zu den Beschäftigten vor Ort voraus. "These behaviors are encouraged through leadership and management practices as well as an appropriate organizational design" (ebd., S. 56). Unterstützt werden solche Bewältigungsmuster durch das eigene Gefühl der Verwundbarkeit als System. Dort, wo sich auf breiter Basis ein solches Bewusstsein nicht entwickeln kann (etwa weil man durch lang anhaltenden Erfolg ständig bestätigt wird oder weil man sich aus anderen Gründen in seiner Existenz als Organisation total abgesichert fühlen kann), dort wird die beschriebene Wachsamkeit hinsichtlich der Nutzung der Vielfalt angebotener Lernchancen nicht wachsen können.

„Theoretisch genauer gefaßt und auf seine kommunikative Verwendung hin betrachtet, liegt der Variationsmechanismus in der Erfindung der Negation und in der dadurch ermöglichten Ja/Nein-Codierung sprachlicher Kommunikation. Man achte auf die Unwahrscheinlichkeiten dieser evolutionären Errungenschaft" (Luhmann 1997, S. 459). Mit der seit einiger Zeit in Gang befindlichen Aufweichung der klassischen Hierarchie und ihrer tradierten Kommunikationsmuster (vgl. dazu Wimmer 1998a) erhöht sich die Wahrscheinlichkeit, dass Negationen ihre situative Auffälligkeit verlieren und künftig schlicht zum normalen Prozessieren komplexer Entscheidungslagen gehören werden. Das Verlassen des klassischen Prinzips der funktionalen Binnendifferenzierung von Organisationen und seiner strikt hierarchischen Koordinationsmechanismen und der Übergang zu wesentlich komplexeren Differenzierungsformen (wie z. B. die Geschäftsfeldgliederung, die Prozessorientierung etc.) haben die Gelegenheiten multipliziert, aus gutem Grund Nein sagen zu können. Das Nein zwingt die Organisation, immer wieder aufs Neue die Heterogenität und Gleichzeitigkeit divergierender Ziele für eine kreative Suche nach einem Gesamtoptimum zu nutzen. Beispielsweise steigt natürlich die Chance, produktive „Fehler" vorkommen zu lassen, mit einer internen Differenzierung, die auf weitgehende unternehmerische Eigenverantwortung der Subeinheiten setzt und damit die interne Verknüpfung von strikter auf lose Koppelung umbaut. Das Prinzip, Unternehmen im Unternehmen zu fördern, zwingt alle Subeinheiten dazu, sowohl ihre eigenen Anliegen transparent zu machen und offensiv zu kommunizieren als sich auch immer wieder um Anschlussfähigkeit bei den internen Kunden und Lieferanten zu bemühen (vgl. dazu Wimmer 1995a). „Je mehr Möglichkeiten des Ausdrucks und des Verstehens durch die Entwicklung einer komplexen Semantik bereitgestellt werden, desto mehr Anregungen zur Ablehnung werden mitproduziert" (Luhmann 1997, S. 460). Die organisatorische Vervielfachung der Möglichkeiten, Nein zu sagen, führt allerdings nur dann zu einer fruchtbaren Nutzung der damit produzierten Lernchancen, wenn seitens der Führung für geeignete Kommunikations- und Entscheidungsstrukturen gesorgt wird, die eine weiterführende Bearbeitung des dadurch gesteigerten Konfliktpotenzials ermöglichen (vgl. dazu Wimmer 1998a).

Die Bedeutung dessen, was hier mit geeigneten Kommunikationsstrukturen gemeint ist, wird vielfach unterschätzt. Die klassische Hierarchie baute jahrzehntelang darauf, den organisationsinternen Kommunikationsaufwand möglichst gering zu halten. Seit die Grundarchitekturen der internen Differenzierung wählbar geworden sind, gilt eigentlich das gegenteilige Prinzip. Koordination verlangt vielfältige, meist konfliktgeladene Abstimmungsprozesse in der Vertikale, aber noch mehr zwischen an sich weitgehend autonomen Einheiten. Das ist nicht mehr ohne einen erheblichen Kommunikationsaufwand zu haben. Dieser Umbau der Organisationen von Kommunikationsvermeidung auf eine kommunikative Bewältigung der anstehenden Entscheidungslasten hat allerdings einen hohen „Preis". Er stimuliert und legitimiert ein profiliertes Nein (vgl. dazu auch Baecker 2003, S. 276 ff.). Die erzwungene Wiedereinführung der Kommunikation in die Organisation ist mit einer enormen

Steigerung organisationsinterner Unbestimmtheit verbunden, d. h. mit einer Zunahme an Kontingenz, an Möglichkeiten, so oder so zu entscheiden, und damit auch an Möglichkeiten, gefällte Entscheidungen angesichts neuer Einsichten wieder aufzumachen. Entscheidungen mit Verbindlichkeit zu versehen ist deshalb gegenüber früher eine noch viel schwierigere Aufgabe geworden. Die alten Autoritätsressourcen, mit deren Hilfe man sich früher vor dem Befragtwerden und dem Nein schützen konnte (z. B. hierarchischer Rang, Expertenstatus u. Ä.), sind weitgehend weggeschmolzen. An ihre Stelle treten über kommunikative Aushandlungsprozesse situativ hergestellte Formen der Selbstbindung, die strukturell mögliche Freiheitsgrade aller Beteiligten zugunsten einer gemeinsam getragenen Problemlösung begrenzen. Sowohl das Produktivmachen des gestiegenen Negationspotenzials als auch das immer wieder notwendige Herstellen von kollektiver Akzeptanz für ausverhandelte Entscheidungen ist wohl der Kern dessen, was zurzeit vielfach noch recht diffus unter „Leadership" diskutiert wird.

Genauer besehen, lassen sich eine Reihe von Einflussfaktoren benennen, deren wechselseitige Verstärkung ein System in die Lage versetzen, die Funktionalität der eingespielten Lernmechanismen laufend zu überprüfen und gegebenenfalls auch weiterzuentwickeln, ohne die Frage der eigenen Lernfähigkeit selbst immer wieder zum Thema machen zu müssen. Das Lernen über das eigene Lernen wird gleichsam zum inneren Programm einer Organisation (vgl. dazu Wimmer 2000).

Konsequenzen für die Beratung

Um nun zur Ausgangsfrage zurückzukehren: Es spricht vieles für unseren Befund, dass etliche Organisationen gerade in ihrer organisationalen Lernfähigkeit erheblich zugelegt haben. Wahrscheinlich haben die vielen Scheiternserfahrungen seit dem Ende der Kapitalmarkteuphorie im Jahr 2000 zusammen mit den massiven Korrekturen in der New Economy (ob das die Ernüchterung im Umgang mit Fusionen und Akquisitionen ist, ob es die Milliarden sind, die in unbedachten Internationalisierungsinvestitionen versenkt worden sind, oder ob es letztlich die vielen gescheiterten Diversifikationsprojekte sind) in vielen Unternehmen eine erstaunliche Neubesinnung in die Wege geleitet. Die Anzahl jener Unternehmen, die die jüngsten Erfahrungen zu einer nüchternen Standortbestimmung im Umgang mit externen Beratungsdienstleistungen genutzt haben, ist ganz offensichtlich im Wachsen. Zu dem beschriebenen Lernprozess gehört auch, dass in der jüngsten Zeit mehr und mehr Führungskräfte in entscheidende Positionen aufsteigen, die den Begriff der unternehmerischen Eigenverantwortung ernst nehmen und selbst Hand anlegen an die Bearbeitung all der neuen Phänomene, die uns die aktuelle Wirtschaftslage und die weltpolitische Konstellation bescherten Es sind dies vielfach Manager, die in den 1990er-Jahren vielfältige Erfahrungen mit Beratern haben sammeln können und diese nun in ihrer Auftraggeberrolle gezielt nutzen. Wir gehen von der Erfahrung aus, dass es sich hier um Führungskräfte handelt, die selbst intensive Managementqualifizierungsprogramme oft auf internationaler Ebene durchlaufen haben, die sich vom beeindruckenden Jargon der Berater und ihren großspurigen Leistungsversprechen nicht blenden lassen. Vor allem handelt es sich hier durchweg um Persönlichkeiten, die den Anspruch haben, mit den anstehenden Unternehmensproblemen ohne fremde Hilfe fertig zu werden.

Wie schon eingangs angedeutet, haben diese Entwicklungen für die Beraterbranche ganz weitreichende Konsequenzen. Berater, die sich in ihrem Selbstverständnis als die besseren Experten in Bezug auf Management und die Führung von Unternehmen definieren, werden sich mit diesem Beziehungsangebot in Zukunft tendenziell immer schwerer tun. Es wächst nicht mehr wie früher aufseiten der Unternehmen jenes „Visavis“ an Entscheidungsträgern nach, das dieses letztlich entmündigende Beziehungsangebot auf längere Sicht wirklich als Entlastung empfindet. Deswegen ist zurzeit auch zu beobachten, wie die meisten der großen Beratungsunternehmen mit Vehemenz in neue Märkte drängen (in den höheren Mittelstand und in die öffentliche Verwaltung). Dort hofft man noch, für das eigene Selbstverständnis und das damit verbundene Businessmodell zahlungskräftige Abnehmer zu finden.

Aber auch die Szene der klassischen Prozessberater und Organisationsentwickler kann sich nicht beruhigt zurücklehnen. Ihr ebenfalls überkommenes Dienstleistungsangebot wird in der Zwischenzeit entweder vom Management selbst oder von internen Beratungseinheiten wahrgenommen. Auch dieses Marktsegment unterliegt einer heftigen Restrukturierung. Der Bedarf für reine Moderationsleistungen, für Teamentwicklungen, für businessferne Konfliktbearbeitung, kurzum, für jene Beratungsleistungen, für die es genügt, sich auf die konkrete Kommunikations- und Kooperationsdynamik seiner Kunden zu konzentrieren, ist stark am Abnehmen. Organisationen haben offensichtlich gelernt, mit ihren alltäglichen Kommunikationsschwierigkeiten zu leben, zumindest wollen sie für deren Bearbeitung im Moment nicht allzu viel Geld ausgeben.

Welche Schlussfolgerungen lassen sich daraus für die Beratungsbranche ziehen? Es wird künftig ganz eindeutig auf ein Beraterprofil ankommen, das sich komplementär zu den Lernfortschritten der Kunden definiert. Es ist dies ein Profil, das ein gerüttelt Maß an systemtheoretisch fundiertem Business-Know-how, bezogen auf die Existenzprobleme der jeweiligen Kunden, mit dem traditionellen Prozessberatungswissen zu einer neuen Art von Beratungskompetenz verknüpft. Dadurch entsteht eine Rolle, die sich nicht auf eine fixe Asymmetrie gegenüber dem Kunden in die eine oder andere Richtung festlegt, sondern flexibel den unabhängigen externen Sparringspartner für seine unternehmensinternen Kooperationspartner abgibt, sei es in sachlich-inhaltlichen Fragen der anstehenden Unternehmensentwicklung, sei es in Fragen der Steuerung des zu bewältigenden Problembearbeitungsprozesses selbst. Damit entsteht ein Selbstverständnis von Beratung, das die lange Zeit marktkonstituierenden Grenzen zwischen Fach- und Prozessberatung auflöst und einen neuen Typus von Organisationsberatung hervorbringt. Dieser neue Typus sieht seine Existenzberechtigung genau in jenen Momenten, in denen eine Organisation zur Steigerung ihrer eigenen Selbsterneuerungsfähigkeit die Unterstützung seitens einer externen Instanz systematisch braucht. Dies heißt beispielsweise, dass bei allem unbestechlichen Engagement der Externen für die Lösung der sich im Beratungsprozess als dringlich herauskristallisierenden Problemstellungen des Kundensystems die Verantwortung für ihre Probleme und deren Lösung letztlich beim Kunden bleibt. Der Berater sorgt für aufgabenbezogene Selbstreflexionsprozesse, im deren Verlauf alle Beteiligten Realitätsdimensionen entdecken können, die einen Zugang zu neuen, bislang nicht gesehenen Handlungsoptionen eröffnen, die das System aus seiner anfänglich beschriebenen Problematik hinausführen. Der Berater ist in besonderer Weise ein Experte für den Umgang mit Nichtwissen, weil er aufgrund seiner Professionalität darauf vertrauen kann, Hand in

Hand mit dem Kunden an jene vom System unweigerlich ständig reproduzierten blinden Flecke heranzukommen, deren gemeinsames Verständnis den Weg frei macht für einen erweiterten Handlungsspielraum. Mit einem solchen konsequent durchgehaltenen Rollenverständnis lassen sich die vielfältigen Paradoxien, die in die Beziehung Berater / Klient immer eingebaut sind, für den Problembearbeitungsprozess kreativ nutzen. Gerade hochlernfähige Organisationen werden in Zukunft diese Art von externer Unterstützung verstärkt nutzen, weil sie eine jener Gelegenheiten ist, das Negationspotenzial eines externen Beobachters, zu dem es aber gleichwohl ein ungewöhnliches Vertrauen und wegen der miteinander hergestellten Kommunikationsqualität entsprechende Thematisierungschancen gibt, für die weitere Selbstentwicklung „auszubeuten". Beratung schafft in diesem Sinne ungewöhnlich soziale Räume, in denen ein Klientensystem sich selbst in seinen jeweils existenzgefährdenden Facetten auf den Prüfstand stellen kann, ohne sich dabei in seinen tradierten Sehgewohnheiten und Kommunikationsmustern zu verfangen. Beratung sorgt, darauf aufbauend, für Prozessarchitekturen, in denen die als notwendig empfundene Selbsttransformation konstruktiv bewältigt werden kann, ohne dass dabei die eigene Leistungsfähigkeit als Organisation gefährdet würde; ganz im Gegenteil, dadurch würde ein neues Niveau in der Bewältigung geänderter Umweltanforderungen gewonnen. Es zählt zu den Eigentümlichkeiten einer gezielten „Evolution der Evolution" von Organisationen, dass die Nutzung geeigneter externer Ressourcen zur Schaffung und Bewältigung des unvermeidlichen Irritiationspotenzials für bestimmte Phasen der Organisationsentwicklung ausgesprochen hilfreich, wenn nicht gar unerlässlich sein kann. Deswegen wird die Steigerung der Lernfähigkeit von Organisationen die Nachfrage nach dieser Art von komplementärer Beratung, wie sie eben grob skizziert worden ist, eher stimulieren als schrumpfen lassen.

Hat die Organisationsentwicklung ihre Zukunft bereits hinter sich?[1]

Einleitung

Der Begriff Organisationsentwicklung (OE) kann in der Zwischenzeit schon auf eine lange und wechselvolle Geschichte seines Gebrauches zurückblicken. Dieser Terminus hat sich gegen Ende der 1950er-Jahre in der angloamerikanischen Managementliteratur eingebürgert; anfänglich, um spezielle unternehmensinterne Trainingsmaßnahmen zu beschreiben, die auf eine Veränderung bestimmter Einstellungen und Verhaltensmuster der Mitarbeiter abzielten und die auf diesem Wege auch einen Wandel der Strukturen und Abläufe in der Organisation in Gang setzen sollten (vgl. dazu Wimmer 1991, S. 69 ff.). Da man solche Veränderungsaktivitäten von Anfang an in enger Kooperation mit einschlägig interessierten Sozialforschern konzipiert und durchgeführt hat (vgl. dazu beispielhaft den Ansatz des Londoner Tavistockinstitutes, ausführlich dargestellt in Trist a. Murray 1993), wurde OE bald auch zum Etikett für jene wissenschaftlichen Anstrengungen, die sich in der Forschung um ein besseres Verständnis für die Möglichkeiten und Grenzen eines geplanten Wandels in Organisationen bemühten. Dieser zweifache Verweisungszusammenhang ist dem Begriff OE bis heute erhalten geblieben. Er benennt einerseits ein bestimmtes Repertoire an Veränderungsmaßnahmen, auf das Manager wie Berater zurückgreifen können, wenn es in der Praxis um den gezielten Wandel von als dysfunktional erkannten Strukturen und Abläufen in Organisationen geht. Zum anderen meint er aber auch eine ganz bestimmte Tradi-

1 Zuerst veröffentlicht als *Wittener Diskussionspapiere* 125, 2003.

tion angewandter Sozialforschung, eine spezifische akademische Disziplin also, die sich im Kontext von Wissenschaft um die erforderliche Theorieentwicklung auf diesem Gebiet kümmert (im deutschsprachigen Raum gibt es allerdings nur ganz wenige Lehrstühle, die explizit diesem Themenfeld gewidmet sind). Diese Janusköpfigkeit von OE hat im Laufe der Zeit sowohl im Bereich der Praxis wie auch auf theoretischem Gebiet eine Vielzahl von Experimenten und innovativen Denkansätzen hervorgebracht, eben weil Theorie und Praxis stets in einem engen, sich wechselseitig stimulierenden Kooperationsverhältnis zueinander standen. Diese enge Verwobenheit von wissenschaftlicher Forschung und praktischem Tun hat aber zu allen Zeiten auch große Verwirrung gestiftet und ist zweifelsohne mitverantwortlich dafür, dass OE im akademischen Kontext als Spezialdisziplin nach wie vor ein ausgesprochenes Außenseiterdasein fristet.

Um die Besonderheiten dieses Veränderungsansatzes adäquat zu verstehen, lohnt es sich, einen Blick zurück in die Pionierzeit der OE zu werfen. Die Rekonstruktion der Anfänge wird uns einen Zugang zu den grundlegenden Prämissen verschaffen, die bis heute das professionelle Selbstverständnis dieser Denktradition in der Erforschung und Veränderung von Organisationen bestimmen. Legt man die Wurzeln in der Entwicklung des Theoriegebäudes sowie des praktischen Instrumentariums zur Förderung des gezielten Wandels in Organisationen im Einzelnen frei, so lassen sich diese im Großen und Ganzen auf drei unterschiedliche Traditionsstränge zusammenführen. Diese Wurzeln zeigen bei aller Vielfalt der unterschiedlichen Entstehungszusammenhänge in den Grundannahmen über die Verfasstheit von Organisationen und im Verständnis der Veränderbarkeit derselben große Gemeinsamkeiten. Es sind dies Gemeinsamkeiten, die bis heute die Werthaltung und das professionelle Selbstverständnis der mittlerweile gar nicht so kleinen „OE-Szene" prägen. Im Folgenden soll deshalb in aller Kürze auf diese Traditionsstränge eingegangen und sollten daran anschließend dann die aktuelle Situation und mögliche Zukunftsperspektiven diskutiert werden.

Der reedukative Ansatz der Organisationsentwicklung

Dieser OE-Zweig wurzelt in den Forschungsanstrengungen Kurt Lewins, der in den 1940er-Jahren an seinem *Research Center of Group Dynamics* am *MIT* die Bedingungen für die Möglichkeit von Einstellungs- und Verhaltensänderungen in Gruppen zu erforschen versuchte. Im Zuge seiner Forschungssettings entdeckten er und seine engsten Mitstreiter (Lippitt, Bradford, Benne) die enormen Lernchancen, die darin liegen können, wenn eine Gruppe sich selbst gezielt zum Gegenstand des Erforschens macht (Lippitt 1974, S. 272). Die Einsicht in die außergewöhnlichen Veränderungswirkungen von Selbstreflexion in Gruppen, d. h. von sozialen Rückkoppelungsprozessen, regte die Einrichtung einer spezifischen Lernform an, die als „Gruppendynamische Trainingsgruppe" bis heute intensiv genutzt wird (zur Theorie dieser Lernform vgl. u. a. Wimmer 1993a). Sie basiert auf der Beobachtung, dass Gruppen, wenn sie sich systematisch mit den eigenen Strukturen, Rollenkonstellationen und Kommunikationsmustern befassen, in einen Prozess der Selbstveränderung geraten, der verfestige Machtstrukturen verflüssigt und die Entfaltungsspielräume eines jeden Mitglieds deutlich erhöht.

Die Pioniere der Gruppendynamik waren angesichts der weltweiten Erschütterungen, die der Nationalsozialismus und die Katastrophe des Zweiten Weltkrieges ausgelöst hatten, von der festen Überzeugung getragen, dass geeignetere Theorien über den Wandel sozialer Systeme, insbesondere aber auch geeignetere Instrumente zur bewussten Steuerung von Veränderungsprozessen in Organisationen entwickelt werden müssten (vgl. Bradford 1974, S. 1). Ausgestattet mit diesem politisch engagierten Forschungs- und Erkenntnisinteresse schlossen sie sich zum Zweck der Weiterentwicklung des gruppendynamischen Lernansatzes Ende der 1940er-Jahre zu einer wissenschaftlichen Vereinigung zusammen, dem *National Training Laboratory in Group Development (NTL)*. Zum prägenden Selbstverständnis des *NTL* in der Gründungs- und Aufbauphase schreibt L. P. Bradford, selbst langjähriger Vorsitzender dieser Vereinigung: "It was an educational or re-educational or re-socializational program directed first toward adult leaders with the goal of helping them to become better group leaders and members, sensitive to the dynamic forces in groups and in themselves, and more competent agents of change in their roles and organizations" (Bradford 1974,

S. 5). Die auf die Möglichkeit von bewusstseins- und verhaltensverändernden Lernprozessen ausgerichteten Intentionen der ursprünglichen Gruppendynamik waren von Anfang an auf die Veränderung von Organisationen ausgerichtet, auch wenn in dieser Phase noch sehr selten innerbetrieblich mit der Laboratoriumsmethode gearbeitet wurde. Solche Aktivitäten setzten erst zehn Jahre später ein.

1957 begannen bei *Union Carbide* die ersten systematischen Versuche, das Lernkonzept der Gruppendynamik für die Durchführung organisationsinterner Trainings zu nutzen. Ähnliche Programme starteten zu dieser Zeit bei *Esso Standard Oil* sowie bei der *TRW Systems Group*, einer Forschungs- und Entwicklungsorganisation der Raumfahrt. Gearbeitet wurde mit Trainingsgruppen, Teamentwicklungsseminaren sowie an der Beziehung zwischen Gruppen (vgl. Trebesch 1980b, S. 9). Wie aus der Auswertung der ersten umfassenderen Projekte bei *Esso* und *Union Carbide* zu ersehen ist, haben die dort tätigen Trainer im Zuge ihrer innerbetrieblichen Veränderungsbemühungen einen für die Ausformung des OE-Ansatzes wichtigen Lernprozess durchgemacht. Konfrontiert mit den erheblichen Transferproblemen, die die Teilnehmer an Trainingsgruppen in ihrer gewohnten Arbeitsumgebung hatten, begann man nach angemessenen Lern- und Trainingsformen zu suchen, um „direkt auf die Probleme und Schwierigkeiten in konkreten Organisationen einzuwirken" (French u. Bell 1977b, S. 37).

Ein Ergebnis dieser Pioniererfahrungen mit dem gruppendynamischen Lernansatz in großen Organisationen war die Konzeption von wesentlich durchstrukturierteren Programmen, die zumeist eine Mischung aus thematisch fokussierten Trainings einerseits und der Betreuung von Teams direkt im Betrieb andererseits darstellten, die bei der Lösung konkreter Problemstellungen durch externe Begleitung unterstützt wurden. Das heute wohl bekannteste „Produkt" dieser frühen Lerngeschichte der eher trainingsorientierten OE ist das so genannte *managerial-grid-program*, erarbeitet Mitte der 1960er-Jahre auf der Grundlage von innerbetrieblichen Trainingserfahrungen, die in einer der amerikanischen Esso-Raffinerien gesammelt werden konnten (vgl. dazu Shepard a. Blake 1962).

Ein anderes Ergebnis dieser Pionierphase der Organisationsentwicklung war es, dass man gelernt hatte, die Kooperationsprobleme in bestehenden Arbeitsteams unmittelbar zu thematisieren und zu bearbeiten; auch die beraterische Unterstützung der jeweils von einem Problem Betroffenen direkt vor Ort wurde trainiert. Daraus ging ein eigener Beratungsansatz hervor, der sich deutlich gegenüber dem Vorgehen der klassischen Unternehmensberatung abgrenzen und ein eigenes Profil gewinnen konnte (Stichwort „Prozessberatung", vgl. Schein 2000). Man war außerdem rasch dazu übergegangen, ein wesentliches Gewicht auf die Gestaltung der Beziehungen zwischen Gruppen innerhalb eines größeren Organisationsganzen zu legen. Besonders diese Intergruppenprojekte haben in der Anfangszeit mitgeholfen, jenes Interventionsrepertoire hervorzubringen, das dann wenig später mit dem in der Zwischenzeit zum Fachterminus avancierten Begriff „Organisationsentwicklung" belegt worden ist (zur Intergruppenproblematik vgl. vor allem Likert 1961).

Diesen Traditionsstrang der OE, der insbesondere im deutschsprachigen Raum einen erheblichen Einfluss gewonnen hat, prägt ein Organisationsverständnis, das von einer prinzipiell kritischen Haltung gegenüber den klassischen Ausgestaltungen von Hierarchie und Bürokratie bestimmt ist. Das, was Max Weber als die entscheidende Errungenschaft des okzidentalen Rationalismus beschreibt, gilt dieser Denktradition der OE als Inbegriff jener Strukturen, die es heute zu ändern gilt (stellvertretend für diese Haltung vgl. Schwarz 1985). Es sind dies Strukturen, die die Mitglieder einer Organisation zum bloßen Mittel für vordefinierte Zwecke machen, die zur Durchsetzung dieses instrumentellen Verhältnisses einen immensen Kontrollaufwand tätigen müssen, einen Energieaufwand, der besser für andere Ziele eingesetzt werden könnte und obendrein das Leistungspotenzial der Beschäftigten systematisch verkümmern lässt. Gezielter Wandel richtet sich deshalb auf eine grundlegende Veränderung hierarchieorientierter, von bürokratisierten Regeln gesteuerter Kooperationsbeziehungen.

In Abgrenzung zum betriebswirtschaftlichen Organisationsverständnis erhält bei diesem Neugestaltungsversuch weniger ein rationalitätsorientiertes Organisationsmodell, das auf technische wie ökonomische Effizienz setzt, normative Priorität, es kommt vielmehr einem bestimmten Menschenbild eine handlungsleitende, steuernde Funktion zu (vgl. Bendixen 1980, S. 198; vgl. auch Sievers 1978, S. 217). OE-Maßnahmen zielen primär auf die Förderung spezifischer menschlicher und zwischenmenschlicher Werte in einer Organisation, und zwar in der Erwartung, dass damit auch bislang wirksame Leistungsblockaden und Effektivitätshemmnisse im Arbeitsgeschehen beseitigt werden können. Welche Werte sind damit im Besonderen gemeint? „Das Bestreben, einen sinnvollen Beitrag an die Organisation zu leisten; menschliche Beziehungen zufriedenstellend zu gestalten; Verantwortung zu übernehmen; Anerkennung und Belohnung zu erfahren und die Möglichkeit persönlicher Weiterentwicklung“ (French u. Bell 1977a, S. 7). Das der OE zugrunde liegende Menschenbild bestätigt nicht die oft ernüchternde Alltagserfahrung bezüglich der Lern- und Arbeitsmotivation vieler Mitarbeiter, „sondern geht vielmehr von möglichen und wünschenswerten Interessen, Bedürfnissen und Verhaltensweisen aus und sucht von dorther solche Organisationsformen zu entwerfen und zu entwickeln, die eine größere Wahrscheinlichkeit der Realisierung derartiger Möglichkeiten gewähren“ (Sievers 1977, S. 24). Organisationsentwicklungsprojekte schaffen in Organisationen die Bedingungen für einen partizipativen Prozess des Suchens nach Organisationsformen, „die ein Optimum an Effizienz und Arbeitsqualität ermöglichen“ (ebd.), wobei die neu anzustrebenden Strukturen eines geordneten Zusammenwirkens danach bemessen werden, in welchem Ausmaß sie dem angesprochenen Menschenbild entsprechen.

Ausgangspunkt aller Veränderungsstrategien sind die Einstellungen, die Denk- und Verhaltensmuster der Organisationsmitglieder. Da diese von den bestehenden Organisationszuständen geprägt sind, gilt es, Lernsituationen zu schaffen, in denen die Teilnehmer einen erlebnishaften ebenso wie reflektierenden Zugang zu den Zuständen der eigenen Organisation sowie zu ihren verhaltensprägenden Auswirkungen erhalten. Aus diesen Einsichten und der daraus gewonnenen kritischen Distanz zum bisherigen Status quo der Organisation können nun neue Verhaltensweisen erprobt werden, die eine Weiterentwicklung der Organisation erlauben. Diese Einsicht erfordert die Entwicklung von Partizipationsstrategien, die alle von den Veränderungsvorhaben betroffenen Personen gezielt in den Prozess der Veränderung involvieren und bewusst in die erforderlichen Lernprozesse einbinden, ganz entsprechend dem Leitprinzip solcher OE-Projekte, nämlich aus Betroffenen Beteiligte zu machen (Chin u. Benne 1975, S. 58).

Die stärker trainingsorientierte Richtung innerhalb der OE-Tradition setzt auf die Erweiterung des individuellen Verhaltensrepertoires bzw. das Repertoires von Gruppen und Teams in der Gestaltung ihrer internen Kooperationsbeziehungen sowie im Verhältnis zu anderen Einheiten in der Organisation. Sie vertraut dabei jenen Aufklärung über sich selbst ermöglichenden Lernprinzipien, die im Rahmen der gruppendynamischen Trainingspraxis auf der Grundlage des sozialen, erfahrungsorientierten Lernens verfeinert worden sind. Organisationsmitglieder, aber auch bestehende Teams müssen befähigt werden, „von ihren Erfahrungen zu lernen, wenn selbsttätige Veränderungen erhalten und fortgesetzt werden sollen" (ebd.)

Das hier zugrunde gelegte Organisationsverständnis, das letztlich um ein normativ gesetztes Menschenbild herum gebaut ist, legt es nahe, bei Veränderungsvorhaben vor allem auf die hierarchiesprengende Kraft von Teams zu setzen. In der Startphase von OE-Projekten wird deshalb besonderer Wert darauf gelegt, als Träger des OE-Prozesses eigene Arbeitsgruppen zu installieren, in denen möglichst potente Organisationsmitglieder zusammenwirken können, denen eine besondere soziale Innovationskraft zugetraut wird. Diese gilt es in die Lage zu versetzen, verkrustete Strukturen und dysfunktionale Machtverhältnisse in der Organisation zu lockern, um den Autonomiespielraum des einzelnen Mitarbeiters wie seines jeweiligen Teams zu erweitern. In methodischer Hinsicht impliziert eine solche Sicht des Phänomens „Organisation" ein Vorgehen externer Berater, das auf die Stärkung der Arbeitsfähigkeit bestehender Teams bzw. auf die Bildung und Entwicklung neuer organisationsinterner Gruppen abzielt, deren Existenz und Handlungsfähigkeit man zur Lösung anstehender Organisationsprobleme für notwendig erachtet. Konsequenterweise springen solchen OE-Experten bei der Beobachtung von Organisationen ganz bestimmte Probleme ins Auge, die dann als zu bearbeitende Themen im OE-Prozess wiederkehren. Zum Beispiel: der Zustand der gruppeninternen Kooperationsbeziehungen in einem Team; die Qualität des Kommunikationsgeschehens auf vertikaler wie horizontaler Ebene; das Ausmaß an mikropolitisch motivierten Machtkämpfen, die Problematik der Teamführung; die Bedeutung von Autorität in einer Gruppe, das Verhältnis von Teams zueinander; die Funktion von Teamrepräsentanten und Delegierten in der Gestaltung von Intergruppenprozessen; das Spannungsverhältnis von Gruppe und Hierarchie; Führung und Management von Konflikten; Führung und Motivation interkultureller Unterschiede, und ähnliche Problemfelder.

Aktionsforschung als Strategie zur gezielten Veränderung von Organisationen

Eine andere Wurzel des OE-Ansatzes bilden jene Bemühungen angewandter Sozialforschung, die auf Kurt Lewins Konzept der Feldforschung zurückgehen (Lewin 1982). Der Grundgedanke dieser Forschungsrichtung liegt bekanntlich in dem Versuch, die scharfe Trennung von Forschern und Beforschten, wie sie für das Selbstverständnis der traditionellen empirischen Sozialforschung konstitutiv ist, durch eine Neukonzeptualisierung des Forschungsprozesses zu überwinden.

Die herkömmliche Spaltung zwischen dem beobachtenden Subjekt (dem Forscher) und dem beobachteten Objekt (dem gewählten Forschungsgegenstand) geht ja von der stillschweigenden Annahme aus, dass dem Objekt, losgelöst von den Bedingungen des Beobachters und dem Prozess der Beobachtung, irgendwelche Eigenschaften zugeschrieben werden können. Wenn sich die Forscher entsprechend elaborierter Methoden bedienen, die ihnen die erforderliche Distanz zum Untersuchungsgegenstand sichern, dann lassen sich soziale Phänomene wissenschaftlich so beschreiben, wie sie „wirklich" sind. Diese Objektivitätsvorstellung wird vom Aktionsforschungsansatz fallen gelassen (vgl. Heintel u. Huber 1978, S. 394). An die Stelle des Objektivitätsideals tritt die Formulierung einer neuen gesellschaftlichen Funktionsbestimmung von Wissenschaft. Im Sinne einer Steigerung ihrer Praxisrelevanz käme sozialwissenschaftlicher Forschung vor allem die Aufgabe zu, dem Untersuchungsgegenstand bei der Produktion eines angemessenen Wissens über sich selbst behilflich zu sein, um auf diesem Wege die Problemlösungskapazität des erforschten Systems zu erhöhen. Im Aktionsforschungskonzept wird deshalb der jeweilige Forschungsgegenstand von den Forschern in einen gezielt gesteuerten Prozess der Selbsterforschung verwickelt; dies mit dem Ziel, dass dadurch eine Veränderung auslösende Aufklärung über sich selbst zustande kommt. Dieser veränderten Forschungsmethodologie liegt die Annahme zugrunde, dass ein von außen gestützter, systematischer Selbsterforschungsprozess die Problemlösungskapazität des ganzen involvierten Systems erhöht. Die konkreten Verfahrensweisen im Rahmen von OE-Projekten, die mit dieser speziellen Form der Aktionsforschung verknüpft sind, werden in der diesbezüglichen Literatur unter dem Begriff „Survey-Research" oder „Survey-Feedback" zusammengefasst (vgl. etwa French u. Bell 1977b, S. 41 f.).

Diese Begriffe beschreiben an sich recht gut die damit verbundenen Formen der Interventionen in komplexe Organisationen: externe (oder auch interne) Forscher (Berater) sammeln, geleitet von bestimmten Fragestellungen, Daten über ein System, sei es durch schriftliche Umfragen, sei es durch verschiedene Formen von Interviews. Die auf diesem Wege zustande gekommenen Einschätzungen und Beschreibungen werden nun in gezielter Weise in das erforschte System zurückgegeben. Mit Blick auf den beabsichtigten Organisationsentwicklungsprozess kommt es hinsichtlich der Wirksamkeit dieser Interventionen vor allem auf die Form des Feedbacks an: Wer erhält wann welche Daten zurückgefüttert, und welche Form der organisationsinternen Verarbeitung der Resultate der verschiedenen Erhebungsschritte wird gewählt? Besonders in den divergierenden Antworten auf diese Fragen unterscheiden sich die verschiedenen Varianten der OE, die sich auf eine Integration des Aktionsforschungsansatzes in ihr Repertoire zur Steuerung organisationsbezogener Veränderungsprozesse konzentriert haben.

Die Grundgedanken der Aktionsforschung fußen letztlich auch auf der Mobilisierung des Selbstbeobachtungs- und Selbstreflexionspotenzials von Organisationen. Die in solchen Projekten produzierten neuen Formen der Selbstbeschreibung liefern Distanz schaffende Möglichkeiten, die dem Kommunikationsgeschehen in der Organisation Dimensionen zugänglich machen, die im operativen Alltag vielfach aus gutem Grund ausgeklammert bleiben. In der geschickten Handhabung der Differenz, Latentes latent zu halten bzw. es gezielt der organisationsinternen Kommunikation verfügbar zu machen, liegt die Bewegungskraft dieses Interventionsrepertoires.

Einzelne Experimente und Fallstudien zu solchen die Wirkung von selbstreflexiven Rückkoppelungen nutzenden Interventionen, wie die von William F. Whyte und Edith L. Hamilton, die in den Jahren 1945 und 1946 gemeinsam mit dem Management des *Tremont Hotel* in Chicago ein Aktionsforschungsprogramm realisierten, erlangten exemplarische Bedeutung. Ihr Kernanliegen fassten die beiden Forscher folgendermaßen zusammen: „Wir entwickelten einen Prozeß, bei dem die Ergebnisse der Human-Relations-Forschung zur Veränderung des Organisationsverhaltens abgewandelt wurden. Dabei ist das Wort Prozeß wichtig, da es sich nicht um eine einmalige

Angelegenheit handelte. Das Projekt erforderte das fortlaufende Sammeln und Analysieren von Human-Relations-Daten und das Feedback der Ergebnisse an die Organisation, um dadurch das Verhalten zu ändern" (Whyte a. Hamilton 1964, S. 1 f.; zit. nach French u. Bell 1977a, S. 111).

Als ein viel zitiertes Beispiel der Anfangszeit der Aktionsforschung gilt ein Projekt bei der *Detroit Edison Company* (näher beschrieben bei Mann 1961). In diesem Unternehmen spiegelten 1948 Sozialforscher ihre auf allen Ebenen der Organisation gesammelten Umfrageergebnisse in einer Reihe von ineinander greifenden Konferenzen an die befragten Arbeiter und Manager zurück. In einer Auswertung dieser Forschungserfahrungen zieht H. Baumgartel folgende Schlussfolgerungen, die die Funktion der Aktionsforschung als Interventionsstrategie im Prozess der Veränderung einer Organisation eindrucksvoll beschreiben: „Die Ergebnisse dieser experimentellen Studie bestätigen die Auffassung, dass eine intensive Gruppendiskussion zur Nutzbarmachung der Ergebnisse einer schriftlichen Mitarbeiterbefragung ein wirksames Instrument zur Einführung positiver Veränderungen in Unternehmungen sein kann. Möglicherweise beruht der Erfolg dieser Methode darauf, dass sie sich – im Vergleich zu traditionellen Trainingskursen – mit dem System der menschlichen Beziehungen als Ganzem befasst (Vorgesetzte und Untergebene können sich gemeinsam verändern) und dass sie sich mit jedem Manager, Vorgesetzten und Angestellten im Kontext seiner eigenen Arbeit, seiner eigenen Probleme und seiner eigenen Arbeitsbeziehungen befasst" (Baumgartel 1959, S. 2 f.).

Die Interventionslogik des Survey-Feedback-Konzeptes folgt einem relativ einfachen Ablaufschema. Am Beginn steht ein Problem, formuliert von einem Klientensystem, das sich zur Unterstützung der Problembearbeitung an Sozialforscher (Berater) wendet. Diese sammeln Daten im Klientensystem und werten sie zu einer aus ihrer wissenschaftlichen Sicht angemessenen Diagnose aus. Die Diagnose wird dann in einem speziellen Feedbackprozess mit dem Klientensystem durchgearbeitet, ergänzt und verfeinert. Auf der Grundlage dieser Ergebnisse kommt es zu einer gemeinsamen Maßnahmenplanung und zur Realisierung der geplanten Schritte. Diese letzte Phase produziert neue Daten, die Anlass für neuerliches Durchlaufen des geschilderten Prozesses sein können. Organisationsentwicklung auf der Basis des Aktionsforschungsansatzes impliziert normalerweise ein zyklisches Durchlaufen von Datensammeln, Diagnostizieren, Planen und Durchführen von Veränderungsmaßnahmen so lange, bis diese wissenschaftsgestützte Form der Problembearbeitung zum selbstverständlichen Repertoire eines sozialen Systems im Umgang mit sich selbst geworden ist (Näheres dazu bei French u. Bell 1977a, S. 112 ff.).

Die Grundgedanken der Aktionsforschung haben auf vielfältige Weise in die Organisationsentwicklungspraxis Eingang gefunden. Ob es sich um die Durchführung von Mitarbeiterbefragungen und die organisationsinterne Aufarbeitung ihrer Ergebnisse handelt oder um die begleitende Evaluation von Projekten, stets geht es darum, dass Organisationen in einen durch sie selbst glaubwürdig mitproduzierten Spiegel schauen können, in dem sie sich wieder erkennen und gleichzeitig doch auch Seiten an sich zu sehen bekommen, die Anlass für die eigene Weiterentwicklung bieten. Obwohl die Aktionsforschung in ihrer Ursprungskonzeption Veränderungsimpulse gerade auch ins Wissenschaftssystem setzen wollte (als Alternative zu den klassischen Methoden empirischer Sozialforschung), so sind ihre Wirkungen auf diesem Feld letztlich mehr als bescheiden geblieben. Dies hängt nicht nur mit der Veränderungsresistenz etablierter Forschungsmethoden zusammen, sondern in erster Linie mit dem uneinlösbaren Anspruch der Aktionsforschung, uno actu Organisationsentwicklungsmaßnahme und wissenschaftliche Forschung in einem zu sein. Veränderungsprozesse in Organisationen professionell zu steuern ist eine Sache, neue wissenschaftliche Erkenntnisse zu produzieren, die innerhalb des Wissenschaftssystems Relevanz gewinnen, eine ganz andere.

Der soziotechnische Systemansatz

Eine dritte Wurzel der OE geht auf Forschungsarbeiten zurück, die Ende der 1940er-Jahre rund um das *Tavistock Institute of Human Relations* in London intensiviert worden sind. Anhand von Feldforschungen in einigen britischen Kohlebergwerken ging das Institut der Frage nach, welcher Zusammenhang zwischen einer bestimmten Produktionstechnologie und korrespondierenden Kommunikationsstrukturen in der Arbeitsorganisation hinsichtlich der Arbeitsproduktivität zu beobachten sind. In den ersten Feldversuchen ging man dabei noch von der These aus, dass die Technologie der bestimmende Faktor sei und die sozialen Verhältnisse, die Zusammenarbeitsformen der Beschäftigten, sich diesem unterzuordnen hätten (Herbst 1975, S. 22).

Die erkenntnisleitende Annahme, dass eine in der Praxis anzutreffende Arbeitsorganisation die notwendige Folge einer bestimmten Technologie sei, wurde erst aufgegeben, als 1954 von Emery und Trist die zweite Serie von Bergbaustudien begonnen wurde und etwa zur gleichen Zeit A. K. Rice in einer indischen Weberei die Wirkungen unterschiedlicher Formen der Arbeitsorganisation auf experimentelle Weise studieren konnte (Rice 1963).

Angeregt durch die Ergebnisse der ersten Forschungsphase des *Tavistock*-Institutes im Kohlebergbau wollten Emery und Trist ihre These von der Dominanz des technologischen Systems durch weitere empirische Studien erhärten. In der Zwischenzeit hatte die Langfrontmethode zum Abbau von Kohle in den meisten britischen Bergwerken Eingang gefunden, sodass sich die Möglichkeit bot, bei ein und derselben Technologie zwei unterschiedliche Organisationsformen der Arbeit unter Tage miteinander zu vergleichen und ihre Auswirkungen sowohl auf die Produktivität als auch auf bestimmte soziale Indikatoren zu studieren. Die eine Form der Arbeitsorganisation war folgendermaßen strukturiert: ein Produktionszyklus mit drei Schichten bei hoher Spezialisierung der einzelnen Arbeitsrollen und hoher Interdependenz zwischen den Schichten. Emery und Trist nennen sie die konventionelle Langfrontmethode (Emery a. Trist 1969, S. 285). Die andere Form fußte auf der formellen Existenz autonomer Gruppen, die sich selbst zusammenfanden und sich die anfallenden Tätigkeiten gruppenintern aufteilten. Diese Teams waren jeweils für einen ganzen Produktionszyklus verantwortlich. Hinsichtlich des Arbeitsprozesses übernahm jede Schicht den Zyklus an jenem Punkt, an dem die vorherige Schicht aufgehört hatte. Jeder Bergarbeiter erhielt den gleichen Grundlohn, Leistungsprämien gingen an die Gruppen, die diese Zusatzentlohnung gruppenintern verteilten. Die *Tavistock*-Forscher sprechen hier von der kombinierten Langfrontmethode (ebd.). In der konventionellen Form wird eine komplexe formale Struktur mit einfachen Arbeitsrollen, in der kombinierten Form wird eine einfache formale Struktur mit komplexen Arbeitsrollen verbunden. Im ersten Fall fühlt sich jeder Bergarbeiter seiner ihm zugeordneten Teilaufgabe verantwortlich. Gegenüber den Auswirkungen seines Verhaltens auf andere kann er unempfindlich bleiben. „Im kombinierten System ist der Bergarbeiter der Aufgabe der gesamten Gruppe verpflichtet; folglich wird er in eine Vielzahl von Aufgaben einbezogen, wobei er mit verschiedenen Mitgliedern der Arbeitsgruppe kooperiert. Er kann an jeder Arbeit an der Abbaufront zusammen mit jedem Gruppenmitglied beteiligt werden und seinen Beitrag zu jeder Schicht leisten" (Trist 1975, S. 207).

Die über einen längeren Zeitraum angestellten Beobachtungen und quantitativen Erhebungen belegten eindrucksvoll die Überlegenheit der kombinierten Abbaumethode sowohl hinsichtlich der Produktivität und der Kosten des Produktionsprozesses als auch hinsichtlich der untersuchten sozialen und klimatischen Indikatoren. Beispielsweise war bei der konventionellen Langfrontmethode die Abwesenheitsrate um das Zweifache höher als im Fall der kombinierten Methode (ebd., S. 208 ff.).

In der theoretischen Auswertung dieser empirischen Befunde kamen Emery und Trist zu einer Reihe interessanter Schlussfolgerungen, die die Weiterentwicklung des soziotechnischen Systemansatzes nachhaltig beeinflussten:

Die ursprüngliche These, dass die Technologie die Strukturen der Arbeitsorganisation präjudiziert, musste fallen gelassen werden. Die vergleichenden Beobachtungen zeigten, wie bei gleicher Technologie sowohl die Aufbauorganisation als auch die Arbeitsabläufe ganz unterschiedlich gestaltet werden können (Emery a. Trist 1969, S. 286). Die Einsicht in die Kontingenz arbeitsorganisatorischer Festlegungen bei gegebener Technologie machte sichtbar, dass die in Organisationen anzutreffenden Strukturen ebenso wie die Arbeitsprozesse auf Entscheidungen des Gesamtsystems beruhen und nicht als bloßer Sachzwang aus der vorhandenen Technologie zwingend herzuleiten sind. Die Wahl der Arbeitsorganisation (in ihrer Sprache des „social system") ist dabei allerdings keineswegs beliebig (ebd.). Das genaue Studium der jeweiligen Technologie gibt Aufschluß über die einzelnen Aufgaben sowie über ihre Relationierung im Produktionsprozess. Die Arbeitsorganisation ist so zu gestalten, dass sie sowohl den Anforderungen der technologischen Seite als auch jenen Bestandserfordernissen, die aus den menschlichen Bedürfnissen bzw. aus dem gewachsenen Beziehungsnetz der Beschäftigten resultieren, Rechnung trägt. Hinsichtlich der Frage der Gestaltung von

Organisationsstrukturen führten diese Überlegungen zu dem Prinzip der „gemeinsamen Optimierung von soziostruktureller, ökonomischer und technischer Rationalität" (Herbst 1975, S. 27). Die Ermöglichung funktionsfähiger Teams mit einer hohen Selbststeuerungskompetenz scheint dieser Optimierungsaufgabe am ehesten zu entsprechen.

In Abgrenzung zu traditionellen Bauprinzipien organisierter Arbeitsprozesse, die stets auf eine optimale Kombination von Mensch und Maschine geachtet haben, betont der soziotechnische Systemansatz die Bedeutung der Gruppe für die produktive Strukturierung der Arbeitsabläufe. „Unserer Ansicht nach ist die Unterscheidung zwischen psycho-technischen und soziotechnischen Einheiten praktisch von beträchtlichem Nutzen, da viele Produktionstechnologien eine Struktur der Arbeitsbeziehungen festlegen, die auf dem einzelnen Arbeiter und nicht auf der sozialen Gruppe beruht" (Cooper u. Foster 1971, S. 386).

Der hohe Stellenwert der Gruppe im Organisationsverständnis des soziotechnischen Systemansatzes geht auf die Annahme zurück, dass arbeitsfähige Teams das Leistungsniveau steigern, dass viele Funktionen, die sonst von Vorgesetzten oft nur unzureichend wahrgenommen werden, in Selbstorganisation übernommen werden, und dass obendrein die Arbeitszufriedenheit des Einzelnen steigt, weil elementare Bedürfnisse in der Gruppe abgedeckt werden können (soziale Integration, emotionale Anerkennung, unmittelbare Resonanz auf die eigenen Leistungen etc.). Auf diesem Wege können funktionierende Teamstrukturen mithelfen, gravierende Personalprobleme wie Fehlzeiten, hohe Krankenstandsraten, Unfallhäufigkeit, schwerwiegende Motivationsprobleme und Ähnliches zu lösen (vgl. auch Trist et al. 1963). Emery und Trist verwahren sich allerdings dagegen, dass ihre Untersuchungsergebnisse einseitig in Richtung Teamentwicklung und gegen hierarchische Strukturierung sowie in Richtung *job enrichment* verabsolutiert werden. Jeder einfache Zusammenhang zwischen Gruppenbildung als Organisationsprinzip und höherer Produktivität liegt hier fern. „Our findings do not suggest that work group autonomy should be maximised in all productive settings" (Emery a. Trist 1969, S. 288). Die Funktionalität von Gruppen ergibt sich ausschließlich aus den Erfordernissen der Aufgabenerledigung. Sich abhebend von dem Bemühen anderer OE-Richtungen, versuchen die *Tavistock*-Forscher zu zeigen, dass die Bedeutung von Teams weniger in jener Motivationskraft liegt, die sich aus besonders guten emotionalen Beziehungen und Freundschaften der Teammitglieder untereinander entwickelt (Trist 1975, S. 211). Vielmehr stellt eine konsequente Aufgabenorientierung die Qualität der Beziehungen der Gruppenmitglieder in den Dienst gemeinsamer Aufgabenerledigung und schützt diese davor, dass sich die emotionale Dynamik der Gruppe allzu weit von ihrem Aufgabenfokus entfernt. Ein genügender Raum für die Selbstregulation der Teams bei gleichzeitiger funktionaler Vernetzung mit anderen Organisationseinheiten verschafft dem „Konzept der verantwortlichen Autonomie“ (Cooper u. Foster 1971, S. 393) als organisationsinternem Steuerungsprinzip eine gewisse Plausibilität.

Zur theoretischen Fundierung des soziotechnischen Systemansatzes

Was den soziotechnischen Systemansatz im Rahmen der OE-Debatte bis heute so interessant macht, ist sein differenzierter Theoriehintergrund. Für Emery und Trist spielte bei der theoretischen Konzeptualisierung ihrer Feldforschungen die Auseinandersetzung mit der systemtheoretischen und kybernetischen Denkentwicklung der 1950er-Jahre eine ganz zentrale Rolle. Dieser außergewöhnliche theoretische Bezugsrahmen besaß für die konkrete Ausarbeitung dieses Ansatzes weitreichende Folgen.

Mit der Integration der aus der Biologie stammenden „open system theory“ in das Organisationsverständnis der *Tavistock*-Forscher wird die System-Umwelt-Differenz zur Leitdifferenz dieser Denkrichtung. Damit wird die Aufmerksamkeit der Beobachtung auf „die wechselseitige Durchdringung von Organisation und Umwelt“ gelenkt, und gleichzeitig werden die Ursachen für Veränderungen, für interne Ungleichgewichte und strukturelle Anpassungsprozesse auf solche wechselseitigen Durchdringungen zurückgeführt (Trist 1975, S. 203). Organisationen können als gesellschaftliche Erfindungen angesehen werden, mit deren Hilfe bestimmte Inputs (Material, Raum, Arbeitskraft, Technologie) zu ganz bestimmten Outputs (Produkte, Dienstleistungen) verarbeitet werden *(throughput)*, wobei diese Outputs von der Umwelt des Systems als brauchbar angenommen werden müssen. Gröbere Irritationen für das System können somit sowohl durch Umweltveränderungen auf der Input- wie auf der Outputseite entstehen. Emery und Trist betonen, dass es keine einfache Punkt-zu-Punkt-Relation zwischen den Variationen des Inputs und denen des Outputs gibt. Es liegt gerade in der Anpassungsfähigkeit einer Organisation, Veränderungen auf der einen Seite (z. B. im Rohstoff- oder im Technologiebereich) organisationsintern so zu verarbeiten, dass die Qualität des Outputs auf der anderen Seite das Überleben des Systems weiter sichert.

Zur Charakterisierung dieser Fähigkeit zu einer aktiven Selbstregulation von sozialen Systemen greifen Emery und Trist häufig auf den Begriff des Fließgleichgewichts *(steady state)* zurück, den von Bertalanffy für die Beschreibung der Funktionsweise lebender Systeme geprägt hatte. Der *steady state* meint die Fähigkeit eines lebenden Systems, trotz veränderter Umwelten seine Identität als Ganzes aufrechtzuerhalten, und zwar durch seine Möglichkeit, „sich spontan auf Zustände größerer Heterogenität und Komplexität hin reorganisieren zu können" (ebd.). Identitätssicherung erfolgt durch eine verändernde Gestaltung der organisationsinternen Verhältnisse (des *throughput*), und zwar so, dass gelingende Prozesse des Austauschs mit den relevanten Umwelten auch künftig ermöglicht werden. Für diesen Zweck wird an der zentralen Grundannahme hinsichtlich der organisationsinternen Strukturen festgehalten, nämlich „that the technological component, in converting inputs into outputs, plays a major role in determining the self-regulating properties of an enterprise" (Emery a. Trist 1969, S. 284). Die jeweils zur Anwendung kommende Technologie repräsentiert im Unternehmen so etwas wie eine internalisierte Umwelt („internalized environment"). Dieses starke Hervorheben der Technologie ist zweifelsohne als Gegenposition zu den anderen OE-Richtungen zu sehen, die aus der Sicht von Emery und Trist zu einseitig die sozialen und psychischen Faktoren in der Betrachtung von und in der Arbeit mit Organisationen betonen. Die Differenzierung von soziostrukturellen und technologischen Komponenten im Inneren einer Organisation sowie die starke Betonung der Austauschbeziehungen zu verschiedenen Umwelten ermöglichen zweifelsohne das Erfassen eines höheren Grades an Komplexität. Dieser Zuwachs an Komplexitätsverarbeitung sollte dazu dienen, die realitätsangemessene Handlungsfähigkeit von sozialen Systemen sowohl nach innen als auch nach außen zu befördern (ebd., S. 293). Getreu dieser Maxime beauftragten die *Tavistock*-Forscher das jeweilige Management der von ihnen untersuchten Unternehmungen, sein steuerndes Augenmerk nicht nur nach innen, sondern auch auf die relevanten Umwelten zu richten, um die Organisation in ihrer Leistungsfähigkeit auf die prinzipielle Unkalkulierbarkeit diesbezüglicher Entwicklungen einzustellen (ebd.).

Eine der wesentlichen Antworten des soziotechnischen Systemansatzes auf diese Problematik ist der Hinweis auf die notwendige Stärkung der Kompetenz zur Selbstregulation von Subeinheiten innerhalb einer Gesamtorganisation. Das Prinzip der Selbstregulation weitgehend autonomer Organisationseinheiten (z. B. im Produktionsprozess) erzeugt und sichert ein Mindestmaß an Reaktionsfähigkeit bezüglich unvorhersehbarer Abweichungen, ob diese nun von außen oder von innen kommen. Die Schaffung dieser konstruktiv-lernenden Verarbeitungsmöglichkeit von nicht vorhersehbaren Abweichungen ist ein zentrales Anliegen des soziotechnischen Systemansatzes. Es geht um die Lockerung allzu starrer organisationaler Selbstfestlegungen, „damit das System einen gewissen Variationsspielraum erhält, um aus inneren oder äußeren Quellen gespeiste Abweichungen bewältigen zu können" (Cooper u. Foster 1971, S. 393). Hier ist eine deutliche Anlehnung an das von W. Ross Ashby (1956) im Rahmen seiner Kybernetik formulierte Gesetz von der notwendigen Vielfalt („the law of requisite variety") zu erkennen. Diesem „Gesetz" zufolge kann nur das Zulassen des Anwachsens von organisationsinterner Vielfalt dafür Sorge tragen, dass die Vielfalt unvorhersehbarer Ereignisse im Inneren wie in der Umwelt so bearbeitet wird, dass letztlich verwertbare Ergebnisse zustande kommen (ebd., S. 202 ff.). Die erfolgreiche Bearbeitung von Komplexität ist bis zu einem gewissen Grad nur durch ihre Steigerung zu bewerkstelligen.

Diese Denkweise steht ganz im Gegensatz zu jenen dem Taylorismus zugerechneten Theorien der Arbeitsorganisation, die durch eine möglichst exakte Zergliederung der Arbeitsvorgänge sowie durch eine entsprechende Spezialisierung des Tätigkeitsprofils jedes Einzelnen und letztlich durch einen entsprechenden Apparat externer Kontrolle und Koordination versuchten, ungeplante Abweichungen möglichst zu vermeiden.

Dieses grundsätzliche Ausrichten der Organisationsstrukturen auf technologiegestützte Abweichungsvermeidung schafft aber paradoxerweise Bedingungen für die Möglichkeit organisationsinterner Problembearbeitung, die angesichts gestiegener und ständig steigender Komplexität die Überlebensfähigkeit von Organisationen tendenziell bedrohen.

Anders als etwa in Skandinavien (vgl. Thorsrud 1968) hat der soziotechnische Systemansatz in der OE-Szene des deutschsprachigen Raums nur wenig Resonanz gefunden (als Ausnahme vgl. Rieckmann a. Weissengruber 1988). Gleichwohl ist eine Reihe von Grundideen aus dieser Denktradition in die großflächigen Bemühungen vieler Industrieunternehmen eingeflossen, am Beginn der 1990er-Jahre mit der Einführung von Gruppenarbeit in der Produktion auf die japanische Herausforderung zu reagieren. Die systemische Organisationsberatung, die sich (fußend auf den Erkenntnissen der neueren Systemtheorie) seit der zweiten Hälfte der 1980er-Jahre als eigenständiger Beratungsansatz etablieren konnte, tat dies allerdings auch ohne nennenswerte Bezugnahme auf die durchaus reichhaltige Denktradition des soziotechnischen Sytemansatzes (vgl. zu den diesbezüglichen Anfängen Wimmer u. Oswald 1987; Exner et al. 1987; Wimmer 1992b, 1992c).

Zum aktuellen Stand der Diskussion

Ihre Blütezeit erlebte die OE-Bewegung in den späten 1970er- und in den 1980er-Jahren. Eigene Gesellschaften bildeten sich zur Verstetigung des professionellen Diskurses, Ausbildungsangebote schossen aus dem Boden, an den Universitäten, speziell in der Betriebswirtschaftslehre, nahm man sich dieses Themas an, das aber dort nie über ein kaum geduldetes Randdasein hinauskam, eine eigene Fachzeitschrift – die *Zeitschrift für Organisationsentwicklung* – wurde gegründet, die sich bis heute einer erstaunlichen Verbreitung und Reputation erfreut. Trotz dieser respektablen Erfolgsgeschichte ist die Kritik an dieser jungen Profession weder in der Wissenschaft noch in der Professionsgemeinschaft selbst jemals abgerissen. Immer wieder wird die Frage nach der Existenzberechtigung laut, und die Zweifel, dass es sich hier um einen ernst zu nehmenden Zweig der Sozialforschung bzw. um eine zukunftsfähige Profession im Spektrum organisationsbezogener Beratungsdienstleistungen handelt (vgl. etwa Schreyögg 1999 oder Kühl 2001), wollen nicht verstummen. Wie ist dieses Phänomen zu erklären?

Das Interventionsrepertoire und die dazugehörigen Denkinstrumente der OE sind in einer Zeit entstanden, die ein bestimmtes Verständnis von Organisationen und ihres Wandels nahe legten. Die kurze Rekonstruktion der drei Traditionsstränge sollte diesen zeit- und organisationsgeschichtlichen Zusammenhang verdeutlichen. Die Gründerfiguren der OE hatten einen ganz bestimmten Typus von Organisation vor Augen. Ihre eigenen praxisbezogenen Erfahrungen und Forschungen hatten die Überzeugung geprägt, dass Organisationen zu sehr hierarchiebetont strukturiert sind, dass sie in ihren internen Beziehungen im Übermaß von bürokratischen Spielregeln dominiert werden, dass der tägliche Kampf um persönliche Macht- und Einflusspositionen letztlich alle sachlichen Entscheidungsprozesse überlagert, dass eine übertriebene Arbeitsteiligkeit die Organisation zu sehr zersplittert und deshalb der Blick fürs Ganze im Ringen um die Durchsetzung von Teillogiken häufig verloren geht. Man ging in dieser Tradition zumeist von der Annahme aus, dass die wesentlichen Entscheidungsbefugnisse zu stark an der jeweiligen Organisationsspitze zentralisiert sind und dass solche prinzipiell hierarchieorientierten Führungsstrukturen in der Praxis einen riesigen Aufwand für die Aufrechterhaltung von Fremdkontrolle benötigen. Vor allem in den impliziten Wirkungen derartiger Organisationsverhältnisse auf die unter solchen Umständen arbeitenden Menschen sah man in den ersten Jahrzehnten der Geschichte der OE das eigentliche Kernproblem. Solche Organisationen tun ihren Mitgliedern Gewalt an, sie schränken ihren individuellen Entfaltungsspielraum unangemessen stark ein. Das hohe Maß an Fremdbestimmtheit, das mit allen Formen hierarchisch-bürokratischer Machterhaltung unweigerlich verbunden ist, lässt das Leistungspotential der Beteiligten verkümmern und letztlich wenig Eigenmotivation und Eigenverantwortung entstehen. Die starke Dominanz hierarchischer Ordnungsprinzipien dünnt das in formellen Zusammenkünften Besprechbare aus, der erforderliche Grad an Offenheit kann sich in einem solchen Klima der Vorsicht nicht entwickeln, vieles hat nur mehr im Informellen seinen Platz, wo der Nährboden für Energie fressende Gerüchte, Verdächtigungen und folgenschwere Missverständnisse wächst und gedeiht. Unter solchen Bedingungen können natürlich keine arbeitsfähigen Teams entstehen. Das besondere Problemlösungspotenzial, das in gut funktionierenden Gruppen steckt, kann deshalb von solchen Organisationen nicht genutzt werden.

Ein ganz wesentliches Merkmal dieses Typs von Organisation ist ihr Umgang mit Entscheidungen. Über Entscheidungen wird zwar informiert (von oben nach unten), aber nicht diskutiert. So etwas wie Zweiwegkommunikation passt nicht in diese Art von Organisationsrealität. Dahinter steckt das klassische hierarchiestabilisierende Verständnis von Autorität. Autorität wahrnehmen heißt in diesem Sinne, davon ausgehen zu können, dass Entscheidungen nicht weiter hinterfragt werden müssen, dass es nicht notwendig ist, die Betroffenen, ihr Wissen, ihr Für und Wider mitaufzunehmen. Hierarchie erübrigt Kommunikation. Sie kann die Akzeptanz und damit die sachgerechte Folgebereitschaft der Adressaten von Entscheidungen qua Struktur unterstellen. Insgesamt ist dies ein Bild von hoher struktureller Stabilität. Solche Systeme haben gelernt, Veränderungsimpulse in einer Weise aufzugreifen, dass man rasch wieder ins gewohnte Gleichgewicht der eingespielten Muster und Machtgegebenheiten zurückpendeln kann. Im Sinne der Kybernetik dominieren eindeutig negative Rückkoppelungsmechanismen in der Bearbeitung von Abweichungen. Hat man solche Organisationen vor Augen, dann geht man offensichtlich von Umweltbedingungen aus, die diese Art von Strukturstabilität zulassen bzw. begünstigen.

Diesem vielfach sehr pragmatisch gewonnenen Verständnis von Organisation (eine Ausnahme bildet der soziotechnische Systemansatz) korrespondiert das Konzept des Wandels und der diesem Wandel zugrunde gelegten Ziele. Es ist hier nicht der Platz, auf dieses Wandelkonzept und sein Instrumentarium im Detail einzugehen (vgl. dazu exemplarisch das Erfolgsbuch von Doppler u. Lauterburg 2002 bzw. den amerikanischen Klassiker von Cummings a. Worley 1995). Insgesamt ist vor diesem Hintergrund die große Popularität des Dreiphasenmodells von Kurt Lewin (zuerst auftauen, dann verändern und schließlich den gewünschten Zustand wieder stabilisieren) mehr als verständlich. In diesem Dreierrhythmus besteht die große Kunst darin, den erwartbaren hartnäckigen Widerstand gegenüber Veränderungen gezielt zu verflüssigen, um auf dieser Basis mithilfe großflächiger Partizipation Gelegenheit zu schaffen, neue Strukturen miteinander hervorzubringen und sich in die veränderten Rollen und Verantwortlichkeiten neu einzuüben. Es ist dies ein Konzept des Wandels, das von vergleichsweise stabilen Organisationsverhältnissen ausgeht, die sich in Organisationsumwelten reproduzieren können, die langsame, evolutionäre Prozesse der Anpassung an veränderte Überlebensbedingungen zulassen. Dies erklärt auch, warum in der OE Umweltherausforderungen eine eher untergeordnete Rolle spielen und die Konzentration auf organisationsinterne Themen und hier insbesondere auf die soziale Dimension des zwischenmenschlichen Kooperierens und Kommunizierens so im Vordergrund steht.

Die von der OE unterstellten Organisationszustände sind auch heute noch an vielen Stellen beobachtbar. Das soll durchaus nicht in Abrede gestellt werden. Sie dominieren aber längst nicht mehr so durchgängig das Bild von Unternehmen, wie sie es insbesondere bei größeren börsennotierten oder staatsnahen Betrieben noch bis Ende der 1980er-Jahre getan haben. Unternehmen sind in der Zwischenzeit mit ganz anderen Veränderungsherausforderungen konfrontiert worden. Wir haben mehr als ein Jahrzehnt ziemlich radikaler Organisationstransformationen hinter uns. Da ist vielfach kein Stein auf dem anderen geblieben. Wenn wir heute von organisationalem Wandel sprechen, dann geht es vor allem um Geschwindigkeit, um die Bewältigung der Internationalisierungsdynamik, um den Umgang mit außergewöhnlichen Produktivitätszwängen, um das Auffangenkönnen völlig überraschender Brüche in den Technologien wie in den Märkten. Letztlich geht es um das stetige Auflösen und Wieder-neu-Zusammenfügen ganzer Unternehmen bzw. von Unternehmensnetzen etc. Das überkommene Wandelkonzept der OE „lässt dafür keine Weiterentwicklung zu und ist nicht anschlussfähig an die relevantesten neuen Entwicklungen in Theorie und Praxis", so die schroffe These von G. Schreyögg (1999, S. 79). Was ist dran an dieser Behauptung?

Hat sich der Denkansatz der Organisationsentwicklung überlebt?

Seit dem Beginn der 1990er-Jahre sieht sich die OE-Szene mehr und mehr mit einer völlig neuen Situation konfrontiert. Zunächst waren es die großen Industrieunternehmen, später dann auch die Unternehmen des Dienstleistungssektors, die sich, angetrieben durch radikal veränderte Wettbewerbsverhältnisse veranlasst sahen, ihre Binnenstrukturen von Grund auf zu erneuern. Die jahrzehntelang sich bewährt habenden funktionsorientierten Bauprinzipien mit ihren vielstufigen, hierarchiegeprägten Führungsstrukturen hatten plötzlich ausgedient. Neue Formen der Binnendifferenzierung, d. h. neue Organisationsarchitekturen, begannen, sich durchzusetzen: die Logik der Geschäftsfeldgliederung, das Schaffen von Unternehmen im Unternehmen, die Neusegmentierung der einzelnen Glieder der Wertschöpfungskette, die Gestaltung der Organisation entlang integrierten Geschäftsprozesse, die Dominanz von Projekten etc. etc. Neue Muster der Kooperation und Konkurrenz zwischen Unternehmen kristallisierten sich heraus, die dem Netzwerkgedanken eine ungeahnte Bedeutung verliehen. Die Entwicklungen auf den weltweiten Kapitalmärkten stimulierten eine neue Wachstumsphilosophie. Organisches Wachstum, finanziert aus eigener Kraft, schien plötzlich nicht mehr wettbewerbsadäquat. Fusionen und Akquisitionen standen in einem bislang noch nie da gewesenen Ausmaß auf der Tagesordnung und damit Anforderungen an das Management solcher Veränderungen, für deren Bewältigung es wenig systematisiertes Erfahrungswissen gab. Die neuen Herausforderungen eines weltweit integrierten Wirtschaftssystems brachten Unternehmen hervor, die selbst ihre Organisationseinheiten über den Erdball spannten und sich damit eine Komplexität eingehandelt haben, mit der umzugehen es einer ganz neuen Steuerungsphilosophie bedarf (vgl. dazu etwa Bartlett a. Goshal 2002). Die beschriebene Veränderungsdynamik hat in der Zwischenzeit längst auch die Organisationen des Gesundheitswesens, der staatlichen Verwaltung, von Bildung und Wissenschaft erfasst. Tendenziell alle Organisationen unserer heutigen Gesellschaft sind von diesem ungebremsten Wirbelsturm betroffen, der sie alle in einen tief gehenden Strukturwandel zwingt.

Das historisch absolut Neue an dieser Entwicklung ist der Umstand, dass Organisationen ihre Grundstrukturen nicht mehr naturwüchsig vorfinden, sondern gezwungen sind, ihre interne Differenzierungslogik, ausgerichtet an den Herausforderungen ihrer jeweiligen Umwelten, immer wieder neu selbst zu bestimmen. Mit dieser organisationsinternen Differenzierungslogik sind jene Bauprinzipien gemeint, nach denen sich Subeinheiten (z. B. Businessunits) konstituieren, d. h. sich von einander abgrenzen und identitätsmäßig voneinander unterscheiden; diese Prinzipien beinhalten neben der Logik der Grenzziehung auch Spielregeln bezüglich dessen, wie diese getrennten Einheiten sich wiederum aufeinander beziehen. Diese Logik impliziert damit auch, welche Form von Arbeit und Arbeitsteilung zur Anwendung kommt und welche Führungsstrukturen, verknüpft durch welche Hierarchieebenen, benötigt werden, um das Ganze als Ganzes funktionstüchtig zu halten. Jede Differenzierungslogik schafft ihre je eigenen strukturellen Spannungen und Zielkonflikte, deren dauerhafte Bewältigung die Leistungsfähigkeit einer Organisation letztlich ausmacht. Nirgendwo spiegelt sich die Art und Weise, wie Organisationen ihre Beziehungen zu ihren Umwelten definieren, klarer als in den genannten Bauprinzipien organisationsinterner Differenzierung und Integration.

Mit dem Kontingentwerden der Grundarchitekturen von Organisationen ist auch die OE in ein neues Zeitalter eingetreten. Die vertrauten Widersprüche, denen sie ihre Entstehung verdankte, haben unwiederbringlich ihre Leitfunktion verloren. Mit dem Bemühen von Organisationen, durch einen Wandel ihrer Strukturen ihre Antwortfähigkeit gegenüber veränderten Umweltherausforderungen immer wieder zu erneuern, ist Organisationsentwicklung zur Daueraufgabe des Managements geworden. Da funktionstüchtige Führungsstrukturen lediglich die Kehrseite des jeweils gewählten Organisationsdesigns darstellen, gilt es bei einschneidenden Veränderungen in diesem Design, diese Strukturen mit in einen stimmigen Transformationsprozess zu bringen. Veränderungsmanagement bedeutet daher für die betroffenen Entscheidungsträger immer zuallererst Selbstveränderung, eine Einsicht, die in der Praxis noch nicht allzu weit verbreitet ist.

Der Paradigmenwechsel, den wir seit gut einem Jahrzehnt in Organisationen im Umgang mit ihrer eigenen Veränderbarkeit beobachten können, ist in seiner Tragweite nicht hoch genug einzuschätzen. Die Wählbarkeit unterschiedlicher Grundarchitekturen versetzt Organisationen im Umgang mit sich selbst auf ein gänzlich anderes Niveau. Sie zwingt, ein Bewusstsein von sich selbst auszuprägen, das die eigene Identität nicht mit den aktuell bestehenden Strukturen gleichsetzt.

Es braucht ein „Selbst", das die Funktionalität bzw. Dysfunktionalität vorhandener Strukturen angesichts der zentralen Überlebensfragen einer Organisation beobachtbar und damit glaubwürdig zum Gegenstand von Entscheidungen machen kann. Die Ausprägung eines solchen Selbst hat eine neue Art organisationaler Fähigkeit zur Folge, nämlich die Kompetenz zum erfolgreichen strukturellen Wandel, wann immer dieser für die Fortführung der eigenen

Existenz erforderlich ist. „Erst im Umgang mit strukturellen Veränderungen gewinnt ein System seine Autonomie und entsteht jenes Selbst, das sich aus der Reflexion nicht auf jede einzelne Struktur, sondern auf die Funktion von Strukturen zu produzieren und zu reproduzieren vermag“ (Baecker 2003, S. 346).

Die heute so erfolgskritische Fähigkeit von Organisationen, ihre Grundstrukturen bei Bedarf immer wieder erfolgreich zu erneuern, bedingt eine andere kommunikative Qualität im Verhältnis der verantwortlichen Entscheidungsträger untereinander, aber auch in ihrer Beziehung zu den Beschäftigten. Eine der Grundannahmen der klassischen Vorstellung von hierarchisch strukturierter Organisation bestand ja darin, Arbeit so zu organisieren, dass die individuellen Besonderheiten der beteiligten Personen dank der durchgängigen Technisierbarkeit der Arbeitsabläufe außen vor bleiben konnten. Diese enorme Abstraktionsleistung in den betrieblichen Arbeitsabläufen gegenüber den Individuen durchzusetzen, d. h., sie konsequent zu funktionalisieren, war die eigentliche Intention des *scientific managements*. In dem Ausmaß, in dem der technische Fortschritt einen erheblichen Teil der rein ausführenden Arbeitsschritte automatisierbar gemacht hat, fiel die Grundlage für diesen Disziplinierungsaufwand weg. Komplementär zu diesem Automatisierungsgeschehen wurden die sonstigen Arbeitsprozesse immer wissensintensiver, komplexer und damit auch störungsanfälliger, weil im Sinne von technischer Kausalität in letzter Konsequenz nicht wirklich beherrschbar. Organisationen wurden auf diese Weise davon abhängig, dass die Beschäftigten auf allen Ebenen ihr Wissen, ihr eigenständiges Beobachtungs- und Entscheidungsvermögen von sich aus in die Routinen des Arbeitsgeschehens miteinbringen, um unerwartete Ereignisse sofort und ohne großen Aufwand managebar zu machen. Diese höchstpersönliche Kompetenz und Verantwortungsübernahme jedes Einzelnen ist in der Zwischenzeit zur unverzichtbaren organisationalen Ressource geworden. Organisationen haben ein Niveau an Binnenkomplexität entwickelt, das sie unentrinnbar von der dauerhaften Mobilisierung dieser Kompetenz abhängig gemacht hat.

Mit dieser Abhängigkeit haben sich Organisationen allerdings ein – gegenüber früher – völlig neues Problem eingehandelt. Sie müssen ihren traditionell äußerst restriktiven Umgang mit Kommunikation total umbauen. Fußte die klassische Hierarchie auf dem Prinzip, Arbeit so zu organisieren, dass zu ihrer effizienten Erledigung möglichst wenig miteinander kommuniziert werden musste, so gilt unter den heutigen organisationsinternen Strukturbedingungen das genaue Gegenteil. Die Effizienz der Prozesse baut auf eigenverantwortlich wahrgenommene prozessbegleitende Abstimmungsaktivitäten, die ihrerseits gelingende Kommunikation zwischen allen Beteiligten zur Voraussetzung haben. Mit der Explosion organisationaler Eigenkomplexität ist der Faktor Kommunikation als Koordinationsmechanismus zwischen den Hierarchieebenen, aber noch mehr zwischen an sich weitgehend selbstständigen Einheiten zum alles entscheidenden Engpass geworden. Damit ist die Schaffung geeigneter Kommunikationsräume, in denen die Funktionsträger Lösungen für die aktuell anstehenden Entscheidungslasten und Zielkonflikte miteinander aushandeln, nicht mehr ein Anliegen, das der Hierarchie gegen ihren Willen abgetrotzt werden muss. Das Herstellen und ständige Verbessern aushandlungsorientierter Kommunikationsstrukturen und der Aufbau eines dazu passenden Vertrauensklimas sind selbst zu einer ganz besonders erfolgskritischen Führungsaufgabe geworden.

Genau auf diesen Punkt zielten doch viele der Veränderungsbemühungen traditioneller OE-Projekte. Sie schufen geschützte Kommunikationsgelegenheiten, die es möglich machten, über heikle organisationsrelevante Dinge miteinander zu sprechen, die im Alltag aus welchen Gründen auch immer keinen Platz fanden. Insofern ist der Einschätzung Dirk Baeckers voll zuzustimmen: „Die tatsächliche Aufgabe, das hidden curriculum der OE bestand in den vergangenen Jahrzehnten in der Wiedereinführung der Kommunikation in die Organisation, das heißt in der Korrektur eines technischen zugunsten eines sozialen Verständnisses von Organisation“ (Baecker 2003, S. 137). Die alte kommunikationsvermeidende Allianz zwischen optimaler technischer Lösung ihrer hierarchischen Durchsetzung, diese jahrzehntelange Koalition von Technik und Hierarchie, ist nicht zuletzt dank des Alternativbewusstseins, das mit der Denkwelt der OE in die Organisation gekommen ist, ein für alle Mal zerbrochen. Jene Organisationsprobleme, zu deren Lösung die OE ursprünglich angetreten ist, stehen heute so nicht mehr im Vordergrund. Die „heilige Ordnung“ (Hierarchie) mit all ihren Thematisierungstabus ist einer „säkularisierten“ Strukturvielfalt gewichen, die natürlich auch weiterhin auf die hierarchischen Ebenenunterschiede nicht verzichten kann.

Die Funktion dieses Ebenenunterschiedes ist jedoch eine gänzlich andere geworden (vgl. dazu Baecker 1999). Insofern droht die OE, wenn sie an ihren ursprünglichen Idealen und Interventionsformen festhält, „ein Opfer ihres eigenen Erfolgs zu werden. Denn davon, dass hier hervorragende Arbeit geleistet worden ist, gehe ich auch dann aus, wenn das Management der Organisationen vielfach anderer Meinung ist – und anderer Meinung sein muss, denn immerhin ist hier eine Arbeit geleistet worden, für die das Management selbst einmal angetreten ist und an der es gescheitert ist. Die OE-Perspektive hat sich auf breiter Front durchgesetzt. Selbst dort, wo sie nicht akzeptiert wird, tut man dies mit Gründen, die aus dem Wortschatz dieser Perspektive stammen" (Baecker 2003, S. 135).

Ausblick

Die OE-Szene befindet sich seit geraumer Zeit aus den genannten Gründen an einer entscheidenden Weggabelung. Sie kann sich dafür entscheiden, an ihrem überkommenen Verständnis von Organisation und ihrem Wandel festzuhalten, ihre normativen Prämissen als Identität stiftende Basis weiterzupflegen und das tradierte Repertoire in der Strukturierung von Veränderungsprozessen noch zu verfeinern. Man muss kein Prophet sein, um angesichts der Dynamik, die im Wechselspiel zwischen Organisationen und ihren jeweiligen gesellschaftlichen Umfeldern zur Zeit zu beobachten ist, voraussehen zu können, dass dieser Disziplin und ihrem praktischen Pendant dann in der Beratungslandschaft keine blühende Zukunft beschert sein wird. Ihre weitere Marginalisierung scheint so unaufhaltsam. Die heutigen Anforderungen an das wiederholte Umbauen von Organisationen sind mit dem tradierten Grundverständnis von OE schwer vereinbar. Sie „steht diesen wilderen und ungeordneten Formen organisatorischen Wandels konzeptionell hilflos gegenüber" (Schreyögg 1999, S. 78). Auch die Einführung neuer Termini, die den Begriff der Organisationsentwicklung ablösen sollen, wie z. B. Change Management, wird das angesprochene Kernproblem nicht lösen. Solche neuen Begriffe sind ein Symptom für das Unbehagen der OE-Szene an sich selbst und schaffen keinen Aufbruch zu neuen Ufern, wenn es nicht gelingt, eine angemessene Konzeptualisierung sowohl für die in der Zwischenzeit stark veränderte Organisationslandschaft wie auch für die heutigen Anforderungen an einschneidende Umgestaltungsprozesse, die stets unter erheblichem Zeitdruck stattfinden, zu entwickeln (vgl. dazu etwa Wimmer 1998b, 1999).

Es ist Georg Schreyögg zuzustimmen, wenn er feststellt, dass aus dem Change Management bislang kein eigenständiges Konzept erwachsen ist, das über die OE-Tradition deutlich hinausweisen würde (Schreyögg 1999, S. 76).

Analysiert man das Theoriegebäude der OE und ihr Set an Grundüberzeugungen, dann ist das Festhalten am bisherigen professionellen Selbstverständnis allerdings eher nahe liegend. Die OE-Szene pflegt einen ausgesprochen normativen Erwartungsstil, d. h., sie verfügt über ein recht stabiles Wertegerüst, mit dessen Hilfe sie an ihren Realitätskonstruktionen auch dann festhalten und diese immunisieren kann, wenn verbreitete Erfahrungen eine Weiterentwicklung des Ansatzes eigentlich nahe legen würden. Deshalb sind die Selbstentwicklungsmöglichkeiten der OE schon aus immanenten theoriearchitektonischen Gründen sehr begrenzt. Unterstützt wird diese Limitierung durch den hohen Grad an Fragmentierung und Vereinzelung der Szene in Deutschland. Aufgrund ihres geringen Institutionalisierungsniveaus ist es über all die Jahre den Aktivisten der OE-Szene auch nicht gelungen, akzeptierte Standards für zu durchlaufende Professionalisierungswege zu entwickeln und durchzusetzen (vgl. dazu ausführlicher Kühl 2001). Alles in allem sprechen die genannten Indizien nicht dafür, dass sich die OE in ihrem Selbstverständnis dem brennenden Veränderungsdruck, dem sich Organisationen in ihren heutigen Umfeldern ausgesetzt sehen, wirklich stellen wird. Dies ist deshalb ausgesprochen bedauerlich, weil im reichhaltigen Fundus vieler OE-Projekte ein enormes Veränderungswissen angesammelt worden ist, das, kombiniert mit einem adäquaten Verständnis für die aktuelle Dynamik in Organisationen, vor allem für deren zentrale Überlebensfragen auch künftig von großem Wert sein könnte.

Wozu benötigen wir Berater?

Ein Orientierungsversuch aus systemischer Sicht[1]

Der Markt für Beratungsdienstleistungen bleibt in Bewegung

Zweistellige Zuwachsraten prägten in den späten 1980er-Jahren die Dynamik des Beratermarktes. Die Branche boomte und schaffte für viele Neueinsteiger ein zusehends attraktiver werdendes Betätigungsfeld. Dementsprechend entstand ein ziemlicher Sog auf der Angebotsseite. Die erste Hälfte der 1990er-Jahre ist nun dadurch gekennzeichnet, dass sich einerseits das Verhältnis von Angebot und Nachfrage einzupendeln beginnt, in manchen Feldern gibt es bereits Überkapazitäten, und dass sich gleichzeitig ein tief gehender Strukturwandel dieses Dienstleistungsmarktes abzuzeichnen scheint. Die Angebotsseite hat nicht zuletzt dadurch eine enorme Dynamisierung erfahren (allein in Deutschland hat sich die Zahl der Berater in den letzten fahren verdoppelt), dass die jüngsten wirtschaftlichen Turbulenzen erhebliche Kapazitäten in dieses nach wie vor attraktive Marktsegment gelenkt haben. So ist beispielsweise eine Reihe von Großunternehmen dazu übergegangen, ihre diesbezüglichen unternehmensinternen Ressourcen zu verselbstständigen. Sie haben die notwendig gewordenen Umstrukturierungs- und Verschlankungsmaßnahmen genutzt, um auf dem Weg über Outsourcing und ähnliche Schritte ihre Kosten radikal zu senken, ohne den Zugriff auf dieses Expertenwissen zu verlieren. Die jüngsten Rationalisierungsschübe in den Unternehmen, die ja bekanntermaßen vornehmlich

1 Zuerst veröffentlicht in: Gerd Walger (Hrsg.) (1995): Formen der Unternehmensberatung. Systemische Unternehmensberatung, Organisationsentwicklung, Expertenberatung und gutachterliche Beratungstätigkeit in Theorie und Praxis. Köln (Otto Schmidt).

das mittlere Management sowie viele Fachexperten in den Stabsbereichen betroffen haben, haben diesen Gründungsboom von Beratungsunternehmen, diesen Schritt in die freiberufliche Selbstständigkeit, für viele erleichtert, wenn nicht gar erzwungen. Auf diesem Weg ist die Beraterlandschaft noch um vieles bunter und vielfältiger geworden. Der Prozess der internen Ausdifferenzierung dieses Marktsegments hat sich beschleunigt, sei es nun bezogen auf bestimmte Branchenkenntnisse oder bezogen auf eine Spezialisierung hinsichtlich bestimmter Fachprobleme (EDV, Fertigung, Logistik etc.) oder bezogen auf bestimmte Problemstellungen des Managements (Strategieentwicklung, Reorganisation, Finanzierung, Personal, Marketing etc.), letztlich auch hinsichtlich des gewählten Beratungsansatzes.

Die angesprochene Buntheit bezieht sich allerdings nicht nur auf die inhaltliche Seite des Beratungsangebotes, sondern immer stärker auch auf die Organisationsform, in der versucht wird, sich auf diesem Markt zu behaupten. Neben den seit längerem etablierten großen Beratungsunternehmen entstehen eine Vielzahl von kleineren und mittleren Firmen, häufig auf einer Gruppenbasis organisiert, es bilden sich mehr oder weniger stabile Beraternetzwerke, mit deren Hilfe versucht wird, die eigenen fachlichen oder kapazitätsmäßigen Grenzen projektbezogen zu überwinden. Obwohl immer noch ein erheblicher Teil der Berater als Einzelunternehmer unterwegs ist, ist heute bereits deutlich absehbar, dass die Chancen dieser Existenzform zusehends geringer werden. Dies hat damit zu tun, dass der Komplexitätsgrad der in Organisationen zu bearbeitenden Problemstellungen es heute immer weniger zulässt, in der Organisationsform des Einzelkämpfers zu agieren. Ein Einzelner – und sei er noch so qualifiziert – ist da häufig überfordert. Zum anderen ist das Geschäft des Beratens gegenüber früher in einer ganz neuen Weise wissensabhängig geworden, sodass man es als Einzelner immer schwerer hat, die Veränderungsdynamik dieses Wissens wirklich mitzuvollziehen.

Dieser Tendenz zur immer stärkeren Ausdifferenzierung der Beratungsbranche und ihrer Dienstleistungsangebote steht allerdings ein anderer auf den ersten Blick gegenläufiger Trend gegenüber. Vergleicht man die Problemlösungsversprechen, die die Beratungsunternehmen in ihren Prospekten und öffentlichen Erklärungen abgeben, so lassen sich diese immer weniger voneinander unterscheiden. Immer mehr Berater signalisieren ihren Kunden, für ihre Probleme

„ganzheitlich" zuständig zu sein. Fast schon jeder verspricht umfassende Lösungen sowohl in fachlich inhaltlicher Hinsicht als auch den Beratungsprozess betreffend, von der Diagnose über die Konzeption bis hin zur Implementierungsbegleitung und der Erfolgskontrolle. So entdecken etwa die klassischen Unternehmensberatungsfirmen die zentrale Bedeutung des Beratungs- Know-how im engeren Sinn, also die Frage, wie der Beratungsprozess selbst professionell zu gestalten ist (vgl. dazu etwa Peters 1992, S. 27). Sie beginnen zu sehen, dass das inhaltliche Problemlösungswissen alleine immer weniger ausreicht, um die eigenen Kunden in der Beratung erfolgreich unterstützen zu können. McKinsey-Berater haben in einer internen Studie beispielsweise herausgefunden, dass zwei Drittel der Veränderungsprozesse in den beratenen Unternehmen nicht an der inhaltlichen Qualität der eingeschlagenen Strategie scheitern, sondern an den mangelnden Fähigkeiten in der Umsetzung (vgl. Balzer u. Wilhelm 1995, S. 55). Die Art und Weise, wie beraten wird, d. h. die Gestaltung und Steuerung von Problemlösungsprozessen mithilfe der Beratung ist neben dem fachlichen bzw. branchenbezogenen Know-how zum entscheidenden Erfolgsfaktor geworden. Auf der anderen Seite müssen die klassischen Prozessberater sehen, dass sie mit ihrem herkömmlichen Organisationsentwicklungsverständnis angesichts der heutzutage zu bearbeitenden Problemstellungen in Unternehmen sichtlich nicht mehr das Auslangen finden (vgl. dazu Wimmer 1995c, S. 55). Ohne ein fundiertes Verständnis für die komplexen Zusammenhänge, in die alle gegenwärtigen Veränderungsanstrengungen im Unternehmen gestellt sind, um ihre Wettbewerbsfähigkeit zu sichern, ist die klassische Prozessberatung auf die reine Moderation des sozialen Geschehens reduziert. Aus dieser Position heraus fehlt ihr das Einschätzungsvermögen, um die im Klientensystem gefundenen Lösungen auf ihre Tragfähigkeit hin beurteilen zu können. Die früher so beliebte Trennung von Fach- und Prozessberatung lässt sich in der Praxis immer seltener aufrechterhalten. Gefragt sind Berater und Beraterinnen, die ein hohes Maß an Professionalität sowohl im Umgang mit den inhaltlichen Dimensionen der zu bearbeitenden Problemstellungen aufweisen, die aber auch in der Gestaltung und Steuerung der erforderlichen Prozesse zur erfolgreichen Lösung der Klientenprobleme ihren spezifischen Beitrag leisten. Worauf lässt sich dieser entscheidende Strukturwandel in den Anforderungen an Beratung zurückführen?

Die zurzeit beobachtbaren Phänomene in der Entwicklung des Beratungsmarktes sind eine unmittelbare Resonanz der tief gehenden Umbrüche, denen sich Unternehmen, aber auch Organisationen in anderen Bereichen wie dem Gesundheitswesen, der öffentlichen Verwaltung und dem Bildungssektor gegenwärtig ausgesetzt sehen. Die gesellschaftlichen Rahmenbedingungen, innerhalb deren Organisationen ihre eigene Leistungsfähigkeit aufrechtzuerhalten versuchen, sind schon seit längerem einem rasanten Wandel unterworfen. Dies gilt natürlich in einem besonderen Maße für das Wirtschaftssystem, das den in ihm primär operierenden Organisationen – sprich den Unternehmen – gerade in der jüngsten Zeit einen außergewöhnlichen Veränderungsdruck zugemutet hat. Weltweite Überkapazitäten, ein sich verschärfender globaler Wettbewerb, ein rascher Wandel in den Kundenbedürfnissen und in den Technologien sowie eine Reihe anderer Faktoren zwingen Unternehmen, ihre bisherigen Arbeitsweisen und Organisationsstrukturen grundlegend zu überdenken. Ein ähnlicher Druck beginnt sich in der Zwischenzeit auch auf eine Vielzahl von Organisationen der öffentlichen Hand auszuwirken.

Die Grenzen der Finanzierbarkeit von Leistungen in der bisherigen Form, gepaart mit der zunehmenden Kritik an der Qualität der Problemlösungsfähigkeit dieser Organisationen, schaffen Rahmenbedingungen, die auch in diesen Feldern die Suche nach neuen Wegen in der Gestaltung von Organisationen stimulieren. Die zurzeit laufenden Privatisierungsbestrebungen etwa bei Bahn und Post oder im kommunalen Bereich sind hier nur die Spitze des Eisberges.

Wir erleben gegenwärtig geradezu eine Revolution in der Art und Weise, wie über die „richtige" Organisation nachgedacht wird und welche alternativen Gestaltungsprinzipien in die Praxis bereits Eingang finden (vgl. dazu ausführlich Wimmer 1995a). Jahrzehntelang gepflegte Grundüberzeugungen bezüglich Hierarchie, Führung, Arbeitsteiligkeit und funktionaler Spezialisierung geraten ins Wanken. Neue Leitbilder finden Verbreitung (z. B. Lean Management, Business Reengineering u. Ä.) und stellen bislang tradierte Organisationsverhältnisse auf den Kopf. Es werden kleinere, unternehmerisch eigenverantwortliche Einheiten geschaffen, die näher an ihren Kunden operieren und damit wesentlich flexibler auf veränderte Marktgegebenheiten reagieren können. Diese unternehmerische Dezentralisierung konsequent durchgeführt, ermöglicht eine deutliche Verflachung der hierarchischen Ebenen und eine Neuausrichtung der eigenen Kapazitäten für die Stabsbereiche und internen Dienstleistungen im Sinne einer radikalen Reduktion bisheriger Zentralbereiche. Es werden die einzelnen Geschäftsprozesse „neu erfunden" und auf die tatsächlichen Kundenbedürfnisse ausgerichtet. Damit wird transparent, welche der bisherigen betrieblichen Aktivitäten einen Beitrag zur Wertschöpfung geleistet haben und welche nicht. Der Grundgedanke des Reengineerings ermöglicht es, die einzelnen Schritte der Leistungserbringung, bezogen auf den Kunden, in einem Gesamtzusammenhang zu sehen und damit den Prozess als solchen einer integrierten Gestaltung zuzuführen. Letztlich fällt der Blick immer stärker auf die eigene Identität, auf die Frage nach den eigenen Kernkompetenzen, den besonderen Fähigkeiten eines Unternehmens, denen es im Grunde seine Existenz verdankt. Von diesem Punkt aus ist die Beziehung zu den anderen Gliedern in der Wertschöpfungskette neu zu bestimmen, die Balance zwischen Kooperation und Konkurrenz zu finden, sind strategische Allianzen zu definieren bzw. ist im eigenen Bereich die Trennung von bestimmten geschäftlichen Aktivitäten zu vollziehen oder durch komplementäre Kompetenzen zu gewinnen.

Die hier nur andeutbare Neuausrichtung in der Gestaltung leistungsadäquater Organisationsverhältnisse, die angesichts der gegenwärtigen Leistungsanforderungen antwortfähig sind, werfen in den betroffenen Unternehmen, Spitälern und anderen öffentlichen Einrichtungen ganz neue Steuerungsprobleme auf. Man kann sich wesentlich weniger auf stabile Strukturen, feste Regeln, strikte Koppelungen zwischen den Organisationseinheiten und im Verhältnis der hierarchischen Ebenen zueinander verlassen. Lose Koppelung, um einen berühmt gewordenen Begriff von K. E. Weick zu gebrauchen, ist zum hervorstechenden Merkmal der organisationsinternen Beziehungsgestaltung geworden (vgl. Weick 1976). Wenn in weiten Bereichen auf dezentrale Eigenverantwortung Wert gelegt wird, wenn die Entscheidungskompetenzen dorthin verlagert werden, wo die eh und je auftauchenden Probleme effektiv zur Bearbeitung anstehen, dann schaffen sich Organisationen bislang nicht gekannte interne Abstimmungs- und Koordinationsprobleme. Deren Bearbeitung verlangt gelingende interne Aushandlungsprozesse, die Artikulation von Dissens und das konstruktive Durcharbeiten unvermeidlicher Konflikte, damit vorübergehend Verständigung und Erwartungssicherheit geschaffen werden, die aber möglicherweise bei der nächsten Gelegenheit schon wieder erneuert werden müssen. Hierarchische Vorgaben, Einwegkommunikation von oben nach unten, reichen unter diesen Bedingungen zur Steuerung komplexer Organisationen nicht mehr aus. Viele Unternehmen erkaufen sich ihre neu gewonnene Flexibilität, ihre schlanken Strukturen und enormen Produktivitätssprünge durch ein hohes Maß an Labilisierung der organisationsinternen Relationen, einer Labilisierung, die nur durch ein entsprechend sensibles Management der unternehmensinternen Kommunikationsprozesse zu bewältigen ist. Die Kehrseite der heute neu zu gewinnenden Antwortfähigkeit von Organisationen ist diese qualitativ neue Form der Abhängigkeit von gelingender Kommunikation zwischen Organisationseinheiten und Funktionsträgern, die durch prinzipiell konflikthafte Kooperationsbeziehungen miteinander verknüpft sind. Denkt man an die enorme Verknappung der Ressource Zeit, mit der wir aufgrund der Beschleunigungstendenzen organisationsintern überall zu kämpfen haben, dann ist leicht ersichtlich, warum die Fähigkeit zur effizienten Gestaltung des immer aufwändiger und gleichzeitig störanfälliger werdenden internen Kommunikationsgeschehens zum entscheidenden Engpass geworden ist. Der Bedeutungsrückgang strikter hierarchiegestützter Koppelungen, die ja auch einen enormen Entlastungscharakter für alle Beteiligten besaßen, lenkt die Aufmerksamkeit auf die Architektur und korrekte Steuerung der Vielfalt an internen Kommunikationsprozessen, über deren Gelingen die gemeinsame Leistungserbringung nachhaltig sichergestellt wird. Teilt man diese Einschätzung, so wird verständlich, warum Organisationsfragen und die Steuerung von Veränderungsprozessen in der gegenwärtigen Managementdiskussion einen so prominenten Platz einnehmen (vgl. dazu exemplarisch die Arbeit von Doppler und Lauterburg 1995).

Organisationsberatung bekommt angesichts der hier angesprochenen Veränderungen eine andere Funktion. Im Kern geht es darum, Organisationen dabei zu unterstützen, mit der unvermeidlichen Steigerung ihrer Eigenkomplexität fertig zu werden, die vielfach noch dadurch erhöht wird, dass auf die neue Situation mit den alten Bearbeitungsmustern reagiert wird. Beratung setzt also dort an, wo bislang eingespielte Kommunikations- und Kooperationsgewohnheiten zur Bearbeitung der anstehenden neuen Aufgaben und Problemstellungen nicht ausreichen und ihre fortgesetzte

Reproduktion zum eigentlichen Problem wird. Meinem Eindruck nach erzeugt diese veränderte Eigenkomplexität von Organisationen auch auf Beraterseite einen qualitativ neuen Professionalisierungsdruck. Denn die Klienten bieten heute in der Regel hochkomplexe Problemstellungen an, die sich immer weniger durch die Bereitstellung von externem Expertenwissen oder von Management-Know-how bzw. durch „bloße" (weil inhaltlich relativ ahnungslose) Prozessberatung sinnvoll bewältigen lassen. Beratung als Dienstleistung ist gefragt, die das Klientensystem sowohl bei der Klärung seiner inhaltlichen Problemdimension unterstützt als auch den Bearbeitungsprozess selbst professionell mitgestaltet. Die besondere Herausforderung wird in den kommenden Jahren darin liegen, auf Beraterseite jenes Maß an Komplexitätsbewältigung aufzubauen, das es ermöglicht:

a) die sachlich-inhaltlichen Dimensionen des Klientenproblems zu erfassen, die erforderlichen Wissensbestände im Klientensystem zu mobilisieren und im Bearbeitungsprozess zu bündeln;
b) den Beratungsprozess von Beginn weg selbst so zu gestalten, dass das Klientensystem lernt, sich selbst für die Lösung seiner Probleme verantwortlich zu fühlen und damit das erforderliche Prozess-Know-how auch organisationsintern aufzubauen.

Die in jeder Beratung angebotenen Probleme bieten letztlich die Gelegenheit dafür, solche Lernprozesse im Klientensystem zu starten und in einer gelingenden Weise zu steuern. Im Zentrum der Anstrengungen steht dabei stets, nicht nur den aktuellen Problemdruck zu lindern, sondern die Überlebensfähigkeit des Systems insgesamt zu steigern. Voraussetzung dafür ist das Potenzial der Organisation, sich selbst, gemessen an den sich ändernden Umweltanforderungen, weiterentwickeln zu können. Diese grundlegende Fähigkeit einer Organisation zu ihrer eigenen Selbstveränderung müsste aus meiner Sicht heute den eigentlichen Fokus von Beratung bilden.

In welcher Weise kann eine systemisch orientierte Organisationsberatung für die gegenwärtigen Herausforderungen brauchbare Antworten bieten?

Diese Frage ist gar nicht so leicht zu beantworten. Die Schwierigkeit hängt mit dem veränderten Stellenwert von Theorie für die nach außen gewandte Selbstbeschreibung und Selbstdarstellung von Beratern in ihrem spezifischen Markt zusammen. Gerade die Erfolge dieser Dienstleistungsbranche in den zwei Jahrzehnten von etwa Mitte der 1970er- bis etwa Mitte der 1990er-Jahre haben ihr zu einer ganz charakteristischen Eigendynamik verholfen. Der Wettbewerb zwischen Beratern spielt sich nicht zuletzt über ihre Fähigkeit ab, die sich erst vage abzeichnenden Probleme des Managements frühzeitig zu benennen und dafür einprägsame Lösungsversprechen abzugeben (als jüngste Beispiele seien genannt: Chaosmanagement, Lean Management, Business Reengineering, die virtuelle Organisation, Strategic Intent, Core Competencies). Berater zählen zu den aufmerksamsten Beobachtern des Wirtschaftssystems, sie nutzen diese Beobachtungen und deren geschickte publizistische Auswertung, um ihren Kunden zu signalisieren: Wir sind unseren Mitbewerbern eine Nasenlänge voraus, wir sind am neuesten Stand des Wissens, wir prägen an vorderster Front die Managementdiskussion mit, wir verfügen deshalb über ein ganz exzeptionelles Problemlösungswissen. Diese spezifische Wettbewerbsdynamik zwingt zur Kreation ständig neuer Managementmoden, die ihre wechselnden „Gurus" hervorbringen, denen es für einen gewissen Zeitraum auch gelingt, die Themenführerschaft in den einschlägigen Medien, ohne die diese Innovationsdynamik gar nicht möglich wäre, zu übernehmen. Der demonstrative Verweis auf einen „fundierten" theoretischen Hintergrund des eigenen beraterischen Tuns zählt dabei mit zum Spiel.

Zutreffend bezeichnet deshalb Barbara Heitger diesen besonders öffentlichkeitswirksamen Teil der Beraterzunft als „die Modeschöpfer des Managements" (Heitger 1995, S. 35). Diese Metapher bringt die tiefe Ambivalenz dieser Profession gegenüber einer theoretischen Fundierung der eigenen Arbeit sehr gut zum Ausdruck. Man braucht Theorie aus Marketingüberlegungen, sie liefert die erforderliche Verpackung, die Begrifflichkeit des Verkaufs. Unklar bleibt, in welchem Ausmaß die konkrete Praxis im Beratungsalltag mit der feilgebotenen Selbstdarstellung und verbaler Akrobatik etwas zu tun hat.

Auch die systemische Organisationsberatung, was immer im Einzelnen darunter verstanden wird, kann sich dieser Eigendynamik und der in sie eingebauten Ambivalenz nicht entziehen. Das Merkmal „systemisch" ist einerseits Markenzeichen in der Branche, mit dessen Hilfe sich die Verwender dieses Zeichens darum bemühen, bei verschiedenen Systempartnern (bei Kunden, den Mitbewerbern, bei den einschlägigen Medien etc.) ganz bestimmte Assoziationen und Erwartungen zu wecken (z. B. besonders hohe Professionalität, Mobilisierung des Problemlösungspotenzials beim Kunden, Verantwortlichkeit für die Implementierung von Konzepten, hohe Prozesskompetenz bei Veränderungsvorhaben und ähnliche Zuschreibungen). Eben in dieser Funktion als Markenzeichen unterliegt dieser Begriff den vorhin beschriebenen Spielregeln des Beratermarktes wie andere auch. Etwa Mitte der 1980er-Jahre eingeführt sowohl in Abgrenzung zu den klassischen Ansätzen der Unternehmensberatung als auch zur bisherigen Tradition der Organisationsentwicklung (vgl. dazu ausführlicher Wimmer 1991) haben sich diese Beratungsphilosophie und die daran anknüpfende Praxis zwar in der Zwischenzeit ein beachtliches Renommee erarbeiten können. Aber um den neuesten Schrei handelt es sich dabei längst nicht mehr. In der Zwischenzeit haben schon wieder andere Begriffe Karriere gemacht und dominieren die derzeitige Managementdiskussion.

Der Begriff systemisch verweist aber andererseits auch auf einen ganz bestimmten wissenschaftlichen Theoriehintergrund. Gemeint sind die bahnbrechenden Entwicklungen in der neueren Systemtheorie, deren Wurzeln weit zurückreichen und in den 1970er- bzw. 1980er-Jahren zu einer ziemlichen Revolutionierung des Denkens über die Möglichkeiten und Grenzen des Erkennens und Beschreibens von Wirklichkeiten geführt haben. Dabei sind Impulse aus ganz unterschiedlichen Wissenschaftsdisziplinen wirksam geworden – man vergleiche etwa die Arbeiten von Heinz von Foerster zur Kybernetik zweiter Ordnung, die Forschungen Maturanas und Varelas zur Biologie des Erkennens, die naturwissenschaftlichen Studien Prigogines, schließlich die soziologische Grundlegung der Systemtheorie durch Niklas Luhmann und seine Bielefelder Kollegen, um nur einige prominente Beispiele zu nennen. Die angesprochenen Impulse haben zuerst in der systemischen Familientherapie ihr praktisches Anwendungsfeld gefunden. Hier konnte mit ihrer Hilfe nicht nur ein neues Verständnis der spezifischen Eigendynamik des sozialen Systems Familie gewonnen werden; es entstand im Laufe der Zeit auch ein reichhaltiges Interventionsrepertoire, das es ermöglicht, mit bestimmten Symptomen einzelner Familienmitglieder einen angemessenen therapeutischen Umgang zu gewinnen (exemplarisch hingewiesen sei nur auf die Mailänder Gruppe und auf das Heidelberger Institut für Familientherapie).

Die systemische Organisationsberatung hat aus den genannten Quellen eine Vielzahl von Anregungen bezogen (vgl. ausführlicher dazu Wimmer 1992d). Dies gilt sowohl für das Verständnis der Eigenlogik komplexer Organisationen wie für die praktischen Möglichkeiten und Grenzen eines professionellen beraterischen Umgangs mit ihnen. Aus ganz unterschiedlichen Gründen, die hier aus Platzmangel nicht näher ausgeführt werden können, hat sich rund um die Mitglieder der österreichischen Gesellschaft für Gruppendynamik und Organisationsberatung ein Schwerpunkt dieses Beratungsansatzes herausgebildet (vgl. Wimmer 1992d; Exner et al. 1987; Grossmann et al. 1995; Königswieser et al. 1995). Die hier vorgelegten Überlegungen sind aus diesem gemeinschaftlichen Forschungs- und Reflexionskontext heraus zu verstehen.

Die neuere Systemtheorie ist nicht als ein bereits abgerundetes Theoriegebäude misszuverstehen. Sie besitzt einen metatheoretischen Charakter und bietet ein Set an abstrakten Denkinstrumenten, die zur Beobachtung des jeweiligen Feldes und der eigenen Positionierung in ihm genützt werden können (eine gut lesbare Einführung bietet Willke 1994 mit seinen insgesamt 3 Bänden zur Systemtheorie). Sie beinhaltet deshalb keinen konkret benennbaren Kanon an beraterischen Vorgehensweisen, die gleichsam kontextunabhängig bestimmte Wirkungen erzeugen. Das „Systemische" verspricht keine geheimnisvolle Schatztruhe, aus der man für alle schwierigen Lebenslagen eines Beraters trickreiche Interventionen schöpfen könnte. Entsprechende Erwartungen gilt es rasch zu enttäuschen. Wozu dann der Aufwand? Die eingehende Beschäftigung mit der Systemtheorie schafft einerseits Orientierungssicherheit in Bezug auf das zu beratende Feld. Sie bietet ein ausreichend elaboriertes Denkinstrumentarium, mit dem sich ein angemessenes Verständnis der jeweiligen Organisation, mit der man es zu tun hat, und ihrer spezifischen Probleme erarbeiten lässt. Sie hilft, die spezifischen Unterschiede zwischen Unternehmen, Krankenhäusern, Behörden, Schulen, Universitäten, sozialen Einrichtungen etc. zu begreifen und das eigene professionelle Vorgehen darauf einzustellen. Dieser theoretische Hintergrund und die mitlaufende Beschäftigung mit seiner Entwicklung ermöglicht andererseits aber auch, dem eigenen professionellen Tun eine theoretische Grundlage zu verschaffen. Jedes beraterische Vorgehen ist in einer bestimmten Weise theoriegeleitet (und seien es auch ganz implizite Alltagstheorien). Die systemische Organisationsberatung bemüht sich demgegenüber um ein explizites theoretisches Verständnis dessen, was denn die Beratung von komplexen Organisationen überhaupt leisten kann. Was macht denn Beratung als spezifische Dienstleistung im Unterschied zu anderen professionellen Formen des Einwirkens wie etwa Führung, Training, Therapie in ihrem Kern aus? Die Beschäftigung mit der Systemtheorie schafft die Möglichkeit zu so etwas wie einer professionellen Identitätsbildung, indem sie die Ausprägung eigener Denkweisen, einer eigenen Sprache unterstützt und Kriterien liefert, die die Bildung der Grenze zwischen dem, was Beratung ist, und dem, was sie nicht ist (etwa die Übernahme von Führungsaufgaben oder die Wahrnehmung von Qualifikationsfunktionen), erleichtert. Auf beiden Ebenen (Theorie der Organisation sowie der Beratung) erscheint mir der Orientierungsbedarf durch die jüngsten zum Teil doch sehr dramatischen Veränderungen in Organisationen deutlich zuzunehmen. Hier bietet die Systemtheorie die Chance für einen ausreichend elaborierten Beobachterstandpunkt, von dem aus man sich kritisch auf die jeweils gerade aktuellen Problemlösungsversprechen der Beraterzunft beziehen kann, es sei denn, man hat zum Systemischen selbst nur ein modisches Verhältnis, dann ist man allerdings gezwungen, sich möglichst rasch wieder neu einzukleiden.

Zur theoretischen Begründung einer Professionalisierung von Beratung: Was schafft die Grundlage für diese Art von Dienstleistung gegenüber Organisationen?

Es ist zu beobachten, dass viele Berater von der Annahme ausgehen, dass ihre Existenzberechtigung liege darin begründet, dass ihre Klienten ein Problem haben und sie die dazu passende Lösung. Diese entscheidende Differenz bildet die Grundlage einer darauf aufbauenden Geschäftsbeziehung. Auf der einen Seite gibt es Funktionsträger in einer Organisation, die in der Bearbeitung einer drängenden

Frage nicht weiterkommen. Auf der anderen Seite gibt es Experten, die für die Bearbeitung genau dieser Problematik das erforderliche Know-how haben. Genau in dieser an den Defiziten des Klientensystems orientierten komplementären Expertenlogik wird vielfach die Bedingung der Möglichkeit von Beratung gesehen.

Aus systemischer Sicht kommt man in dieser Frage allerdings zu einem anderen Ergebnis. Es ist zwar zutreffend, dass der Beratungskontakt häufig zustande kommt, wenn in einer Organisation festgestellt wird, dass etwas nicht so läuft, wie es sollte, oder wenn vorausschauend vermutet wird, dass die Dinge sich nicht wie gewünscht entwickeln werden. Man darf aber die Beobachtung dessen, was den geschäftlichen Kontakt stiftet, nicht mit der theoretischen Begründung der prinzipiellen Möglichkeit von Beratung verwechseln. Diese liegt in der Eigentümlichkeit, wie soziale Systeme ihr Wissen über sich selbst und ihre Realität generieren können. Dazu im Folgenden ein kurzer theoretischer Exkurs, der einige Leitgedanken der systemischen Organisationsberatung verdeutlichen soll.

Die Grundlage jeder Art von Wissensproduktion bilden Beobachtungen. Aber was tun Beobachter eigentlich, wenn sie beobachten? Beobachtungen operieren notwendigerweise mit Unterscheidungen (etwas läuft gut oder schlecht, die Mitarbeiter sind engagiert und motiviert oder nicht, Marktentwicklungen sind erwartet oder unerwartet, die Kosten sind zu hoch oder halten sich im Rahmen, das Arbeitsklima ist bedrückend oder stimulierend). Personen wie soziale Systeme orientieren sich in ihren verschiedenen Realitätsbereichen, indem sie diese mithilfe von Unterscheidungen gleichsam abtasten. Was beobachtet wird, hängt folglich davon ab, welche Unterscheidungen der Beobachter benutzt. Das Ergebnis dieses ständig in unserem Alltag mitlaufenden Anlegens von Differenzen sind Bezeichnungen zumeist einer der möglichen Seiten der Unterscheidung (heute ist der Chef aber gut gelaunt und nicht so mürrisch wie sonst immer; die Werbekampagne war ein durchschlagender Erfolg und nicht so ein Flop wie die letzte; unsere Konkurrenz schafft wesentlich höhere Qualitätsstandards als wir etc.). Mithilfe von solchen Differenzschemata und den dadurch ermöglichten Bezeichnungen und Festlegungen erzeugen beobachtende Systeme Informationen, sei es über sich selbst oder über bestimmte Wirklichkeitsbereiche, in denen sie existieren. Auf der Basis solcher Informationen produzieren Organisationen ihre Entscheidungen, die dann ihrerseits die

Grundlage für weitere Informationsgewinnung und Entscheidungsfindungsprozesse abgeben. Informationen besitzen keinen dinghaften Charakter, sie sind nicht eine feststehende Sache, die von einem System zu einem anderen übertragen werden könnte. Eine Information entsteht erst durch die kognitive Tätigkeit eines Systems, das in diesem Entstehungsprozess sein spezifisches Unterscheidungsvermögen mobilisiert. Es handelt sich also bei Informationen in jedem Fall um eine systemeigene Leistung und nicht um etwas, das von außen (etwa einem Berater) ins System hineingetragen werden könnte.

Mit welcher Brille eine Organisation vornehmlich beobachtet, hängt einerseits von ihrer primären Aufgabenstellung ab. Ein Wirtschaftsunternehmen schaut auf andere Dinge als eine Universität. Die im Alltag zur Routine gewordenen Beobachtungsmuster und das, was sie an entscheidungsrelevanten Informationen ermöglichen, sind andererseits aber auch das Ergebnis der bisherigen Überlebens- und Lerngeschichte der Organisation. Mit anderen Worten: "Men observe with eye of the past" (so Lundberg 1942, zit. nach Baecker 1991, S. 31). Der dominante Gebrauch bestimmter Unterscheidungen bildet sich im Laufe der Zeit durch die mit ihnen gemachten Erfahrungen heraus. Waren sie nämlich in der Lage, dem Handeln des Systems, dem Umgang mit sich selbst und seiner Umwelt eine erfolgreiche Orientierung zu schaffen, so bestätigen die Auswirkungen dieses Handelns die verwendeten Unterscheidungen und stimulieren so ihren weiteren Gebrauch. Unterbleibt diese Bestätigung, erzeugt das stets gewisse Irritationen. Anders formuliert: Das, was wir in der Welt außerhalb von uns wahrnehmen, formt bis zu einem gewissen Grad unsere eigenen Wahrnehmungsmuster mit, es prägt die innere Landkarte mit, die uns in unserem Erkunden der Welt anleitet, eine Landkarte, die im Prozess des Erkundens durch neue Erfahrungen ständig mitverändert wird. Dieser Selbstbestätigungsprozess von Beobachtungen durch die Resultate ebendieser Beobachtungen führt organisationsintern zum Aufbau stabiler Bedeutungen, er verdichtet situative Einschätzungen zu festen Erklärungs- und Deutungsmustern, zu Grundüberzeugungen, die dann auch durch abweichende Erfahrungen nicht mehr so leicht zu erschüttern sind. Das, was wir an Wissen in Organisationen antreffen (ihre Landkarte), ist somit das Resultat eines wechselseitigen Definitionsprozesses von Beobachtungen, daran orientierten Verhaltensweisen und stabilen Grundüberzeugungen, eines Prozesses also, der sich im ständigen Hin und Her zwischen Selbst- und Fremdbezug, zwischen Nach-innen- und Nach-außen-Schauen vollzieht und ständig wiederholt. In kognitiver Hinsicht folgt jedes soziale System letztlich jeweils eigenen Unterscheidungen. Die Wahl dieser oder jener Unterscheidung, die das Beobachtete markiert, ist nie durch die Umwelt vorgegeben, wird nicht durch sie diktiert, sondern ist immer eine eigene Konstruktion des Systems.

Systemische Organisationsberatung siedelt die Möglichkeit ihres Tätigwerdens genau an diesen Eigentümlichkeiten der Produktion von Wissen, des Herstellens von Realitätseinschätzungen betreffend sich selbst und die eigene Umwelt an (vgl. Wimmer 1992d). Wenn mir als Berater eine bestimmte Problemlösungserwartung angeboten wird, so kann ich mich natürlich fragen, ob ich dieser überhaupt gerecht werden kann bzw. will oder ob der Klient diese Erwartung in einer sachlich zutreffenden Weise hegt (wenn ich da Zweifel hege, werde ich als ersten Schritt eine aufwendige Diagnose vorschlagen), oder ich kann mich fragen, wie kommt der Klient überhaupt zu dieser Einschätzung und warum glaubt er, dass gerade ich als Berater ihn unterstützen kann. Ich kann mich also darauf konzentrieren zu beobachten, wie das Klientensystem beobachtet und zu seinen handlungsleitenden Informationen kommt. Letzteres ist genau die Erkenntnisform der Kybernetik zweiter Ordnung (siehe von Foerster 1985). Diese Art zu fragen, entspricht dem vieldiskutierten Konzept der Beobachtung von Beobachtungen (vgl. beispielsweise Luhmann 1990a). Wir fragen in diesem Sinne nicht so sehr, was das ist, was ein System als gegeben, als identisch ansieht (z. B. seine Problemlösungserwartung), sondern wie das erzeugt wird, was dem Beobachten des Systems als gegeben zugrunde gelegt wird (warum sieht der Klient etwas als problematisch an, woran zeigt sich das im Alltag, wer sieht dies noch so, wer sieht dies anders und warum ...). Diese Sicht auf Organisationen geht wie gesagt davon aus, dass jedes soziale System sich im Laufe seiner Geschichte seine je eigene Welt geschaffen und deshalb einen sehr eingegrenzten Blick auf sich und seine Umwelt entwickelt hat.

Diese systemspezifische Blindheit ist ganz und gar unvermeidlich. Gleichzeitig ist sie vor allem für komplexe Systeme mit einer hohen Umweltempfindlichkeit, wie dies bei allen Wirtschaftsorganisationen der Fall ist, eine ständige Quelle hoher Irritation. Denn ist die eigene Handlungsfähigkeit angesichts des wachsenden Wissens bezüglich des eigenen Nichtwissens noch zu sichern? Welche Strategien zur Absorption von zunehmender Unsicherheit können da entwickelt werden? Wie lässt sich die Realitätsangemessenheit der eigenen Wahrnehmungen in einer Organisation sicherstellen, wenn sich ihr Umfeld immer rascher verändert? Systemische Organisationsberatung sieht ihre Existenzberechtigung eben in diesem Grunddilemma von Organisationen begründet. Dieses Festmachen der Grundbedingungen für die Möglichkeit von Beratung an der prinzipiellen Begrenztheit des Wahrnehmungspotenzials von Organisationen heißt nun nicht, dass diese Begrenztheit nicht auch für Berater gälte. Natürlich gilt das bisher Gesagte in uneingeschränktem Maße auch für sie. Wir alle unterliegen als Beobachter den genannten Beschränkungen beobachtender Systeme. Berater können jedoch in ihrer Arbeit den Umstand nutzen, dass sie aufgrund ihrer Ausbildung, ihres Erfahrungshintergrundes, des Reflexions- und Diskussionszusammenhanges, in den sie eingebunden sind, dass sie also auf Grund ihrer spezifischen professionellen Merkmale anderen Begrenzungen unterliegen als ihre Klientensysteme. Sie können genau diesen Unterschied nutzen und sich darauf spezialisieren zu beobachten, welche dominanten Muster zur Konstruktion seiner Realität ein Klientensystem aufgebaut hat, mit welchen Differenzschemata es primär operiert, was es mit deren Hilfe zu sehen bekommt und was nicht, welche spezifische Blindheit dieses System charakterisiert, welche Konsequenzen sich daraus für das Verhältnis zu seiner Umwelt ergeben, welche Informationsverarbeitungskapazität damit verbunden ist, in welchem Ausmaß die für das jeweilige System typische Art, sich seine Wirklichkeit zu schaffen, an der Erzeugung und Stabilisierung genau jener Problemlagen beteiligt ist, derentwegen Beratung nachgesucht wird, und ähnliche Fragestellungen mehr. Beratung kann sich also darauf spezialisieren, Möglichkeiten dafür zu schaffen, dass Organisationen jeweils aus einem konkreten Anlass heraus die Realitätsangemessenheit ihres Beobachtungs- und Problemlösungspotenzials in einem geschützten Rahmen überprüfen und gegebenenfalls auch notwendige Veränderungsprozesse in Gang setzen können.

Sich darauf zu konzentrieren, wie Organisationen beobachten und damit ihre eigene Welt hervorbringen, schließt das Beobachten latenter Strukturen und Funktionen mit ein. So wie so mancher Fachberater für die latenten Dimensionen eines Klientensystems überhaupt keinen Blick hat, so sehr sind wiederum andere Berater darauf fixiert, all das zu sehen und beschreibbar zu machen, was sich dem Auge der Beteiligten in der Organisation entzieht und was gleichsam hinter ihrem Rücken das interne Geschehen organisiert. In der theoretischen Konzeptualisierung dieser Dimension und im Versuch, sie während eines Beratungsprozesses einer Bearbeitung zugänglich zu machen, liegt ein besonderer Reiz der Beratertätigkeit.

Versucht man, sich mit systemtheoretischen Denkwerkzeugen Aufschluss über das wichtige Problem der Latenz zu verschaffen, so bildet den Ausgangspunkt dafür wiederum eine Eigentümlichkeit beobachtender Systeme. Sie operieren wie gesagt mit Unterscheidungen, um sich eine für ihre Existenz angemessene Realitätseinschätzung zu erarbeiten. Jede Unterscheidung kann jedoch im Moment ihrer Benutzung durch ihren Benutzer nur ungesehen verwendet werden. Dies heißt, dass jemand, der eine Unterscheidung benutzt, um mit ihrer Hilfe Informationen zu gewinnen, nicht im gleichen Moment auf diese Unterscheidung schauen kann. In den alltäglichen Kommunikationsprozessen einer Organisation bleiben die verwendeten Differenzschemata für ihre Benutzer in aller Regel unsichtbar. Sie sind für die Betroffenen gewissermaßen gar nicht vorhanden. Diese schauen nicht auf die Brillen, mit deren Hilfe sie sich miteinander ihre Organisationsrealität schaffen. Dieses Spezifikum beobachtender Systeme, dass ihnen im Moment der Beobachtung die dabei verwendeten Unterscheidungen selbst nicht zugänglich sind, bildet den Kern dessen, was wir hier als Latenz bezeichnen (vgl. auch Luhmann 1991a). Latenz ist in diesem Sinne eine spezifische Art von Abwesenheit; denn sie besitzt eine tragende Funktion für das, was sich manifest abspielt. Das Manifeste schöpft seinen funktionalen Sinn auch aus der dazugehörigen Latenz, die ihrerseits ihren Sinn aus der Unzugänglichkeit dieses Sinnes für das System bezieht.

Operiert man mit diesem systemischen Verständnis von Latenz, dann schützt man sich als Beobachter latenter Strukturen davor zu glauben, einen besonders priviligierten Zugang zur Wirklichkeit zu haben, zu wissen, wie es im Klientensystem wirklich zugeht, das eigentlich Wichtige zu durchschauen etc. Die beraterische Professionalität im Umgang mit der Differenz manifest/latent zeigt sich gerade darin, dass sie jede asymmetrisierende Besserwisserei vermeidet und dass sie besonders verantwortlich mit aus solchen Beobachtungen gewonnenen Einschätzungen umgeht. Zweifelsohne generieren Berater, die mit dem Beobachtungsschema manifest/latent arbeiten, damit wichtige Informationen für die Beschreibung einer Situation und für die Wahl ihrer Interventionsrichtungen. „Sobald der Berater beginnt zu beobachten, wie das Unternehmen beobachtet oder wie im Unternehmen beobachtet, das heißt unterschieden und bezeichnet wird, kann er den Problemen dieses Systems einen Sinn geben, über den das System selbst nicht verfügen kann" (Luhmann u. Fuchs 1989, S. 215). Eine wichtige Hilfestellung zur Eigenorientierung von Organisationsberatern ist es deshalb, gerade den latenten Sinn jenes Problems zu entziffern, das ihnen das Klientensystem jeweils zur Bearbeitung anbietet (nach dem Motto: Was wäre anders, gäbe es das Problem nicht?; Wer müsste sich dadurch in welcher Weise neu positionieren?; Wer würde es vermissen? Etc.). In diesem Kontext erweist es sich als sehr fruchtbringend, in der Beraterarbeit der Frage genauer nachzugehen, welche Problemlösungsversuche bislang zur Behebung der angebotenen Problematik bereits unternommen wurden, welche Muster der Problembearbeitung dabei zu beobachten sind und wie möglicherweise gerade die bisherigen Problemlösungsversuche zur Chronifizierung bestimmter Problemlagen im Klientensystem beigetragen haben.

In jedem Fall generiert man als Berater (in) mithilfe des Beobachtungsschemas manifest/latent Informationen, mit denen man nachher das Problem hat, sich überlegen zu müssen, was davon man dem Klientensystem zugänglich machen soll. Wenn der Sinn der Latenz gerade in der Unzugänglichkeit ihrer Funktionalität für das System liegt, dann müssen sich Berater schon sehr gut überlegen, warum, in welchem Ausmaß und mit welchem Ziel das Klientensystem mit latenten Dimensionen der eigenen Realität konfrontiert werden kann. Eine prinzipiell „aufklärerische" Haltung von Beratern ist für diesen wichtigen Abwägungsprozess zweifelsohne hinderlich. Darüber hinaus sind Berater oft gerade in der Anfangsphase dadurch gefährdet, dass sie zur eigenen Orientierung häufig glauben, möglichst umfassende Diagnosen erarbeiten und Interviews und Erhebungen durchführen zu müssen, und übersehen dabei, dass sie im Klientensystem dadurch eine enorme Erwartungshaltung bzw. Befürchtung aufbauen, jetzt die eigene Wirklichkeit „von objektiver Seite" in vollem Ausmaß zurückgespiegelt zu bekommen. Solche Dilemmata kann man vermeiden, wenn man alle Diagnoseschritte von vornherein sorgfältig als Interventionen anlegt.

Die Ausgangsfrage dieses Abschnittes War: was berechtigt Beratung? Und die Antwort lautete: Die Art und Weise, wie beobachtende Systeme sich in Interaktion mit anderen ihre eigene Realität schaffen, impliziert charakteristische Begrenzungen. Die Arbeit an diesen Begrenzungen und den damit gegebenen Festlegungen auf ganz bestimmte Handlungsoptionen bildet den Kern systemischer Organisationsberatung. Deutlich erleichtert wird diese Art von Beratung, wenn man für sich als Berater(in) einer klaren Zielorientierung folgt und wenn man sich den für ein theoriegeleitetes Handeln erforderlichen Hintergrund erarbeitet hat. Wenn man sich als Berater über gewisse Zielsetzungen seiner Arbeit im Klaren ist, dann werden diese Ziele die eigene Vorgehensweise organisieren und steuern, sie schärfen den Fokus der Beobachtungen und helfen, die Reaktionen des Klientensystems auf die getätigten Interventionen angemessen zu verarbeiten. Man kann drei Zielebenen unterscheiden, die in sich allerdings wiederum zusammenhängen, die sich für den genannten Zweck besonders gut eignen:

(1) Die Unterstützung des Klientensystems bei der Erarbeitung jener Informationen über sich selbst und die relevanten Umwelten, die eine angemessene Problemsicht ermöglichen. Eine bestimmte Sicht der Realität ist „angemessen", adäquat, wenn sie ein System in seinem Handeln erfolgreich orientieren kann, wenn sie Erklärungen anbietet, die in seinem spezifischen Kontext Sinn stiften können, und wenn dadurch die Überlebenschancen des Systems auch künftighin gewahrt werden können. Eine Vielzahl von Beraterinterventionen zielt deshalb darauf ab, die eingespielten Zuschreibungen und Erklärungsmuster bezüglich der eigenen Probleme zu irritieren.

(2) Auf der Grundlage einer gemeinsam mit dem Klientensystem zustande gebrachten erweiterten bzw. veränderten Sicht auf die eigenen Probleme und auf die Art und Weise, wie sie hervorgebracht werden, gilt es in einem Beratungsprozess, realisierbare Varianten in der Transformation dieser bzw. im Umgang mit diesen Problemen wiederum gemeinsam mit dem Klientensystem herauszuarbeiten. Im günstigen Falle entstehen durch so einen beratergestützten Problembearbeitungsprozess neue Optionen für das Klientensystem, die ihm bislang in der Form nicht zur Verfügung standen.

(3) Letztlich ist es schon auch Aufgabe von Beratung, einen organisationsinternen Prozess zu ermöglichen und zu fördern, der das systeminterne Potenzial für die gewählte Bearbeitungsrichtung mobilisieren hilft und damit die Problembearbeitungskapazität des Systems insgesamt und dauerhaft erweitert. Denn der Erfolg beraterischen Tuns liegt sicherlich dann vor, „wenn bestehende Routinen der Problemlösung durch neue Verhaltensweisen ersetzt werden" (Titscher 1991, S. 315). Ganz bestimmt ist dies für viele Beratungsprojekte eine hohe Messlatte, weil die Rahmenbedingungen eine solche Zielerreichung häufig nicht zulassen oder zumindest erschweren.

Neben einer konsequenten Zielorientierung schaffen theoriegeleitete Annahmen über das Klientensystem sowie über die Möglichkeiten und Grenzen beraterischen Tuns eine hilfreiche Disziplinierung der Beobachtungen seitens der Berater. Um sich ein differenziertes Bild der jeweiligen Situation machen zu können, in der man sich mit dem Klientensystem gerade befindet, muss man zwischen relevanten und irrelevanten Daten, Eindrücken und Beobachtungen unterscheiden können. Über die Relevanz aus der Sicht des Beraters entscheiden seine Brille, mit der er an das Klientensystem herangeht, und seine Theorie, in der er sein Tun als Berater versteht und begründet. Die vorangegangenen Überlegungen sollten einen Eindruck vermitteln, mit welchen Brillen systemische Organisationsberatung operiert, damit es möglich wird, vor diesem Hintergrund das Interventionsverständnis und die hauptsächlichen Interventionsrichtungen dieses Ansatzes diskutieren zu können.

Zum Interventionsverständnis der systemischen Organisationsberatung

Wenn in Beraterkreisen von Interventionen die Rede ist, dann sind damit bestimmte abgrenzbare Maßnahmen gemeint, die in Richtung Klientensystem ergriffen werden, um dort eine vorweg überlegte Wirkung hervorzurufen. Alltagssprachlich taucht dieser Begriff häufig dann auf, wenn im Beratungsprozess ein Schritt ansteht, der in irgendeiner Form als schwierig erlebt wird. Dann stellt sich unvermeidlicherweise die Frage: Was tun? Interventionen sind aus der Sicht von Beratern Versuche, auf solche Situationen zu antworten.

Man ist beispielsweise als Berater eingeladen, die Kooperationssituation innerhalb der obersten Führungsmannschaft eines Unternehmensbereiches zu verbessern, um zu verhindern, dass dauernd einander widersprechende Impulse aus diesem Kreis Verwirrung und Konflikte in den darunter liegenden Unternehmensbereichen stiften. Nach einigen Vorgesprächen mit dem obersten Chef und vielleicht nach ein paar Interviews mit Teilnehmern aus der betroffenen Führungsebene geht es im nächsten Schritt dann darum, in einer gemeinsamen Klausur mit allen Beteiligten an dieser als unbefriedigend eingeschätzten Kooperationssituation zu arbeiten. In der Vorbereitung auf diese Klausur fragt man sich dann meist „Wie werde ich das anlegen?“, „Wie interveniere ich da am besten, um das Zusammenspiel der Führungskräfte auf dieser Ebene nachhaltig befördern zu können?“. In solchen Situationen ist man dann froh, auf bewährte Prozeduren, Techniken des Vorgehens und Steuerns der Arbeitsprozesse während der Klausur zurückgreifen zu können. Das in der Alltagspraxis von Beratern aus meiner Sicht vorherrschende Interventionsverständnis besitzt diese zwei wichtigen Implikationen: Es geht um das gezielte Eingreifen ins Klientensystem, das heißt darum, in diesem etwas Bestimmtes zu tun und damit auch etwas Bestimmtes (eine angestrebte Veränderung) zu bewirken, und es geht um eine Art von Technologie und um ein Repertoire an bewährten Aktions- und Reaktionsmustern, die einem als Berater für dieses Eingreifen zur Verfügung stehen. Beide Aspekte dieses Interventionsverständnisses sind nicht ganz unproblematisch und bedürfen deshalb noch einer kurzen Betrachtung. Denn was heißt „eingreifen“, „sich einmischen“? Kann man als Berater ins Klientensystem effektiv eindringen, seine Grenzen überschreiten, wie das von manchen Seiten offensichtlich angenommen wird? „Intervenieren bedeutet, dass man sich (als intervenierender Berater, Therapeut etc.) einmischt, einschreitet; man überschreitet Grenzen, da man in ein System eindringt, man tritt zwischen übliche, tradierte Handlungszusammenhänge“ (Titscher 1991, S. 327). Folgt man den Grundannahmen einer Theorie operational geschlossener, autopoietischer Systeme, so ist diese Vorstellung nicht zu halten. Lebende Systeme operieren grundsätzlich innerhalb ihrer eigenen Grenzen, wobei gerade die Aufrechterhaltung dieser Grenzen zu den grundlegenden lebenserhaltenden Mechanismen zählt. Grenzen sind freilich veränderbar, sie können enger oder weiter gezogen, durchlässiger oder weniger durchlässig gestaltet werden; wie immer auch, eines bleibt jedoch sicher: Systeme können nicht außerhalb ihrer selbst agieren. Sie können über strukturelle Koppelung miteinander verknüpft sein und über diese Interaktion neue Grenzen ausprägen. Aber auch für diese neu gebildeten Systemgrenzen gilt das oben Gesagte (zu diesem Interventionsverständnis vgl. ausführlicher Willke 1994).

Teilt man die Auffassung, dass, was immer man als externer Berater tut, dies außerhalb des Klientensystems passiert, auch wenn man dabei räumlich im Zimmer des Geschäftsführers sitzt, so hat das für das Interventionsverständnis sehr weit reichende Konsequenzen. Die wichtigste ist, dass sich der Aufmerksamkeits- und Gestaltungsfokus vom Klientensystem auf die Beziehung zwischen diesem und dem Beratersystem verlagert. Beratung passiert nicht im Klientensystem, sondern in einem eigens dafür geschaffenen sozialen Gefüge, das der Klient und die Berater durch gelingende strukturelle Koppelung miteinander formen, ohne dabei die eigenen Systemgrenzen in die eine oder andere Richtung aufzulösen. In diesem eigens kreierten, professionell gestützten Kommunikationszusammenhang passiert Beratung und sonst eigentlich nirgends. Wenn also vor diesem Hintergrund von Interventionen gesprochen wird, dann sind damit alle Kommunikationsereignisse gemeint, die in diesem neu geschaffenen Kontext (dem Beratungssystem) stattfinden. Folgt man diesen Überlegungen, dann wird es unmöglich, zwischen eigens ausgeschilderten Interventionen ins Klientensystem und Kontakten ohne Interventionscharakter zu unterscheiden, es sei denn, man will damit den Unterschied zwischen Maßnahmen, bei denen man sich etwas gedacht hat, und solchen, wo das nicht der Fall war, besonders betonen. Intervenieren in diesem Sinne heißt also, das Kommunikationsgeschehen zwischen Berater- und Klientensystem so zu gestalten, dass dadurch die Weiterentwicklung der Problembearbeitungskapazität des Klientensystems angestoßen und befördert wird. Aus diesem Grunde sind alle Kommunikationsereignisse, die in der Beziehung zwischen Berater- und Klientensystem stattfinden, unter diesem Interventionsaspekt zu sehen, zu planen und auszuwerten (ein deutlich engeres Interventionsverständnis pflegen Königswieser et al. 1995). Dies hat beispielsweise zur Folge, dass der Kontaktaufbau, die Problemexploration, das Entscheiden über und die Implementierung von Veränderungsmaßnahmen simultane, ineinander verwobene Prozesse sind, bei denen es schwer fällt, zwischen Diagnose- und Interventionsphase noch sinnvoll zu unterscheiden. Man kann demgegenüber auch davon ausgehen, dass alles, was die Berater tun, auch vom Klienten im Kontext der Beratungsbeziehung beobachtet und ausgewertet wird und je nach Qualität dieses Kontextes systemintern wahrgenommen wird oder nicht.

Nach diesen Überlegungen zum Interventionsverständnis abschließend noch einige kurze Anmerkungen zur „Technik" des Intervenierens. Üblicherweise meint man mit der Technisierung von Arbeitsabläufen, dass der Vollzug der Tätigkeit ohne allzu viel eigenständige, auf die konkrete Situation bezogene Reflexion möglich ist, weil die einzelnen Schritte einer präzisen Konditionierung unterzogen werden können. In diesem Sinne bezeichnet der Technikerbegriff einen Entlastungsvorgang: Wenn A erledigt ist, dann folgt B. Das Anschlussverhalten, die Abfolge von Schritten wird präzise erwartbar gemacht. Die Suche nach solchen „Sozialtechnologien", die einen geplanten Wandel herbeiführen können und für die Entscheidung steuerbar machen, begleitet die Organisationsentwicklungsdebatte seit ihren Anfängen (vgl. Wimmer 1991). Aus der geschilderten Eigenlogik sozialer Systeme heraus ist leicht erkennbar, dass die Hoffnung auf Interventionstechniken in diesem Sinne im Kontext von Organisationsberatung trügt. Es ist dies eine Art von Tätigkeit, die in ähnlicher Weise unter einem prinzipiellen „Technologiedefizit" leidet wie andere professionelle Felder auch (vgl. etwa Luhmann u. Schorr 1982 für das Erziehungswesen). Trotzdem oder vielleicht gerade deswegen lohnt es sich, darüber nachzudenken, wie dieses spezifische soziale System, das das Klientensystem und die Berater während eines Beratungsprozesses miteinander bilden, so gestaltet werden kann, dass gezielte Wirkungen im Klientensystem stimuliert werden, ohne dass man dabei glaubt, dass diese Wirkungen im direkten Zugriff herbeigeführt und kontrolliert werden könnten. Gesucht ist also eine neue Logik der Einflussnahme auf organisatorische Veränderungsprozesse und Entwicklungsverläufe, ohne dass man den alten Mustern der Suche nach einer zentralen Steuer- und Beherrschbarkeit solcher Prozesse erläge. Nicht zuletzt durch diesen Respekt vor der Eigenverantwortung des Klientensystems unterscheidet sich die systemische Organisationsberatung von den Vorgehensweisen, die Beratung als expertengestütztes Ersatzmanagement ansehen.

Die wichtigsten Interventionsebenen

Den bisherigen Theoriehintergrund mitdenkend, geht es zum Abschluss darum, einige Gestaltungsebenen exemplarisch zu erörtern, die Beratern zur Verfügung stehen, um Klientensysteme bei ihrer Entwicklung erfolgreich zu unterstützen.

1. Die Schaffung eines geeigneten Beratungskontextes

Anders als im therapeutischen Bereich, wo in der Regel die Therapiesituation relativ eindeutig die Arbeitsweise und die Beziehungskonstellation der Beteiligten definiert und innerhalb dieses therapeutischen Settings auch die wechselseitigen Verhaltenserwartungen bis zu einem gewissen Grade schon vorgeformt sind, ist eine Organisationsberatung vom Start weg in vielerlei Hinsicht wesentlich offener. Wenn beispielsweise die Eltern mit ihren beiden Kindern zum Therapeuten kommen und den neunjährigen Sohn als Problem anbieten, weil er Bettnässer ist, so werden dieser Familie eine Reihe von Behandlungsbedingungen im Erstgespräch als gegeben vorgestellt: dass sich hier ein Einwegspiegel befindet, hinter dem noch weitere Therapeuten sitzen, dass sich die Therapeuten am Ende der Sitzung oder vielleicht auch zwischendurch untereinander besprechen, dass die Sitzungen in bestimmten zeitlichen Abständen erfolgen, dass es festgelegte Bedingungen der Honorierung gibt und Ähnliches. In den allermeisten Anfangssituationen einer Organisationsberatung ist die strukturelle Ausgangslage wesentlich offener. Die Rahmenbedingungen für die Kooperation der Berater mit der Unterstützung suchenden Organisation sind erst auszuhandeln, und jeder Berater tut gut daran, diesen Aushandlungsprozess so zu gestalten, dass er gegenüber dem künftigen Klientensystem in eine Position kommt, aus der heraus er über diesen Rahmen nach seinen eigenen professionellen Kriterien verfügen kann. Wer wann mit wem an welchem Ort und mit welchem Zeitbudget zu welcher Thematik zusammenkommt und wie die Honorargestaltung aussieht, sind wichtige Rahmensetzungen, deren Interventionscharakter nicht hoch genug eingeschätzt werden kann.

Was bieten die Repräsentanten einer Organisation, die mit Beratern Kontakt aufgenommen haben, diesen beim Erstgespräch meistens an? Sie wählen meiner Erfahrung nach ein Beziehungsangebot, wie es für die Kontaktgestaltung dieser Art von Organisation hinsichtlich ihrer üblichen Umwelt charakteristisch ist. Wirtschaftsorganisationen beispielsweise kaufen und verkaufen. Sie bieten deshalb Beratern aus ihrer Sicht eine Problemstellung an, zu deren Bearbeitung sie von außen Leistungen zukaufen. Beratern wird dadurch die Chance geboten, ihre eigene Dienstleistung zu verkaufen. Es geht folglich aus der Klientenperspektive um die Gestaltung einer ganz normalen Geschäftsbeziehung, in der selbstverständlich die Logik solcher Beziehungen wirksam wird. Hat man Unternehmungen als Klienten, kann man also nicht damit rechnen, dass sie zumindest auf der manifesten Ebene mit einem sie drückenden Problem kommen, zu dessen Linderung sie Hilfe beim Berater suchen. Diese Autorität begründende Asymmetrie, wie sie für das therapeutische Setting doch bezeichnend ist, ist für die Startphase einer Beratung in der Regel nicht zu erwarten. Hier muss man auf der Beziehungsebene mit sehr widersprüchlichen Angeboten rechnen. Vordergründig geht es zunächst oftmals um die Gestaltung der für Wirtschaftsbeziehungen üblichen Spielregeln des „Miteinander-ins-Geschäft-Kommens": Es werden erste Gespräche zur wechselseitigen Annäherung geführt, es werden Angebote gelegt, möglicherweise hat das Unternehmen mehrere Berater und Beratungsfirmen zur Angebotslegung eingeladen. In diesem Fall kommt es noch zu Präsentationen der Angebote vor den potenziellen Auftraggebern und zu entsprechenden Auswahlverfahren. Mit anderen Worten, hier werden Beziehungs- und Annäherungsformen gewählt, zum Teil richtiggehend inszeniert, die dem Klienten in spe eine souveräne, übergeordnete Entscheiderposition sichern, die folglich die eigene „Kundenrolle" gegenüber den Beratern in den Vordergrund rückt. Gleichzeitig ist aber immer zu vermuten, dass irgendeine tiefer gehende Problematik vorliegt, sonst müsste man sich ja von außen nicht unterstützen lassen. Dieser Umstand, der eine ganz bestimmte Art von Abhängigkeit stiftet, prägt in einem Großteil der Fälle zumindest auf der manifesten Ebene nicht die Startphase von Beratungsprojekten, und zwar nicht nur deshalb nicht, weil dem Klienten die eigenen Probleme nur sehr selektiv und verkürzt zugänglich sind, sondern auch deshalb, weil in der Logik von Geschäftsbeziehungen solche Abhängigkeiten keine offen deklarierbare Basis für Zusammenarbeit abgeben. Organisationsberater müssen davon ausgehen, dass die dominanten Muster, mit deren Hilfe Organisationen ihre spezifischen Umweltkontakte gestalten, auch für den Kontaktaufbau bezüglich externer Berater zur Anwendung kommen. Dies bedeutet, dass in diesen Mustern für die Berater zumeist ein fixes Beziehungsangebot enthalten ist, eine ganz bestimmte Positionierung, aus der heraus allerdings vielfach kein sehr wirksamer Bearbeitungsprozess gestartet werden kann. Welche Konsequenzen sind daraus für die Steuerung der Berater-Klienten-Beziehung zu ziehen?

Die Erstkontakte zählen mit zu den schwierigsten Phasen eines Beratungsprozesses. Ein besonders hohes Maß an Unsicherheit und Ungewissheit ist zu bewältigen. Man weiß in der Regel nicht sehr viel über den potenziellen Klienten, die neue Organisation ist eine undurchdringliche Black Box. Was wird da auf einen zukommen, welche Fragestellungen werden einem zur Bearbeitung angeboten, fühlt man sich dafür ausreichend kompetent, wird es gelingen, das, was man kann, in der kurzen Zeit dem Klienten gegenüber sichtbar werden zu lassen? Wie entsteht ein ausreichendes Maß an Glaubwürdigkeit, damit beim Klienten jenes Minimum an Sicherheit grundgelegt wird, damit er sich auf eine Beratungsbeziehung überhaupt einlässt, etc.? Gerade in solchen Situationen erweist es sich als günstig, die eigenen Formen der Bewältigung von hoher Unsicherheit als Berater(in) gut zu kennen. Neige ich dazu, in solchen Anfangsphasen mit besonderem Nachdruck meine fachliche Kompetenz zu signalisieren? Bin ich bemüht, rasch einen guten zwischenmenschlichen Kontakt herzustellen, ein gewisses Maß an Nähe und Vertrautheit aufzubauen? Wie wichtig ist mir in geschäftlicher Hinsicht dieser Auftrag? Unter welchem Erfolgsdruck stehe ich? Es sind dies Fragen, die behilflich sein können, die eigenen Verführbarkeiten zu bedenken, die möglicherweise ausschlaggebend dafür sein können, dass man die beraterischen Gestaltungschancen des Erstkontakts nicht optimal nutzt, indem man sich beispielsweise auf Beziehungsangebote mit dem Klientensystem einlässt, die den eigenen Handlungsspielraum als Berater unnotwendig einengen. Je klarer ich für mich selbst über professionelle Kriterien für den Aufbau einer Beratungsbeziehung verfüge, umso weniger bin ich der unvermeidlichen Eigendynamik dieser Phase des Contractings ausgeliefert.

Es wäre naiv zu glauben, dass eine Organisation nur deshalb, weil bestimmte Entscheidungsträger mit Beratern Kontakt aufgenommen haben, auch beraten werden will. Das Herstellen des spezifischen sozialen Kontextes „Beratung“, in dem ein gewisses Maß an Erwartungssicherheit bezüglich dessen entsteht, worum es im Beratungsprozess eigentlich gehen kann, wem dabei welche Aufgaben und Verantwortlichkeiten zukommen, vor allem welche Beziehungskonstellation den Beratungsprozess günstig beeinflusst – die Konstitution dieses auf eine bestimmte Form der Problembearbeitung spezialisierten Kontextes ist selbst ein zentraler Gegenstand von Beratung. Zwei Bearbeitungsrichtungen können in der Anfangsphase den Aufbau dieses Kontextes fördern: zum einen die Frage, wer welche Sicht auf die zu bearbeitende Fragestellung hat und was sich durch die Beratung ändern soll; zum anderen, warum man meint, überhaupt Beratung zu benötigen, und warum man gerade mit mir / uns diesbezüglich Kontakt aufgenommen hat.

Kenntnis des organisationsinternen Entstehungszusammenhangs eines Beratungsbedarfes ist eine wichtige Voraussetzung dafür, dass sich Berater gegenüber dem Klientensystem sinnvoll positionieren können. Warum wird gerade jetzt Beratung nachgesucht? Wer hat dafür die Initiative ergriffen? Wer erhofft sich was von diesem Schritt? Wer steht dieser Initiative skeptisch gegenüber, und warum? Sind noch andere Berater zurzeit in der Organisation tätig, wenn ja, an welchen Problemstellungen arbeiten sie, wie wird das mit den geplanten Beratungsschritten zusammenpassen? Haben früher Berater bereits an ähnlichen Problemstellungen gearbeitet, welche Erfahrungen wurden dabei gesammelt, warum wurden Beratungsprojekte abgebrochen? Gerade die Geschichte „gescheiterter“ Projekte ist in dieser Phase sehr aufschlussreich. Warum ist man gerade an mich / uns zwecks Zusammenarbeit herangetreten, wie kam diese Entscheidung zustande? Die Bearbeitung solcher Fragen erzeugt zwischen Klient und Beratern wichtige Information darüber, welche Muster des Umgangs mit Beratung eine Organisation bereits „gelernt“ hat, wofür sie normalerweise „gebraucht“ wird und welche Erwartungen sich speziell an mich als Person bzw. an die engagierte Beratungsfirma knüpfen. Hinter diesem Vorgehen steht die Annahme, dass das Herantreten an Berater oftmals einen der Züge in den organisationsinternen „Spielen“ darstellt (zum Spielbegriff vgl. Neuberger 1988), und es kann ganz ratsam sein, sich als Externer mit den zugrunde liegenden Spielregeln vertraut zu machen. Dadurch schafft man sich und dem Klienten die Chance, Distanz gegenüber diesen eingespielten Mechanismen zu gewinnen, und man muss nicht selbst unreflektiert in diese Muster eintreten.

Systemische Organisationsberatung fußt auf einem zielorientierten Vorgehen. Dies verlangt schon in der Anfangsphase realitätsgerechte Kenntnisse darüber, wie Berater und Klient feststellen können, wann das zu bearbeitende Problem als gelöst anzusehen ist. Woran wird der Klient merken, dass die Zusammenarbeit mit Beratern etwas genutzt hat? Wer in der Organisation würde diese Frage wie beantworten? Wodurch könnten es Berater schaffen, die Erwartungen auf Klientenseite nachhaltig zu enttäuschen? Was könnte das Klientensystem selbst dazu beitragen, dass sich aus seiner Sicht der Aufwand für den Beratungsprozess nicht gelohnt hat? Das gemeinsame Herausarbeiten und Überprüfen von Erfolgskriterien für den ins Auge gefassten Beratungsprozess schafft nicht nur eine erste Erwartungssicherheit. Dieser Schritt hat darüber hinaus die Funktion, organisationsintern Energien für den Problemlösungsprozess freizusetzen. Denn wie kann man schon sehr früh im Klientensystem angesichts seiner oft chronifizierten Problemerfahrungen die Erwartung entstehen lassen, dass sich die Situation verbessern wird? Durch das vom Klienten selbst geleistete Herausarbeiten einer benennbaren Differenz zwischen Gegenwart und Zukunft wird die Aufmerksamkeit auf künftige Entwicklungen gelenkt und die Tendenz zum Hadern mit dem gegenwärtigen Zustand bzw. mit jenen, die dafür verantwortlich gemacht werden, gebremst. Ohne das tragfähige Vertrauen in die Sinnhaftigkeit der Kooperation zwischen Berater und Klient können aus dieser Arbeit heraus schwerlich positive Entwicklungen angestoßen werden. Allerdings liegt eine der Schwierigkeiten des Anfangs von Beratungsprojekten häufig darin, dass sich beide Seiten aus einer verständlichen Scheu heraus zu oberflächlich und vordergründig mit den Erfolgskriterien für diese Zusammenarbeit auseinander setzen. Viele wechselseitige Erwartungen bleiben so weitgehend implizit bzw. reichlich diffus. Auf diese Weise sind Enttäuschungen in aller Regel vorprogrammiert.

Es mag auf den ersten Blick befremdlich erscheinen, schon in den Erstgesprächen in dieser Deutlichkeit die angesprochenen Fragerichtungen mit dem Ziel zu bearbeiten, den Beratungskontext genauer zu fassen zu bekommen. Wahrscheinlich schafft dieses Vorgehen bei vielen Klienten zunächst eine ziemliche Irritation. Gleichzeitig setzen solche Einstiege, die bestimmte Dimensionen zugänglich machen, über die normalerweise am Beginn einer Kooperationsbeziehung ganz sicher nicht gesprochen wird, wichtige Signale. Sie leisten einerseits eine ernsthafte Prüfung der Beziehungsvoraussetzungen für die Beratung und ermöglichen so beiden Seiten in gleichberechtigter Weise die Entscheidung, ob man sich angesichts der herausgearbeiteten Rahmenbedingungen aufeinander einlassen will oder nicht. Zum anderen forciert dieses Herangehen eine Auseinandersetzung mit realisierbaren Zielen und Aufgabenstellungen und begünstigt damit die erforderliche energetische Orientierung des Klienten und seine Eigenverantwortung für künftige Entwicklungen. Paradoxerweise stiftet eine gekonnte Irritation dieser Art mehr Beziehungssicherheit, als dies ein einfühlsames erwartungskonformes Eingehen des Beraters auf die Klientenwünsche längerfristig vermag, ganz abgesehen davon, dass damit die Souveränität des Beraters in der Gestaltung des Prozesses grundgelegt wird und die Schienen für das weitere Vorgehen nicht überwiegend nach der Beziehungslogik der zu beratenden Organisation gelegt werden. Darüber hinaus ist auf so einer Grundlage das Aushandeln weiterer Rahmenbedingungen (Honorargestaltung, Spesenverrechnung, Stornofragen bei Terminabsagen, Zeitbudget etc.) in der Regel kein ernsthaftes Problem mehr. Man kann umgekehrt vermuten, je offener der Beratungskontext am Beginn bleibt, umso wahrscheinlicher sind spätere Konflikte um Geld und Zeit.

2. Die Klärung der Frage „Wer ist mein Klient?"

In den bisherigen Überlegungen wurde regelmäßig der Begriff „Klientensystem" gebraucht, um das zu bearbeitende Gegenüber von Beratern zu bezeichnen. Dieser Sprachgebrauch unterstellt möglicherweise eine selbstverständliche Klarheit darüber, wer gemeint ist, wenn im Zusammenhang von Organisationsberatung von einem Klienten die Rede ist. Bei genauerem Hinsehen löst sich diese Klarheit relativ rasch auf. In aller Regel hat man es als Berater(in) mit hochkomplexen Gebilden zu tun, bei denen es auf den ersten Blick zumeist nur scheinbar klar ist, wie sich das Gegenüber des Beraters abgrenzen lässt. Dieser Abgrenzungsprozess ist selbst ein Teil dessen, was in der Kooperation zwischen externen Beratern und der Rat suchenden Organisation zu leisten ist, wobei sich diese Grenzziehungen natürlich im Laufe eines Beratungsprozesses verändern können und dann in aller Sorgfalt immer wieder neu vorzunehmen sind.

Warum ist dieser Definitionsprozess, der selbstverständlich gemeinsam mit den dafür geeigneten Ansprechpartnern der Organisation zu leisten ist, von großer Wichtigkeit? Wie schon ausgeführt, verstehen wir unter Interventionen alle Kommunikationsereignisse, die im Zug eines Beratungsprozesses zwischen Klienten- und Beratersystem stattfinden. Beratung ist ein spezialisierter Kommunikationszusammenhang, von diesen beiden Systemen eigens hervorgebracht zum Zwecke der Problembearbeitung. Der effiziente Aufbau und die Stabilisierung dieses Kommunikationszusammenhanges ist selbst eine der erfolgsentscheidenden Interventionen, die der Seite der Berater zur Verfügung steht (ein etwas anderes Verständnis haben Königswieser et al. 1995). Um ihre Funktion sinnvoll erfüllen zu können, benötigen Berater ein definiertes Gegenüber, das es ermöglicht, alle erforderlichen Ressourcen, Entscheidungskompetenzen und betroffenen Interdependenzen für die Bearbeitung der angesprochenen Problemstellung in den Beratungsprozess zu involvieren. Dies ist deshalb nicht so selbstverständlich, weil die kompetenzmäßig Hauptverantwortlichen für ein Problem nur allzu gern die Problembearbeitung delegieren, sei es an untergeordnete Instanzen oder an die Berater, um sich selbst möglichst aus dem Prozess heraushalten zu können. Der versuchte Rückzug auf die bloße Auftraggeberrolle ist in diesem Zusammenhang vielfach ein wichtiges Indiz. Gelingt es nicht, die für eine bestimmte Problemstellung zentralen Entscheidungsträger (oft in der Rolle des Auftraggebers auftretend) im Zuge des Beratungsprozesses auch ins Klientensystem zu integrieren, so ist es sehr wahrscheinlich, dass man nicht viel erreicht. Dies bedeutet, dass sich die Grenzen eines Klientensystems aus jenem Beratungszusammenhang ergeben, den das gestellte Problem stiftet (es ist ein *problem-defined system*). Je diffuser diese Problemstellung gehalten wird bzw. gehalten werden muss, umso weniger griffig ist die soziale Einheit, mit der man es auf Beraterseite eigentlich zu tun hat, umso schwerer fällt es auch, im Beratungsprozess einen „veränderungsoptimalen Systembezug“ zu finden (vgl. Fürstenau 1984). Aus dem bislang Gesagten geht eindeutig hervor, dass die Frage nach dem Klientensystem über das Herausarbeiten der für die Beratung relevanten Problemstellungen einer Organisation beantwortet wird. Es handelt sich dabei fast immer um eine heikle Aufgabe, weil es für beide Definitionsprozesse in der Regel notwendig ist, organisationsintern eingespielte Muster der Konstruktion von Problemsichten und die korrespondierenden Problembearbeitungsformen zu irritieren.

3. Neue Formen der Vernetzung von Rollenträgern und Organisationseinheiten zur Problembearbeitung

Organisationen steuern ihre Aktivitäten durch eine ganz bestimmte Art von Selektivität, in der sie ihre Mitglieder und Subeinheiten im Prozess der Leistungserbringung miteinander verknüpfen. Die Spezifika dieser internen Verknüpfungsformen sind das Ergebnis ihrer jeweiligen Lerngeschichte, d. h. ihres bisherigen Ringens um die Fortführung der eigenen Existenz. Die Produktivität eines Gesamtsystems ist nun in hohem Maße von der Angemessenheit seiner internen Verknüpfungsformen bestimmt (vgl. Varela 1990). Es handelt sich hier zweifelsohne um eine kritische Variable, wenn es darum geht, die Entwicklungschancen eines Systems auszuloten bzw. zu erweitern. Im Alltag bestimmen eingespielte Strukturen, ob formeller oder informeller Natur, wann wer mit wem zum Zwecke der Aufgabenerfüllung zusammenarbeitet. Diese historisch gewachsenen Vernetzungsformen und die ihnen zugrunde liegenden Spielregeln besitzen eine ganz bestimmte, geschichtlich erprobte Leistungsfähigkeit, deren Funktionalität allerdings durch veränderte Rahmenbedingungen der eigenen Existenz durchaus infrage gestellt werden kann. Wie eingangs bereits erörtert, ist gerade in diesem Punkt in der jüngsten Vergangenheit besonders viel in Bewegung in die Überlegungen gekommen (vgl. dazu Wimmer 1995a). Denn im Festhalten an diesen Strukturen liegt häufig eines der Grundprobleme von Organisationen, die sich in sehr dynamischen und komplexen Umwelten bewegen müssen. Einem sozialen System in dieser Hinsicht mehr Optionen, eine größere strukturelle Plastizität zur Verfügung zu stellen kann seine Fähigkeit, zu antworten, auf Veränderungen im Inneren wie in der Umwelt deutlich erhöhen. Genau in dieser Frage liegt zurzeit die größte Herausforderung für Organisationen in hoch entwickelten Gesellschaften.

Beratungsprojekte bieten zumeist eine gute Chance, scheinbar zementierte Selbstverständlichkeiten interner Kooperationsgewohnheiten bzw. Kooperationsvermeidungen „probehalber" zu überwinden. Während es für Organisationsmitglieder vielfach ratsam ist, sich in gewohnten Bahnen zu bewegen, können sich außen Stehende überraschende Kooperationsformen einfallen lassen. Sie können Strukturen und Problembearbeitungen kreieren, die wesentlich schärfer an das zu lösende Problem angelehnt sind, als dies dem betroffenen System möglich ist. Als Berater hat man beispielsweise die Option, in einer Erhebungsphase mit Einzelinterviews zu operieren oder ganz gezielt bestimmte Rollenträger zu Gruppengesprächen zusammenzufassen, um auf diese Weise die Informationsschöpfung im System zu forcieren. Man kann die Frage nach den Qualitätsstandards im Unternehmen mit den Experten aus der Qualitätssicherung bearbeiten, man kann dazu aber auch Leute aus dem Vertrieb, der Produktion und aus dem Kreis der Kunden beiziehen. Besonders wichtig wird diese kreative, bisherige Gewohnheiten brechende Vernetzung von Funktionsträgern, wenn es etwa um eine völlige Neugestaltung wichtiger Geschäftsprozesse geht. Darin liegt die eigentliche Sprengkraft des Reengineering-Gedankens.

Eine besonders geeignete Vernetzungsform, die im Zuge eines Beratungsprojektes neben die etablierten Strukturen treten kann, ist die Projektorganisation (vgl. dazu Heintel u. Krainz 1990). Für alle komplexen Problemstellungen ist es ratsam, im Klientensystem zur Problembearbeitung eine solche Bearbeitungsstruktur aufzubauen und ihre Arbeitsfähigkeit aus der Beratung heraus (also dort, wo Klient und Berater miteinander kommunizieren) zu unterstützen.

Besonderes Augenmerk ist unter dem Aspekt der internen Vernetzung auf die Art des Zusammenwirkens der Führungskräfte des Klientensystems in horizontaler und vertikaler Hinsicht zu legen. Von der Qualität des Zusammenspiels, d. h. von der Angemessenheit und Arbeitsfähigkeit der jeweiligen Führungsstrukturen, hängt die Manövrierfähigkeit einer Organisation unmittelbar ab. Für Beratungsprojekte bildet diese Frage direkt und indirekt einen zentralen Fokus, der einen häufig vor der Entscheidung stellt, wie intensiv man ihn mitbearbeiten kann bzw. soll – beispielsweise, wenn es um strategische Neuorientierungen geht und es sich relativ rasch abschätzen lässt, dass, was immer bei dieser Neuorientierung inhaltlich herauskommt, die einflussreichen Entscheidungsträger einander blockieren werden.

Das Ziel dieser Interventionsrichtung ist es, dem Klientensystem die Logik der bestehenden Verknüpfungsmuster zugänglich und ihren Anteil an der Perpetuierung von Problemen erfahrbar zu machen. Wenn darüber hinaus für das Klientensystem neue, problembezogene Verknüpfungsformen verfügbar werden, dann ist eine wichtige Zielsetzung von Beratung erreicht. Das hier vertretene Beratungsverständnis grenzt sich scharf gegenüber der Philosophie der klassischen Organisationsentwicklung ab. In dieser Tradition war es wichtig, für eine möglichst umfassende Beteiligung aller Problembetroffenen im Rahmen von Bearbeitungsprozessen zu sorgen. Diese Haltung übersieht zumeist die enorme Komplexitätssteigerung, die damit organisationsintern verbunden ist, und die Folgeprobleme, die man sich damit einhandelt. Aus diesem Grund ist es sinnvoll, das Partizipationsprinzip in das Gesamtproblem der zu bewältigenden Komplexität einzuordnen und als ein Moment problemadäquater Vernetzungsformen zu begreifen.

4. Die wechselnde Fokussierung auf bestimmte Themenschwerpunkte

Ähnlich wie jede Organisation im Laufe ihrer Geschichte ganz bestimmte systeminterne Vernetzungsformen zur Erledigung ihrer unterschiedlichen Aufgabengebiete ausprägt, so verfügt sie auch über ein in charakteristischer Weise eingegrenztes Repertoire an Thematisierungschancen. Für Berater bildet die damit verbundene Selektivität natürlich einen wichtigen Beobachtungsfokus. Welche Ausschnitte der eigenen Realität können organisationsintern zum Thema, d. h. zum Gegenstand einer in irgendeiner Form folgenreichen Bearbeitung, werden? All das, worüber in einer Organisation nicht kommuniziert und was nicht zu Entscheidungen verdichtet werden kann, existiert für sie praktisch nicht, ist ihr selbst nicht verfügbar, auch wenn das entsprechende Wissen im Bewusstsein der Mitglieder vorhanden ist und in ihren privaten Kontakten möglicherweise auch ausgiebig besprochen wird. Diese scharfe Selektivität in den Thematisierungsmöglichkeiten einer Organisation ist, wie ausgeführt, eine ihrer Existenzvoraussetzungen. Ohne diese nachhaltig internalisierten Grenzziehungen wäre es nicht möglich, eine Engführung der Kommunikationsprozesse im Hinblick auf die organisationsspezifischen Aufgaben zu bewerkstelligen und damit Kriterien zu produzieren, die organisationsintern zwischen relevant und irrelevant unterscheiden helfen.

Für Berater bieten sich nun im Zuge eines Beratungsprojektes vielfältige Gelegenheiten, den thematischen Aufmerksamkeitsfokus des Klientensystems auf Realitätsbereiche zu lenken, deren Bearbeitung ihm bislang nicht zugänglich war, für die angestrebte Problemlösung jedoch sehr zielführend erscheint. Dies reicht von den Themen, die in einem Erstgespräch zur Sprache kommen, über die thematische Schwerpunktbildung für eine Klausur und die Art und Weise, wie der Prozess während ihrer Dauer inhaltlich gesteuert wird, bis hin zur Eingrenzung von Themenbereichen, die einer projektförmigen Bearbeitung im Klientensystem zugänglich gemacht werden. Die Kreation von Themen und die Wahl des geeigneten Zeitpunktes ihrer Bearbeitung bildet eine der zentralen Gestaltungsdimensionen im Zuge eines Beratungsprozesses. Es ist deshalb ratsam, sehr viel Energie und beratungsinterne Reflexionszeit auf die Präzisierung thematischer Bearbeitungsangebote gegenüber dem Klientensystem zu verwenden bzw. abzuwägen, in welchen Situationen solche Angebote gemeinsam mit den Klienten entwickelt und in welchen diese vom Beraterteam eigenständig vorgeschlagen werden.

5. Das Etablieren von Selbstreflexionsmechanismen

Eine Spezialform der thematischen Fokussierung ist das Anbieten von Gelegenheiten, in denen das Klientensystem oder Teile von ihm sich selbst zum Thema machen. Für alle komplexeren sozialen Systeme ist die Fähigkeit, zwischen unterschiedlichen Operationsweisen zu wechseln, d. h. einmal aufgabenbezogen die Prozesse voranzutreiben, zu beschleunigen und dann wieder auf das zu schauen, wie es einem dabei ergeht, ein wichtiger Modus der Selbststeuerung geworden. Sich selbst immer wieder einmal zu vergewissern, d. h., in gezielter Weise Informationen über sich selbst zu verarbeiten, schafft die erforderlichen Entscheidungsvoraussetzungen, damit man als System auf vergangene bzw. künftig zu erwartende Entwicklungen im Inneren wie in der Umwelt überhaupt antworten kann. Deshalb ist der Umgang mit Selbstreflexion ein wichtiger Indikator für die Lernfähigkeit einer Organisation. Beratungsprojekte sollten stets einen Anlass bieten, das diesbezügliche Potenzial einer Organisation weiterzuentwickeln. Man kann dazu entweder die Zeitdimension benutzen, indem man z. B. am Ende einer Klausur gemeinsam über ihren Verlauf nachdenkt, bei längeren Projekten Zwischenauswertungen einbaut, nach Beratungssitzungen gemeinsam darüber reflektiert, wie der Prozess gelaufen ist, welche Erwartungen erfüllt wurden, welche nicht etc. Hier operiert man mit der Differenz vorher / nachher. Man denkt über sich als System nach, indem man zurückschaut, Selbstbeobachtungen kommuniziert und auf diese Weise für einen bestimmten Zeitpunkt ein gemeinsam geteiltes Bild von sich selbst hervorbringt. Dieses schafft Optionen für weiteres Anschlusshandeln. Es ist sinnvoll, solche Gelegenheiten für die Beratung selbst zu schaffen, also für jenes System, das Berater und Klient für die Zeit des Beratungsprozesses miteinander neu hervorbringen. Einerseits kreiert man auf diese Weise für das eigene Beraterteam wichtige Orientierungen, zum anderen lernt das Klientensystem exemplarisch selbstreflexive Bearbeitungsformen und sieht ihre Steuerungswirkung. Gleichzeitig kann das Klientensystem für den eigenen Bereich angeregt werden, mit dieser Form der Selbststeuerung zu experimentieren und sie in die systemeigenen Operationsweisen dort, wo sie passt, gezielt einzubauen. Beispielsweise kann das in vielen Organisationen längst zum Ritual degenerierte „Mitarbeitergespräch" zu so einem periodischen Selbstreflexionsanlass genommen werden, der dem Vorgesetzten wie seinem Mitarbeiter Gelegenheit gibt, über die Arbeitsbeziehung gemeinsam nachzudenken und daraus für die nächste Zukunft Vereinbarungen abzuleiten. Das, was hier in der Dyade für ein ganz spezielles Kooperationsverhältnis vorgesehen ist, kann natürlich auch auf der Teamebene praktiziert werden.

Neben dem Ausnutzen der Zeitdimension, der Differenz von vorher und nachher für Selbstreflexionsprozesse, eignet sich auch das Verhältnis von innen und außen vorzüglich zur Selbstreflexion. Wie sehen wir uns als Organisation im Vergleich zu anderen? Wer sind wir eigentlich im Unterschied zu vergleichbaren Einrichtungen? Welches Bild haben die Kunden von unserem Unternehmen, wie sehen uns unsere Mitbewerber? Solche Fragen nehmen in dem Ausmaß an Brisanz zu, als die historisch gewachsene Identität einer Organisation ihre aktuelle Orientierungskraft einbüßt. Der Grund dafür kann sowohl darin liegen, dass die im Inneren aufgebaute Eigenkomplexität eine systematische Überforderung schafft (z. B. durch eine Fusion, durch groß angelegte Firmenübernahmen, durch rasche Internationalisierungsschritte, durch die Zergliederung in autonome Geschäftsfelder und Subeinheiten etc.), oder dass die Austauschrelationen zwischen dem System und seinen relevanten Umwelten aus irgendwelchen Gründen nicht mehr passen oder die

Befürchtung zunimmt, dass sie in absehbarer Zukunft nicht mehr passen werden. Daraus resultieren Zwänge zur strategischen Selbstthematisierung des Gesamtsystems: Wer sind wir eigentlich? Auf was wollen wir in Zukunft hinaus? Worin liegt der Existenzgrund unserer Organisation? Es ist zu beobachten, dass die durch die Eigendynamik des übergeordneten gesellschaftlichen Kontextes definierten Existenzbedingungen von Organisationen solche Selbstthematisierungszwänge gegenwärtig sehr verschärfen. Entsprechend ist der Bedarf nach einer Leitbildentwicklung bzw. nach strategischen Orientierungen in vielen Bereichen enorm gewachsen. Hier ist die Kompetenz von Beratern zur Konzeption und Steuerung von Selbstreflexionsprozessen komplexer Systeme noch in einer ganz anderen Weise gefordert als bei der oben skizzierten prozessbegleitenden Form der Beratung. Im Kern geht es um das Hervorbringen von alternativen Selbstentwürfen sowie um das Herstellen einer breiten systeminternen Akzeptanz für einen dieser Entwürfe und in der Folge um das Fixieren von verbindlichen Rahmenentscheidungen, die die getroffenen Identitätsfestlegungen nach innen und außen beleben helfen. Geht man mit dem Blickwinkel der systemischen Organisationsberatung an solche Problemstellungen heran, so entstehen zweifelsohne andere Bearbeitungsformen, als sie sich in der klassischen Unternehmensberatung dafür eingebürgert haben. Die Krise der tradierten Formen strategischer Planung ist dafür ein guter Beleg (vgl. dazu Mintzberg 1994).

6. Der Prozess der Informationsschöpfung im System

Ein System sieht, was es sieht, und es sieht in der Regel nicht, dass es nicht sieht, was es nicht sieht. Dieser Grundzusammenhang ist dafür entscheidend, dass bestimmte Ereignisse in Organisationen zu handlungs- und entscheidungsrelevanten Informationen verarbeitet werden und dass sich Systeme im Übrigen gegenüber dem Rest der Welt indifferent verhalten können. Wir haben oben betont, dass diese unvermeidliche Begrenztheit dafür ausschlaggebend ist, dass externe Organisationsberatung überhaupt einen Sinn hat. Im Alltag von Beratern haben sich unterschiedliche Tendenzen herausgebildet, mit dieser möglicherweise problemerzeugenden Begrenztheit des Wissens aufseiten des Klientensystems umzugehen. Die einen, die ihre Beratertätigkeit aus einer ganz bestimmten Fach- oder Managementexpertise schöpfen, sehen darin in erster Linie ein Kompetenzproblem, das durch die eigene Expertise kompensiert werden muss. Aus dem eigenen Expertenstatus heraus weiß man, was dem Klienten fehlt, und versucht deshalb, ihm dieses Know-how möglichst effizient zur Verfügung zu stellen. Für andere sind der blinde Fleck des Klientensystems sowie der Umstand, dass man als Berater am Beginn ja auch noch keine Ahnung davon hat, wo und wie er auftreten wird, ein Anlass für zumeist aufwendige diagnostische Anstrengungen. Es werden eine Vielzahl von Interviews gemacht, Prozessbeobachtungen und Auswertungen anderweitig zugänglicher Daten angestellt, die dann zu einer gesamthaften Zustandseinschätzung des Klientensystems verwertet werden. In beiden Fällen stellt sich in der Praxis zumeist das Problem, dass das beraterseitig zur Verfügung gestellte Wissen im Klientensystem nicht wirklich anschlussfähig ist, und zwar in dem Sinne, dass dadurch entscheidungsrelevante Prozesse angestoßen würden. Dies wird leicht verständlich, wenn man sich vor Augen hält, dass jede Information eine systemeigene Leistung darstellt, und wenn diese von außen kommenden Gutachten oder Diagnoseberichte nicht in die systemspezifischen Verarbeitungsmechanismen passen, bleiben sie ein unverständliches Umweltrauschen. Sie werden schubladiert oder stoßen auf Unverständnis oder Ablehnung. Es ist ausschließlich das Klientensystem, das aufgrund seiner internen Strukturen und Operationsweisen die Kriterien vorgibt, unter denen es sich von externen Beratern wirkungsvoll beeindrucken lässt (vgl. dazu auch Willke 1987b, 1994).

Blickt man mit einer systemischen Brille auf diese Problematik, dann sieht man, dass es offensichtlich wenig Sinn hat, zuerst viele Daten aus dem Klientensystem herauszuholen, um sie dann in verdichteter Form dorthin wieder zurückzubringen, denn das meiste, was dabei vom Klientensystem nicht ohnehin als Bestätigung der eigenen Selbsteinschätzung angesehen wird, wird von ihm wieder abgestoßen. Es geht dabei also bei allen diagnostischen Bemühungen darum, sie so anzulegen, dass die diesbezüglichen Einschätzungen im Klientensystem selbst entstehen, ohne dass irgendwelche großartigen Auswertungen von außen rückgemeldet werden müssen. Methodisch bedeutet dies, dass man als Berater den Informationsschöpfungsprozess im System steuert, ohne ihn selbst auf sich zu nehmen. Man leistet Hilfe für die Erarbeitung von neuem Wissen des Systems über sich selbst unter Verzicht auf eine rasche Übereinkunft bezüglich einer gemeinsamen Problemsicht und der sofortigen Konzentration auf Lösungen. Dies kann man erreichen, indem man beispielsweise Gruppeninterviews mit Personen macht, die ohnehin in einem Arbeitszusammenhang stehen, oder indem man eine Projektstruktur aufbaut, in der Organisationsmitglieder bestimmte Recherchen eigenständig durchführen bzw. auch Vergleiche mit fremden Organisationen anstellen, Benchmarking betreiben etc. Auf diesem Wege kann es gelingen, dass tragfähige Hypothesen, d. h. neue Erklärungs- und Deutungsmuster über den eigenen Problemhintergrund im System entstehen, die dann die Grundlage für veränderte Handlungsmuster im Umgang mit diesen Problemen abgeben können.

Beobachtet man die im Alltag üblichen Formen des Umgangs mit komplexen Problemstellungen (vgl. Dörner 1989), so gewinnt die vorgeschlagene Interventionsrichtung noch zusätzlich an Plausibilität. Wer unter Problemdruck steht, möchte sich durch rasch realisierbare Lösungen entlasten. Er sucht diese Entlastung in der Regel, ohne seine eigene Sicht auf das Problem ändern zu müssen. Berater begegnen den Problemen ihrer Klienten stets in der Form von Beschreibungen, von ganz charakteristischen Konstruktionen also, die stets in irgendeiner Form bereits Lösungscharakter haben. Beispielsweise: „Wir haben in dem und dem Produktbereich stark rückläufige Umsätze, weil die zuständigen Vertriebsleute sich viel zu wenig engagieren und offensichtlich nicht genug motiviert sind, um die erforderlichen Verkaufsaktivitäten zu setzen." Für diesen Geschäftsführer, selbst aus der Produktion herausgewachsen, ist klar, wer schuld ist und was getan werden müsste. Die Problembeschreibung enthält implizit eine Lösungsrichtung, die ihre Hauptfunktion darin besitzt, den Beschreibenden selbst möglichst zu entlasten. „Man löst nicht die Probleme, die man lösen soll, sondern die, die man lösen kann" (ebd., S. 90), bzw. jene, für deren Lösung man andere zuständig machen kann. Gelingt es im Beratungsprozess, eine Änderung der Art und Weise herbeizuführen, wie Klienten ihre problemerzeugenden Erfahrungen deuten, so trägt dies in der Regel auch dazu bei, dass sie in der Folge andere Erfahrungen machen, was wiederum andere Beschreibungen und Deutungen der Situation nach sich zieht. Sobald die Klienten beginnen, die Prämissen anzuzweifeln, die ihren Problembeschreibungen zugrunde liegen, ist die Chance eröffnet, auch andere praktische Erfahrungen zu machen.

Die Irritation der seitens des Klienten angebotenen Problemsichten ist im Beraterralltag eine heikle Gratwanderung. Einerseits ist diese Sicht sehr ernst zu nehmen. Es muss ja beim Klienten das berechtigte Zutrauen wachsen, dass die Beratung eine Entlastung bringen wird. Andererseits führt ein vordergründiges Einverständnis mit der Konstruktion des Klienten eine zu rasche Selbstfesselung der Berater herbei, die sie möglicherweise auf die Bearbeitung von bloßen Symptomen festlegt. Es muss also gelingen, durch gezieltes Nachfragen das Klientensystem intern in einen Nachdenkprozess zu verwickeln, der neue Informationen über die zugrunde liegende Problematik zutage fördert, ohne dabei die Belastbarkeit des Klienten zu überfordern. Verschiedene Fragetechniken, insbesondere die des „zirkulären Fragens", wie sie im Rahmen der systemischen Familientherapie entwickelt und in der Zwischenzeit ganz erfolgreich verfeinert worden sind (vgl. Deissler 1986, Tomm 1988, Cecchin 1987, Penn 1983), haben sich in diesen schwierigen Beratungssituationen sehr bewährt.

7. Die Kooperationsqualität innerhalb des Beraterteams

Aus den bisherigen Überlegungen dürfte schon deutlich geworden sein, dass eine systemisch orientierte Organisationsberatung Wert darauf legt, dass der Komplexitätsgrad des Klientensystems auf der Beraterseite in einer vertretbaren Weise seine Entsprechung findet. Dies bedeutet, dass es eher Ausnahmesituationen sind, in denen dem Klientensystem ein Einzelberater gegenüberstehen kann. Ein Einzelner ist in der Regel rasch überfordert, komplexere Problembearbeitungsprozesse in dem hier verstandenen Sinne verantwortungsvoll zu steuern. Folgt man diesem Grundsatz der Komplexitätsentsprechung von Berater- und Klientensystem, so hat das auf der Beraterseite zumeist sehr weit reichende Folgewirkungen. Langjährige, zum Teil auch sehr schmerzhafte Erfahrungen mit diesem Sachverhalt haben gelehrt, dass die Wirksamkeit von Beratungsprojekten außer von persönlichen Qualifikation der beteiligten Berater(innen) in einem ganz entscheidenden Ausmaß von der Qualität ihres Zusammenwirkens innerhalb eines Teams über den ganzen Zeitraum eines Projektes hinweg abhängt. Nimmt man die Selbstbezüglichkeit des systemischen Denkens wirklich ernst, dann liegt zweifelsohne ein zentraler Aufmerksamkeitsfokus bei Beratungen auf der Beraterseite selbst. Sie selbst bilden das Feld, auf das sie am wirksamsten

Einfluss nehmen können, um Wirkungen im Klientensystem anzustoßen. Welche Faktoren können nun in der Praxis die beraterinterne Kooperationsqualität beeinträchtigen? Zu dieser Frage gilt es, abschließend noch Überlegungen anzustellen.

Nicht selten wird zu Beginn von großen Beratungsprojekten der tatsächliche Zeitaufwand für beraterinterne Abstimmungsprozesse, für die Auswertung unterschiedlicher Erfahrungen mit dem Klientensystem, für die Planung der nächsten Interventionsschritte etc. sträflich unterschätzt. Dies führt dazu, dass in die eigene Auslastungsplanung der beteiligten Berater(innen) das erforderliche Zeitbudget gar nicht eingeplant wird, mit der Konsequenz, dass dann schon rein zeitlich der während des Beratungsprozesses erforderliche interne Kommunikationszusammenhang nur sehr ungenügend hergestellt werden kann. Die Tendenz zur Vernachlässigung des internen Zeitaufwandes wird hin und wieder auch durch die Honorargestaltung verstärkt. Überall dort, wo nach den mit dem Klientensystem tatsächlich zugebrachten Stunden und Tagen abgerechnet wird – ein Modus, der vielfach aus dem Seminargeschäft übernommen worden ist –, gerät der intern erforderliche Zeitaufwand unter enormen Kostendruck. Es sind ja Zeiten, für die man nichts „bezahlt" bekommt. Bei allen aufwändigeren Beratungsprojekten, insbesondere wenn sie mehrere Berater(innen) in unterschiedlicher Intensität und Arbeitsteiligkeit involvieren, ist es ratsam, diese Binnenseite der Beratung als eine der Rahmenbedingungen des Berater-Klienten-Systems in aller Klarheit mit dem Auftraggeber herauszuarbeiten und in der Honorargestaltung mitzuberücksichtigen.

Man möchte meinen, dass für Berater die arbeitsorganisatorische Strukturierung ihres eigenen Teams kein Problem sein sollte. In der Praxis werden tatsächlich immer wieder auf der Basis dieser Annahme umfangreichere Beratungsprojekte begonnen, und der Mangel an klar definierten Aufgabenverteilungen, an verbindlicher Verantwortungsübernahme, an fixierten Projektleitungsfunktionen wird erst im Laufe des Prozesses spürbar, ist aber dann in der Regel nicht mehr so leicht zu beheben. Dahinter steckt nicht selten eine gewisse Scheu, innerhalb des Beraterteams deutlich ausgesprochene Einflussunterschiede zu begründen. Gerade Berater(innen), die nicht in den großen Beratungsunternehmen mit ihren fixierten Kompetenz- und Einflusshierarchien tätig sind, fällt es schwer, die funktional zweifelsohne notwendige Ausprägung solcher Unterschiede auf einer emotionalen Ebene zu akzeptieren. Der Grund liegt wohl darin, dass in diesem Beruf Fragen der Qualifikation und der diesbezüglichen Wertschätzung und Reputation eine so immense Rolle spielen, dass hier leicht Kränkungen passieren können. Nicht gerade erleichtert wird dieses Managen der teaminternen Strukturierung, wenn das Beratungsprojekt neben seinem Arbeitsumfang noch eine hohe Interdisziplinarität erfordert. In jedem Fall verlangen diese Rahmenbedingungen einen ziemlichen Steuerungsaufwand, der auf die Herbeiführung und ständige Sicherstellung der Arbeitsfähigkeit des Beraterteams gerichtet sein muss. Diese Arbeitsfähigkeit ist angesichts der hohen psychischen Belastungen komplizierter Beratungsprojekte keineswegs eine Selbstverständlichkeit, sondern eine immer wieder neu herzustellende Erfolgsvoraussetzung.

Wenn mehrere Berater(innen) mit verschiedenen Aufgaben in einem Klientensystem tätig sind, holen sie in einem gewissen Ausmaß einige Grundprobleme des Klientensystems ins Beraterteam herein. Diese wirken quasi ansteckend. Die Eigendynamik der mit dem Klientensystem bearbeiteten Probleme findet innerhalb der Beratergruppe ihre Resonanz, sie spiegeln sich in der Dynamik der Gruppe wider. Auf diese Weise können sich Machtkämpfe entfalten, können versteckte Koalitionen gebildet und Abspaltungen vorgenommen werden, es kann sich Ratlosigkeit und Verwirrung breit machen, es kann die totale Hektik ausbrechen etc. Das Klientensystem mobilisiert mit ziemlicher Konsequenz alle vorhandenen Konfliktpotenziale der Berater untereinander und stellt so die Konflikt- und Problemlösungsfähigkeit innerhalb des Beraterteams auf eine harte Probe. Es hat sich deshalb sehr bewährt, wenn solche Teams die Fähigkeit entwickeln, ihre eigene interne Dynamik als Datenquelle für Entwicklungen im Klientensystem zu nutzen. Warum geht es uns so, wie es uns geht? Was können wir aus diesem Zustand für die Einschätzung der momentanen Situation im Klientensystem gewinnen? Um solche Fragen Frucht bringend bearbeiten zu können, benötigen Beratergruppen eine hohe Belastbarkeit ihrer internen Beziehungen. Erst mit dieser Voraussetzung entsteht die Möglichkeit zu differenzieren zwischen dem, was an teamorientierten Problemen sozusagen hausgemacht ist, und dem, als Phänomen der Resonanz seitens des Klientensystems anzusehen ist. Gelingt diese Differenzierung nicht, schafft man beraterseitig die erforderliche Distanz nicht, wird man in den Sog des Klientensystems hineingezogen, in dessen Spiele verwickelt und verliert einen Teil seiner gestalterischen Souveränität.

Die für systemische Beratung konstitutive Beziehung von Reflexion und Intervention lässt es ratsam erscheinen, für die Qualität der beraterinternen Reflexionsprozesse Vorsorge zu treffen. Dies wird durch ein entsprechendes Einüben des Beobachtens von Beobachtungen, bezogen auf sich selbst als Beraterteam, und durch die kommunikative Auswertung dieser Beobachtungen ermöglicht. Auch wenn man dies intern bis zu einer gewissen „Reife" bringen kann, die für die Steuerung normaler Beratungsprojekte zweifelsohne reicht, schadet es nicht, wenn sich Beraterteams fallweise selbst der Unterstützung eines außen Stehenden bedienen und die grundlegende Differenz von intern und extern durch eine Supervision für sich selbst professionell nutzen.

Die bisherigen Erfahrungen mit systemischer Organisationsberatung zeigen, dass die hohen Anforderungen an die Kooperationsqualität in Beratungsprojekten leichter zu erfüllen sind, wenn die Betroffenen in einen größeren Theoriebildungs- und Forschungszusammenhang eingebunden sind. Regelmäßige Fallsupervisionen, eine systematische Auswertung der eigenen Beratungsprojekte sowie der Anschluss an einschlägige Forschungsentwicklungen in verwandten Wissenschaftsgebieten können Gegenstand einer solchen weiteren professionellen Reflexionsgemeinschaft sein. Auf diesem Wege entsteht trotz aller individuellen und gruppenspezifischen Profilierung in diesem Segment der Beratungsdienstleistungen ein professionelles Selbstverständnis, das gemeinsame Qualitätsstandards ausprägt und in einer größeren Breite für wechselseitige Anschlussfähigkeit sorgt. Mit den vorangegangenen Überlegungen wurde der Versuch unternommen, in dieser Hinsicht einen Beitrag zur Diskussion um die notwendige Professionalisierung von Beratung zu leisten.

Organisationsberatung – eine „unmögliche" Dienstleistung

Ein Gespräch[1]

Theodor Bardmann: Herr Wimmer, mit welchem Verständnis von Organisation arbeiten Sie als systemischer Berater?

Rudolf Wimmer: Für mich sind Organisationen ein ganz bestimmter Typus von sozialen Systemen, die sich um gesellschaftliche Problemstellungen herum ausbilden. Sie beziehen ihren Existenzgrund daraus, dass sie Leistungen für ihr gesellschaftliches Umfeld erbringen.

Moderne Gesellschaften haben in ihrer Evolution eine Komplexitätsstufe erreicht, auf der es Sinn hat, diesen Typus von sozialen Systemen zu kreieren. Moderne Gesellschaften stellen ein ganz besonderes organisationsförderndes Milieu dar. Und dadurch, dass Organisationen nicht nur Probleme bearbeiten, sondern auch immer wieder Probleme aufwerfen, bieten sie wiederum Anlass, dass sich um diese ungelösten, quasi externalisierten Problemstellungen herum erneut Organisationen ausbilden. Organisationen bekommen ihren funktionalen Sinn in modernen Gesellschaften dadurch, dass sie Energien für die Bewältigung von Problemstellungen engführen können. Dabei sind sie meistens in Funktionssysteme der modernen Gesellschaft eingebettet, die als solche aber keine handlungsfähigen Einheiten sind und von daher Organisationen benötigen.

Dieser Typus von sozialen Systemen, den wir Organisation nennen, gewinnt seine spezifische Art der internen Strukturierung und Prozessgestaltung aus den Charakteristika jener Leistungen, die er

1 Dieses Gespräch mit Theodor M. Bardmann und Torsten Groth wurde zuerst veröffentlicht in: T. M. Bardmann, T. Groth (Hrsg.) (2001): Zirkuläre Positionen. Konstruktivismus als praktische Theorie. Opladen (Westdeutscher Verlag).

an seine Umwelt abgibt – Produkte und Dienstleistungen im Falle von Unternehmen, geprüftes Wissen im Falle von Forschungseinrichtungen oder Rechtsentwicklungen im Falle von Gerichten. Ausschlaggebend für diese Prozesse der Leistungserbringung ist es, dass es gelingt, immer wieder von neuem Entscheidungen an Entscheidungen anzuschließen. Entscheidungen sind also jene spezifischen Kommunikationsereignisse, mit deren Hilfe sich Organisationen reproduzieren. Dieser Reproduktionsmodus unterscheidet diesen Typus von sozialen Systemen deutlich von einfachen Interaktionssystemen, von Familien, aber auch von gesellschaftlichen Funktionssystemen wie der Wirtschaft, der Politik, der Wissenschaft etc. Organisationen zentrieren ihr Kommunikationsgeschehen um Fragen der Aufgabenerledigung. Sie verknüpfen Mitglieder in ihrer Funktion als Stelleninhaber zum Zweck der Zielerreichung. Die zwischenmenschlichen Beziehungen sind dabei nicht Selbstzweck. Ein Drittes, die Aufgabe, verbindet und steuert Mitglieder wie ihre Beziehung untereinander. Diese Engführung im Hinblick auf koordinierte Leistungserbringung erzwingt es, Personen als austauschbar anzusehen und die Kontinuität über die eingespielten Verfahren, Regeln und kulturellen Besonderheiten zu bewerkstelligen.

Häufig wird Organisation auch mit Hierarchie gleichgestellt. Mit diesem Verständnis wird allerdings das soziale Phänomen Organisation mit einem ganz bestimmten Modus der internen Verknüpfung von Kommunikations- und Berichtswegen gleichgesetzt. Dieser Simplifizierung des Organisationsbegriffes können wir weder in unseren theoretischen Herangehensweisen noch in unserer praktischen Arbeit als Organisationsberater folgen.

T. B.: An Ihrer Definition fällt auf, dass Sie nicht, wie sonst üblich, von Intentionen oder Motiven irgendwelcher Personen sprechen. Sie stellen auf soziale Systeme ab, die auf eine gesteigerte Komplexität reagieren und spezielle Aufgaben erledigen. Wo bleiben die in handlungstheoretischen Ansätzen so wichtigen Motive der Akteure?

R. W.: In der Entstehungsphase eines Unternehmens müssen Personen als „Energieträger" genutzt werden, damit etwas in Gang kommt. Wie in jeder Kommunikation muss auch hier auf Personen als „Energiebasis" bzw. „Energiespender" zurückgegriffen werden. Aber in dem Moment, in dem sich – sozial gesehen – eine Grenze um einen derartigen Leistungsprozess herum ausbildet, verselbstständigt sich das Ganze relativ bald, auch wenn man dann immer noch auf personenbezogene Vorstellungen und Handlungsabsichten zurückgreift. Man kann beispielsweise an Familienunternehmen sehr gut sehen, wie sich ein sehr enges Verhältnis zwischen der Gründerpersönlichkeit und den Eigenheiten des sozialen Systems herausbildet. Es ist ganz deutlich ein Ergebnis der Koevolution zwischen dem, was wichtige Persönlichkeiten in eine Organisation eingebracht haben, und dem, was daraus im Laufe der Zeit gemacht worden ist.

T. B.: Sie sagen, ab einer bestimmten Stufe verselbstständige sich das Ganze …

R. W.: … und zwar relativ rasch.

T. B.: Werden dann keine Motive mehr benötigt, um zu erklären, was in den Organisationen geschieht?

R. W.: Wir brauchen Motive natürlich insofern, als es in jedem Fall eine sehr enge Verzahnung zwischen Personen und sozialen Systemen gibt. Aber Organisationen sind schließlich – im Gegensatz zu Gruppen oder Familien – relativ personenfern gebaut. Sie fußen darauf, dass ihre Entscheidungsprozesse zwar auf Personen zugreifen, in ihrer Existenz aber nicht auf bestimmte Personen angewiesen sind. Organisationen zeichnen sich durch die Austauschbarkeit von Personen aus. Von daher braucht man die Motivlage von Personen als „Energiebasis", aber die Personen können morgen schon ganz andere sein. Eine Organisation organisiert sich selbst die Personen, die sie braucht. Das sieht man deutlich im Organisationsalltag: Manche Personen werden sehr gut in eine Organisation integriert, andere werden abgestoßen. Um die eigene Überlebensfähigkeit zu gewährleisten, sucht sich die Organisation im Bedarfsfall neue Leute, die die gewünschten Funktionen erfüllen können. Um also Organisationen als soziale Systeme zu erklären, würde ich den Motivbegriff nicht in den Vordergrund stellen.

T. B.: Alle aktuellen Managementratgeber verweisen auf neue, komplexere Anforderungen, mit denen sich Unternehmen konfrontiert sehen. Sie selbst haben in Ihrer Definition soeben auch von einer evolutionär hohen Komplexitätsstufe gesprochen. Worin bestehen die komplexeren Anforderungen im Einzelnen?

R. W.: Aus meiner Sicht haben sich gerade in den 80er- und 90er-Jahren des 20. Jahrhunderts die Rahmenbedingungen für das Überleben von Unternehmungen drastisch geändert. Auf einen Nenner gebracht, hat sich die Veränderungsgeschwindigkeit im Umfeld von

Unternehmungen im Verhältnis zur Geschwindigkeit des eingebauten Selbstveränderungspotenzials enorm gesteigert. Für einen Großteil der Unternehmungen war bis in die 1980er-Jahre hinein eine gewisse Synchronizität zwischen unternehmensinterner Entwicklung und der Veränderungsdynamik in ihrem Umfeld gegeben, sodass sich so etwas wie eine „natürliche Passung" immer wieder hat herstellen lassen. Die Unternehmungen, die diese „Passung" nicht geschafft haben, sind halt verschwunden. Was für mich nun aber die neue Qualität in der Dynamik der 1990er-Jahre ausmacht, ist das Auseinanderdriften dieser zwei Veränderungsgeschwindigkeiten.

Die Beschleunigung des Veränderungstempos im Umfeld von Unternehmungen hat eine Vielfalt von Gründen, die man heranziehen kann, ohne gleich eine kausale Wirkungskette herstellen zu müssen. Sie hat sicher sehr viel damit zu tun, dass es in den meisten „reiferen" Branchen – wie z. B. in der Stahlbranche, in der Automobilindustrie, in der chemischen Industrie, in den meisten Sektoren der Konsumgüterindustrie, aber auch im Bankenbereich – dauerhafte Überkapazitäten gibt, womit die Wettbewerbskonstellation eine drastisch andere geworden ist. Sie hat natürlich auch damit zu tun, dass der technologische Fortschritt eine Form von Leistungserbringung ermöglicht hat, die der Individualisierung unserer Gesellschaft weitgehend gerecht werden kann, ohne dass man auf die Kostenvorteile der Massenproduktion verzichten müsste. Im Gegensatz zur klassischen Massenproduktion kann man heute wesentlich individualisiertere Produkte herstellen, was – zum Zweck der Gewährleistung der nötigen Flexibilität – eine zusätzliche Komplexitätssteigerung im Inneren der Organisationen bewirkt hat. Natürlich haben wir es auch mit Phänomenen zu tun, die man heute vielfach mit dem Stichwort „Globalisierung" beschreibt. Durch sie haben sich die Markthorizonte drastisch verändert. Wir haben es heute mit einer Weltgesellschaft zu tun, in der es keine regionalgeographisch geschützten Räume mehr gibt. Gerade das Zusammenwachsen der Telekommunikation mit den datenverarbeitenden Industrien hat über alle Grenzen hinweg zu einer Beschleunigung der Erreichbarkeiten geführt. Das hat eine Dynamik ausgelöst, die es in der Form geschichtlich noch nie gegeben hat.

Das sind nur einige Beispiele für den gesellschaftlichen Strukturwandel, den wir insbesondere im Wirtschaftssystem beobachten können, der aber auch Auswirkungen auf das politische System und andere gesellschaftliche Funktionsbereiche hat. All das hat die Komplexitätssteigerung des Umfeldes von Unternehmungen vorangetrieben. Und das verlangt dann wiederum ein bestimmtes Antwortverhalten auf der Unternehmensseite.

T. B.: Was wären typische Antworten auf steigende Komplexität in der Umwelt?

R. W.: Eine der typischen Antworten ist die Auflösung klassisch funktionaler Organisationsarchitekturen, mit denen man Organisationen arbeitsteilig zu strukturieren versuchte. Vertrieb, Arbeitsvorbereitung, Produktion, Technik usw. bis hin zur Entwicklung stellte man bislang nebeneinander und bemühte sich, diese Bereiche über Hierarchie zu koordinieren. Solche Organisationsstrukturen sind heute in der Wirtschaft immer weniger anzutreffen. Die meisten haben versucht, ihre Unternehmungen so umzubauen, dass sie marktnahe, kleine, überschaubare Einheiten bilden, also Unternehmungen im Unternehmen, die versuchen, die unterschiedlichen Funktionen in überschaubaren Dimensionen ins Unternehmen zu integrieren, sodass so etwas wie ein Markt *im* Unternehmen zustande kommt oder Kunden-Lieferanten-Verhältnisse *im* Unternehmen aufgebaut werden. Vielfach ist es so, dass dann über diese Kunden-Lieferanten-Verhältnisse intern und nach außen hin die Leistungsprozesse gesteuert werden. Die Chaostheorie spricht in diesem Zusammenhang von „Selbstähnlichkeit“ als Bauprinzip von Organisationen. Das Abgehen von den klassisch-funktional-bürokratischen Strukturen und die Hinwendung zu Selbstähnlichkeitsprinzipien ist für mich eines der zentralen Umbauprogramme der 1990er-Jahre.

Eine andere Maßnahme, die auch mehr oder weniger erfolgreich durchgeführt wird, ist der Versuch, die Leistungsprozesse auf die eigenen Stärken zu konzentrieren, also auf Felder, auf denen man im Vergleich zu anderen Mitbewerbern oder Unternehmungen leistungsstark ist. Wir sprechen hier vom Prinzip der „Kernkompetenzen“. Das wiederum bedeutet, dass ganz neue Anforderungen der Kooperation mit anderen Unternehmungen in der Wertschöpfungskette entstehen. Auf der einen Seite holt man sich also durch das Prinzip der kleinen, überschaubaren Einheiten marktförmige Koordinations- und Steuerungsprinzipien ins Unternehmen herein, auf der anderen Seite entstehen neue Zwänge zur Kooperation mit selbstständigen Partnern, was ebenfalls eine neue Form des Handlings verlangt. Dieses wird in der Theorie unter dem Stichwort

„Netzwerk" oder „Vernetzung" diskutiert. In diesem Zusammenhang beobachten wir die Entstehung von eher organisationsartigen Steuerungsformen am Markt. In diesen Fällen spielt sich der Wettbewerb nicht zwischen Unternehmen ab, sondern es beginnen Cluster an netzwerkförmigen Kooperationspartnern, quasi Unternehmenspartnerschaften, mit anderen Clustern am Markt zu konkurrieren. Dies ergibt relativ labile Konstellationen, die keine derartige Stabilität aufweisen, wie man sie bei Organisationen vorfindet.

Hier schließt sich eine wichtige Fragestellung an: Wenn wir Organisationen in ihrer Binnenkomplexität so denken, dass sie ihre internen Subsysteme nicht mehr in einer relativ strikten, hierarchischen Kopplung aneinander binden, um darüber Koordination sicherzustellen, sondern davon ausgehen, dass sie weitgehend autonome, nur lose gekoppelte Einheiten ausbilden, die sich selber marktbezogen am eigenen Überleben ausrichten, wie entsteht dann so etwas wie Koordination in den Unternehmungen? Das ist eine der größten Herausforderungen, nicht zuletzt auch in der Beratungspraxis. Viele unserer konkreten Beratungsprobleme sind um diese Kernthematik der Steuerung herum gebaut. Hier zeigt sich, dass Teams eine ganz neue Funktion gewinnen, weil nunmehr Koordination darauf hinausläuft, dass Aushandlungsprozesse zwischen den einzelnen Einheiten zustande kommen, die nicht mehr einfach par ordre du mufti geregelt werden können. Es geht nunmehr darum, dass die einzelnen Einheiten in Kommunikationssituationen Gelegenheit bekommen, ihre Logik einzubringen, und auf der anderen Seite registrieren, was die Grenzen und Möglichkeiten der anderen Einheiten sind. Nur so können sie füreinander brauchbare Umwelten werden. Damit stellt sich das Problem, dass dieser in Unternehmungen evozierte, qualitativ ganz neue Kommunikationsbedarf einer Bearbeitung zugeführt werden muss. Dafür haben die meisten Unternehmungen – von Organisationen aus anderen Bereichen wie etwa der öffentlichen Verwaltung ganz zu schweigen – kein angemessenes Repertoire, weil sie schlicht aus einer anderen Zeit stammen.

T. B.: Sie denken wahrscheinlich noch zu sehr in hierarchischen Modellen?

R. W.: Genau, und sie sehen den Aufwand an Kommunikation immer noch als eine Art Störung an. In der klassisch-hierarchischen Denkweise ging man im Grunde davon aus, dass Kommunikation durch die Hierarchie überflüssig wird. Jetzt muss Kommunikation zur Sicherung des Überlebens organisiert werden. Das ist das Kerngeschäft von Führung. Ihr geht es darum, funktionierende Kommunikationsprozesse zu steuern, Gelegenheiten zu schaffen, Strukturen zu entwickeln etc. Darum, denke ich, benötigen komplexere Gebilde kaskadenförmige Verzahnungen von Führungsteams. Die erste Ebene muss mit der zweiten Ebene zusammengebunden werden. An der Spitze des Unternehmens müssen die entscheidenden Aushandlungsprozesse stattfinden, die einerseits die Überlebensbedingungen für das Gesamtsystem sichern, andererseits aber gleichzeitig die Autonomiespielräume für die dezentralen Einheiten ermöglichen. In den Geschäftsbereichen spielt sich dann auf der nächsten Ebene dasselbe ab. Auch hier müssen die verzahnten Ebenen im alltäglichen Miteinander die Rahmenbedingungen immer wieder neu definieren, in denen sich die Leistungsprozesse abspielen. Für mein Verständnis bekommen dabei Teams eine ganz neue Funktion. In der klassischen Hierarchie wurden Teams immer als kompensatorische Einrichtungen behandelt, die, etwa bei Projekten, für Aufgaben eingesetzt wurden, die in den Routineprozessen der Hierarchie nicht zu bewältigen waren. In den neueren, komplexeren Organisationswelten werden sie zu konstitutiven Elementen, die nicht ergänzend wirken, sondern unerlässliche Schaltstellen für die Steuerung eines Unternehmens darstellen. Auch bei der Umwandlung der Führung von einer individuellen Leistung in der Hierarchie zu einer Mannschaftsleistung hakt es in der Praxis, wenn etwa Führungskräfte, die aus einem ganz anderen Selbstverständnis heraus handeln, sich selber auch ganz anders erleben und völlig andere Messlatten für ein „erfolgreiches Führungshandeln" anlegen, in die Paradoxien der Führung im Kontext von Mannschaftssport bzw. Teamleistung hineinlaufen.

T. B.: Inwieweit können Sie die Definition von Organisation, die Sie uns eingangs vorgestellt haben, in Ihren Beratungen berücksichtigen? Ist mit einem systemischen Organisationsverständnis Beratung überhaupt möglich?

R. W.: Es ist günstig, sich zunächst einmal vor Augen zu halten, dass Beratung eine Dienstleistung ist, deren Gelingen äußerst unwahrscheinlich ist. Das ist nicht nur eine hoch gesponnene theoretische Einsicht! Wir mussten in unserer Beratungspraxis ganz hautnah die Erfahrung machen, dass Organisationen ausgesprochen eigenwillige Systeme sind, die sich durch Leute, die von außen kommen, nur sehr schwer beeindrucken lassen. Da sollte man sich keinen falschen Hoffnungen hingeben: Auch der Umstand, dass man geholt und bezahlt wird, spricht noch nicht für Wirkung und stellt nicht sicher, dass man automatisch einen zielgerichteten Beitrag zur Problemlösung leistet. Wir gehen davon aus, dass es einer eigenen Kunstfertigkeit bedarf, um mit einer Organisation in einen Kommunikationsprozess einzutreten, der Wirkungen erzeugt, die eine gewisse Wahrscheinlichkeit entstehen lassen, dass ein Beitrag zur Lösung und Bearbeitung von Problemen zustande kommt. Es war eine der zentralen Lernerfahrungen, auf die wir heute – nach vielen Erfahrungen des Scheiterns – zurückblicken können, dass wir uns intensiv um den Aufbau der Berater-Klienten-Beziehung kümmern müssen. Der Aufbau einer Beziehung selbst ist eine der zentralen Interventionsformen. Das bedeutet, man muss zunächst einmal Zeit investieren, um sich gemeinsam mit dem Kunden der Frage anzunähern: „Worum soll es denn eigentlich gehen? Was ist der Anlass der Beratung?" Man kann nicht naiv unterstellen, dass der Kunde eine für den Problemlösungsprozess brauchbare Problembeschreibung liefern kann. Er liefert eine Fülle von Symptomen, an denen er etwas Problematisches festmacht. Das Charakteristikum dieser Symptome und Problembeschreibungen ist immer, dass sie implizit bestimmte Lösungswege beinhalten, deren Verfolgung gerade *nicht* zur Problemlösung führt, sondern einen bestimmten Problemzustand auf Dauer stellt.

Die Kundenerwartung besteht zunächst darin, dass man ihn in seiner eigenen Sicht auf das Problem bestätigt. Lässt man sich aber auf diese Problemdefinition ein, begibt man sich in die Fallen der Handlungsunfähigkeit, die der Kunde für den Berater aufstellt. Der Kunde versucht, den Berater unschädlich zu machen, und das ist eine der Paradoxien im Beratungsalltag: Man wird einerseits geholt, um etwas zu verändern, andererseits aber bekommt man eine Menge Angebote, die einen unschädlich machen sollen. Unsere professionelle Kunstfertigkeit liegt darin, mit dieser Paradoxie so umzugehen, dass man trotzdem brauchbare Wirkungen auf der Kundenseite erzeugt. Dazu ist eine tragfähige Berater-Klienten-Beziehung unverzichtbar. Sie entsteht unter anderem daraus, dass man den Kunden in den angebotenen Geschichten sehr ernst nimmt, dass man ihn aber gleichzeitig durch bestimmte Bearbeitungsformen in einen

Nachdenkprozess involviert, der zu einer anderen Sicht auf seine Problematik führt. Wir sehen unsere Chancen als Dienstleister darin, etwas aus der Unwahrscheinlichkeit des Gelingens zu machen. Zunächst weiß man natürlich nicht, ob da etwas in Gang kommt, oder ob man sich an den chronifizierten Problemstellungen des Kunden die Zähne ausbeißt.

T. B.: Was machen Sie mit den ersten Problembeschreibungen, von denen Sie sagen, dass sie Lösungen enthalten, die keine wirklichen Lösungen sind?

R. W.: Man findet einen Ansatzpunkt genau darin, dass man diese ersten Problembeschreibungen sehr ernst nimmt und dem Kunden auf dieser Art und Weise zu verstehen gibt, dass man an seiner Problemstellung interessiert ist. Man zeigt Verständnis und vermittelt ihm das Gefühl: „Der kapiert, worum es mir geht!" Aber im Gespräch kommt der Kunde allein aufgrund der Art und Weise, wie man nachfragt, wie man das Umfeld des Problems ausleuchtet, welche Vorgehensweisen man zur Problembearbeitung vorschlägt und welche Teilnehmer und Fragestellungen man für Klausuren auswählt, ganz automatisch auf Felder, die er bisher ausgespart hatte. Die Kunstfertigkeit besteht darin, dem Kunden das Gefühl zu geben, dass man genau an seinen Problemen arbeitet, um durch die Art und Weise des Vorgehens an jene Bearbeitungsmöglichkeiten heranzukommen, die die Wahrscheinlichkeit der erfolgreichen Bearbeitung erhöhen.

Das hört sich jetzt vielleicht etwas abstrakt an, aber lassen Sie mich diesen Aspekt an einem Beispiel verdeutlichen: Vor ein paar Jahren erhielten wir einen Beratungsauftrag in einem Lebensmittelunternehmen, das Margarine erzeugt. Dabei geht es um einen Produktionsprozess, der sehr störanfällig und technologisch nicht wirklich beherrschbar ist. Es werden in einem biologisch-biochemisch komplizierten Vorgang pflanzliche und tierische Fette, deren Qualität man ihnen nicht wirklich ansehen kann, unter verschiedenen Temperaturen in einer bestimmten Mixtur zu Margarine verschmolzen. Das Unternehmen hatte das Problem, dass ständig Störfaktoren auftraten, die man sich nicht erklären konnte, die es aber notwendig machten, die Margarine wiedereinzuschmelzen oder gar wegzuwerfen. Der Geschäftsführer hatte nun den Eindruck, dass die Meister, die diesen Produktionsprozess steuerten, dem Prozess nicht genügend Achtsamkeit widmeten. Er sagte also: „Die sind nicht wirklich motiviert. Wenn sie aufpassten, gäbe es nicht so viele Fehlchargen!" So war es schon zu verschiedenen Abmahnungen gekommen. Man hatte auch schon in technologische Beobachtungsvorrichtungen investiert. Aber alles hat sich eher verschlimmert als verbessert. So sprach er mich an, ob ich nicht ein Motivationsseminar für seine Meister durchführen könnte.

T. B.: Er kannte also das Problem. Es sind die Meister.

R. W.: Genau. Ich habe daraufhin signalisiert, ich könnte mir schon vorstellen, so ein Seminar anzubieten, würde mir aber gerne zuvor mit den Meistern und dem Produktionschef die Produktion einmal genauer anschauen, um sicherzugehen, dass wir den Punkt auch wirklich treffen. In den ersten Gesprächen mit den Meistern hat sich relativ rasch herausgestellt, dass sich da ein Circulus vitiosus eingespielt hatte. Da der Geschäftsführer einen immensen Druck ausübte und immer wieder bestimmte Strafaktionen durchführte, waren die Meister sehr bemüht, dass man ihnen nichts nachweisen konnte, wenn etwas schief ging. Die Leute waren auf allen Ebenen so sehr damit beschäftigt, sich individuell in Sicherheit zu bringen, dass sie dem Produktionsgeschehen selber kaum noch Aufmerksamkeit schenkten. Je mehr Druck gemacht wurde, desto mehr mussten sie sich individuell schützen. Wir haben dann in einer Reihe von Workshops eine Art Störungsmanagement aufgebaut: Für alle Ebenen, bis hin zur Produktionsleitung, wurden bestimmte Maßnahmen erdacht, wie frühzeitig eingeschritten werden kann, sobald etwas beobachtet wird. Wir haben also den Geschäftsführer in diesen Prozess mit eingebaut und ihm auf diese Weise auch vor Augen führen können, in welcher Form sein bisheriges Verhalten Teil des Problems war.

Es ist ja immer die Schwierigkeit in solchen Prozessen, dass sich der Kunde, der Auftraggeber, gerne so definiert, dass er *nicht* Teil des Problems ist. Es sind immer die anderen. Unser Interventionsrepertoire muss einen Weg finden, dass er selbst in einer für ihn verträglichen Weise in die Bearbeitung und in die Abmachungen, die getroffen werden, miteingebaut wird. Das ist in dem genannten Beispiel ganz gut gelungen. In meiner Sprache war es ein dem Komplexitätsgrad des Prozesses angemessenes Störungsmanagement. Es wurde klar, dass man mit Störungen rechnen und ein anderes Handling aufbauen muss, um die Fehlchargen und die damit verbundenen Schäden ein Stück weit reduziert zu bekommen. Es ist zugleich ein

Beispiel dafür, wie man einerseits den Kundenwunsch ernst nimmt, aber andererseits einen Prozess inszeniert, der an andere Problemstellungen herankommt, in denen auch die Auftraggeber als Teil des Problems vorkommen. Doch wohlgemerkt, die Auftraggeber müssen in einer Weise vorkommen, dass sie es auch ertragen können und nicht vom Spielfeld gehen. Das macht für mich den zentralen Unterschied dieser Form von Dienstleistung im Vergleich zur klassischen Unternehmensberatung aus. Deren Geschäft besteht im Wesentlichen darin, dass sie die Auftraggeber in der Form beruhigen, dass sie sie als Teil des Problems außen vor lassen und vorgeben, ihnen in der Arbeit mit den untergeordneten Instanzen die Probleme abzunehmen. Als käme man auf diese Art und Weise zu Problemlösungen. Dabei werden aus meiner Sicht vielfach nur die definierten Probleme auf der Symptomebene bearbeitet, aber die tiefer liegenden Grundmuster nicht wirklich berührt. Die Marktnische, auf die wir uns spezialisiert haben, besteht darin, Prozesse anzuregen, die die Chance erhöhen helfen, Auftraggeber bis in die höchsten Hierarchieebenen hinein als Teil des Problems in den Prozess zu involvieren.

T. B.: Damit streifen Sie das sensible Thema der „Macht". In systemtheoretischen Ansätzen wird oft so getan, als sei Macht nicht das Problem von Organisationen.

R. W.: Auch zur Machtthematik ist unser Zugang in mehrfacher Hinsicht strategisch. Natürlich benötigt eine Organisation ganz bestimmte Machtressourcen, denn sonst wäre der hierarchische Ebenenunterschied nicht zu halten. Dieser Unterschied muss aber gehalten werden. Dass die höher geordnete Instanz über Machtressourcen verfügt, rechtfertigt sich eben dadurch, dass mit ihrer Hilfe in Konfliktsituationen Selbstblockaden der untergeordneten Instanzen aufgelöst werden können. Das geht nicht machtfrei. Dieser Illusion hingen wir vielleicht noch in der Organisationsentwicklungsdebatte der 1970er-/1980er-Jahre an. Wir glaubten, Konflikte seien über einen herrschaftsfreien Diskurs auflösbar. In der Zwischenzeit haben wir lernen müssen, dass dem ganz sicher nicht so ist.

Organisationen sind als soziale Systeme auf Machtressourcen angewiesen, sobald sie Ebenenunterschiede ausdifferenzieren – was bei einer bestimmten Größenordnung unvermeidlich wird. Der Umgang damit ist aber ein hochsensibler. Wenn für andere erlebbar wird, dass Führungsebenen diese Funktion missbrauchen, wenn Machtressourcen also nicht zur Sicherung des Überlebens der Organisation eingesetzt werden, sondern der Verfolgung partikularer Interessen dienen, ist der Autoritätskredit sehr rasch verspielt. Dann ist die Fähigkeit, Pattsituationen der nächsten Ebene aufzulösen, dahin. Ich glaube, dass wir im Bereich der Organisationsentwicklung noch nie so sehr auf sensibel funktionierende Führungsstrukturen angewiesen waren wie heute, einfach deshalb, weil die Organisationsstrukturen ständig labilisiert werden *müssen.* Das Einzige, was in diesem Zusammenhang eine gewisse Stabilität geben kann, sind funktionstüchtige, aufgrund von Leistung akzeptierte Führungsstrukturen.

T. B.: Es wird mit anderen Worten eine funktionale Autorität, keine Autorität qua Amt benötigt?

R. W.: Richtig. Positionale Autorität, die in der Umgebung so eingeschätzt wird, dass sie keinen Beitrag zur Problemlösung leistet, sondern lediglich der Aufrechterhaltung bestimmter Positionen oder Machtkonstellationen dient, ist unbrauchbar. Darum ist es sehr spannend, den Machtbegriff unter heutigen Gesichtspunkten neu zu diskutieren. Um das noch einmal zu betonen: Wenn Organisationen die für das Überleben notwendigen Machtressourcen leichtfertig verspielen, dann verspielen sie jede Art von Steuerbarkeit. Damit wären sie den Turbulenzen, in denen sie heute ihr Überleben organisieren müssen, vollständig ausgeliefert.

Wir haben als Berater in diesem Sinne mit Macht keine Probleme, soweit wir mithelfen können, funktionstüchtige Führungsstrukturen aufzubauen. Passende Führungsstrukturen zu etablieren ist eine der zentralen Herausforderungen in der Weiterentwicklung der Organisation in Richtung einer höheren Eigenkomplexität. In der Praxis trifft man natürlich immer wieder auf Personen, die für diese Aufgabe schlicht überfordert sind, die auf ihre scheinbaren Machtbefugnisse beharren und sich damit aber nur noch mehr ins Aus manövrieren. Das können sich Unternehmungen immer weniger leisten.

T. B.: Ich komme noch einmal zum Systemischen Ihres Beratungsansatzes. Welchen spezifischen Beitrag leistet die Systemtheorie in Ihrer Organisationsberatung?

R. W.: Wir haben die Systemtheorie dafür ausgeschlachtet, unser Organisationsverständnis zu elaborieren. In der Zeit, da wir noch dem klassischen Organisationsentwicklungsdenken verhaftet waren, haben wir Organisation noch sehr mit Hierarchie gleichgesetzt.

Wir gingen von der Vorstellung aus, wenn wir mehr teamförmige Strukturen etablieren, geht es den Organisationen und den Menschen besser. Wir setzten also auf mehr Demokratie, mehr Mitsprache, mehr Mitbestimmung, mehr Partizipation. Das sollte sowohl den Personen als auch den Organisationen helfen. Das ist – auf einen einfachen Nenner gebracht – die „Denke", aus der wir kamen. Die Systemtheorie hat uns geholfen, das soziale Gefüge „Organisation" mit seiner Eigendynamik differenzierter zu betrachten.

Zweitens konnten wir unser Verständnis auch in der Frage vorantreiben, wie sich Organisationen entwickeln. Wir haben uns von der Vorstellung verabschiedet, dass Organisationen relativ stabile, ausschließlich an ihrer Selbsterhaltung interessierte soziale Gebilde sind. Heute gehen wir davon aus, dass Organisationen Gebilde mit einer sehr hohen Eigendynamik und mit sich ständig verändernden Strukturen sind. Organisationsstrukturen sind nichts Festes, was wir als Berater in Bewegung bringen müssten. Organisationen sind als soziale Gebilde in hohem Maße „in Bewegung". Unser Eingreifen ist immer ein Eingreifen in die Eigendynamik des sozialen Systems und muss sensibel dosiert und präzisiert werden, damit dieser Eigendynamik entsprechende Wirkungen erzeugt werden können. Gerade hinsichtlich unserer Vorstellungen von den Veränderungsmöglichkeiten, von den Grenzen und Chancen des Eingriffs verdanken wir der Systemtheorie sehr viele Anregungen.

In den letzten Jahren war es zum großen Teil unser Geschäft, Organisationen bei radikalen Umbauprozessen zu unterstützen. Es galt, Transformationsprozesse zu ermöglichen, die – theoretisch gesprochen – die Nichttrivialität von Organisationen berücksichtigen. Es ging um Prozesse, bei denen man sehen muss, dass jede Art von Transformationsimpuls auf Beobachtungen trifft, die ihrerseits wieder Reaktionen auslösen, die nicht prognostizierbar sind. Zur Frage, wie man solche Prozesse konzipieren und steuern kann, die im Grunde genommen eben nicht planbar und nicht prognostizierbar sind, die aber trotzdem konzipiert und vorangetrieben werden müssen, haben wir viele Anregungen aus der Systemtheorie gewinnen können. Sie verhilft zu solchen komplexitätsbewältigenden Interventionsformen – sowohl für das Management als auch für die Beratung.

Zum Beratungsfeld selbst: Ich glaube, dass Beratung eine dieser „unmöglichen" Dienstleistungen ist, von der auch mit Blick auf Therapie oder Erziehung immer wieder gesprochen wird, zu der man als Professioneller gerufen wird, um Probleme zu lösen, auf die man keinen direkten Zugriff hat. Man ist darauf angewiesen, dass das soziale System in einer bestimmten Weise in eine Kooperation einsteigt, deren Ergebnis so etwas wie ein Selbstheilungsprozess ist. Die Frage lautet: Wie kann man diese „unmögliche" Dienstleistung professionalisieren? Auch diesbezüglich haben wir von der Systemtheorie eine Fülle von Anregungen bekommen. Beispielsweise ist es gar nicht so einfach, sich auf soziale Situationen einzulassen, die unstrukturiert sind, die unkalkulierbar sind, in denen man sich auch ein Stück weit der Eigendynamik des Geschehens ausliefern muss.

T. B.: Wieso ist das so schwer? Weil unstrukturierte Situationen so komplex sind, oder weil sie einen auch affektiv belasten?

R. W.: Es ist weniger aufgrund der kognitiven Komplexität ein Problem, sondern eher, weil derartige Situationen ziemliche Unruhe erzeugen. Man bekommt Angst, sich in einer fremden Umgebung mit hohen emotionalen Erwartungen auf eine offene Situation einzulassen. Man weiß, nicht, was dabei herauskommt. Wir haben in den Klausuren immer wieder mit relativ konflikthaften Situationen zu tun, in denen sich die Konfliktkonstellation erst langsam durch das Miteinanderreden herauskristallisiert, was man verhindern würde, wenn man sehr früh mit strukturierenden Vorschlägen oder gar mit Lösungen hineingehen würde. Dem Erwartungsdruck, mit schnellen Lösungen entlastend zu wirken, muss man standhalten. Und der Druck ist umso stärker, je höher die Angst auf der Gruppenseite ist.

Der Umgang mit auch für die Kunden angstbesetzten sozialen Situationen, das Gespür dafür, wann man entlastend eingreifen und wann man das Ganze auch hochdampfen lassen muss, damit für den Kunden überhaupt eine Lösung sichtbar wird, die dann auch weiterführend ist, ist äußerst schwierig und von größter Wichtigkeit. Die Steuerung solcher angstbesetzten sozialen Prozesse ist eine Anforderung für die Beratung, die viel Erfahrung verlangt, die aber auch durchaus professionalisiert werden kann. Man kann in Laborsituationen trainieren, mit unstrukturierten Situationen umzugehen. Man kann dabei lernen, auch die eigenen Befindlichkeiten zu entdecken und zu erkennen, wo man selber anfängt mitzuschwingen, wo man die Distanz zum Kunden verliert und möglicherweise Partei ergreift, wo man die Form der „zuwendenden Allparteiischkeit" verliert usw. Im Zuge des Aufbaus dieser Art von Professionalität sind schwierige Selbsterfahrungsprozesse erforderlich. Dabei kann ein theoriegeleitetes Hintergrundwissen – auch im Umgang mit der eigenen Person – sehr hilfreich sein, pathologische oder sonstige unbrauchbare Denkmuster zu verhindern, die dann erst recht bei einem selber Lernblockaden aufbauen können.

T. B.: Sie sprechen Dinge wie „persönliche Selbstreflexion" und „Selbsterfahrung" an. Ist in diesem Zusammenhang die Systemtheorie, zumal die von Niklas Luhmann, wirklich brauchbar? Sie eignet sich gewiss, um den sozialen Kontext zu reflektieren, aber eignet sie sich auch, um die eigenen Verwickeltheiten zu reflektieren?

R. W.: Sehr sogar. Wir haben auch erst allmählich lernen müssen, dass man als Berater in sozialen Situationen – ob man es will oder nicht – zu einem Resonanzkörper wird. Wenn bei mir bestimmte Unbehaglichkeiten auftreten, weil ich merke, nichts geht weiter, wenn ich immer aggressiver werde und mich am liebsten auf einen Konflikt mit jemanden einlassen würde oder wenn mich zunehmend das Gefühl einer abgrundtiefen Hilflosigkeit beschleicht, weil nichts mehr greift, wenn ich merke, ich werde passiver und passiver, meine Kräfte schwinden, mir fällt nichts mehr ein – das sind alles Erfahrungen, die ich aus dem Alltag als Berater sehr wohl kenne –, dann kann ich das natürlich persönlich nehmen und mich fragen: „Was ist bloß mit mir los? Habe ich schlecht geschlafen? Bin ich vielleicht nicht ganz gesund?" Man hat womöglich das Gefühl, der letzte Versager zu sein. Der Kunde bietet vielfach Gelegenheit, die Emotionalität, die im Prozess aufkommt, persönlich zu nehmen. Gerade die Auseinandersetzung mit der Systemtheorie hat mir sehr geholfen zu sehen, dass soziale Systeme mein individuelles Energiepotenzial aufgreifen und zugleich stimulieren. Natürlich muss ich auch immer eine gewisse persönliche Bereitschaft dazu mitbringen. Da wirken immer auch persönliche, individuell-genetische Faktoren und in der Sozialisation erworbene Persönlichkeitsstrukturen mit, aber mein eigenes Gewordensein interessiert mich in dieser Situation gar nicht. In dieser Situation interessiert mich: „Was sagt mir meine Befindlichkeit über die Situation, mit der ich mich gerade auseinander setze? Was kann ich daraus für die Diagnose der Situation lernen und gewinnen?" Wenn ich mich z. B. ohnmächtig fühle und ich nicht mehr weiterweiß, dann kann ich davon ausgehen, dass genau das etwas ist, was dieses System im Moment prägt. Ich kann davon ausgehen, dass ich damit eine Funktion erfülle, die im System begründet ist. Das Ohnmachtgefühl, das im System herrscht, wird auf den Berater projiziert, und das Scheitern des Beraters stellt für den Kunden eine Beruhigung dar. Er kann sagen: „Na gut, wenn der Rudi Wimmer auch nicht weiterweiß, dann ist einfach nichts zu machen, dann muss man halt mit der Situation leben!" Ich persönlich gewinne eine Vielzahl von Interventionsmöglichkeiten genau aus der Diagnose meiner Befindlichkeit. Wenn man dafür keine Antennen hat, die man nur durch wirklich intensive Prozesse der Introspektion, der Auswertung und der Selbstreflexion entwickelt, dann ist man dem ganzen Geschehen ziemlich hilflos ausgeliefert.

T. B.: Können Sie uns ein paar weitere Hinweise auf das typisch systemische Methodenrepertoire geben?

R. W.: Für unsere Arbeit ist ganz wichtig, nicht allein, sondern zu zweit zu arbeiten. Das lässt sich aus Kostengründen nicht immer herstellen, aber wenn es geht, arbeiten wir zu zweit. Wenn ich dann z. B. beobachte, dass man beginnt, sich im Kreis zu drehen, dann frage ich meinen Kollegen: „Mir geht es seit einiger Zeit so und so. Ich habe dies und das probiert, aber wir kommen da nicht weiter. Wie ergeht es denn dir? Siehst du das anders?" Ich führe dieses Gespräch coram publico. Ich spiele meinem Kollegen den Ball zu, und wir beginnen, uns vor der Gruppe auszutauschen. So bekommen die Teilnehmer die Möglichkeit, durch unsere Befindlichkeit und unser Reden in eine Metaposition zu gehen. An einer bestimmten Stelle, an der man das Gefühl hat, jetzt ist genug Material da, kann man den Ball wieder in die Runde zurückspielen und fragen: „Ist das, was wir da erleben und miteinander ausgetauscht haben, nur unser Thema, oder kann der eine oder andere von Ihnen unser Erleben nachvollziehen?" Und dann kommt meistens: „Ja genau, das kennen wir! Wir verrennen uns auch häufig!" Dann sind wir schon auf der Metaebene, auf der wir die Mechanismen und Muster der Selbstlähmung im Kommunikationsgeschehen bearbeitbar machen können.

Eine andere immer wirksame Intervention ist die, dass man an so einer Stelle einfach eine Pause macht. „Ich brauche jetzt mal eine Auszeit! Ich muss ein bisschen nachdenken! Gestatten Sie mir zehn Minuten. Gehen wir mal kurz Luft schnappen. Wir können dann ja wieder weitermachen." In der Zwischenzeit trinken wir Kaffee, rauchen, unterhalten uns. Wenn das gut eingesetzt ist, erleben es die Leute immer als Entlastung.

T. B.: Und danach ist das System nicht mehr dasselbe?

R. W.: Die Situation wird eine andere, weil in der Zwischenzeit informell etwas passiert. Zudem habe ich mir in der Zwischenzeit womöglich etwas einfallen lassen, wie ich den Faden wieder aufnehmen kann. Da kann ich sagen „Wir sind an dem und dem Punkt ..." oder „Wir müssen den Fokus wechseln ..." oder auch „Bitte verstehen Sie mich, ich bin im Moment ratlos. Ich weiß da nicht mehr weiter ...". Die eigene Hilflosigkeit als eine Form der Intervention zu nutzen ist an bestimmten Stellen ein sehr probates Mittel, weil damit die Verantwortungsdelegation des Kunden, der ja die Problemlösungserwartung auf den Berater projiziert, diesen aber gleichzeitig fesselt, sodass nichts mehr geht, umdelegiert wird. Man kann hier von einer Umkehr der Verantwortung sprechen. Man sagt: „Ich weiß nicht mehr weiter!", und dann können die anderen sagen: „Wir müssen abbrechen!", oder es fällt dem einen oder anderen doch noch etwas ein. Wenn man auf der Beziehungsebene eine gute Basis hat, dann habe ich es noch nie erlebt, dass an dieser Stelle wirklich abgebrochen wurde.

T. B.: Wie schafft man es, durch das Nadelöhr der Kommunikation mit nur wenigen Mitgliedern einer Organisation auf die gesamte Organisation nachhaltig einzuwirken?

R. W.: Auch das erfordert mehrere Schritte. Ich habe bereits angedeutet, dass es zunächst darum geht, mit den „relevanten Spielern des Feldes" in eine echte Beratungsbeziehung zu gelangen. Die Frage „Wen brauche ich denn als Visavis?" ist selbst schon eine ganz zentrale Größe für den Beratungsprozess. Wir fragen immer: „Wer ist unser Klient?" Ich muss an jene Entscheidungsressourcen herankommen, die für den Problemlösungsprozess mobilisiert werden müssen. Wenn ich es mit Leuten zu tun habe, die gar nicht die Entscheidungen herbeiführen können, welche für die Problemlösung erforderlich sind, dann betreiben wir nichts weiter als Schattenboxen. Es ist also eine ganz wichtige Abwägungsfrage, welche Spieler in so einem Nachdenkprozess zusammengefasst werden. Wichtig ist auch die Frage, zu welchem Zeitpunkt man sie zusammenbringt. Sowohl die Auswahl als auch das Timing sind wichtige Stellhebel in einem Beratungsprozess.

Der nächste Schritt ist nun, dass Überlegungs- und Entscheidungsprozesse im Beratungssystem selber stattfinden, die einen Unterschied zu den bisherigen Mustern machen. Das ist schon nicht ganz leicht, z. B. in einer Führungsklausur ein Verständnis dafür zu gewinnen, wo das System momentan steht und was anschlussfähige nächste Prozesse sein könnten, die das System auch wirklich weiterbringen. Möglicherweise bekommt man es in den zwei oder drei Tagen hin, ein paar wichtige Fokusse ins Blickfeld zu rücken und Entscheidungen miteinander darüber herbeizuführen, was in den nächsten Tagen, Wochen oder Monaten im Hause passieren soll und wer da welche Aufgaben übernimmt. Aber wir haben überhaupt keine Garantie, dass das dann auch wirklich umgesetzt wird. Ich habe es sehr häufig erlebt, dass man nach zwei, drei Monaten mit demselben Kreis wieder zusammenkommt und feststellen muss, dass in der Zwischenzeit nichts passiert ist.

T. B.: Das heißt, die Leute haben ihre Hausaufgaben nicht gemacht.

R. W.: Genau. Auch unter systemtheoretischen Gesichtspunkten ist es ganz wichtig festzustellen, dass wir es hier nicht mit irgendeiner Bösartigkeit des sozialen Systems „Kunde" zu tun haben. Wir haben zwar im Beratungssystem bestimmte Sachen vorangetrieben, aber in der Organisation, in den Bearbeitungsmustern vor Ort hat sich keinerlei Änderung ergeben. Das heißt, Änderungen im Beratungssystem sind noch keine Änderungen im sozialen System Organisation. Das ist so ähnlich wie in der Therapie: Wenn ich in einer Sitzung mit der Familie etwas berede, weiß ich nicht, ob und welche Wirkungen das zu Hause am Familientisch hat. Man kann nur hoffen, dass da das eine mit dem anderen etwas zu tun bekommt, dass „kommunizierende Röhren" entstehen. Wenn nicht, kann es sein, dass man mit der Gruppe an den Mechanismen arbeiten muss, die eine Umsetzung der Entscheidungen im Alltag verhindern. Man stellt dann z. B. die Frage: „Was könnten Sie als Leiter der Einheit dazu beitragen, dass die Entscheidungen, die wir jetzt gefällt haben, nicht umgesetzt werden?" Dann kommt in der Regel sehr deutlich heraus, dass es die Aufrechterhaltung bestehender Muster ist, die dafür sorgt, dass das, was wir entschieden haben, eine Luftnummer bleibt. Man muss sich etwas einfallen lassen, was das soziale System unter Entscheidungsdruck bringt, entweder die Dinge so fortzuführen wie bisher oder bestimmte Musterunterbrechungen ernsthaft anzugehen. Wenn dieser Entscheidungsdruck – das ist meine feste Überzeugung – *nicht* durch reale Zwänge unterfüttert ist, wenn er nicht im operativen Geschehen als notwendig verstanden und kommuniziert wird, dann bleibt Beratung eine Schönwetterveranstaltung.

T. B.: Gibt es Kniffe, den Kunden dazu zu bringen, seine Hausaufgaben zu machen? Etwa Beschwörungen, Überredungen, Verführungen?

R. W.: Wenn Sie so wollen, habe ich Ihnen soeben eine Form der Verführung geschildert: Man muss den Kunden ihre Muster der Kontinuierung bestimmter chronifizierter Problemstellungen sichtbar und erlebbar machen. So stehen sie zumindest vor der Option, so weiterzumachen oder es sein zu lassen. Vielfach wird eine Veränderung schlichtweg durch Unterlassung bewerkstelligt.

Eine andere Möglichkeit ist die, in Teams das Commitment in der Wahrnehmung bestimmter Funktionen zu steigern. Man sagt z. B.: „Wir haben uns vorgenommen, die und die Projektinitiativen zu setzen. Wir werden ein Meeting im Monat dazu nutzen, den Projektfortgang zu evaluieren." Das heißt, wir bauen während der Klausur Kommunikationsstrukturen auf, die gewisse Kontrollschleifen beinhalten. Ich berate z. B. zurzeit eine Bank, die von einer Großbank gekauft worden ist, was immense interne Irritationen und Verwerfungen ausgelöst hat. Man weiß nicht genau, kommt es jetzt zu einer Totalfusion, oder darf man der angekündigten Zwei-Marken-Strategie Glauben schenken, sodass beide Banken in ihrer Identität dem Markt und dem Kunden gegenüber erhalten bleiben? Diese Unsicherheit hat im wichtigsten Geschäftsbereich zu defätistischen Selbstlähmungsprozessen geführt. Man wusste nicht mehr, ob man morgen noch existieren würde. Es wurde „Business as usual" gemacht, aber es gab keinen „Marktbiss" mehr.

In dieser schwierigen Ausgangslage haben wir versucht, in mehrtägigen Klausuren mit der gesamten Geschäftsbereichsleitung und allen Regionalleitern den zugrunde liegenden Mechanismus, der diese resignative Perspektivlosigkeit hat entstehen lassen, fassbar zu machen. Es war viel Trauerarbeit am Verlust der bisherigen Identität, die mit der Übernahme bis zu einem gewissen Grad ja ganz neu definiert werden musste, vonnöten. Erst das gemeinsame Durcharbeiten der Verlustgefühle und der daran geknüpften tiefen Enttäuschungen eröffnete uns Schritt für Schritt wieder die Möglichkeit, einen Sinn in einer aktiven Gestaltung der anstehenden Zukunftsfragen zu entdecken. Auf dieser Basis gelang dann auch inhaltlich eine strategische Neupositionierung des Geschäftsbereiches – zumindest aus der Sicht des Leitungsteams. Damit dieser Wandel auch in den einzelnen Subeinheiten der Organisation Fuß fassen konnte, war es dann erforderlich, den Prozess in ähnlicher Weise in die einzelnen Regionen zu tragen. In den letzten Monaten sind diese dezentralen Verständigungsprozesse in der Verantwortung der jeweiligen Regionalleitung gelaufen. Dabei haben sich ganz ähnliche Phänomene wie zunächst im Leitungsteam gezeigt. Es musste viel Frust, eine Fülle von Enttäuschungen zum Teil auch gegenüber den eigenen Entscheidungsträgern, weggearbeitet werden, bevor wieder so etwas wie Zukunftsvertrauen aufkeimen konnte. Der ausschlaggebende Punkt für diesen inneren Orientierungswechsel lag wohl darin, dass die Betroffenen sich über die mit der Übernahme verbundenen Gefühlslagen haben verständigen können und dabei erkannten, dass sie mit einem resignativen Verhaften in der Opferrolle genau jenen Zustand herbeiführen würden, den sie zutiefst befürchten, nämlich ein totales Aufgehen in der übernehmenden Firma. Durch das Schaffen solcher Prozessarchitekturen kann man als Berater schon mit dafür Sorge tragen, dass in einem System eine selbst heilende Veränderungsdynamik in Gang kommt, auch wenn man selbst nur über ganz sparsame Eingriffsmöglichkeiten verfügt. Voraussetzung dafür sind allerdings Führungskräfte an der Spitze, die sich selbst zu engagierten Trägern der Veränderung machen.

T. B.: Wie erleben Sie die Reaktion des Kunden auf Ihre systemische Sichtweise? Man könnte sich vorstellen, dass der Kunde sich mehr wünscht, als Sie auf den ersten Blick zu liefern haben. Sie versprechen schließlich keine direkten Problemlösungen.

R. W.: Die systemische Sichtweise spielt im Gespräch mit dem Kunden überhaupt keine Rolle. Kunden kommen mit ihren Problemen und Anliegen, und auf diese beziehen wir uns. In dieser Bezugnahme gibt es keinen Grund, zu theoretisieren oder zu erklären, warum man so oder anders vorgeht. Ich bin über all die Jahre – und das sind jetzt doch schon fast 20 Jahre – noch nie darauf angesprochen worden, was der theoretische Hintergrund meiner Arbeit sei.

T. B.: So blauäugig laufen Kunden in die Beratung hinein?

R. W.: Nein. In der Regel kommt der Kunde aufgrund irgendeiner Form von „Überweisung" auf einen zu: Man ist empfohlen worden. In größeren Unternehmungen gibt es interne Beratungseinheiten, die den Markt kennen und sondieren, für welche Problemstellungen sie wen einladen. Aber in dem Moment, in dem man ins Gespräch kommt und sich der andere verstanden fühlt, ist der theoretische Hintergrund überhaupt kein Thema mehr. Da geht es ums Inhaltliche, da geht es darum, wie man vorzugehen gedenkt, welche Sicht man von den Dingen hat, was der nächste Schritt sein könnte usw. Man steigt sofort in den pragmatischen Prozess der Bearbeitung ein. Es ist nach meiner Erfahrung eher ein Problem der Theoretiker, die meinen, man müsste seinen Ansatz erklären und darüber anschlussfähig werden. Die Kunden haben kein Theorieinteresse. Die Kunden haben ein pragmatisches Problemlösungsinteresse.

T. B.: Laut einer von Ihnen in Auftrag gegebenen Studie sagen viele Kunden, ihre spezielle Beratungstätigkeit sei eine soziale Ergänzung zu Reengeneering-Prozessen. Überlässt man die Arbeiten an den hard facts *den klassischen Beratern, während Sie als Systemiker deren Wirken nur abfedernd begleiten?*

R. W.: Es ist tatsächlich gar nicht selten der Fall, dass wir zu einem Zeitpunkt ins Spiel kommen, da es zu einer bestimmten Auseinandersetzung mit einem klassischen Unternehmensberater gekommen ist, sodass entweder aus Unzufriedenheit mit dem inhaltlichen Ergebnis oder aus Unsicherheit bezüglich der Implementierung eine zusätzliche Beratung gesucht wird. Ich sehe darin auch kein Problem, denn es handelt sich hier um eine ganz brauchbare Ergänzung. Das Legitimations- und Absicherungsbedürfnis vieler Kunden kann – von der fachlichen Seite her gesehen – stärker bei den klassischen Unternehmensberatern abgedeckt werden. Wenn ein Kunde diese Art von Legitimationsbeschaffung zur eigenen Sicherheit braucht, why not? Die können wir tatsächlich nicht bieten. Da fehlt uns ganz einfach die nötige Breite und Masse an Informationen. Wenn es aber darum geht, Nägel mit Köpfen zu machen, also tatsächlich eine Geschäftsbereichsgliederung durchzuführen, Abteilungen auseinander zu reißen, bestimmte geographisch getrennte Einheiten zu fusionieren und dann neue Identitäten im Unternehmen entstehen zu lassen, dann sind wir gefragt, weil wir dafür ein entsprechendes Prozessdesign liefern und auch die Begleitung leisten können.

T. B.: Kommen wir nun zum Komplex „Führung und Management". Führung wird im Alltagsverständnis mit großen Führern, mit heroisierten Persönlichkeiten in Verbindung gebracht. Diese Form der Personalisierung dürfte Ihnen als Systemiker eher nicht zusagen. Wie würden Sie Führung beschreiben?

R. W.: Führung ist für mich eine Dienstleistung, die im System für die Überlebensfähigkeit des Systems erbracht wird. Sie ist angesetzt an der Grenze von Funktionalität und Dysfunktionalität. Führung kümmert sich, aktuell oder vorausschauend, um jene Themen, die bearbeitet werden müssen, damit die Rahmenbedingungen für die eigene Weiterexistenz gesichert sind. Je komplexer ein soziales System wird, desto notwendiger wird es, dass diese Dienstleistung ausdifferenziert wird. In der klassischen Hierarchie wurde immer gedacht, Führung sei eine Funktion, die an bestimmten Machtträgern hängt. Von daher kommt die starke Personalisierung, die meint, Führung sei immer die Leistung einer einzelnen Person, und die Geführten seien lediglich die, die zu folgen haben. Das ist eine Form der Komplexitätsreduktion, die in einfachen Verhältnissen durchaus zu Lösungen führt. Angesichts der Eigenkomplexität, von der wir eingangs gesprochen haben, stellt diese Form allerdings eine verführerische Vereinfachung dar. So einfach ist die Welt heute nicht mehr.

T. B.: Diese Vereinfachung wird aber immer wieder benutzt.

R. W.: Das ist auch eine Konstruktion, die für manche Diskurse Sinn hat. Für den praktischen Problemlösungszusammenhang ist sie zu einfach. Dennoch bleibt eine gewisse Ambivalenz, denn soziale Systeme brauchen in ihrem Bedürfnis nach Unsicherheitsreduktion solche heroisierenden Zuschreibungen. Es lässt sich schön zeigen, wie ein System derartige Leitfiguren produziert und nutzt: Je größer die Verunsicherung ist, desto stärker wächst der Bedarf nach Leitfiguren. Sobald sich aber die Situation ändert, haben diese Figuren auch ihren Dienst getan. Wenn dann ein Krisenmanager glaubt, weiterhin Krisen zu brauchen, um seine Existenzberechtigung nachweisen zu können, muss er wieder Krisen erzeugen, um erneut gebraucht zu werden. An solchen Perversionen kann man sehen, wie es zu Verwerfungen kommen kann, wenn man nicht sieht, wie soziale Systeme Personalisierung als Problemlösungsmuster nutzen. Natürlich kann es sein, dass einzelne Beteiligte das missverstehen und meinen, sie seien wirklich Heroen, auf sie käme es an, und nur sie hätten etwas bewirkt. Diese Art von individualistischem Missverständnis gibt es natürlich zuhauf. Aber der systemtheoretisch geschulte Beobachter weiß das auch anders zu deuten.

T. B.: Was heißt Führung unter den Prämissen, die Sie in Anschlag bringen? Was heißt es für Führung, dass Organisation als soziales System begriffen wird und dass Organisationen als soziale Systeme unter gesteigerte Komplexitätsansprüche geraten sind?

R. W.: Wenn man meiner Definition folgt, schließt sich gleich die Frage an: „Was sind Gesichtspunkte, die für das Überleben eines sozialen Systems ins Auge gefasst werden müssen?" Oder: „Was sind die Grundparadoxien, auf die man immer wieder zurückgreifen und deren Bearbeitung vorangetrieben werden muss, damit die Überlebensfähigkeit gesichert werden kann?" In meiner Suche nach einer brauchbaren „Landkarte" habe ich sechs Grundprobleme identifiziert, die einer laufenden Bearbeitung durch spezialisierte Rollen zugeführt werden müssen.

Es geht erstens um die *Differenz Vergangenheit/Zukunft.* Wenn man nicht will, dass eine Organisation ihre Erfolgsmuster aus der Vergangenheit unbesehen in die Zukunft projiziert, dann muss jemand die Frage in die Diskussion geben, ob die Existenzprämissen der Vergangenheit auch noch für die Zukunft gelten sollen. Das nenne ich *Strategieentwicklung.* Vom Ergebnis her gesehen, geht es um die Produktion von Entscheidungsprämissen in den Programmen einer Organisation.

Ein zweites Grundproblem betrifft die Frage, ob die Art und Weise, wie und mit welchen Kapazitäten sich ein Unternehmen um seine Umwelt kümmert, noch zu dieser passt. Es geht hier also um die *Innen-außen-Differenz* und ihre jeweilige Justierung.

Ein drittes Grundproblem besteht darin, dass Unternehmungen dazu aufgerufen sind, in der Gegenwart ihre Ressourcen zu verknappen, um Zukunftsvorsorge zu leisten. Hier geht es um ein *Ressourcenmanagement* mit dem Ziel einer adäquaten Verknappung.

Viertens stellt sich die Frage: *„Wie viel Organisation braucht die Organisation?"* Hier geht es um den Grad der Organisiertheit, die Stimmigkeit der Aufbauorganisation, der Prozesse, der Kommunikationsstrukturen und um das Verhältnis von Wandel und Stabilität.

Das fünfte Grundproblem liegt in der *Kopplung von Personen und Organisation.* Man kann nicht davon ausgehen, dass Mitgliedschaft allein schon Leistungsfähigkeit und Leistungsbereitschaft sicherstellt. Hier treffen wir auf Fragen des Personalmanagements.

Sechstens stellen sich die Fragen: „Besitzen wir für unseren Steuerungsbedarf adäquate Selbsteinschätzungen? Wie viel wissen wir über uns selbst? Was wissen wir, was wissen wir nicht?" Es geht um die *Differenz Wissen/Nichtwissen,* also um das, was in der klassischen betriebswirtschaftlichen Theorie unter Controlling läuft.

Diese sechs Problemfelder bilden für mich so etwas wie eine Landkarte, auf die ich schaue, wenn ich wissen möchte, auf welche

Inhalte Führung zu achten hat. Führung muss dafür sorgen, dass die weiterführenden Entscheidungen gefällt werden und das Wechselspiel von Entscheidungsprämissen und operativem Alltagsgeschäft funktioniert. Führung ist nicht dazu da, die Entscheidungen zu fällen. Führungskräfte sind keine Monopolisten von Entscheidungen. Ihre Aufgabe besteht darin, dass Entscheidungen herbeigeführt werden. Sie haben die Strukturen zu schaffen, in denen Entscheidungen zustande kommen können.

T. B.: Entgegen den klassischen Vorstellungen heißt das aber doch, dass der Führende nicht mehr wirklich führt und alle Fäden in der Hand hat, sondern in gewissem Sinne selbst geführt wird.

R. W.: Er organisiert adäquate Formen der Selbstorganisation. Führung und Selbstorganisation sind keine Gegensätze mehr! Führung ist eine Ermöglichung adäquater Formen der Selbstorganisation eines sozialen Systems. Das heißt für den „Führenden", dass er im Sinne der Nichttrivialität von sozialen Systemen ein Teil dessen ist, was geführt wird. Er führt sich selbst und wird dabei aber auch durch andere geführt. Die wichtige Erkenntnis lautet hier: Führung ist Selbstführung! Wenn ich Wirkungen erzeugen will, dann muss ich immer bei mir selber anfangen.

T. B.: Kann man das den Leuten in den Führungspositionen einer Organisation erklären?

R. W.: Durchaus. Wir führen eine Reihe von Qualifikationsprogrammen durch, gerade für das General Management, die genau darauf abzielen, dass die Leute für diese Fragen sensibel werden und entsprechende Fähigkeiten entwickeln, wie sie Konflikte lösen, wie sie ihre Meetings führen, wie sie Regelkommunikation aufbauen, Investitionsentscheidungen herbeiführen usw. Es sind immer sie, die hier handeln, aber sie werden in diesen Prozessen natürlich zugleich von anderen geführt. Gerade für das mittlere Management ist es ganz wichtig zu sehen, dass es eine fundamentale Führungsleistung zu erbringen hat. Man darf sich der nächsthöheren Ebene nicht als Mitarbeiter darstellen, der Ja und Amen sagt, sondern muss die Entscheidungsprozesse auf höherer Ebene mit der Faktizität und Realität der unteren Ebenen anreichern.

Zum Führungsthema habe ich eine gewisse Leidenschaft entwickelt, weil sich auf dem Spielfeld der Auseinandersetzung um ein neues Führungsverständnis vieles in Entwicklung befindet. Das Neue besteht gerade nicht darin, dass man den Mitarbeitern nach dem Mund redet, keine harten Schnitte mehr macht usw. Im Gegenteil, wenn erkannt ist, dass wir von der Kostenseite her in ein existenzielles Problem hineinlaufen, dann ist es umso besser, je früher die Notbremse gezogen wird und an bestimmten Stellen Bereinigungen vorgenommen werden. Es kann durchaus sein, dass man sich von einem Bereich trennt und die Mitarbeiterzahlen reduziert. Ich glaube, dass die Fähigkeit genau darin besteht, unter einem bestimmten Begründungsaufwand, der dann notwendig wird, deutlich zu machen, was für die Überlebenssicherung erforderlich ist und was nicht. Wenn solche heiklen Entscheidungen nur der Willkür der Entscheider zugeschrieben werden, bekommen sie dafür keinerlei Hintergrundakzeptanz.

T. B.: Sie setzen sich an Ihrem Lehrstuhl in Witten/Herdecke besonders intensiv mit Familienunternehmen auseinander. Was unterscheidet diesen Typus von anderen Unternehmensformen?

R. W.: Der wichtigste Unterschied besteht darin, dass Familienunternehmen in der Art, wie sie sich darstellen und ihrer Umgebung präsentieren, das Ergebnis eines sehr subtilen gemeinsamen koevolutionären Entwicklungsprozesses sind. Die Familie und das Unternehmen haben sich wechselseitig in einer ganz bestimmten Art und Weise geprägt. Sie finden im Unternehmen eines Familienunternehmens viele Aspekte wieder, die man als familiale Grundmuster bezeichnen kann, die nur aus dieser Koevolution heraus verständlich sind. Das betrifft z. B. die Art und Weise, wie Mitarbeiter ans Unternehmen gebunden sind. In Familienunternehmen erleben wir eine Art von Loyalität, ein Sich-verpflichtet-Fühlen, eine Einsatzbereitschaft der Mitarbeiter, die sie in vielen Publikumsgesellschaften in dieser Form nicht antreffen. Es ist ähnlich wie in einer Familie: Die Familienmitglieder investieren ineinander, ohne dass sie sofort quasi den Scheck als Retourleistung erwarten. Sie wissen, es gibt ein langfristiges Geben und Nehmen, und irgendwann wird man seine Investition schon vergütet bekommen. Mein Kollege Fritz B. Simon spricht hier von einem Scheck auf eine nicht gedeckte Zukunft. Und trotzdem wird er ausgestellt. Familienunternehmen haben in der Regel eine Kultur ausgeprägt, die eine exzeptionelle Leistungsbereitschaft bei ihren Mitarbeitern wachsen lässt, die nur aus dieser familialen Form der Bindung an das Unternehmen verständlich ist. Von daher ist auch verständlich – wenn wir auf der Personenebene bleiben –, dass Familienunternehmen sich ganz schwer mit Seiteneinsteigern tun. Dort werden junge Leute „angedockt", sie werden ins Unternehmen hereinsozialisiert, so wie Kinder in die Familie hereinwachsen, ohne dass das Familienunternehmen viel in eine berufsspezifische Personalentwicklung investieren würde. Sie werden entwickelt durchs Dabeisein.

T. B.: Das heißt doch gleichzeitig, dass auch der Unternehmer sehr an sein Personal gebunden ist.

R. W.: Genau, und das führt dazu, dass viel von dem Wissen, das es in mittelständischen Familienunternehmen gibt, tatsächlich nur in den Köpfen der lang gedienten Personen vorhanden ist und weniger verfügbar ist als Organisation. Helmut Willke würde sagen, die Intelligenz dieser Organisation ist relativ niedrig, denn viel Know-how ist implizites Know-how, gebunden an die Mitglieder des Familienunternehmens. Wenn dann solche Know-how-Träger ausfallen, ist das immer ein schwerer Verlust. Dasselbe gilt natürlich auch für den Unternehmer selbst. Gerade Gründerpersönlichkeiten haben es geschafft, vieles an Abläufen und impliziten Entscheidungsprozeduren um die eigenen Eigenheiten herum zu bauen. Eine solche Organisation versteht man nur, wenn man die Eigenheiten des Patriarchen kennt.

Auch am Kommunikationsverhalten wird die Besonderheit von Familienunternehmen deutlich. Familienunternehmen setzen in einem viel stärkeren Maße auf mündliche Kommunikation als nichtfamiliäre Unternehmen. Dort werden Sie viel weniger Schriftlichkeit antreffen, was auch wieder Vor- und Nachteile hat. Ein Vorteil besteht darin, dass über die mündliche Kommunikation sehr geschwind Abstimmung und Verständigung erzeugt wird. Die Entscheidungswege sind kurz. Es gibt diese Handschlagqualitäten. Man muss nicht alles tausendfach protokollieren und dann gegenzeichnen usw. Auf der anderen Seite findet sich – mit Luhmann gesprochen – das Gedächtnis der Organisation ausschließlich in diesen Kommunikationsprozessen. Es ist sehr personenorientiert und hängt an den Leitfiguren des Familienunternehmens. Bei Familienunternehmen kann man wirklich nur sehr schwer zwischen formeller und informeller Kommunikation unterscheiden. Ist es formell oder informell, wenn der Eigentümer beim Hinausgehen einen der Meister trifft und sagt: „Hoppla, mir fällt da gerade ein, mich hat da jemand angerufen. Bitte schauen Sie, dass er die und die Leistung bekommt!"? Es ist weder formell noch informell. Es gibt kaum formelle

Strukturen, weil sich das gesamte Steuerungsgeschehen in solchen scheinbar beiläufigen, oft nicht wirklich gesteuerten, zufallsabhängigen Kommunikationsanlässen abspielt, so wie in Familien auch. Familienunternehmen tun sich wirklich schwer, formelle Kommunikationsstrukturen zu etablieren und Strukturen auszudifferenzieren, die nicht personenorientiert sind.

T. B.: Da ahne ich, dass es zu enormen Problemen kommen wird, wenn es darum geht, die Firma weiterzugeben …

R. W.: … oder weiterzuentwickeln. Wenn bestimmte Wachstumsschübe durch den Markt evoziert werden, kommen diese evolutionären, sehr an Personen und Mündlichkeit orientierten Kommunikationsstrukturen nicht nach. Es kommt dann zu enormen Brüchen. Wir verfolgen die These, dass Familienunternehmen aus der familialen Verbundenheit heraus im hohen Maße Wettbewerbsvorteile generieren können, über die Publikumsgesellschaften in der Form nicht verfügen. Gleichzeitig liegen unter bestimmten Entwicklungsgesichtspunkten genau in diesen Wettbewerbsvorteilen auch die Keime für die Krise. Die schnellen Wege, der geringe Formalisierungsgrad, diese besondere Form von Leistungsbereitschaft und die hohe Loyalität oder auch gerade der in der Regel äußerst sparsame Umgang mit Ressourcen – jede Investition wird wieder und wieder überlegt, bevor man das Geld wirklich ausgibt –, die Tendenz, Wachstum aus Eigenkapital zu finanzieren, all diese Dinge haben einerseits eine hohe Vernünftigkeit, können aber bei bestimmten Marktgegebenheiten genau das Verkehrte sein. So muss man Familienunternehmen jeweils genauer ansehen, um das, was sich evolutionär durch das Miteinander als Leistungspotenzial entwickelt hat, gezielt zu nutzen.

Torsten Groth: Können Sie hier bestimmte für Familienunternehmen typische Phasen der Entwicklung ausmachen?

R. W.: Es gibt ja eine reichhaltige Literatur zu den Lebenszyklen von Familienunternehmen. Ich würde sie in der Form heute nicht mehr heranziehen. Aber man kann schon sehen, dass Familienunternehmen in einem hohen Maße in einer Erfolgsphase sind, solange der Pioniergeist herrscht und die Bereitschaft da ist, sich aufgrund von Kundenrückmeldungen ständig auch wieder infrage zu stellen, solange es auch diese Neugierde gibt, diesen Erfindergeist, technisch neue Sachen zu entwickeln. Dirk Baecker würde sagen, solange die Abenteurerperspektive wach ist und reproduziert werden kann, sind solche Unternehmungen kaum schlagbar. Auch wenn sie ihr Wachstum dadurch bewältigen, dass sie rechtzeitig zu Zellteilungen schreiten, d. h., dass sie bestimmte Größenordnungen beibehalten und, sobald darüber hinausgegangen werden muss, zu Neugründungen anregen, ist Zukunftssicherung gewährleistet. Leider ist in Familienunternehmungen die eigene Degenerierung eingebaut, und zwar dadurch, dass der Erneuerungszyklus eines Unternehmens inzwischen viel kürzer geworden ist als der familiäre Generationenwechsel. Gründer oder Familienunternehmer bleiben heute viel länger im Unternehmen, als dem Unternehmen von der Innovationswarte her gut täte. Es muss nicht sein, aber es kann sein, dass gerade der erfolgreiche Pionier anfängt, Dinge abzusichern, z. B. an Produkten festzuhalten, die sich vom Markt her auf weite Sicht gar nicht mehr rechnen. Gerade der einstmals erfolgreiche Pionier droht konservativ zu werden. Das mag aufgrund der eigenen persönlichen Lebensgeschichte verständlich sein, aber für das Unternehmen ist es tödlich. Wenn das Leute sind, die ihren Stil dem System aufgeprägt haben und ihn entsprechend ausleben können, ohne darin gebremst werden zu können, geht das Unternehmen unter Umständen an ihnen zugrunde.

Viele Übergaben scheitern heute nicht daran, dass die Nachfolger nicht gut genug sind, sondern daran, dass es einen jahrzehntelangen Problemstau gibt, der beim Abtritt augenfällig wird. Aber dann ist das Unternehmen in aller Regel nur noch schwer aus eigener Kraft sanierbar. Der Führungswechsel in Familienunternehmen ist eine der ganz kritischen Phasen in ihrem Lebenszyklus, weil in dieser Phase so vieles abgehandelt wird. Das ist anders als in Publikumsgesellschaften, wo sich der Wechsel viel häufiger vollzieht, nicht erst alle 30, 35 Jahre. Die Phase des Führungswechsels ist von sowohl familialen als auch unternehmerischen Konfliktpotenzialen begleitet, die es zu bewältigen gilt. Das macht diese Phase so brisant.

T. B.: Welche Rolle spielen familientherapeutische Erfahrungen für die Beratung in einer solchen Phase?

R. W.: Dieses Wissen ist sehr hilfreich, denn unserer Erfahrung nach sind gerade in der Übergabephase die Probleme nicht in erster Linie im Unternehmen zu bewältigen, sondern in der Familie. Das Unternehmen wird zum Schauplatz für ungelöste Familienprobleme, eben weil man in der Familie nicht wirklich über die Generationsgrenzen und -unterschiede hinweg reden kann. Aufgrund dieses kommunikationsverknappenden Stils, der in den Familien dieser Art gepflegt wird, kann es leicht sein, dass viele unausgesprochene Problemstellungen ins Unternehmen hineingetragen und dort auf scheinbar sachlicher Ebene ausgetragen werden.

T. B.: Was verstehen Sie unter einem kommunikationsverknappenden Stil?

R. W.: Unternehmerfamilien sind besonders dadurch gekennzeichnet, dass sich das Kommunikationsgeschehen auch in der Familie weitgehend um Unternehmensthemen dreht. Das Thema „Unternehmen" füllt in der Unternehmerfamilie den Platz aus, den in „normalen" Familien Themen wie „Beziehung zwischen den Eltern" oder „Beziehung zwischen Kindern und Eltern" oder „Geschwisterbeziehungen" besetzen. Für Themen und Konflikte, die aus der Eigendynamik der Familie resultieren, ist wenig oder gar kein Platz. Das heißt, Unternehmerfamilien neigen dazu, diese Themenfelder weitgehend zu tabuisieren. Dann aber, in den Phasen, in denen man darüber miteinander reden müsste, haben sie keine Worte dafür. Sie haben das nicht gelernt, es war nie Thema. Man verfügt nicht über die Fähigkeit, Konflikte in irgendeiner Form miteinander auszutragen. Da bekommt man dann die Rechnungen für die Kommunikationsverknappung oder Konsensunterstellung. In privaten Beziehungen lebt man davon, dass Verständigung in vielen Bereichen einfach unterstellt wird, was vielfach eine Illusion ist. Aber hier potenzieren sich diese Muster und gewinnen in bestimmten Phasen des familialen Lebenszyklusses ausschlaggebende Bedeutung.

T. G.: Was macht dann der Berater? Therapiert er erst die Familie und dann die Organisation?

R. W.: Wir haben gute Erfahrungen mit einer solchen Art der Spaltung oder sequenziellen Bearbeitung gemacht. Gerade in der Übergabephase geht es darum zu schauen, wie eine gemeinsame Zukunft aussehen könnte. Da bietet es sich an, dass man zunächst der Familie hilft, über die eigene Zukunft nachzudenken, und dann gemeinsam überlegt, welche Perspektive die übergebende Generation nach der Übergabe für sich noch haben könnte. Die Übergebenden sind in ihren ganzen Lebensäußerungen so in dem Unternehmen verwurzelt, dass sie es sich oft nicht vorstellen können, dass es ohne sie weitergeht. Sie fragen sich auch, ob das eigene Leben ohne das Unternehmen noch einen Sinn hat. Hier geht es also darum, auf der persönlichen und familialen Ebene Zukunftsvorstellungen zu entwickeln und eine Neudefinition der Beziehungen herbeizuführen. Wenn das halbwegs gut gelingt, sind die Fragen der Übergabe und der Zukunft des Unternehmens sowie die Frage nach der Rollenverteilung zwischen den Generationen meistens nicht mehr so schwierig zu beantworten. Umgekehrt ist es wesentlich brisanter. In der Realität wird meist genau dieser umgekehrte Weg eingeschlagen. Man lädt zunächst einmal den Steuerberater ein und sagt den Rechtsanwälten, sie sollten einen Übergabevertrag aufsetzen, und alle hoffen, dass dort die eigenen Problemlösungen vorkommen werden. Die armen Rechtsanwälte wissen dann meist nicht mehr, welche Beauftragung sie eigentlich haben.

Diese enge Verflechtung von Familie und Unternehmen steigert den ohnehin schon vorhandenen Komplexitätsgrad von Unternehmungen noch einmal ganz gewaltig. Damit stellt sich auch die Frage, wie sich in einem solchen System Fremdmanager halten können. Das ist ganz, ganz schwierig. Nicht zur Familie gehörende Manager sind immer an der Nahtstelle der beiden Systeme angesiedelt. Erfolgreiche Fremdmanager sind im Grunde genommen „Nahtstellenmanager". Sie müssen immer auch die Familie managen, um das Unternehmen vor der Familie zu schützen, und umgekehrt müssen sie in der Familie die Interessen des Unternehmens dolmetschen und darauf achten, dass diese Interessen dort auch einen Platz haben. An der Stelle kann man sehr schön die Funktion von Hierarchie erkennen: Wenn die oberste Instanz eines Unternehmens als Sicherheitsnetz für mögliche Turbulenzen in den anderen Teilen des Systems ausfällt, weil sie selbst zutiefst in Konflikte verwickelt ist, dann kann daraus für das Gesamtsystem eine existenzielle Gefährdung erwachsen. Gerade schwerwiegende familiale Differenzen tragen die Tendenz in sich, in ihrer destruktiven Dynamik unbeherrschbar zu werden. Spielt sich so etwas an der Spitze eines Unternehmens ab, ist dieses System in der Regel ungeschützt einer solchen Dynamik ausgeliefert, weil es über keine Autoritätsressourcen verfügt, die diesen Prozess bremsen könnten. Nicht zuletzt aus diesem Grunde werden für Familienunternehmen Beiräte empfohlen oder Stiftungslösungen bevorzugt, weil das Unternehmen selbst einer einmal in Gang gekommenen Selbstzerstörungstendenz an der Spitze wenig entgegensetzen kann. Hier zeigt sich die Janusköpfigkeit von Familienunternehmen: Was auf der einen Seite ihr großer Vorteil ist, dass sie nämlich einen Eigentümer haben, der gleichzeitig das Unternehmen führt und von daher risikofreudig Investitionen oder Expansionen oder auch Übernahmen ohne lange Prozeduren entscheiden kann, macht sie zugleich in hohem Maße verwundbar, und zwar dann, wenn diese Instanz ins Wanken gerät.

T. B.: Eine letzte Frage: Wie sehen Sie die Zukunft des systemischen Ansatzes im Bereich der Organisationsberatung?

R. W.: Ich blicke jetzt auf eine fast 20-jährige Geschichte zurück und darf sagen, es war durchaus eine Erfolgsgeschichte. Wir haben das Segment der systemischen Beratungsdienstleistung kreiert. In dieser Form hat es diese Nische zuvor nicht gegeben. Das Segment ist im Wachsen, und ich sehe keinen Grund, warum es nicht weiterwachsen sollte, wenn eine entsprechend professionelle Ausstattung derjenigen, die in diesem Feld operieren, gegeben ist.

T. B.: Sie meinen, dass der Titel „systemisch" in vielen Fällen nur Makulatur ist?

R. W.: Genau das wollte ich damit sagen. Ich bin mir nicht sicher – dafür kenne ich die Szene zu wenig –, wie viele derjenigen, die heute unter diesem Label operieren, auch wirklich das Know-how und die professionelle Ausstattung mitbringen, die wir in unserer Firma mit diesem Begriff verbinden. Es kann schon sein, dass sich in ein paar Jahren die Spreu vom Weizen trennt und viele auch wieder verschwunden sein werden, die jetzt unter dieser Flagge segeln. Wir erleben zurzeit eine Zunahme der Nachfrage und haben eher zu wenig Leute, die diese Nachfrage gut abdecken können. Da liegt der wirkliche Engpass, denn die nötigen Kompetenzen können nur über Jahre hinweg aufgebaut werden. Es ist in unserer Branche nicht mit einem Einführungskurs von zwei bis drei Monaten getan. Klassische Unternehmensberater docken ihre jungen Leute in diesen Fristen an. Sie können sie in dieser kurzen Zeit „lauffähig" machen. Das können wir nicht. Von daher wird unser Segment immer eine verschwindend kleine Nische bleiben.

T. B.: In Ihrem Segment geht es schließlich um eine Form von Kunstfertigkeit …

R. W.: Richtig, es geht um eine Form der theoriegeleiteten Sensibilität. Wenn die Theorie sich mit Feinfühligkeit verknüpft, kann eine spezielle Form von Professionalität entwickelt werden, die ich als Kunst bezeichnen würde.

Literatur

Andreae, M. u. H. de Bodinat (1981): Moderne Methoden der strategischen Analyse. *Harvardmanager* 1: 20–31.
Ansoff, H. I. (1991): Strategic Management in a Historical Perspective. *International Review of Strategie Management*: 3–69.
Argyris, C. (1975): Das Individuum und die Organisationsentwicklung. Einige Probleme gegenseitiger Anpassung. In: K. Türk (Hrsg.): Organisationstheorie, Hamburg (Hoffmann & Campe), S. 215–233.
Argyris, C. (1978): Organizational Learning. Beverly Hills, CA (Sage).
Argyris, C. (1990): Overcoming Organizational Defenses: Facilitation Organizational Learning. Boston (Allyn and Bacon).
Ashby, W. R. (1956): Introduction to Cybernetics. London (Chapman & Hall).
Ashby, W. R. (1968): Principle of Self-Organizing Systems. In: W. Buckley (ed.): Modern Systems Research for Behavioral Scientists. Chicago, IL (Aldine Publ.), pp. 108–118.
Ashby, W. R. (1974): Einführung in die Kybernetik. Frankfurt a. M. (Suhrkamp).
Baecker, D. (1988): Information und Risiko in der Marktwirtschaft. Frankfurt a. M. (Suhrkamp).
Baecker, D. (1991): Womit handeln Banken? Eine Untersuchung zur Risikoverarbeitung in der Wirtschaft. Frankfurt a. M. (Suhrkamp).
Baecker, D. (1993a): Die Form des Unternehmens. Frankfurt a. M. (Suhrkamp).
Baecker, D. (1993b): Die doppelte Schließung der Organisation. *Teoria Sociologica* 2: 147–187.
Baecker, D. (1994a): Experiment Organisation. *Lettre international* Frühjahr: 22–26.
Baecker, D. (1994b): Postheroisches Management. Ein Vademecum. Berlin (Merve).
Baecker, D. (1995): Durch diesen schönen Fehler mit sich selbst bekannt gemacht. Das Experiment der Organisation. In: B. Heitger, C. Schmitz u. P. W. Gester (Hrsg.): Managerie. 3. Jahrbuch. Systemisches Denken und Handeln im Management. Heidelberg (Carl-Auer), S. 210–230.
Baecker, D. (1998a): Poker im Osten. Probleme der Transformationsgesellschaft. Berlin (Merve).
Baecker, D. (1998b): Zum Problem des Wissens in Organisationen. *Organisations-Entwicklung* 3: 4–21.
Baecker, D. (1998c): Mit der Hierarchie gegen die Hierarchie. In: P. M. Hejl u. H. K. Stahl (Hrsg.): Management und Wirklichkeit: Das Konstruieren von Unternehmen, Märkten und Zukünften. Heidelberg (Carl-Auer), S. 235–264. [auch in: Organisation als System. Frankfurt a. M. (Suhrkamp).]
Baecker, D. (1999): Organisation als System. Frankfurt a. M. (Suhrkamp).
Baecker, D. (2001): Kapital als strukturelle Kopplung. *Soziale Systeme* 2: 314–327.
Baecker, D. (2002): Wozu Systeme? Berlin (Kadmos).
Baecker, D. (2003): Organisation und Management. Frankfurt a. M. (Suhrkamp).
Baecker, D. (2007): Studien zur nächsten Gesellschaft. Frankfurt a. M. (Suhrkamp).
Baecker, D. (2009): Die Sache mit der Führung, Wien (Picus).
Baecker, D. (2011a): Organisation und Störung. Berlin (Suhrkamp).

Baecker, D. (2011b): Observing Networks. (Manuskript präsentiert auf der »x-mess« in Berlin, November 2011). Verfügbar unter http://www.dirkbaecker. com/ObsNet.pdf [28.2.2012].
Baecker, D. (i. Vorb.): Postheroische Führung. In: S. Grote (Hrsg.): Die Zukunft der Führung. Heidelberg (Springer).
Balzer, A. u. W. Wilhelm (1995): McKinsey. Die Firma. *Manager Magazin* 4: 43–57.
Bartlett, C. a. A. Ghoshal (2002): Managing Across Borders. Boston (Harvard Business School Press).
Bateson, G. (1983): Ökologie des Geistes. Frankfurt a. M. (Suhrkamp).
Baum J. a. V. J. Singh (eds.) (1994): Evolutionary Dynamics of Organizations. New York (Oxford University Press).
Baumgartel, H. (1959): Using Employee Questionaire Results for Improving Organizations: The Survey "Feedback". *Kansas Business Review* 12: 2–6.
Beck U. (1986): Risikogesellschaft. Auf dem Weg in eine andere Moderne. Frankfurt a. M. (Suhrkamp).
Beck, U. (1997): Was ist Globalisierung? Irrtümer des Globalismus – Antworten auf Globalisierung. Frankfurt a. M. (Suhrkamp).
Beck, U. (Hrsg.) (1998): Perspektiven der Weltgesellschaft. Frankfurt a. M. (Suhrkamp).
Beckhard, R. (1969): Organizational Development. Reading, MA (Addison-Wesley).
Beer, M. (1989): Auf dem Weg zu einer Neudefinition der OE: Eine Kritik des Forschungsansatzes und der Methode. *Organisationsentwicklung* 3: 11–13.
Bendixen, P. (1980): Der theoretische und pragmatische Anspruch der Organisationsentwicklung. *Die Betriebswirtschaft*: 187–203.
Benne, K. D. (1972): Geschichte der Trainingsgruppe im Laboratorium. In: L. P. Bradford, J. R. Gibb u. K. Benne (Hrsg.): Gruppentraining. Stuttgart (Klett), S. 95–154.
Bennis, W. G. (1966): Theory and Method in Applying Behavioural Science to Planned Organizational Change. In: J. R. Lawrence (ed.): Operational Research and the Social Sciences. London (Tavistock).
Bennis, W. G. (1969): Organization Development: Its Nature, Origins, and Prospects. New York (Addision-Wesley).
Bennis, W. G. et al. (1975): Änderung des Sozialverhaltens. Stuttgart (Klett).
Berger, U. (1984): Wachstum und Rationalisierung der industriellen Dienstleistungsarbeit. Zur lückenlosen Rationalität der Industrieverwaltung. Frankfurt a. M. (Campus).
Bertanlanffy, L. von (1950): The Theory of Open Systems in Physics and Biology. *Science* 111: 23–29.
Bertanlanffy, L. von (1968): General System Theory: Foundations, Development, Applications. New York (Braziller).
Biedenkopf, K. (1994): Im Osten nichts Neues? Eine andere Politik für Gesamtdeutschland. *OrganisationsEntwicklung* 1: 5–18.
Blake, R. a. J. S. Mouton (1968): Verhaltenpsychologie im Betrieb. Managerial Grid. Düsseldorf (Econ).
Bleicher, K. (1990a): Ganzheitliches Denken in arbeitsteiligen Organisationen. In: K. Bleicher u. P. Gomez (Hrsg.): Zukunftsperspektiven der Organisation. Bern (Stämpfli), S. 11–27.
Bleicher, K. (1990b): Paradigmenwechsel im Management? In: R. Königswieser u. C. Lutz (Hrsg.): Das systemisch evolutionäre Management. Wien (Orac), S. 126–138.
Bommes, M. u. V. Tacke (2007): Netzwerk in der »Gesellschaft der Gesellschaft«. Funktionen und Folgen einer doppelten Begriffsverwendung. *Soziale Systeme* 1/2: 9–20.
Boos, F. (1992): Planlose Planung? Zur Steuerung von Unternehmen durch Planung. In: R. Wimmer (Hrsg.): Organisationsberatung. Neue Wege und Konzepte. Wiesbaden (Gabler), S. 205–218.
Boos, F., A. Exner u. B. Heitger (1994): Soziale Netze sind anders. In: B. Heitger u. F. Boos (Hrsg.): Organisation als Erfolgsfaktor. Wien (Service), S. 67–81.

Bosetzky, H. (1987): Führung in der Bürokratie. In: A. Kieser, G. Weber u. R. Wunderer (Hrsg.): Handwörterbuch der Führung. Stuttgart (Schäffer-Pöschel), Sp. 128–136.
Bourdieu, P. et al. (1998): Das Elend der Welt. Zeugnisse und Diagnosen alltäglichen Leidens an der Gesellschaft. Konstanz (UVK, Universitäts-Verlag).
Bowers, D. G. (1971): The Scientific Data Based Approach to Organization Development. *Foundation*: 62–66.
Bowers, D. G. a. J. L. Franklin (1972): Survey-guided Development. Using Human Resources Measurement in Organizational Change. *Journal of Contemporary Business* 1: 43–55.
Bowers, D. G. a. P. A. Pecorella (1973): A Taxonomy of Intervention. The Science of Organizationel Development. Ann Arbor, MI (Institute for Social Research, University of Michigan).
Bradford, L. P. (1974): National Training Laboratories. Its History: 1947–1970. Bethel (Lang).
Bradford, L. P., J. R. Gibb u. K. Benne (Hrsg.) (1972): Gruppentraining. T-Gruppentheorie und Laboratoriumsmethode. Stuttgart (Klett).
Brenner, R. (2000): The Boom and the Bubble. *New Left Review* 6: 5–43.
Briggs, J. u. F. D. Peat (1990): Die Entdeckung des Chaos. München / Wien (Hanser).
Brunsson, N. (1986): The Irrational Organization. Irrationality as a Basis for Organizational Action and Change. Chichester / New York (Wiley).
Brunsson, N. (1989): The Organization of Hypocrisy. Talk, Decisions, and Actions in Organizations. Chichester / New York (Wiley).
Brunsson N. a. J. P. Olson (1993): The Reforming Organization. London (Routledge).
Buckley, W. (1968): Society as a Complex Adaptive System. In: W. Buckley (ed.): Modern Systems Research for Behavioral Scientist. Chicago, IL (Aldine), pp. 490–513.
Bühner, R. (1996): Kapitalmarktorientierte Unternehmenssteuerung. Grundidee und Varianten des Shareholder Value. *Wirtschaftswissenschaftliches Studium* 8: 392 f.
Bühner, R. u. K. Sulzbach (Hrsg.) (1999): Wertorientierte Steuerungs- und Führungssysteme. Shareholder Value in der Praxis. Stuttgart (Schäffer-Poeschel).
Bullinger, H. J. (Hrsg.) (1997): Dienstleistungen für das 21. Jahrhundert. Stuttgart (Schäffer-Poeschel).
Camp, R. C. (1989): Benchmarking: The Search for Industry Best Practices that Lead to Superior Performance. Milwaukee (Quality Press).
Cecchin, G. (1987): Hypothesizing, Circularity and Neutrality Revisited: An Invitation to Curiosity. *Family Process*: 405–413. [dt. (1988): Zum gegenwärtigen Stand von Hypothetisieren, Zirkularität und Neutralität: Eine Einladung zur Neugierig. *Familiendynamik* 3: 190–203.]
Chin, R. u. K. D. Benne (1975): Strategien zur Veränderung sozialer Systeme. In: W. G. Bennis, K. D. Benne u. R. Chin (Hrsg.): Änderung des Sozialverhaltens. Stuttgart (Klett), S. 43–78.
Claessens, D. (1980): Das Konkrete und das Abstrakte. Soziologische Skizzen zur Anthropologie. Frankfurt a. M. (Suhrkamp).
Clark, A. W. (ed.) (1976): Experimenting with Organizational Life. The Action Research Approach. New York / London (Plenum Press).
Clark, K. B. a. T. Fujimoto (1991): Product Development Performance – Strategy, Organization, and Management in the World Auto Industry. Boston (Harvard Business School).
Collingwood, H. (2001): Vom Widersinn der Quartalsberichte. *Havard Businessmanager* 6: 77–86.
Cooper, R. u. M. Foster (1971): Sozio-technische Systeme. *Gruppendynamik*: 383–394.
Crozier, M. u. E. Friedberg (1979): Macht und Organisation. Die Zwänge kollektiven Handelns. Königsstein i. Ts. (Athenäum).
Cummings, T. a. C. Worley (1995): Organization Development and Change. Cincinati, OH (South Western College).,
Cusumano, M. A. (1998): Himmelstürmer Microsoft erfolgreich dank kleiner Teams. *Harvard Business Manager* 3: 55–66.

Dachenhausen, E. u. M. Schulte-Derne (1995): Outsourcing im Spannungsfeld zwischen internen und externen Märkten. In: R. Grossmann, E. E. Krainz, M. Oswald (Hrsg.) (1995): Veränderung in Organisationen. Management und Beratung. Wiesbaden (Gabler), S. 129–138.

Deissler, K. G. (1986): Rekursive Informationsschöpfung: Zirkuläres Fragen als Erzeugung von Informationen. Marburg (InFaM).

Deutschman, C., M. Faust, P. Jauch u. P. Notz (1995): Veränderungen in der Rolle des Managements im Prozeß reflexiver Rationalisierung. Zeitschrift für Soziologie: 436–450.

Doppler, K. (1991): Management der Veränderung – Entwicklungen und Veränderungen erfolgreich steuern und gestalten. *OrganisationsEntwicklung* 1: 18–30.

Doppler K. u. C. Lauterburg (2008): Change Management. Den Unternehmenswandel gestalten. Frankfurt a. M. (Campus), 12. Aufl.

Dörner, D. (1989): Die Logik des Mißlingens. Strategisches Denken in komplexen Situationen. Reinbek (Rowohlt).

Dörner, D. (1999): Bauplan für eine Seele. Reinbek (Rowohlt).

Drexel, G. (1987): Organisatorische Verankerung strategischer Geschäftsfelder. *Die Unternehmung* 41: 148–162.

Drucker, P. (1994): Post-Capitalist Society. New York (HarperBusiness).

Drucker, P. (1996): Umbruch im Management. Was kommt nach dem Reengineering? Düsseldorf (Econ).

Drucker, P. (2002): Managing in the Next Society. New York (Truman Trolley).

Duncan, W. J. (2001): Stock Ownership and Work Motivation. *Organisational Dynamics* 1: 1–11.

Eisenhardt, K. M., J. L. Kahwajy a. L. J. Borgeois III (1997): How Management Teams Can Have a Good Fight. *Harvard Business Review* July / August: 77–85.

Emery, F. E. (1959): Characteristics of Socio-technical systems, Doc. 527. London (Tavistock).

Emery, F. E. a. E. Thorsrud (1969): Form and Content in Industrial Democracy. London (Tavistock).

Emery, F. E. a. E. L. Trist (1965): The Causal Texture of Organizational Environments. *Human Relations* 18: 21–32.

Emery, F. E. a. E. L. Trist (1969): Socio-technical Systems. In: F. E. Emery (ed.): Systems Thinking. Harmondsworth (Penguin Books), pp. 281–295.

Emery, F. E. a. E. L. Trist (1972): Towards a Social Ecology: Contextual Appreciations of the Future in the Present. London (Plenum).

Ernst, F. (1994): Die Einführung von Gruppenarbeit in der Automobilindustrie aus systemischer Sicht. *OrganisationsEntwicklung* 2: 58–71.

Exner, A. et al. (1987): Unternehmensberatung – systemisch: Theoretische Annahmen und Interventionen im Vergleich zu anderen Ansätzen. *Die Betriebswirtschaft* 47: 265–284.

Fischer, H.-P. (Hrsg.) (1997): Die Kultur der schwarzen Zahlen. Stuttgart (Klett-Cotta).

Fischer-Kowalski, M. a. H. Haberl (eds.) (2007): Socioecological Transitions and Global Change. Cheltenham (Elgar).

Fischer-Kowalski, M. u. H. Weisz (2008): Das industrielle sozialökologische Regime und globale Transitionen. In: A. Gleich u. S. Gößling-Reisemann (Hrsg.): Industrial Ecology: Erfolgreiche Wege zu nachhaltigen industriellen Systemen. Wiesbaden (Vieweg & Teubner), S. 181–201.

Foerster, H. von (1984): Principles of Self-Organization – In a Socio-Managerial Context. In: H. Ulrich a. G. J. B. Probst (eds.): Self-Organization and Management of Social Systems. Berlin / Heidelberg (Springer), pp. 2–24

Foerster, H. von (1985): Sicht und Einsicht. Braunschweig (Vieweg). [Neuaufl. (2006): Heidelberg (Carl-Auer).]

Foerster, H. von (1993): Wissen und Gewissen: Versuch einer Brücke. Frankfurt a. M. (Suhrkamp).

French, W. L. u. D. H. Bell (1977a): Organisationsentwicklung. Sozialwissenschaftliche Strategien zur Organisationsveränderung, Bern / Stuttgart (Haupt).

French, W. L. u. D. H. Bell (1977b). Zur Geschichte der Organisationsentwicklung. In: B. Sievers (Hrsg.): Organisationsentwicklung als Problem. Stuttgart (Klett-Cotta), S. 33–42.
Frese, E. (1990): Entwicklungstendenzen in der organisatorischen Gestaltung der Produktion. In: K. Bleicher u. P. Gomez (Hrsg.): Zukunftsperspektiven der Organisation. Festschrift Robert Staerkle. Bern (Stämpfli), S. 81–97.
Frese, E. (1993): Geschäftssegmentierung als organisatorisches Konzept. Zur Leitbildfunktion mittelständischer Strukturen für Großunternehmen. ZfbF 45: 999–1024.
Fürstenau, P. (1984): Der Psychoanalytiker als systemisch arbeitender Therapeut. *Familiendynamik* 9: 166–176.
Gairing, F. (1996): Organisationsentwicklung als Lernprozeß von Menschen und Systemen. Weinheim (Deutscher Studien Verlag).
Gälweiler, A. (1979): Strategische Geschäftseinheiten und Aufbauorganisation der Unternehmung. *Zeitschrift für Organisation* 48: 252–260.
Gerbert, D. (1974): Organisationsentwicklung. Stuttgart (Kohlhammer).
Gertz, D. u. J. Baptista (1996): Grow to Be Great. Wider die Magersucht in Unternehmen. Landsberg am Lech (Moderne Industrie).
Gertz, D. u. J. Baptista (1998): Grow To Be Great. Wider die Magersucht in Unternehmen. München (Heyne).
Geus, A. d. (1998): Jenseits der Ökonomie. Die Verantwortung der Unternehmen. Stuttgart (Klett-Cotta).
Ghemawat, P. (2010): Finding your Strategy in the New Landscape. *Harvard Business Review* 3: 54–60.
Giarini, O. u. P. M. Liedtke (1999): Wie wir arbeiten werden. Der neue Bericht an den Club of Rome. Hamburg (Hoffmann & Campe).
Gömmel, A. (2010): Integrative Beratung in der Praxis. *OrganisationsEntwicklung* 4: 78–83.
Grochla, E. (1977): Grundzüge und gegenwärtiger Entwicklungsstand einer Theorie der organisatorischen Gestaltung. *Zeitschrift für Organisation*: 421–432.
Grochla, E. (1982): Grundlagen der organisatorischen Gestaltung. Stuttgart (Schäffer-Poeschel).
Grossmann, R. (1995): Veränderung in Organisationen: Management und Beratung. Wiesbaden (Gabler).
Gulati, R. (2009): Reorganize for Resilience. Boston (Harvard Business Press).
Guttmann, R. (1996): Die Transformation des Finanzkapitals. *PROKLA* 103 (2): 165–225.
Hackman, J. R. (ed.) (1990): Creating more Effective Work Groups in Organizations. In: Groups that Work (and those that Don't): Creating Conditions for Effective Teamwork. San Francisco (Jossey-Bass), S. 479–504.
Haman M. T. a. J. Freeman (1989): Organizational Ecology. Cambridge, MA (Harvard University Press).
Hamel, G. a. C. K. Prahalad (1989): Strategic Intent. *Harvard Business Review* 3: 63–76.
Hamel, G. u. C. K. Prahalad (1995a): Die Zukunft gestalten – schon heute. *Harvard Business Manager* 1: 36–42.
Hamel, G. u. C. K. Prahalad (1995b): Wettlauf um die Zukunft. Wien (Ueberreuter).
Hammer, M. (1990): Reengineering Work: Don't Automate, Obliterate. *Harvard Business Review* July / August: 104–112.
Hammer, M. (1995): Reengineering: Der Sprung in eine andere Dimension. *Harvard Business Manager* 2: 95–103.
Hammer, M. u. J. Champy (1994): Business Reengineering. Die Radikalkur für das Unternehmen. Frankfurt a. M. / New York (Campus).
Handler, G. (2007): Konzept zur Entwicklung integrierter Beratung – Integration systemischer Elemente in die klassische Beratung. Wiesbaden (DUV).
Haspeslagh, P. C. a. D. B. Jemison (1991): Managing Acquisitions. Creating Value through Corporate Renewal. New York (Free Press).
Heinecke, H. u. J. Wien (1995): In: R. Grossmann, E. E. Krainz, M. Oswald (Hrsg.) (1995): Veränderung in Organisationen. Management und Beratung. Wiesbaden (Gabler).

Heintel, P. (1988): Menschenbild und Arbeitsorganisation. In: P. Meyer-Dohm et al. (Hrsg.): Der Mensch im Unternehmen. Bern/Stuttgart (Haupt), S. 141–167.
Heintel, P. u. J. Huber (1978): Aktionsforschung – Theorieaspekte und Anwendungsprobleme. *Gruppendynamik*: 390–409.
Heintel, P. u. E. Krainz (1989): Die Rückseite der Vernunft. Das Unbewußte und Irrationale im Unternehmen. *Hernsteiner Heft* 1: 4–7.
Heintel, P. u. E. Krainz (1990): Projektmanagement. Eine Antwort auf die Hierarchiekrise? Wiesbaden (Gabler), 4. Aufl. 2000.
Heitger, B. (1995): Die Modeschöpfer des Managements. Interview in der Tageszeitung *Die Presse* vom 25.03.1995, S. 35.
Heitger, B. u. F. Boos (Hrsg.) (1994): Organisation als Erfolgsfaktor. Wien (Service).
Herbst, P. G. (1962): Autonomous Group Functioning: An Exploration in Behaviour Theory and Measurement. London (Tavistock).
Herbst, P. G. (1974): Socio-technical Design. London (Tavistock).
Herbst, P. G. (1975): Die Entwicklung sozio-technischer Forschung. *Gruppendynamik* 6: 22–29.
Hinterhuber, H. H. (1989): Strategische Unternehmensführung. Bd. 2: Strategisches Handeln. Berlin/New York (de Gruyter).
Hirsch-Kreinsen, H. (1998): Shareholder Value. Unternehmensstrategien und neue Strukturen des Kapitalsmarktes. In: H. Hirsch-Kreinsen u. H. Wolf (Hrsg.): Arbeit, Gesellschaft, Kritik. Berlin (Sigma).
Höpner, M. (2002): Mehr Mitbestimmung durch Shareholder Value? *Mitbestimmung* 6: 25–27.
Howaldt, J. (1996): Industriesoziologie und Organisationsberatung, Frankfurt a. M. (Campus).
Jansen, S. A. (1998): Virtuelle Unternehmen: Begriffe, Merkmale und Konzepte. Ein formtheoretisches Strukturierungsangebot. *Wittener Diskussionspapiere 15.*
Jansen, S. A. (2001): Mergers & Acquisitions – Unternehmensakquisitionen und Kooperationen. Wiesbaden (Gabler).
Jansen, S. A. (2002): Moden 3.0? Depressions- und dilemmatatheoretische Zugänge – Thesen zur Emergenz, zur Funktionalität und zu Folgen von Managementmoden und ihren Analysen. (Vortrag auf dem „osb management metalog", September 2002.)
Kanter, M. R. (1995): Unternehmenspartnerschaften. Langsam zueinanderfinden. *Harvard Business Manager* 2: 33–43.
Kappler, E. (1979): Die Aufhebung der Berater-Klienten-Beziehung in der Aktionsforschung. In: R. Wunderer (Hrsg.): Humane Personal- und Organisationsentwicklung. Berlin (Duncker & Humblot), S. 41–62.
Kappler, E. (1980): Wem nützt Organisationsentwicklung? Acht Thesen und ihre Begründung. In: U. Koch et al. (Hrsg.): Organisationsentwicklung in Theorie und Praxis. Frankfurt a. M./Bern/Chichester (Lang), S. 214–226.
Kasper, H. (1987): Organisationskultur. Über den Stand der Forschung. Wien (Service).
Kasper, H. (1990): Die Handhabung des Neuen in organisierten Sozialsystemen. Berlin/Heidelberg (Springer).
Katz, D. a. R. L. Kahn (1969): Common Characteristics of Open Systems. In: F. E. Emery (ed.): System Thinking. Harmondsworth (Penguin Books), pp. 86–104.
Kets de Vries, M. u. K. Balazs (1996): Die menschliche Seite des Personalabbaus. *OrganisationsEntwicklung* 4: 4–18.
Kieser, A. (1981): Änderungen der formalen Organisationsstruktur in Organisationsentwicklungsprozessen. In: E. Frese, P. Schmitz u. N. Szyperski (Hrsg.): Organisation, Planung, Informationssysteme. Festschrift für E. Grochla. Stuttgart (Poeschel), S. 37–57.
Kieser, A. (1985): Veränderungen der Organisationslandschaft. Neue Techniken lösen magisches Dreieck der Organisation auf. *Zeitschrift Führung und Organisation* 5–6: 305–312.
Kieser, A. (1989): Entstehung und Wandel von Organisationen. Ein evolutionstheoretisches Konzept. In: L. Bauer u. H. Matis (Hrsg.): Evolution – Organisation – Ma-

nagement. Zur Entwicklung und Selbststeuerung komplexer Systeme. Berlin (Duncker & Humblot), S. 161–190

Kieser, A. (1996): Moden & Mythen des Organisierens. *DBW* 1: 21–39.

Kieser, A. et al. (Hrsg.) (1987): Handwörterbuch der Führung. Stuttgart (Schäffer-Poeschel).

Kirsch, W., W.-M. Esser u. E. Gabele (1979): Das Management des geplanten Wandels in Organisationen. Stuttgart (Poeschel).

Königswieser, R. et al. (1995): Systemische Intervention in der Beratung. *Organisations-Entwcklung* 14 (2): 52–65.

Königswieser, R., E. Lang u. R. Wimmer (2009): Komplementärberatung. Quantensprung oder Übergangsphänomen. *OrganisationsEntwicklung* 1: 46–53.

Königswieser, R., E. Sonuç u. J. Gebhardt (Hrsg.) (2006): Komplementärberatung. Das Zusammenspiel von Fach- und Prozess-Knowhow. Stuttgart (Klett-Cotta).

Kolbeck, C. u. R. Wimmer (Hrsg.) (2002): Finanzierung für den Mittelstand. Trends, Unternehmensrating, Praxisfälle. Wiesbaden (Gabler).

Kotter, J. P. (1996): Leading Change. Boston (Harvard Business School Press).

Kotter, J. P. (1997): Chaos, Wandel, Führung – Leading Change. Düsseldorf (Econ).

Kühl, S. (2001): Von den Schwierigkeiten, aus einem Handwerk eine Profession zu machen – Sieben Szenarien zur Zukunft der Organisationsentwicklung. *OrganisationsEntwicklung* 1: 4–19.

Küpper, W. u. G. Ortmann (Hrsg.) (1988): Mikropolitik, Macht und Spiele in Organisationen. Opladen (Westdeutscher Verlag).

Küsters, E. A. (2002): Coporate Governance im basalen Prozeß der Organisation. In: E. Kahle (Hrsg.): Organisatorische Veränderung und Coporate Governance. Wiesbaden (DUV), S. 312–371.

Lauterburg, C. (1998): Fünf nach zwölf. Der globale Crash und die Zukunft des Lebens. Frankfurt a. M. (Campus).

Lawrence, P. R. a. J. W. Lorsch (1967): Differentiation and Integration in Complex Organizations. *Administrative Science Quarterly* 12: 1–47.

Lawrence, P. R. a. J. W. Lorsch (1969): Developing Organizations: Diagnosis and Action. Reading, MA (Addison-Wesley).

Lewin, K. (1982): Feldttheorie. In: C.-F. Graumann (Hrsg.): Kurt-Lewin-Werkausgabe. Bd. 4. Bern (Huber).

Lieckweg, T. (2001): Strukturelle Kopplung von Funktionssystemen »über« Organisation. *Soziale Systeme* 7 (2): 267–289.

Lievegoed, B. C. J. (1974): Organisationen im Wandel. Bern / Stuttgart (Haupt).

Likert, R. (1961): New Patterns of Management. New York (McGraw-Hill).

Lippitt, R. (1974): Von der Trainingsgruppe zur Organisationsentwicklung oder: Wie verändert die Mikrodynamik die Makrostruktur? *Gruppendynamik*: 270–282.

Lippitt, R. (1979): Kurt Lewin und die Aktionsforschung. In: A. Heigel-Evers (Hrsg.): Lewin und die Folgen. Band VIII der Psychologie des 20. Jahrhunderts. Zürich (Kindler), S. 106–109.

Lippitt, R., J. Watson a. B. Westley (1958): The Dynamics of Planned Change. A Comparative Study of Principles and Techniques. New York (Harcourt, Brace & World).

Luhmann, N. (1980): Komplexität. In: E. Grochla (Hrsg.): Handwörterbuch der Organisation. Stuttgart (Schäffer-Poeschel).

Luhmann, N. (1981a): Organisation und Entscheidung. In: N. Luhmann: Soziologische Aufklärung 3. Opladen (Westdeutscher Verlag), S. 335–389.

Luhmann, N. (1981b): Organisationen im Wirtschaftssystem. In: N. Luhmann: Soziologische Aufklärung 3. Opladen (Westdeutscher Verlag), S. 390–414.

Luhmann, N. (1984a): Soziale Systeme. Frankfurt a. M. (Suhrkamp).

Luhmann, N. (1984b): Soziologische Aspekte des Entscheidungsverhaltens. *Die Betriebswirtschaft* 44: 591–603.

Luhmann, N. (1986): Ökologische Kommunikation. Opladen (Westdeutscher Verlag).

Luhmann, N. (1988a): Die Wirtschaft der Gesellschaft. Frankfurt a. M. (Suhrkamp).

Luhmann, N. (1988b): Frauen, Männer und George Spencer Brown. *Zeitschrift für Soziologie* 17 (1): 47–71.
Luhmann, N. (1988c): Organisation. In: W. Küpper u. G. Ortmann (Hrsg.): Mirropolitik. Rationalität, Macht und Spiele in Organisationen. Opladen (Westdeutscher Verlag), S. 65–185.
Luhmann, N. (1989): Kommunikationssperren in der Unternehmensberatung. In: N. Luhmann, P. Fuchs (Hrsg.): Reden und Schweigen. Frankfurt (Suhrkamp), 2. Aufl. 1992, S. 209–227.
Luhmann, N. (1990a): Die Wissenschaft der Gesellschaft. Frankfurt a. M. (Suhrkamp).
Luhmann, N. (1990b): Risiko und Gefahr. In: N. Luhmann: Soziologische Aufklärung 5. Opladen (Westdeutscher Verlag), S. 131–169.
Luhmann, N. (1990c): Haltlose Komplexität. In: N. Luhmann: Soziologische Aufklärung 5. Opladen (Westdeutscher Verlag), S. 59–76.
Luhmann, N. (1991a): Soziologie des Risikos. Berlin / New York (de Gruyter).
Luhmann, N. (1991b): Vorwort zu Dirk Baeckers „Womit handeln Banken?". Frankfurt a. M. (Suhrkamp), S. 7–12.
Luhmann, N. (1992): Beobachtungen der Moderne. Opladen (Westdeutscher Verlag).
Luhmann, N. (1994): Die Gesellschaft und Ihre Organisationen In: H.-U. Derlien et al. (Hrsg.): Systemrationalität und Partialinteresse. Festschrift für Renate Mayntz. Baden-Baden (Nomos), S. 189–201.
Luhmann, N. (1995a): Sich im Undurchschaubaren bewegen. Zur Veränderungsdynamik hochentwickelter Gesellschaften. In: R. Grossmann, E. E. Krainz, M. Oswald (Hrsg.): Veränderung in Organisationen. Management und Beratung. Wiesbaden (Gabler).
Luhmann, N. (1995b): Entscheidungen in Organisationen. Bielefeld (unveröffentl. Manuskript).
Luhmann, N. (1997): Die Gesellschaft der Gesellschaft. 2 Bde. Frankfurt a. M. (Suhrkamp).
Luhmann, N. (2000): Organisation und Entscheidung. Opladen / Wiesbaden (Westdeutscher Verlag).
Luhmann, N. u. P. Fuchs (1989): Reden und Schweigen. Frankfurt a. M. (Suhrkamp), 2. Aufl. 1992.
Luhmann, N. u. K. E. Schorr (1982): Zwischen Technologie und Selbstreferenz. Fragen an die Pädagogik. Frankfurt a. M. (Suhrkamp).
Lullies, V., H. Bollinger u. F. Weltz (1993): Wissenslogistik. Über den betrieblichen Umgang mit Wissen bei Entwicklungsvorhaben. Frankfurt a. M. / New York (Campus).
Malik, F. (2002): Die Neue Corporate Governance. Frankfurt a. M. / Wiesbaden (Frankfurter Allg. Buch).
Mann, F. C. (1961): Studying and Creating Change. In: W. Bennis, K. Benne a. R. Chin (eds.): The Planning of Change. New York (Holt), pp. 605–613.
Manz, C. C. a. H. P. Sims (1993): Business without Bosses. How Self-Managing Teams Are Building High-Performing Companies. New York / Chichester (Wiley).
March, J. G. (Hrsg.) (1990): Entscheidung und Organisation. Wiesbaden (Gabler).
March, J. G. a. J. P. Olsen (1976): Ambiguity and Choice in Organizations. Bergen (Universitetsforlaget).
Maturana, H. R. (1982): Erkennen: Die Organisation und Verkörperung von Wirklichkeit. Braunschweig (Vieweg).
Mayntz, R. et al. (1988): Differenzierung und Verselbständigung: Zur Entwicklung gesellschaftlicher Teilsysteme. Frankfurt a. M. (Campus).
Mayntz, R. u. B. Nedelmann (1987): Eigendynamische soziale Prozesse: Anmerkungen zu einem analytischen Paradigma. *Kölner Zeitschrift für Soziologie und Sozialpsychologie*: 648 ff.
Mendenhall, M. et al. (2008): Global Leadership. Research, Practice and Development. London / New York (Routledge).

Miller, E. J. a. A. K. Rice (1967): Systems of Organization: Task and Sentiment Systems and their Boundary Control. London (Tavistock).
Mintzberg, H. (1984): Power and Organization Life Cycles. *Academy of Management Review* 207 ff.
Mintzberg, H. (1989): Mintzberg nn Management. Inside our Strange World of Organizations. New York/London (Free Press). [dt. (1991): Mintzberg über Management. Führung und Organisation, Mythos und Realität. Wiesbaden (Gabler).]
Mintzberg, H. (1994): The Rise and Fall of Strategic Planning. New York u. a. (Prentice Hall). [dt. (1995): Die strategische Planung. Aufstieg, Niedergang und Neubestimmung München (Hanser).]
Morgan, G. (1986): Images of Organization. Beverly Hills (Sage). [dt. (1997): Bilder der Organisation. Stuttgart (Klett-Cotta).]
Nagel, R. u. R. Wimmer (2002): Systemische Strategieentwicklung. Stuttgart (Klett-Cotta). [Neuauflage (2009): Stuttgart (Schäffer-Poeschel).]
Naschold, F. (1999): Beschäftigung und wirtschaftliche Entwicklung in Europa. In: E. E. Krainz u. R. Simsa (Hrsg.): Die Zukunft kommt – wohin geht die Wirtschaft? Wiesbaden (Gabler), S. 29–55.
Neuberger, O. (1988): Spiele in Organisationen, Organisationen als Spiele. In: W. Küpper u. G. Ortmann (Hrsg.): Mikropolitik. Rationalität, Macht und Spiele in Organisationen. Opladen (Westdeutscher Verlag), S. 53–88.
Nonaka, J. u. H. Takeuchi (1995): The Knowledge-Creating Company. New York (Oxford University Press). [dt. (1997): Die Organisation des Wissens. Wie japanische Unternehmen eine brachliegende Ressource nutzbar machen. Frankfurt a. M./ New York (Campus).]
Oltmanns, T. u. D. Nemeyer (2010): Machtfrage Change: Warum Veränderungsprojekte meist auf Führungsebene scheitern und wie Sie es besser machen. Frankfurt a. M. (Campus).
O'Sullivan, M. (2000): Contests for Corporate Control. Corporate Governance and Economic Performance in the United States and Germany. Oxford (Oxford University Press).
Penn, P. (1983): Zirkuläres Fragen. *Familiendynamik* 8 (3): 198–220.
Pesendorfer, B. (1983): Organisationsdynamik. (IBM-Management-Symposium, Wien). Verfügbar unter http://www.pesendorfer.de/downloads/BP1993_Organisationdynamik.pdf [29.02.2012].
Peters, T. (1988): Kreatives Chaos („Thriving on Chaos"). Die neue Management Praxis. Hamburg (Hoffmann u. Campe).
Peters, T. (1992): Jenseits der Hierarchien. Liberation Management. Düsseldorf/Wien (Econ).
Peters, T. (1993): Big is out. Wie groß darf ein marktnahes Unternehmen sein? *Harvard Business Manager* 3: 93–104.
Porter, M. (1997): Nur Strategie sichert auf Dauer hohe Erträge. *Harvard Business Manager* 3: 42–58.
Porter, M. E. (1990): Nationale Wettbewerbskraft – woher kommt die? *Havardmanager* 4: 103–118.
Prahalad, C. K. (1993): A Strategy for Growth: The Role of Core Competencies in the Corporation. *Efmd Forum* 3/4: 3–9.
Prahalad, C. K. u. G. Hamel (1991): Nur Kernkompetenzen sichern das Überleben. *Harvard Businessmanager* 2: 66–78.
Probst, G. et al. (1997): Wissen managen. Wie Unternehmen ihre wertvollste Ressource optimal nutzen. Wiesbaden (Gabler).
Probst, G. J. B. u. F. Schwager (1990): Das Bleibende im Wandelnden. Gedanken zum Thema „Kultur und systemorientierte Organisation". In: K. Bleicher u. P. Gomez (Hrsg.): Zukunftsperspektiven der Organisation. Bern (Stämpfli), S. 211–238.
Quinn, J. B. (1992): Intelligent Enterprise. A Knowledge and Service Based Paradigm for Industry. New York/London (Free Press).

Quinn, R. E. a. K. S. Cameron (Hrsg.) (1988): Paradox and Transformation: Toward A Theory of Change in Organization and Management. Cambridge, MA (Ballinger).
Quinn, R. E. a. K. Cameron (1983): Organizational Life Cycles and Shifting Criteria of Effectiveness: Some Preliminary Evidence. *Management Science:* 33 ff.
Rappaport, A. (1998): Creating Shareholder Value. New York (Free Press).
Reske, J. (1998): Zukünftige Arbeitswelten. Gesellschaftliche und unternehmensbezogene Dimensionen zukünftiger Arbeit. (Eine Veröffentlichung der DaimlerChrysler AG, Forschung, Gesellschaft und Technik, PT 4/G.). Berlin.
Rice, A. K. (1963): The Enterprise and its Environment. London (Tavistock).
Rieckmann, H. (1991): Organisationsentwicklung – von der Euphorie zu den Grenzen. In: T. Sattelberger (Hrsg.): Die lernende Organisation. Wiesbaden (Gabler), S. 125–143.
Rieckmann, H. u. P. Weissengruber (1988): Managing the unmanageable? Oder: Lassen sich komplexe Systeme überhaupt noch steuern? Klagenfurt (unveröffentl. Manuskript).
Roubini, N. (2010): Einführung in die Krisenökonomie. *GDI Impulse* 2: 64–70.
Roubini, N. u. S. Mihm (2010): Das Ende der Weltwirtschaft und ihre Zukunft. Frankfurt am Main (Campus).
Sablowsky, T. u. J. Rupp (2001): Die neue Ökonomie des Shareholder Value. Corporate Governance im Wandel. *PROKLA* 1: 47 f.
Sattelberger, T. (1989): Kulturarbeit und Personalentwicklung. Versuch einer integrativen Verknüpfung. In: T. Sattelberger (Hrsg.): Innovative Personalentwicklung. Wiesbaden (Gabler).
Sattelberger, T. (1991): Die lernende Organisation im Spannungsfeld von Strategie, Struktur und Kultur. In: T. Sattelberger (Hrsg.): Die lernende Organisation. Wiesbaden (Gabler), S. 11–55.
Scharpf, F. W. (ed.) (1993): Games of Hierarchies and Networks. Analytical and Empirical Approaches to the Study of Gouvernance Institutions. Frankfurt a. M. (Campus).
Schein, E. H. (1975): Wie vollziehen sich Veränderungen? In: W. G. Bennis et al. (Hrsg.): Änderungen des Sozialverhaltens. Stuttgart (Klett), S. 128–139.
Schein, E. H. (1987): Process Consultation. Vol. 2: Lessons for Managers and Consultants. Reading, MA (Addison-Wesley).
Schein, E. H. (1988): Process Consultation. Vol. 1: Its Role in Organization Development. Reading, MA (Addison-Wesley).
Schein, E. H. (1989): Organisationsentwicklung: Wissenschaft, Technologie oder Philosophie? *OrganisationsEntwicklung* 3: 1–10.
Schein, E. H. (1995): Wie können Organisationen schneller lernen? Die Herausforderung, den grünen Raum zu betreten. *OrganisationsEntwicklung* 3: 4–13.
Schein, E. H. (2000): Prozessberatung für die Organisation der Zukunft. Bergisch Gladbach (Edition Humanistische Psychologie).
Schmitz, C. (1994): Das Geschäft „neu erfinden"? In: B. Heitger u. F. Boos (Hrsg.): Organisation als Erfolgsfaktor. Wien (Service), S. 51–65.
Schreyögg, G. (1999): Organisationsentwicklung – quo vadis? *OrganisationsEntwicklung* 3: 76–79.
Schreyögg, G. u. C. Noss (1994): Hat sich das Organisieren überlebt? *Die Unternehmung* 1: 17–33.
Schreyögg G. u. C. Noss (1995): Organisatorischer Wandel: Von der Organisationsentwicklung zur lernenden Organisation. *Die Betriebswirtschaft* 55 (2): 169–185.
Schulmeister, S. (1998): Der polit-ökonomische Entwicklungszyklus der Nachkriegszeit. Vom Bündnis Realkapital-Arbeit in der Prosperität zum Bündnis Realkapital-Finanzkapital in der Krise. *Internationale Politik und Gesellschaft* 1: 5–21.
Schumacher, T. (2009): Expert versus Process Consulting: Changing Paradigms in Management Consulting in Germany. Kongressbeitrag zur 4th International Conference on Management Consulting, Wien, 11.–13.6.2009.
Schwarz, G: (1985): Die „heilige Ordnung" der Männer. Patriachalische Hierarchie und Gruppendynamik. Opladen (Westdeutscher Verlag).

Selvini Palazzoli, M. et al. (1978): Paradoxon und Gegenparadoxon. Stuttgart (Klett-Cotta).
Selvini Palazzoli, M. et al. (1984): Hinter den Kulissen der Organisation. Stuttgart (Klett).
Senge, P. M. (1991): The fifth Discipline. The Art and Practice of the Learning Organization. New York/London (Doubleday).
Senge, P. M. (1996a): Die fünfte Disziplin. Stuttgart (Klett-Cotta).
Senge, P. (1996b): Das Fieldbook zur Fünften Disziplin. Stuttgart (Klett-Cotta).
Sennett, R. (1998): Der flexible Mensch. Die Kultur des neuen Kapitalismus. Berlin (Berlin Verlag).
Shepard, H. A. a. R. R. Blake (1962): Changing Behaviour through Cognitive Change. *Human Organization*: 88–96.
Shiller, R. J. (2000): Irrationlaler Überschwang. Warum eine lange Baisse an der Börse unvermeidlich ist. Frankfurt a. M./New York (Campus).
Sieferle, R. P. (1997): Rückblick auf die Natur. Eine Geschichte des Menschen und seiner Umwelt. München (Luchterhand).
Sievers, B. (1975): Theorien und Methoden der Organisationsentwicklung in den USA. *Gruppendynamik*: 29–49.
Sievers, B. (Hrsg.) (1977): Organisationsentwicklung als Problem. Stuttgart (Klett-Cotta).
Sievers, B. (1978): Organisationsentwicklung als Aktionsforschung. *Zeitschrift für Organisation* 4: 209–218.
Sievers, B. (1980): Das Phasenmodell der Organisationsentwicklung. *Management-Zeitschrift*: 5 ff.
Sievers, B. u. W. Slesina (1980): Organisationsentwicklung in der Diskussion: Offene Systemplanung und partizipative Organisationsforschung. Wuppertal (Fachbereich Wirtschaftswissenschaften der Gesamthochschule).
Simon, F. B. (1990): Meine Psychose, mein Fahrrad und ich. Zur Selbstorganisation der Verrücktheit. Heidelberg (Carl-Auer), 13. Aufl. 2012.
Simon, F. B. (1997): Die Kunst, nicht zu lernen. Heidelberg (Carl-Auer), 5. Aufl. 2010.
Singh, J. V. (ed.) (1990): Organizational Evolution: New Directions. Newbury Park (Sage).
Spiewack, M. u. W. Uchatius (1999): Der Mensch als Firma. *Die Zeit* 28: 15–17.
Stalk, G. u. T. M. Hout (1991): Zeitwettbewerb. Schnelligkeit entscheidet auf den Märkten der Zukunft. Frankfurt a. M./New York (Campus).
Steward, T. (1997): Intellectual Capital. New York (Doubleday).
Stichweh, R. (2009): Das Konzept der Weltgesellschaft. Genese und Strukturbildung eines globalen Gesellschaftssystems. Workingpaper des soziologischen Seminars der Universität Luzern.
Streek, W. u. R. Heinze (1999): An Arbeit fehlt es nicht. *Der Spiegel* 19: 38–45.
Sveiby, K. E. (1997): The New Organizational Wealth: Managing and Measuring Knowledge-based Assets. San Francisco (Berrett-Koehler).
Teubner, G. (1992): Die vielköpfige Hydra: Netzwerke als kollektive Akteure höherer Ordnung. In: W. Krohn u. G. Küppers (Hrsg.): Emergenz: Die Entstehung von Ordnung, Organisation und Bedeutung. Frankfurt a. M. (Suhrkamp), S. 189–216.
Thorsrud, E. (1968): Socio-technical Approach to Job Design and Organizational Development. *Management International Review*: 120–136.
Thorsrud, E. (1970): Strategy for Research and Social Change in Industry. *Social Science Information* 9: 65–70.
Titscher, S. (1991): Intervention: Zu Theorie und Technik der Einmischung. In: M. Hofmann (Hrsg.): Theorie und Praxis der Unternehmensberatung. Heidelberg (Physica), S. 309–343.
Tomm, K. (1983): Das systemische Interview als Intervention. *System Familie*, Teil 1 S. 145–159, Teil 2, S. 220–234.
Trebesch, K. (Hrsg.) (1980a): Organisationsentwicklung in Europa. Bd. 1A. Bern (Haupt).

Trebesch, K. (1980b): Ursprung und Ansätze der Organisationsentwicklung (OE). *Management-Zeitschrift*: 9–12.
Trebesch, K. (1984): Organisationsentwicklung in der Krise? In: H. Hinterhuber u. S. Laske (Hrsg.): Zukunftsorientierte Unternehmenspolitik. Konzeption, Erfahrungen und Reflexion zur Personal- und Organisationsentwicklung. Freiburg i. Br. (Rombach), S. 312–329.
Trebesch, K. (Hrsg.) (2000): Organisationsentwicklung. Stuttgart (Klett-Cotta).
Trist, E. L. (1975): Sozio-technische Systeme. In: W. G. Bennis et al. (Hrsg.): Änderungen des Sozialverhaltens. Stuttgart (Klett), S. 201–218.
Trist, E. L., G. W. Higgin, H. Murray a. A. B. Pollock (1963): Organizational Choice: Capabilities of Groups at the Coal Face under Changing Technologies. London (Tavistock).
Trist, E. L. a. H. Murray (1993): The Social Engagement of Social Science. Philadelphia (University of Pennsylvania Press).
Türk, K. (1989): Neuere Entwicklungen in der Organisationsforschung. Stuttgart (Enke).
Vahs, D. (1997): Unternehmenswandel und Widerstand. *IO-Management* 12: 18–24.
Varela, F. (1990): Kognitionswissenschaft – Kognitionstechnik. Eine Skizze aktueller Perspektiven. Frankfurt a. M. (Suhrkamp).
Wächter, H. (1983): Organisationsentwicklung – notwendig, aber paradox. *Zeitschrift für Organisation* 2: 61–66.
Watson, G. H. (1993): Benchmarking – Vom Besten lernen. Landsberg a. L. (Moderne Industrie).
Weick, K. E. (1976): Educational Organizations as Loosely Coupled Systems. *Administrative Science Quarterly* 21: 1–19.
Weick, K. E. (1977): Organization Design: Organisations as Self Designing Systems. *Organizational Dynamics* 6: 31–46.
Weick, K. E. (1985): Der Prozeß des Organisierens. Frankfurt a. M. (Suhrkamp).
Weick, K. E. (1995): Sensemaking in Organizations. Thousand Oaks, CA (Sage).
Weick, K. E. (2001): Making Sense of the Organization. Oxford (Blackwell).
Weick, K. E. (2009): Making Sense of the Organization. Vol. 2: The Inpermanent Organization. Chichester (Wiley).
Weick, K. E. a. K. H. Roberts (1993): Collective Mind in Organizations: Heedful Interrelations on Flight Desks. *Administrative Science Quarterly* 38: 357–381.
Weick, K. E. a. K. M. Sutcliffe (2001): Managing the Unexpected. Assuring High-Performance in an Age of Complexity. San Francisco (Wiley).
Weick, K. E. u. K. M. Sutcliffe (2003): Das Unerwartete managen. Wie Unternehmen aus Extremsituationen lernen. Stuttgart (Klett-Cotta).
Welfens, P. J. J. (1990): Internationalisierung von Wirtschaft und Wirtschaftspolitik. Berlin/Heidelberg u. a. (Springer).
Werder, A. von (1998): Shareholder-Value-Ansatz als (einzige) Richtschnur des Vorstandshandelns? *Zeitschrift für Unternehmens- und Gesellschaftsrecht* 27 (1): 69–91.
Werder, A. von (2001): Der German Code of Corporate Governance-Debatte: Umfeld, Funktionen und inhaltliche Ausrichtung. In: A. von Werder (Hrsg.): German Code of Corporate Governance. Stuttgart (Schäffer-Poeschel).
Whyte, W. F. a. E. L. Hamilton (1964): Action Research for Management. Homewood, IL (Irwin).
Wiesenthal, H. (1995): Konventionelles und unkonventionelles Organisationslernen. *Zeitschrift für Soziologie*: 137–155.
Wildemann, H. (1993): Die Luft wird rauher – wie Zulieferer überleben können. *Harvard Businessmanager* 3: 34–44.
Willke, H. (1987a): Kontextsteuerung durch Recht? Zur Steuerungsfunktion des Rechts in polyzentrischer Gesellschaft. In: M. Glagow u. H. Willke (Hrsg.): Dezentrale Gesellschaftssteuerung. Pfaffenweiler (Centaurus), S. 3–26.
Willke, H. (1987b): Strategien der Intervention in autonome Systeme. In: D. Baecker et al. (Hrsg.): Theorie als Passion. Frankfurt a. M. (Suhrkamp), S. 333–361.

Willke, H. (1989): Systemtheorie entwickelter Gesellschaften. Dynamik und Riskanz moderner gesellschaftlicher Selbstorganisation. Weinheim / New York (Juventa).

Willke, H. (1992): Ironie des Staates. Grundlinien einer Staatstheorie polyzentrischer Gesellschaft. Frankfurt a. M. (Suhrkamp).

Willke, H. (1994): Systemtheorie II: Interventionstheorie. Grundzüge einer Theorie der Intervention in komplexe Systeme. Stuttgart / Jena (UTB).

Willke, H. (1996): Dimensionen des Wissensmanagements – Zum Zusammenhang von gesellschaftlicher und organisationaler Wissensbasis. In: G. Schreyögg u. P. Conrad (Hrsg.): Wissensmanagement. Berlin / New York (de Gruyter), S. 263–304.

Willke, H. (1997a): Supervision des Staates. Frankfurt a. M. (Suhrkamp).

Willke, H. (1997b): Wissensarbeit. *OrganisationsEntwicklung* 3: 4–18.

Willke, H. (1998): Systemisches Wissensmanagement. Stuttgart (Lucius & Lucius).

Willke, H. (2003): Heterotopia. Studien zur Krisis der Ordnung moderner Gesellschaften. Frankfurt a. M. (Suhrkamp).

Wimmer, H. (1996): Evolution der Politik: Von der Stammesgesellschaft zur modernen Demokratie. Wien (WUV).

Wimmer, R. (1988): Was können selbstreflexive Lernformen in der öffentlichen Verwaltung bewirken? *Gruppendynamik* 1: 7–27.

Wimmer, R. (1989a): Die Steuerung komplexer Organisationen. Ein Reformulierungsversuch der Führungsproblematik aus systemischer Sicht. In: K. Sandner (Hrsg.): Politische Prozesse in Unternehmen. Berlin / Heidelberg (Physica), S. 131–156.

Wimmer, R. (1989b): Ist Führen erlernbar? Oder warum investieren Unternehmen in die Entwicklung ihrer Führungskräfte? *Gruppendynamik* 1: 13–41.

Wimmer, R. (1989c): Neue Herausforderungen an das strategische Management. Wien (unveröffentl. Manuskript).

Wimmer, R. (1990): Wozu noch Gruppendynamik? Eine systemtheoretische Reflexion gruppendynamischer Arbeit. *Gruppendynamik* 1: 528.

Wimmer, R. (1991): Organisationsberatung: Eine Wachstumsbranche ohne professionelles Selbstverständnis. Überlegungen zur Weiterführung des OE-Ansatzes in Richtung systemischer Organisationsberatung. In: M. Hofmann (Hrsg.): Theorie und Praxis der Unternehmensberatung. Heidelberg (Physica), S. 45–136.

Wimmer, R. (1992a): Die Steuerung komplexer Organisationen. Ein Reformulierungsversuch der Führungsproblematik aus systemischer Sicht. In: K. Sandner (Hrsg.): Politische Prozesse in Unternehmen. Berlin / Heidelberg (Physica).

Wimmer, R. (Hrsg.) (1992b): Organisationsberatung. Neue Wege und Konzepte. Wiesbaden (Gabler).

Wimmer, R. (1992c): Was kann Beratung leisten? Zum Interventionsrepertoire und Interventionsverständnis der systemischen Organisationsberatung. In: R. Wimmer (Hrsg.): Organisationsberatung. Neue Wege und Konzepte. Wiesbaden (Gabler), S. 59–111.

Wimmer, R. (1992d): Der systemische Ansatz – mehr als eine Modeerscheinung? In: C. Schmitz, P.-W. Gester u. B. Heitger (Hrsg.): Managerie. 1. Jahrbuch für systemisches Denken und Handeln im Management. Heidelberg (Carl-Auer).

Wimmer, R. (1993a): Erlebt die Gruppendynamik eine Renaissance? In: G. Schwarz et al. (Hrsg.): Gruppendynamik. Geschichte und Zukunft. Festschrift für Traugott Lindner. Wien (WUV), S. 111–139.

Wimmer, R. (1993b): Zur Eigendynamik komplexer Organisationen. Sind Unternehmungen mit hoher Eigenkomplexität noch steuerbar? In: G. Fatzer (Hrsg.): Organisationsentwicklung für die Zukunft – Ein Handbuch. Köln (Edition Humanistische Psychologie), S. 255–308.

Wimmer, R. (1994a): Neuere Methoden der Organisationsentwicklung zur Steigerung der Überlebensfähigkeit mittelständischer Unternehmen. In: D. Schwiering (Hrsg.): Mittelständische Unternehmensführung im kulturellen Wandel. Stuttgart (Schäffer-Poeschel).

Wimmer, R. (1994b): Die Funktion des General Managements unter stark veränderten wirtschaftlichen Rahmenbedingungen. In: C. Schmitz, P. W. Gester u. B. Heitger

(Hrsg.): Managerie. 3. Jahrbuch für systemisches Denken und Handeln im Management. Heidelberg (Carl-Auer).

Wimmer, R. (1995a): Die permanente Revolution. Aktuelle Trends in der Gestaltung von Organisationen. In: R. Grossmann et al. (Hrsg.): Veränderung in Organisationen. Wiesbaden (Gabler), S. 21–41.

Wimmer, R. (1995b): Wozu benötigen wir Berater? Ein aktueller Orientierungsversuch aus systemischer Sicht. In: G. Walger (Hrsg.): Formen der Unternehmensberatung. Köln (Schmidt), S. 239–283.

Wimmer, R. (1995c): Organisationsberatung. Neue Wege und Konzepte. Wiesbaden (Gabler), 2. Aufl.

Wimmer, R. (1996): Die Zukunft von Führung. Brauchen wir noch Vorgesetzte im herkömmlichen Sinn? *OrganisationsEntwicklung* 4: 46–57.

Wimmer, R. (1998a): Das Team als besonderer Leistungsträger in komplexen Organisationen. In: H. W. Ahlemeyer u. R. Königswieser (Hrsg.): Komplexität managen. Wiesbaden (Frankfurter Allgemeine), S. 105–130.

Wimmer, R. (1998b): Organisationsentwicklung revisited: Ein Plädoyer für die Wiederbelebung angewandter Sozialwissenschaften. *Österreichische Zeitschrift für Politikwissenschaft* 3: 325–340.

Wimmer, R. (1999): Wider den Veränderungsoptimismus. Möglichkeiten und Grenzen einer radikalen Transformation von Organisationen. *Soziale Systeme* 5 (1): 159–180.

Wimmer, R. (2000): Wie lernfähig sind Organisationen? Zur Problematik einer vorausschauenden Selbsterneuerung sozialer Systeme. In: P. M. Heijl u. H. K. Stahl (Hrsg.): Management und Wirklichkeit. Heidelberg (Carl-Auer).

Wimmer, R. (2007): Der dritte Modus der Beratung. *Revue für postheroisches Management* 1: 28–35.

Wimmer, R. (2009): Führung und Organisation – zwei Seiten ein und derselben Medaille. *Revue für postheroisches Manag*ement 4: 20–33.

Wimmer, R. (2010): Systemische Organisationsberatung – jenseits von Fach- und Prozessberatung. *Revue für postheroisches Management* 7: 88–103.

Wimmer, R. (2011): Die besondere Vitalität von Familienunternehmen. Die aktuelle Weltwirtschaftskrise und wie Familienunternehmen sie bewältigen. In: H. Schindler et al. (Hrsg.): Systemische Horizonte. Göttingen (Vandenhoeck & Ruprecht), S. 221–233.

Wimmer, R., E. Domayer, M. Oswald u. G. Vater (1996): Familienunternehmen – Auslaufmodell oder Erfolgstyp? Wiesbaden (Gabler), 2. überab. Aufl. 2005.

Wimmer, R. u. C. Kolbeck (2001): Stößt der Beraterboom an seine Grenzen? Aufbau und Dekonstruktion von Autorität in Organisationen. In: H. A. Wüthrich et al. (Hrsg.): Grenzen ökonomischen Denkens. Wiesbaden (Gabler), S. 525–550.

Wimmer, R. u. M. Oswald (1987): Organisationsberatung im Schulversuch. Möglichkeiten und Grenzen systemischer Beratung in der Institution Schule. In: A. Bremerich-Vos u. W. Boettcher (Hrsg.): Kollegiale Beratung in Schule, Schulaufsicht und Referendarausbildung. Frankfurt a. M./Bern/New York/Paris (Lang), S. 123–176.

Wohlgemuth, A. C. (1984): Das Beratungskonzept der Organisationsentwicklung. Bern/Stuttgart (Haupt).

Womack, J. P., D. T. Jones u. D. Ross (1991): Die zweite Revolution in der Automobilindustrie – Konsequenzen aus der weltweiten Studie des Massachusetts Institute of Technology. Frankfurt a. M./New York (Campus).

Über den Autor

Rudolf Wimmer, Dr. jur., Professor für Führung und Organisation am Institut für Familienunternehmen der Universität Witten/Herdecke. Geschäftsführender Gesellschafter der OSB, Gesellschaft für systemische Organisationsberatung GmbH. Publikationen u. a.: „Mehr-Generationen-Familienunternehmen" (zus. m. F. B. Simon und T. Groth, 2005) und „Praktische Organisationswissenschaft. Lehrbuch für Studium und Beruf" (Hrsg. zus. mit J. O. Meissner u. P. Wolf, 2009).

Kontakt: rudolf-wimmer@osb-i.com · www.osb-i.com